U0249426

# 矿井灾害多场耦合理论与防控技术

周福宝 等 著

科学出版社

北京

# 内 容 简 介

本书介绍了作者十余年来在矿井灾害多场耦合理论与防控技术方面取得的研究成果。全书共 7 章，以煤矿通风、瓦斯、火灾、粉尘(简称一通三防)为研究对象，总结矿井灾害防治理论与技术的现状和进展；梳理矿井灾害的种类及其成因；系统阐述矿井灾害的多场耦合控制方程、耦合致灾机理和灾害判别准则；分析瓦斯灾害、自燃灾害和粉尘灾害的多场耦合基本特征，重点介绍采动煤岩体卸压瓦斯、煤层钻孔抽采瓦斯、采空区煤自燃火灾、巷道粉尘运移等典型过程的多场耦合建模与计算；精选地面采动钻井抽采技术、颗粒密封漏气裂隙瓦斯抽采技术、脉动气力压裂煤层增透技术、煤自燃液氮防灭火技术、巷道干式过滤除尘技术等代表性应用成果；最后简述矿井灾害多物理量监测与预测方法，展望未来发展趋势。

本书内容丰富，兼具理论性与实用性，可作为高等院校安全科学与工程、采矿工程、资源与环境、岩石力学与工程等相关专业教师、研究生以及高年级本科生的参考用书，也可为相关领域科研、设计以及生产单位的工程技术人员提供参考。

**图书在版编目(CIP)数据**

矿井灾害多场耦合理论与防控技术 / 周福宝等著. —北京：科学出版社，2023.3

ISBN 978-7-03-074471-5

Ⅰ.①矿… Ⅱ.①周… Ⅲ.①煤矿-灾害防治 Ⅳ.①TD7

中国版本图书馆CIP数据核字(2022)第252603号

责任编辑：李 雪 吴春花 / 责任校对：王萌萌
责任印制：师艳茹 / 封面设计：无极书装

科 学 出 版 社 出版
北京东黄城根北街 16 号
邮政编码：100717
http://www.sciencep.com
河北鹏润印刷有限公司 印刷
科学出版社发行 各地新华书店经销
\*
2023 年 3 月第 一 版 开本：720 × 1000 1/16
2023 年 3 月第一次印刷 印张：24 3/4
字数：499 000

**定价：352.00 元**
(如有印装质量问题，我社负责调换)

# 前　　言

　　煤炭是我国的主体能源，也是重要的工业原料，保障煤炭稳定供给对于国家能源安全和经济健康发展具有重要意义。在能源需求总量逐年增加而浅部资源日益枯竭的现状下，煤炭开采已向深部进军，煤层赋存条件变得更加复杂，许多低瓦斯矿井升级为高瓦斯甚至突出矿井，一些矿区的不易自燃煤层升级为自燃甚至容易自燃煤层。近年来煤矿井下机械化程度不断提高，以粉尘为主的职业危害问题不容忽视，成为现代化矿井的主要灾害之一。可以预见，未来深部煤炭资源开采将面临更加严峻的矿井灾害威胁。

　　矿井灾害的发生往往并非由某一因素控制，而是一系列多场耦合作用的结果。深部开采环境发生剧烈变化，煤岩体常呈现"高地应力、高瓦斯压力、高地温"的特点，在"三高"的复杂赋存环境下，煤岩体应力场、气体流场和温度场相互耦合作用导致矿井灾害风险的形成。例如，煤层采动应力诱发形成采动裂隙场，同时高地温将导致热应力和煤岩体力学性质的改变，它们之间的耦合作用引起煤岩地质体渗透特性的变化，直接影响采掘空间的瓦斯解吸渗流，进一步导致工作面瓦斯涌出异常现象。又如，在合适的供氧与蓄热条件下，空气流场、氧气浓度场和温度场耦合作用导致采空区遗煤自然发火，同时在上覆岩层应力作用下采空区垮落煤岩不断被压实，使得采空区流场动态变化，直接影响煤自燃的发展进程。当开采高瓦斯易自燃煤层时，在工作面漏风、遗煤瓦斯涌出的耦合作用下，采空区还极易出现瓦斯浓度处于爆炸极限范围的危险区带。如何定量研究多物理场之间的耦合作用关系及其时空演化规律，进而阐明矿井灾害的形成机理，是矿井灾害防控所需解决的一个关键科学问题。由于矿井灾害种类的多样性，尽管国内外学者取得了一些进展，但针对不同灾种的多场耦合建模和计算分析仍然是一个难点。

　　矿井灾害的多场耦合理论与防控技术是包含安全工程、采矿工程、地球物理学、岩石力学、流体力学以及化学等多学科交叉问题的重要研究课题，涉及面广，研究难度大，仍有大量工作需要进一步开展。通常，顶板事故、冲击地压、突水等灾害与矿井的水文条件、地质因素等密切相关，属于采矿学科的研究范畴；瓦斯、火灾、粉尘等灾害与矿井通风密切相关，属于矿山安全学科的研究范畴，通常称为"一通三防"。十余年来，作者团队聚焦"一通三防"问题，开展基础研究，取得了一系列技术成果，总结和凝练成本书。作者始终秉持科学研究源于工程、服务工程的学术思想，立足我国煤矿安全生产的重大需求，积极推动科技成果的转化与应用。本书亦如此，在阐述煤矿井下一般灾害多场耦合作用机理的基础上，体现了以调控致灾物理场时空演化规律为目标的灾害防控技术研发思路，实现了理论研究与工程实践的有机结合。

本书共分为 7 章，系统介绍矿井瓦斯、矿井火灾、矿井粉尘三种典型重大灾害的多场耦合理论及其防控新技术。第 1 章简要总结矿井灾害防治理论与技术背景、现状、存在问题及发展方向；第 2 章梳理归纳矿井灾害的种类及其成因；第 3 章阐述矿井灾害的多场耦合控制方程、耦合致灾机理和灾害判别准则；第 4 章介绍瓦斯灾害耦合理论分析与防控技术；第 5 章介绍自燃灾害耦合理论分析与防控技术；第 6 章介绍粉尘灾害耦合理论分析与防控技术；第 7 章介绍矿井灾害多物理量监测与预测。书中既有系统深入的多场耦合建模与数值模拟方法，又有大量的实验研究和现场数据，同时给出了实用性强的工程技术案例。希望本书的出版对我国矿井灾害防控理论发展和技术进步起到积极的推动作用。

本书的整体构思、统稿和审定由周福宝完成，各章撰写的具体分工是：第 1 章由周福宝、康建宏执笔；第 2 章由周福宝、刘应科、史波波、耿凡、康建宏执笔；第 3 章由周福宝、魏明尧、刘春执笔；第 4 章由周福宝、刘应科、夏同强执笔；第 5 章由周福宝、史波波、夏同强执笔；第 6 章由周福宝、李世航、耿凡执笔；第 7 章由周福宝、刘春、赵端执笔。此外，胡胜勇、李建龙、王圣程、苏贺涛、王鑫鑫、孙少华、崔光磊等课题组博士和硕士参与了部分理论研究、实验测试和现场试验工作。中国矿业大学陈开岩教授、郑丽娜教授，澳大利亚西澳大学刘继山教授为本书的出版付出了辛勤劳动。宁煤、靖远、潞安、淮北、盘江、晋城、平顶山、冀中能源等矿区为技术创新提供了试验地点，在相关合作项目中给予了大力帮助与支持。在此对上述做出贡献的课题组成员、专家学者和合作单位一并表示衷心的感谢。

本书得到以下项目与课题的资助：国家重点研发计划项目"矿井灾变通风智能决策与应急控制关键技术研究"（2018YFC0808100）、国家杰出青年科学基金项目"矿井瓦斯抽采与安全"（51325403）、教育部创新团队发展计划项目"煤矿瓦斯与煤自燃防治"（IRT13098，IRT_17R103）、国家自然科学基金重点项目"一矿一面集约生产安全通风技术基础"（51134023）、国家科技支撑计划课题"复杂大型煤矿液氮高效率防灭火技术研究与工程应用"（2013BAK06B06）、国家"111 计划"创新引智基地项目"地下煤火防治与利用学科创新引智基地"（B17041）。书中的部分内容是上述项目与课题的研究成果。

由于煤矿井下致灾因素复杂多变，矿井灾害防控理论与技术还在不断发展，加之作者学术水平有限，书中不妥之处，敬请广大读者批评指正，愿共同探讨。

作　者

2023 年 1 月于北京

# 目　　录

# 第1章 绪 论

## 1.1 我国煤炭生产现状与趋势

我国煤炭资源量占世界已探明煤炭资源总量的 11.1%，煤炭生产与消费均居世界第一位[1]。根据自然资源部公布的数据，截至 2020 年我国煤炭资源储量为 1622.88 亿 t，1949 年至今累计煤炭生产量达 960 亿 t 以上。从生产侧来看，我国煤炭生产总量呈持续上升态势，2016 年原煤产量达 34.1 亿 t，2021 年增至 41.3 亿 t，同比增长 5.7%，创历史新高；从消费侧来看，我国煤炭的能源主体地位仍旧牢固，2016 年煤炭消费量为 38.8 亿 t，2021 年增至 42.2 亿 t，同比增长 4.6%，煤炭消费量占能源消费总量的 56.0%[2]。另外，全球气候变暖对地球生命系统造成严重威胁，世界各国就严格控制二氧化碳排放量以最大限度地降低温室气体输出达成了共识。2016 年，我国作为批准缔约方加入了《巴黎协定》，并且在《中华人民共和国国民经济和社会发展第十四个五年规划和 2035 年远景目标纲要》中专门提出，制定 2030 年前碳排放达峰行动方案，完善能源消费总量和强度双控制度，推动能源清洁低碳安全高效利用。根据国务院发展研究中心资源与环境政策研究所所著的《中国能源革命进展报告(2020)》，2019 年中国非化石能源消费占比与世界平均水平基本一致，已超过 15.0%；与世界平均煤炭消费占比水平相比，中国从 2015 年占比的 63.7%、高出 36 个百分点逐步降至高约 30 个百分点；"十三五"期间每年非化石能源替代煤炭的碳减排量近 7 亿 t 二氧化碳，五年累计减排约 35 亿 t 二氧化碳[3]。不难预见，未来煤炭行业必将面临史无前例的巨大挑战。

然而，以煤为主的能源资源禀赋和经济社会发展所处阶段，决定了未来相当长一段时间内，我国经济社会发展仍将离不开煤炭。碳达峰碳中和需要长期努力才能实现，在 2030 年前的近 10 年碳达峰过程中，以及在 2060 年前的近 40 年碳中和过程中，仍需要煤炭发挥基础能源作用，做好经济社会发展的能源兜底保障。客观研判碳达峰碳中和目标下我国能源消费结构和煤炭消费演变趋势，科学规划煤炭生产规模和产量，推动煤炭行业与经济社会同步实现高质量发展，支撑新能源稳定接续以煤为主的化石能源成为主体能源，是实现碳达峰碳中和、能源安全稳定供应双重目标的客观要求[4]。2021 年 5 月，中国煤炭工业协会印发的《煤炭工业"十四五"高质量发展指导意见》(以下简称《意见》)提出，到"十四五"末，全国煤炭产量控制在 41 亿 t 左右，全国煤炭消费量控制在 42 亿 t 左右，年均消费增长 1%左右。《意见》明确了"十四五"发展目标，要求将全国煤矿数量控制在 4000 处以内，大型煤矿产量占 85% 以上，大型煤炭基地产量占 97% 以上；建成煤矿智能化采掘工作面 1000 处以上；建成千万吨级矿井(露天)数量 65 处、产能超过 10 亿 t/a。另外，全国矿山安全生产形势持续稳定好转，2021 年煤矿发生事故 91 起、死亡 178 人，同比分别下降 26% 和 21.9%，煤炭百万吨死亡率降至 0.044，同比下降 24%[①]。

综上所述，在国家推动供给侧结构性改革政策措施的指导下，我国煤炭行业整体面貌发生了显著变化，过剩产能得到了有效化解，市场供需实现了基本平衡。煤炭消费占比已由改革开放初期的高于 80% 下降到 2020 年的 56.8%，预测"十四五"末在我国能源消费中的占比为 50% 左右，2030 年碳达峰时占比为 45% 左右，对比美国、日本、德国等发达国家，实现碳达峰后煤炭消费仍有 10~20 年平台期[4]。保证煤炭的绿色安全生产是实现我国煤炭行业健康有序发展的基本保障。

# 1.2　矿井灾害防治理论

## 1.2.1　矿井灾害概述

我国 85%~90% 的煤炭资源来自井工开采，受水文地质条件、煤炭赋存条件的影响，煤炭生产的安全具有一定的不确定性，可能会发生灾害事故。我国煤矿主要灾害有瓦斯、顶板事故、冲击地压、火灾、粉尘、尘害、水害、热害、放炮事故、机电运输事故等。通常，矿井瓦斯、矿井火灾、矿井粉尘、矿井水害、顶板事故、冲击地压和矿井热害被称为煤矿七大自然灾害。

(1)矿井瓦斯。瓦斯灾害是煤矿最严重的灾害之一，按事故发生的类型可以分为瓦斯爆炸、煤与瓦斯突出、瓦斯燃烧、瓦斯窒息 4 种。瓦斯爆炸和煤与瓦斯突出一旦发生，直接摧毁矿井设施，威胁人员生命安全，甚至迫使煤矿停产。

(2)矿井火灾。发生在矿井或井口附近，能威胁到井下安全生产并造成损失的非控制燃烧的火灾，称为矿井火灾。按发生原因划分，矿井火灾可分为外因火灾和内因火灾。外因火灾是由外界热源引起的火灾，内因火灾是由煤炭等易燃物质在空气中氧化发热，并集聚热量而发生的火灾，又称为自燃火灾。

(3)矿井粉尘。矿井粉尘主要是煤尘，是指煤矿在生产过程中生成的直径小于 1mm 的煤粒，根据其爆炸性，可分为无爆炸危害性煤尘和有爆炸危害性煤尘两种。煤尘是煤炭开采的伴生物，属于呼吸性粉尘，井下作业人员长期吸入煤尘后，会患呼吸道疾病、尘肺病甚至肺癌。

(4)矿井水害。煤矿水害主要是矿井突水(透水)。突水灾害类型主要有顶板突

---

① 中国煤炭工业协会. 2021 煤炭行业发展年度报告 [EB/OL]. [2022-03-30]. http://www.coalchina.org.cn/index.php?m=content&c=index&a=show&catid=464&id=137603.

水、底板突水、采空区突水。由于来势凶猛、水量大，一旦防范不力或措施采取不力及排水能力不足，往往会造成严重的经济损失甚至人员伤亡事故。

（5）顶板事故。顶板事故是矿井开采过程的采、掘、维修工作面或是在已掘成的巷道等处所发生的冒顶、片帮、掉矸等人身伤亡和非伤亡生产事故的统称，是煤矿中最常见、最容易发生的事故。

（6）冲击地压。冲击地压是指煤矿井巷或工作面周围煤（岩）体由于弹性变形势能的瞬时释放而产生的突然、剧烈破坏的动力现象，常伴有煤（岩）体瞬间位移、抛出、巨响及气浪等。随着开采强度和采深的持续增加，冲击地压矿井数量在不断增加、分布范围正日趋扩大，而且灾害日趋严重。

（7）矿井热害。随着开采深度的不断增加，原岩温度不断升高，回采与掘进工作面的高温热害日益严重。热害不但对井下作业人员的健康造成了严重危害，引发机电设备故障，而且使劳动生产效率降低，增加了事故发生率。

顶板事故、冲击地压、矿井水害等与矿井的水文条件、地质构造因素等密切相关，一般属于采矿学科的研究领域范畴。矿井瓦斯、矿井火灾、矿井粉尘等与矿井通风密切相关，属于矿山安全学科的研究领域范畴，通常称为"一通三防"。近年来，我国煤炭资源每年以 10~25m 的速度向深部扩展，采深逐渐达到 800~1000m，甚至有 50 余对煤矿采深超过 1000m[5]。开采深度的增加使得煤层瓦斯压力和瓦斯含量增高，地温梯度增大，导致瓦斯灾害和自燃灾害风险剧增。与此同时，随着井下综合采掘机械化水平的提高，煤炭行业进入了智能化、自动化开采的新时代，以粉尘为主的煤矿职业健康问题不容忽视。

本书主要以矿山安全学科的"一通三防"为研究对象，重点阐述矿井瓦斯、矿井火灾、矿井粉尘三种典型重大灾害的理论基础及其新型防治技术。

## 1.2.2　矿井瓦斯防治理论

### 1. 煤层瓦斯的赋存规律

煤层瓦斯主要以游离态和吸附态赋存在煤体孔隙中，其中吸附瓦斯又可分为两类：一类吸附在孔隙表面；另一类则是以固溶体形式存在于煤分子之间的空间或芳香族碳的晶体内。煤层瓦斯主要由甲烷、氮气和二氧化碳等组成，且在地质空间上表现出垂直分布的特性，由上向下依次分为二氧化碳—氮气带、氮气带、氮气—甲烷带和甲烷带。在上部的三个带内由于有大气和地表气体的混入，被称为瓦斯风化带；瓦斯风化带下边界以下的煤层区域称为瓦斯带[6]。

宏观上，在煤层瓦斯的赋存方面，研究了地质条件的差异性对煤层瓦斯赋存的影响。结果表明，地质构造(断层、褶曲、岩浆作用)、埋藏深度、煤质及围岩性质、水文地质条件等均会影响煤层瓦斯的赋存[7]。一般情况下，向斜、背斜构造轴部区域更易形成瓦斯富集区；封闭性断层由于本身的透气性差，且割断了煤层与地表间的联络通道,使瓦斯更易积聚。岩浆作用对煤层瓦斯赋存规律的影响包括两大类,一是以机械破坏、吞蚀熔化、接触变质等作用将全部或一部分煤层熔化,造成煤层消失或厚度异常的区域,瓦斯含量往往较低;二是侵入影响区域煤层在热演化作用和局部构造双重作用下,往往成为瓦斯的异常富集区。埋深越大会使应力增加,从而导致煤岩体的透气性变差,并且瓦斯向地表运移的距离增加,瓦斯更易封存。煤层及其围岩透气性越好,瓦斯更易流失,此外在地下水交换活跃地区,瓦斯含量通常较低。微观上,在煤吸附瓦斯的理论模型方面,建立了单分子层吸附、多分子层吸附和微孔容积充填模型[8]。在煤吸附瓦斯的影响因素方面,研究了煤孔隙结构、变质程度、煤有机显微组分、水分等对瓦斯吸附性能的影响规律[9],煤的变质程度直接影响煤体的孔隙结构,瓦斯极限吸附量随变质程度的升高呈"U"形变化,煤种镜质组的含量越高,瓦斯吸附性能越强,而水分对瓦斯的吸附性能有抑制作用。

2. 煤层瓦斯的流动理论

在原始煤层中,游离瓦斯和吸附瓦斯始终处于一种动平衡状态,在采动影响下原有平衡状态被打破,煤体内部的瓦斯会发生运移。瓦斯运移包括解吸、扩散、渗流三个过程[10]。为了准确描述瓦斯在煤体中的运移规律,国内外学者先后发展了扩散理论、渗流理论、扩散-渗流理论、地球物理场耦合理论等理论。

扩散理论认为瓦斯在煤孔隙中的运移以菲克扩散为主,并基于菲克定律建立瓦斯解吸扩散的数学模型,如均匀孔隙模型、双孔隙扩散模型、多孔隙扩散模型等[11]。此外,发现瓦斯的解吸扩散会受到煤体内部结构的影响,如变质程度、粒径、外部环境压力、温度、水分等因素的影响[12]。渗流理论的发展经历了线性渗流理论和非线性渗流理论两个阶段,线性渗流理论认为煤层中瓦斯的流动符合达西定律。随着对瓦斯运移理论研究的不断深入,国内外学者发现受瓦斯分子和离子效应、瓦斯吸附作用的影响,煤体内瓦斯的流动并不完全符合达西定律,非线性渗流理论应运而生,其更符合现场实际[13]。近年来,国内外学者逐渐形成了一种新的认识,即煤层内瓦斯的运移并不是单独的扩散或者渗流过程,而是包含扩散和渗流的混合流动过程,在煤基质内部存在大量孔隙,在基质内部瓦斯运移是以浓度梯度为主导的扩散过程;在煤基质之间则存在大量裂隙,在基质之间瓦斯运移是以压力梯度为主导的渗流过程,即瓦斯的扩散-渗流理论[14]。

地应力场、地温场和地电场等地球物理场会对瓦斯的运移产生影响。我国学者针对地球物理场对煤体渗透特性和变形的影响进行了研究,推导了受地应力、温度、地电效应影响的煤层瓦斯渗流方程,以及多煤层系统瓦斯越流的固气耦合模型等,使物理模型更能反映客观事实,进一步完善了瓦斯运移理论[15]。应用多物理场耦合的观点丰富和完善煤层瓦斯流动理论,是矿山安全学科理论研究的前沿课题。

3. 煤与瓦斯突出机理

煤与瓦斯突出是一种极其复杂的煤岩动力灾害，其发生机理一直是突出灾害研究中最主要、最根本的内容之一，也是突出灾害防治的理论基础。国内外先后出现了"瓦斯主导假说""地应力主导假说""化学本质假说""综合作用假说"来解释煤与瓦斯突出发生的原因、条件及其发生和发展过程。其中，"综合作用假说"考虑了地应力、瓦斯、煤体的影响，能较为全面客观地解释突出现象，被学者广泛接受。围绕该假说，我国学者开展了大量探索工作，相继提出了各种新观点[16]，具有代表性的成果有：①"流变假说"，解释了现场延期突出现象；②"球壳失稳假说"，揭示了突出孔洞的形状及形成过程；③"固流耦合失稳理论"，认为突出是含瓦斯煤体在采掘活动影响下，局部发生突然破坏而生成的现象；④"力学作用理论"，将突出划分为准备、发动、发展和终止四个过程。这些新进展为煤与瓦斯突出的有效防控提供了理论依据。

物理模拟试验是研究煤与瓦斯突出机理和演化过程的重要手段，近年来国内学者在这方面取得了一些进展。中国矿业大学、重庆大学、河南理工大学等研发了多种规格的煤与瓦斯突出三维模拟试验装置，试验验证了不同条件下的突出过程[17,18]。在国家重大科研仪器研制项目的资助下，袁亮院士团队研发了以巷道掘进诱突为目标的多尺度煤与瓦斯突出定量模拟试验系统，实现了地应力、瓦斯压力、煤岩体特性等因素可调的巷道掘进揭煤诱导突出真实模拟，研发了高吸附含瓦斯煤相似材料、特低渗岩层相似材料与本质安全型相似气体，保证了物理模拟试验的科学性和准确性，世界上首次成功实现了大尺度模型加载充气保压条件下巷道掘进揭煤诱导煤与瓦斯突出试验模拟[19]。

随着计算机技术的发展，数值模拟方法被应用于煤与瓦斯突出机理研究。这类研究主要集中于两个方面：一是模拟煤与瓦斯突出发生后的气固两相流动规律，如冲击波和瓦斯流动传播特性[20]；二是模拟煤与瓦斯突出的失稳及其发展过程，如突出发生的临界条件，掘进巷道前方瓦斯压力、地应力和塑性破坏的分布规律，瓦斯压力、地应力和煤岩力学性质等因素综合作用下煤岩由裂纹萌生、扩展、相互作用、贯通直至失稳抛出的突出全过程等[21]。目前，仍然缺乏可以解释所有突出现象和特征的突出理论体系，因此本构模型缺失可能导致数值模拟结果失真。

4. 卸压增透与瓦斯富集理论

我国煤储层普遍具有变质程度高、渗透率低、含气饱和度低的特点，采前瓦斯抽采难度大，而煤层开采后会引起周围岩层产生"卸压增透"效应，煤岩层渗透率将增大数十倍至数百倍，瓦斯渗流速度加剧，瓦斯涌出量随之增大，为瓦斯抽采创造了有利条件。近年来，国内外学者采用理论分析、物理实验和数值模拟等方法对采动覆岩裂隙的演化过程、裂隙形态及分布进行了大量研究，将开采煤层的上覆岩层在纵向上分为三个特征带，分别为垮落带、裂隙带及弯曲变形带，并提出了经典的"O"形圈理论[22]。此外，发展出煤层群瓦斯高效抽采的"高位环形体"理论，在煤层群选择安全可靠的首采煤层，造成上下煤岩层膨胀变形、松动卸压，增加了煤层透气性，揭示了首采煤层开采后应力场、裂隙场及其形成的应力降低区和裂隙发育区[23]。

开采导致上覆岩层变形和大范围移动，在采动和煤体瓦斯压力耦合影响下，上覆岩层中采动裂隙场与原生裂隙场叠加，时空演化规律极其复杂。我国学者采用分形几何理论进行了采动裂隙分形特性及演化规律研究；运用逾渗理论建立了以单元裂隙块体为基本格点的逾渗模型，分析了采动裂隙演化的逾渗特征；建立了采动裂隙演化的重正化群格子模型[24]。此外，建立了采动力学及瓦斯增透理论的定量评价体系，综合考虑支承压力、孔隙压力和瓦斯吸附膨胀耦合作用推导了增透率表达式[25]。

采动卸压瓦斯的来源有两部分，一部分是本煤层自身开采时所释放的瓦斯，另一部分是开采煤层周边含瓦斯煤岩层(邻近层)释放的卸压瓦斯。瓦斯在采动覆岩中的流动及储集与覆岩采动裂隙空间形态、围岩卸压程度、覆岩裂隙发育程度有关，又与煤层及围岩中的瓦斯赋存状态、层间距及通风方式有关。开采煤层卸压瓦斯富集运移分为三部分，一部分直接进入矿井大气中，随回风流被排放到地面；另一部分经由超前支承压力造成的裂隙网络通道进入采空区；还有一部分储集在采空区孔洞及采动岩层的空隙、裂隙中。邻近煤层卸压瓦斯富集运移规律的理论研究主要有瓦斯扩散理论、瓦斯升浮-扩散理论和瓦斯越流理论等[22]。

### 1.2.3 矿井火灾防治理论

#### 1. 煤自燃机理

煤是主要由多种有机物(脂肪烃和不饱和烃)和无机物组成的复杂混合物，由于结构的复杂性，其燃烧过程也变得复杂。国内外学者对煤自燃机理展开了深入研究。英国学者 Polt 和 Berzelius 第一个对煤自然发火现象的机理进行研究，并提出了黄铁矿假说[26]。该假说表明黄铁矿、水和氧气的相互作用而造成煤自然发火，细菌学说认为不同细菌致使煤体发酵放热，为煤自燃提供有利条件。然而，英国学者将具有自燃倾向的煤体进行高温杀菌，发现煤的自燃倾向性并未减弱，说明了细菌学说的局限性。除此之外，随着学者的不断研究，一些能揭示煤自燃机理的学说(自由基作用学说、氢原子作用学说和基团作用理论)相继出现。目前，能够比较合理诠释煤自燃机理的学说是煤氧复合作用学说[27]，该学说认为常温条件下煤吸附氧气生成不稳定的物质并伴随热量的积累，使煤的温度达到着火温度。

对于煤的自燃过程，国内外目前从宏观特性到微观机理、从定性分析到建立模型已开展了大量研究。国内外学者研究了煤自燃过程的升温规律，煤发生物理吸附、化学吸附和化学反应的过程以及耗氧和气体产物生成规律等。宏观上，学者运用自制实验炉(大型实验平台或程序升温炉等)对煤自燃过程中温度、耗氧速率和生成标志性气体比例的变化进行研究。微观上，目前主要从煤分子结构、煤中官能团与自由基展开研究，煤氧化动力学理论[28]、煤自燃的量子化学理论[29]等阐述了煤自燃的反应机理，模拟了不同阶段的基元反应类型及其热力学特性。针对煤分子中的官能团，研究人员利用傅里叶变换红外光谱定量分析了煤中各主要官能团的变化规律。在煤氧反应理论的基础上分析了不同阶段煤中活性基团的变化历程，并且利用量子化学计算方法建立了煤自燃的链式反应模型。在此基础上，基于自由基链式反应机理，分析了煤自燃过程中链引发、链传递和链终止的反应机制，提出了煤炭自燃抑制方法的研究思路。

2. 煤自燃预测预报与惰性气体惰化机理

煤自燃预测预报主要集中在对氧气、一氧化碳、乙烯、乙炔等指标气体、实验室特征温度和现场监控温度以及指标气体与温度两者之间关系进行研究。通过对容易自燃煤层进行了危险等级划分并构建了基于气体与温度的预警体系[30]，指出运用气体指标进行预警是可行的。为了研究煤在低温阶段的自燃活化能及气体产生规律[31]，基于耗氧量与煤温间的计算模型，利用煤氧化动力学测试系统，分析了 3 种不同自燃性煤的低温氧化表征。针对单纯依靠指标气体浓度进行煤自燃预测预报误差率较大的问题，相关学者借助神经网络、随机森林、回归及相关性分析等预测方法对煤自燃预警进行了研究[32,33]。

惰性气体(氮气和二氧化碳)凭借其惰化、降温、扩散范围大、对仪器设备伤害小等优点，被广泛应用于我国煤自燃火灾的防治实践中。基于此，国内外学者对惰性气体用于矿井火灾防治的效果进行了相关研究。通过开展二氧化碳抑制煤氧化升温过程的实验研究[34]，结果发现二氧化碳的浓度越大对煤放热强度的抑制效果越好。通过分析煤自燃氧化升温过程中煤的放热量和氧气体积分数的变化关系[35]，在此基础上研究了采空区氧化带宽度与注惰口位置的变化关系。进一步利用数值模拟手段，通过 FLUENT 等软件[36]求解高冒区内漏风风速和氧气浓度的稳态分布，并对注氮后的冷却效果进行推测，得出在高温区域注氮可以明显降低温度。通过模拟不同注氮位置注氮参数对采空区温度场和氧浓度场的影响[37]，得出防灭火效果最好的注氮位置。

综上所述，煤矿火灾防治是一个综合性的系统工程，与煤矿中的可燃物、点火源及其通风系统等密切相关，目前在煤自燃反应机理、煤自燃预测预报与惰化机理等方面已经取得了丰富的成果。未来在深部煤炭资源开采条件下，高瓦斯矿井瓦斯灾害更加严重，具有煤自燃危险的矿井，防灭火压力陡增，瓦斯与煤自然发火共生环境下复合致灾已成为矿井重特大事故发生的普遍规律[38,39]。然而，煤矿瓦斯与煤自燃风险共生环境下灾害演化过程异常复杂，是多相、多场交汇耦合作用的结果，至今仍缺乏理论方面的系统研究，对深部瓦斯与煤自燃共生环境下灾害演变的时空关联性、致灾机理不明及现有防治技术的适用性也缺乏理论性评估手段。

### 1.2.4 矿井粉尘防治理论

#### 1. 产尘机理

煤矿井下采掘工作面是粉尘污染的主要来源，产尘量占全矿井的85%以上。近年来，随着煤矿综掘机械化程度和生产强度的提高，煤矿采掘工作面的粉尘产量剧增[40]。粉尘的产生是煤破碎过程中固有的特性，采煤机截割头旋转截割煤壁，截齿与煤体相互碰撞、摩擦，使煤体在受力破碎的同时产生大量粉尘。掌握采煤机割煤产尘规律则是减少粉尘产生、提升降尘技术的基础。影响产尘特性的主要因素包括煤自身的理化性质、采煤机的截齿参数与截割工艺等。

国内外学者围绕煤自身的理化性质对产尘的影响进行了大量研究。针对煤粉碎过程中的气载粉尘释放问题，研究了破碎参数、产品尺寸、煤级特性和产尘之间的关系，发现煤阶越高产生粒径小于 $250\mu m$ 的粉尘的量就越大[41]。研究了钻头磨损对产生呼吸性粉尘的影响，发现当钻头磨损变钝且其重量减轻15%时，呼吸性粉尘产量会增加26%[42]。为了揭示煤的孔隙结构对掘进机截割过程中煤尘产生特性的影响，研究了采样位置、矿区、采矿方法等对产尘粒度与矿物分布差异的影响，发现接近地质层的产尘较细，矿尘通常比煤尘数量多[43]。开展了不同冲击能、不同含水率的冲击产尘试验研究，发现随冲击能量的增加，煤样分形维数及产生微细粉尘总量均逐渐增加，产生微细粉尘总量与其含水率呈负线性相关关系等[44]。研究了煤样水分含量与煤产尘能力的相互关系、煤的变质程度对产尘能力的影响以及煤的饱和吸水特性等[45]。

针对采煤机的截齿参数、截割工艺等对产尘的影响，系统地分析了采煤机的各种工作方式对产尘的影响，探讨了采煤机切削厚度/宽度、运动参数等与产尘的定性关系。基于煤岩切割理论，研究了采煤机滚筒上的镐型截齿排列、螺旋升角、推进速度和截割线间距对煤碎块尺寸的影响[46]。针对刨刀破碎煤岩的能耗及产尘问题，通过刨刀不同刀间距的测试试验，研究了不同煤岩、不同抗压强度对刨煤机刨刀阶跃破碎参数和产尘量的影响[47]。这些研究对矿井生产过程中粉尘灾害的发生、发展与防治具有重要意义。

#### 2. 粉尘运移规律

分析粉尘颗粒在流体中的受力、研究粉尘随风运移规律是粉尘防治研究的基本前提。气固两相流理论是研究粉尘颗粒在流体中运动的基础。随着气固两相流理论的不断完善和计算机技术的发展，粉尘运移规律与分布特性的研究也日益引起重视[48,49]。

在掘进巷道中粉尘分布规律实验研究方面，导出了模拟掘进巷道中的相似准则数，设计了实验模型巷道，确定粉尘的分布规律[50]。采用离散相模型对综掘工作面粉尘运移规律进行了数值模拟，得出粉尘质量浓度区域分布特点与掘进机影响下的粉尘分布规律等；提出了压风分流通风方式，该方式可以明显降低巷道中的粉尘浓度及粉尘的沿程扩散距离[51]。针对综掘工作面局部通风方式，研究了综掘工作面不同截割方式下的最佳风场调控规则，为掘进巷道的开采方式和降尘技术提供理论依据[52]。研究了风幕发生装置防尘理论，发现风幕发生装置可以显著降低工作区粉尘浓度，并构建一套以倒 "U" 形射流装置为主体的风幕发生装置，发现有风幕巷道相比无风幕巷道，综掘机驾驶员处粉尘可以降低 82.3%[53]。针对细微粉尘的扩散问题，探究了混合式通风条件下巷道内 $PM_{2.5}$ 含量随送风量的变化趋势，发现在建立的模型中采用改进的降尘系统，$PM_{2.5}$ 含量最大可降低 68%[54]。为了揭示多分散粉尘的时空分布特点，采用 CFD-DEM[①]方法，结合硬球模型与蒙特卡罗方法，可视化研究了细微粉尘在典型综掘巷道中运移的全过程，获得了粉尘漩涡现象及其中粉尘分布细节信息[55]。

综上所述，矿井粉尘灾害防治以产尘机理、粉尘运移规律研究为基础，结合雾化降尘、干式过滤除尘等粉尘防治理论，能够有效降低煤尘浓度，改善工作环境。但是由于煤矿井下尘源多、粉尘分散度高，粉尘时空分布规律预测难，除尘装备布设不合理，粉尘仍严重威胁着矿井安全生产和工人职业健康。因此，开展煤矿井下粉尘的分源分区分级治理工作，建立科学合理的防尘、控尘和降尘机制，创新粉尘防治理论仍至关重要。

# 1.3 矿井灾害防治技术

## 1.3.1 矿井瓦斯防治技术

我国煤田构造演化和煤层瓦斯赋存条件变化大，全国矿区划分为 20 个瓦斯区，其中有 8 个高瓦斯区、12 个低瓦斯区，矿区瓦斯赋存总体上表现为南高北低、东高西低的趋势[56]。随着矿井开采深度的增加，呈现出矿井瓦斯等级上升、突出矿井数量逐年攀升的态势，尤其在东北及东部地区许多矿井已进入深部，以地应力为主导的瓦斯动力灾害更趋严重，防治难度日益增大；中部地区矿井逐步进入深部，煤层瓦斯含量和瓦斯压力较大，瓦斯灾害日趋严重，呈现突出-冲击地压复

---

① CFD，computational fluid dynamics，计算流体动力学；DEM，distinct element method，离散元法。

合型灾害特点。随着煤炭产能逐步西移，西部地区将成为煤炭生产新的主战场，瓦斯防治将成为重点地区。

抽采瓦斯是防治瓦斯灾害事故的根本措施，一方面可以减少瓦斯涌出、预防瓦斯超限、降低瓦斯积聚，为矿井通风创造有利的条件；另一方面可以降低煤层中存储的瓦斯能量、提高煤体强度，防治煤与瓦斯突出。以煤层的开采时间为依据，煤矿瓦斯抽采方法一般分为采前抽采(预抽)、采中抽采和采后抽采，其中采前抽采包括本煤层抽采、邻近层抽采，采中抽采包括回采工作面抽采、掘进工作面抽采，采后抽采主要是采空区抽采[57]。常用的煤矿瓦斯抽采技术有地面钻井预抽煤层瓦斯、井下顺层钻孔或穿层钻孔预抽区段及区域煤层瓦斯、穿层钻孔预抽井巷(含立井、斜井、石门等)揭煤区域煤层瓦斯、穿层钻孔预抽煤巷条带煤层瓦斯、定向长钻孔预抽煤巷条带煤层瓦斯、顶板走向长钻孔卸压瓦斯抽采、超大直径钻孔采空区瓦斯抽采等，其中以穿层钻孔瓦斯抽采和顺层钻孔瓦斯抽采最为常用。对于煤与瓦斯突出矿井，2019 年发布的《防治煤与瓦斯突出细则》指出，要坚持"区域综合防突措施先行、局部综合防突措施补充"的原则。我国目前的区域防突措施主要有保护层开采技术和预抽煤层瓦斯技术，当井下煤层赋存为煤层群时，一般选取保护层开采技术，保护层开采能够对煤层群实现有效卸压增透，实现井下大面积消突。而对于单一煤层、保护层本身为突出煤层的情况，多选用预抽煤层瓦斯技术。对于高瓦斯矿井，如果瓦斯涌出主要来源于开采煤层，采前抽采煤层瓦斯可以采用地面钻井，也可以采用井下顺层钻孔；如果瓦斯涌出主要来源于邻近煤层，必须采用有效的邻近煤层抽采技术，包括地面钻井抽采、井下穿层钻孔抽采、井下巷道抽采(走向高抽巷、倾斜高抽巷)以及井下水平长钻孔抽采等，才能保证工作面的安全高效开采。

瓦斯含量高、瓦斯压力大、渗透率低是我国煤矿原始煤层最突出的特点，导致瓦斯抽采困难，尤其是低透气性松软突出煤层，需要采取一定措施进行人为增透，以提高瓦斯抽采效果。我国煤矿已形成了一系列煤层增透技术，主要包括水力化增透、无水化增透、爆破增透等。水力化增透技术以水力压裂、水力割缝、水力冲孔最为常见，其基本原理是利用高压水扩展煤层原生裂隙，或用高压水将钻孔内的煤排出，使煤层裂隙贯通，从而为瓦斯的解吸释放提供通道，从而达到煤层增透、瓦斯高效抽采的目的[58]。但是，水力化增透技术在一定程度上存在着水资源污染浪费、煤层吸水后膨胀堵塞瓦斯释放等缺点，因此逐步发展了无水化增透技术，主要包括液氮致裂增透技术和二氧化碳相变致裂增透技术[59]。液氮致裂增透技术借助冰的不流动性和水冰相变的膨胀性，具有相对较高的致裂效率。二氧化碳相变致裂增透技术除了能有效扩展煤层原生裂隙外，借助煤对二氧化碳的高吸附性，还能将煤层中的瓦斯置换出来，极大地提高了瓦斯的抽采效率。爆破增透技术是利用爆破产生的冲击波对煤层产生损伤破坏，使煤层产生新的裂隙，从而达到煤层卸压增透的目的。

经过几十年的研究和实践，我国煤矿瓦斯防治技术得到了较大发展，为保障煤矿安全发挥了重要作用。适用于不同开采、地质条件下的多种瓦斯抽采方式和抽采装备在全国主要矿区得到广泛应用，矿井瓦斯抽采量大幅提高；包括突出危险性预测、防突措施、防突措施效果检验和安全防护措施在内的"四位一体"的综合防突技术体系及相应的防突装备在绝大多数突出矿井得到应用，提高了瓦斯灾害防治的效果。

### 1.3.2 矿井火灾防治技术

我国是矿井火灾较严重的国家之一。除北京市外，25 个主要产煤省(自治区、直辖市)的 130 余个大中型矿区均不同程度地受到煤层自然发火的威胁，70%以上的大中型煤矿存在煤层自然发火危险[60]。根据煤田地质情况，全国可划分为 40 个煤层自然发火严重的大中型矿区，总体表现为北多南少的趋势。随着矿井开采水平不断下延，煤炭自燃火灾所引发的煤矿瓦斯燃烧或爆炸等次生灾害发生量将逐年增加，煤矿火灾所引发的重大人员伤亡事故及煤矿灾害总量将持续上升。同时，煤矿电气设备、电缆、胶带输送机使用量加大，以电缆火灾、胶带运输机火灾为代表的典型外因火灾灾害占煤矿火灾总数的比例逐年上升。

国内外通常采用灌浆、注惰气、注泡沫、喷洒阻化剂、注凝胶和复合胶体、均压等防灭火技术来防治矿井采空区煤自燃[61]，其核心是通过隔氧、降温来防控煤自燃灾害，这些防灭火方法或单独使用或联合使用，对不同特性的煤自燃火灾进行了治理。灌浆技术在使用时，浆液只能沿采空区地势低的地方流动，覆盖范围小。据统计，灌浆防治煤自燃过程中，有超过 80%的浆液难以起到降温作用，形成了浪费。常规惰气易随漏风逸散，其灭火降温能力也较弱[62]。同时，复合采空区连接成片，采空区面积大且与竖向裂隙相互沟通，难以形成封闭空间，因此常规注惰气起不到快速惰化采空区的目的[63]。采用喷洒阻化剂技术，阻化剂腐蚀井下设备和危害工人身心健康，防灭火效果也不是很理想。

针对漏风裂隙的封堵，目前国内外常用的堵漏方法有水泥喷浆、聚氨酯泡沫、注凝胶等。水泥喷浆工作量大，抗压性能差，堵漏效果较差；聚氨酯泡沫堵漏成本高，在高温下容易燃烧且易分解释放出有害气体；凝胶流量小、扩散范围小且易龟裂。此外，无机固化泡沫和树脂泡沫技术在局部区域漏风裂隙封堵方面已有一定的应用[64]，但因其流量小、成本高、扩散范围小，对较大面积的煤炭自燃治理及封堵的应用还面临困难，特别是树脂泡沫，其本身反应过程中产生较大的热量，在一定程度上会加速煤的自燃。采用注泡沫技术，虽然泡沫能克服注浆与注氮的一些缺点，并能向高处堆积，但大流量、扩散能力强的泡沫在倾角小的大采空区流动扩散范围有限，仍不能完全有效地覆盖大采空区的浮煤和漏风裂隙。复合胶体因其能将流动的水固结起来，注入采空区后具有良好的吸热降温、冷却阻化和覆盖隔氧的煤自燃防治作用[65]。但其流动性较差，扩散范围较小，不能对防灭火区域的浮煤进行大范围覆盖，其良好的防灭火性能不能得到充分利用，从而导致该类技术不能发挥关键作用。合理有效的均压方法是减少采空区漏风，从而防治大采空区煤炭自燃的关键技术之一[66]，同时均压方法往往与矿井通风系统息息相关。

综上所述，现阶段我国开采容易自燃煤层或采用放顶煤方法开采自燃煤层的矿井，普遍建立了以注浆防灭火方法为主的两种以上的综合防灭火体系；充填堵漏防灭火技术解决了因内外漏风通道发育，易引发自燃火灾事故的技术难题；均压防灭火技术实现了开区均压法与闭区均压法的成功应用；注浆防灭火技术形成了以地面固定式制浆系统为主体，同时辅以井下移动式注浆系统的完整矿井注浆防灭火体系；惰性气体防灭火技术以氮气为主、二氧化碳为辅，已在煤矿防灭火领域处于国际先进行列；阻化剂防灭火技术实现了喷洒、压注、雾化阻化等多种阻化防火技术的突破；复合浆体喷涂方法为沿空巷道、沿空掘巷等无煤柱开采隔风堵漏提供了实用的新技术；三相泡沫防灭火技术集固、液、气三相材料的防灭火性能于一体，解决了传统注浆材料运移堆积与包裹覆盖性能差、惰气滞留时间短的技术难题。另外，随着煤炭开采规模和开采强度的增加，矿井向大型化、集约化、机械化发展，掘进大断面巷道成为煤炭行业发展的必然趋势，传统灌浆、注胶等难以适用；由于深部开采条件自然发火与高地温联系起来，自然发火防治难度更大。在一些同时受煤层自燃和冲击地压或煤与瓦斯突出威胁的矿井，冲击地压和煤与瓦斯突出防治要求工作面推进速度慢为宜，但放慢推进速度会对自然发火防治产生不利影响。此外，矿井深部开采时煤层自然发火防治技术及装备研发还需要更加深入的研究。

### 1.3.3　矿井粉尘防治技术

随着煤矿井下机械自动化程度的提高，粉尘危害日益严重，不但污染井下环境，诱发工人罹患尘肺病，还会造成粉尘爆炸事故。为对井下粉尘进行有效防治，将空气中的粉尘浓度降到国家标准以下，国内外学者发展了一系列井下粉尘防治技术，主要包括煤层注水、通风除尘、喷雾降尘、湿式除尘器、干式除尘器、个体防护等[67]。

煤层注水通过钻孔的方式将压力水均匀注入到煤体内部，使煤体湿润提高煤层的含水率[68]，煤体湿润后降低了煤体本身的产尘能力。此外，在采掘过程中煤体切割破碎后，水对粉尘的包裹作用减少了其扬起扩散。煤层注水的减尘作用主要有 3 个方面：①煤体的裂隙中存在着原生煤尘，水进入后可将原生粉尘湿润并黏结，使其在破碎时失去飞扬能力，从而有效地消除这一尘源。②水进入煤体各级孔、裂隙，甚至1μm以下的微孔隙中也充满了毛细作用渗入的水，使煤体均匀湿润。当煤体在开采中受力破碎时，绝大多数破碎面均有水存在，从而抑制了粉尘的产生。③水进入煤体使其塑性增强，脆性减弱，改变了煤的物理力学性质，当煤体因开采而破碎时，脆性破坏变为塑性变形，减少了粉尘的产生量。这种除尘方式效果良好，效率可达到60%～90%。

通风除尘是煤矿井下应用最广泛的除尘方法。通过风机将风流通入巷道内部，产生的粉尘随风流运动，风流裹挟粉尘从巷道排出，从而达到减小工作面粉尘浓度的目的[69]。此外，通风除尘方式能将工作面涌出的瓦斯稀释，也可防止瓦斯灾害的发生。

喷雾除尘是煤矿井下使用最普遍的除尘方式之一，将水在巷道内雾化后通过喷头喷射到含有粉尘的空气中，通过水与粉尘之间的相互作用，粉尘被包裹或黏附而沉降下来，从而实现降低粉尘浓度的效果。喷雾技术发展比较成熟，已经由直射雾化向多种雾化形式发展，喷雾介质也从单一液相向多相发展，如磁化水、荷电和声波等[70]。喷雾降尘效率主要与喷嘴的数量、形状、布置方式有关，采用喷雾除尘可将空气中的粉尘含量减少50%～60%。

除尘器除尘是利用动力设备产生的负压，将巷道内带有粉尘的空气集中收集到除尘器内，然后将干净的空气排出，粉尘留在除尘器中，主要分为湿式和干式两大类。湿式除尘器除尘的原理是使含尘气体与液体（一般为水）密切接触，利用水滴和颗粒的惯性碰撞或者利用水和粉尘的充分混合作用及其他作用捕集颗粒或使颗粒增大或留于固定容器内实现水和粉尘分离的效果；干式除尘器除尘的原理是利用滤料对粉尘的拦截实现过滤除尘，干式过滤除尘技术具有无耗水、除尘效率高、性能稳定和安全可靠的优点，矿用干式过滤除尘技术逐步成为煤矿井下掘进工作面粉尘高效防治的主要技术之一，被我国越来越多的煤矿所采用，有效改善了井下工人的工作环境[67]。

个体防护是指通过佩戴各种防护面具以减少吸入人体粉尘的最后一道措施，主要包括防尘面罩、防尘风罩、防尘帽、防尘呼吸器等，能够使佩戴者呼吸净化后的清洁空气而不影响正常工作。

煤矿粉尘防治是一项系统工程，涉及人、机、环境、管理等多方面的因素，能做到有效地降低粉尘浓度，改善工作环境，提高煤矿的经济效益，是矿井粉尘治理过程中一项长久而艰辛的任务。因此，必须要建立科学合理的防尘、控尘、降尘机制，积极研发各种防尘、控尘、降尘新技术，开展煤矿粉尘防治技术适用条件研究，如开展对喷雾除尘的水质进行改善，提高雾化水压力，采用气水两相喷雾，优化除尘器安装位置等研究，达到根治粉尘的目的。煤矿开采相关部门及企业需严格对待煤矿粉尘问题，找出产生粉尘的原因，从根源上治理粉尘，为煤矿安全生产和工人职业健康提供安全有效的保障。

# 1.4　矿井灾害多场耦合理论现状

　　煤炭资源开发过程中涉及应力场、渗流场和温度场的耦合作用，煤层开采前煤岩体处于三维应力平衡状态，开采活动打破了原有的应力平衡，导致煤层应力场的重新分布，应力场重新分布的动态变化过程必然会引起其他物理场的变化。采动应力场诱发了新生裂隙的孕育、扩展贯通，从而进一步影响煤层瓦斯渗流规律，使得瓦斯气体解吸运移、空气扩散。而气体渗流引起孔隙压力的改变从而导致煤体有效应力的变化，同时温度变化又会影响煤基质膨胀收缩和气体吸附解吸规律。由于煤层在通风条件下发生缓慢氧化自燃，进而发生火灾，其实质是煤层在高温下热解产生大量烷烃类气体，而迁移到煤层表面，从而加剧煤层自燃火灾。矿井粉尘是采煤机截割头旋转截割煤壁，截齿与煤体相互碰撞、摩擦，使煤体受力破碎时产生的固体颗粒，并且随着巷道风流扩散运移。由此可见，以瓦斯、自燃、粉尘为代表的矿井灾害的发生发展是一个多物理场耦合的过程。特别是，在深部煤炭资源开采过程中，将不可避免地产生大幅度采动响应，在矿井采掘作业空间一定范围内，应力应变场、裂隙场、渗流场、温度场、浓度场及其他复合场均发生变化，这种煤岩体多场响应变化特征与浅部相比差异更大，导致矿井瓦斯、自燃、粉尘乃至多灾种耦合灾害时有发生。

　　煤层中瓦斯运移的流-固耦合作用机制受到国内外学者的广泛关注。Balla[71]考虑了气体吸附效应和气体吸附/收缩引起的煤体渗透率演化，建立了煤层钻孔抽采瓦斯的流-固耦合数学模型。赵阳升等[72]提出了煤层瓦斯流动的固结数学模型及其数值解法，此后又建立了块裂介质岩体变形与瓦斯渗流的非线性耦合模型。梁冰等[73]利用非等温流-固耦合模型模拟了煤层气排采过程。孙可明[74]基于相对渗透率，研究了吸附解吸在煤与瓦斯流-固耦合过程中的作用。杨天鸿等[75]在试验的基础上给出了煤岩渗透率-损伤方程，建立了含瓦斯煤岩破裂过程固-气耦合数值模型。Hu等[76]建立了煤层深部开采煤层瓦斯渗流方程。An等[77]建立了考虑瓦斯扩散、渗流、煤体变形的多场耦合模型。Zhi和Elsworth[78]构建了流-固耦合模型分析工作面前方瓦斯解吸对瓦斯压力、应力变化的影响，基于Mohr-Coulomb破坏准则判定煤体的失稳破坏。为了探讨煤与瓦斯突出机制，Fan等[79]建立了应力-渗流-损伤多场耦合模型，采用该模型结合潘一矿的地质条件分析了构造存在条件下工作面前方的损伤破坏及危险程度。

　　井下煤层自燃过程是一个复杂的物理化学反应耦合过程，国内外学者对这一过程进行了大量研究[80]。李宗翔等[81]研究了漏风流态和氧气浓度分布的动态过程，对抑制煤柱自燃发展起到了理论指导作用。卓辉[82]建立了浅埋藏近距离煤层群复合采空区煤自燃模型，研究了开采覆岩漏风裂隙动态发育规律，揭示了复合采空区气体浓度、风速及温度分布特征；Wessling 等[83]通过数值模拟研究了流体和热量传输耦合作用下井下煤层自然发火的过程。

矿井粉尘的扩散运动属于典型的气固两相流研究范畴，国内外学者通过试验与数值模拟等手段对工作面粉尘运移规律进行了研究，建立了风流-粉尘颗粒耦合流动数学模型，并采用欧拉-拉格朗日法来描述气载粉尘的湍流扩散，对多尘源粉尘的运移过程进行了 CFD 数值模拟，所得成果为粉尘防治奠定了科学的理论基础。

## 参 考 文 献

[1] 袁亮. 煤炭精准开采科学构想[J]. 煤炭学报, 2017, 42(1): 1-7.

[2] 国家统计局. 中华人民共和国 2021 年国民经济和社会发展统计公报[N]. 人民日报, 2022-03-01.

[3] 国务院发展研究中心资源与环境政策研究所. 中国能源革命进展报告(2020)[M]. 北京: 石油工业出版社, 2020.

[4] 谢和平, 任世华, 谢亚辰, 等. 碳中和目标下煤炭行业发展机遇[J]. 煤炭学报, 2021, 46(7): 2197-2211.

[5] 谢和平. 深部岩体力学与开采理论研究进展[J]. 煤炭学报, 2019, 44(5): 1283-1305.

[6] 王媛. 山西龙泉煤矿瓦斯赋存的地质控因及深部瓦斯预测[D]. 徐州: 中国矿业大学, 2019.

[7] 赵利军, 曹恒, 朱马别克·达吾力. 复合隔水条件下煤层群涌水控制因素及对瓦斯赋存的影响[J]. 中国安全生产科学技术, 2020, 16(7): 55-60.

[8] 李海鉴. 煤吸附瓦斯的热效应研究[D]. 徐州: 中国矿业大学, 2019.

[9] 薛海腾, 李希建, 陈刘瑜. 含瓦斯煤吸附特性影响因素研究[J]. 矿业研究与开发, 2021, 41(3): 75-79.

[10] 周世宁, 林柏泉. 煤层瓦斯赋存与流动理论[M]. 徐州: 中国矿业大学出版社, 1999.

[11] 董骏. 基于等效物理结构的煤体瓦斯扩散特性及应用[D]. 徐州: 中国矿业大学, 2018.

[12] 赵伟. 粉化煤体瓦斯快速扩散动力学机制及对突出煤岩的输运作用[D]. 徐州: 中国矿业大学, 2018.

[13] 贾天让. 煤矿瓦斯赋存和运移的力学机制及应用研究[D]. 大连: 大连理工大学, 2014.

[14] 张晓虎. 深部含瓦斯煤吸附气体运移及失稳破坏的理论与实验研究[D]. 北京: 中国矿业大学(北京), 2014.

[15] 孙培德, 鲜学福. 煤层瓦斯渗流力学的研究进展[J]. 焦作工学院学报(自然科学版), 2001(3): 161-167.

[16] 王恩元, 张国锐, 张超林, 等. 我国煤与瓦斯突出防治理论技术研究进展与展望[J]. 煤炭学报, 2022, 47(1): 297-322.

[17] 卢义玉, 彭子烨, 夏彬伟, 等. 深部煤岩工程多功能物理模拟实验系统——煤与瓦斯突出模拟实验[J]. 煤炭学报, 2020, 45(S1): 272-283.

[18] 聂百胜, 马延崑, 孟筠青, 等. 中等尺度煤与瓦斯突出物理模拟装置研制与验证[J]. 岩石力学与工程学报, 2018, 37(5): 1218-1225.

[19] 袁亮, 薛阳, 王汉鹏, 等. 煤与瓦斯突出物理模拟试验研究新进展[J]. 隧道与地下工程灾害防治, 2020, 2(1): 1-10.

[20] 胡千庭, 文光才. 煤与瓦斯突出的力学作用机理[M]. 北京: 科学出版社, 2013.

[21] Xue S, Wang Y C, Xie J, et al. A coupled approach to simulate initiation of outbursts of coal and gas — model development[J]. International Journal of Coal Geology, 2011, 86(2-3): 222-230.

[22] 吴仁伦. 煤层群开采瓦斯卸压抽采"三带"范围的理论研究[D]. 徐州: 中国矿业大学, 2011.

[23] 袁亮, 郭华, 沈宝堂, 等. 低透气性煤层群煤与瓦斯共采中的高位环形裂隙体[J]. 煤炭学报, 2011, 36(3): 357-365.

[24] 谢和平, 周宏伟, 薛东杰, 等. 我国煤与瓦斯共采: 理论、技术与工程[J]. 煤炭学报, 2014, 39(8): 1391-1397.

[25] 谢和平, 高峰, 周宏伟, 等. 煤与瓦斯共采中煤层增透率理论与模型研究[J]. 煤炭学报, 2013, 38(7): 1101-1108.

[26] 王省身, 张国枢. 矿井火灾防治[M]. 徐州: 中国矿业大学出版社, 1990.

[27] 王继仁, 邓存宝. 煤微观结构与组分量质差异自燃理论[J]. 煤炭学报, 2007(12): 1291-1296.

[28] 王德明. 煤氧化动力学理论及应用[M]. 北京: 科学出版社, 2012.

[29] 王继仁. 煤自燃量子化学理论[M]. 北京: 科学出版社, 2007.

[30] 费金彪. 煤自燃阶段判定理论与分级预警方法研究[D]. 西安: 西安科技大学, 2019.

[31] 余明高, 袁壮, 褚廷湘, 等. 煤自燃预测气体及活化能变化研究[J]. 安全与环境学报, 2017, 17(5): 1788-1795.

[32] 吕品, 周心权. 灰色马尔可夫模型在煤矿安全事故预测中应用[J]. 安徽理工大学学报(自然科学版), 2006(1): 10-13.

[33] 刘晨, 谢军, 辛林. 煤自燃预测预报理论及技术研究综述[J]. 矿业安全与环保, 2019, 46(3): 92-95, 99.

[34] 马砺, 王伟峰, 邓军, 等. $CO_2$ 对煤升温氧化燃烧特性的影响[J]. 煤炭学报, 2014, 39(S2): 397-404.

[35] 文虎, 徐精彩, 葛岭梅. 采空区注氮防灭火参数研究[J]. 湘潭矿业学院学报, 2001(2): 15-18.

[36] 朱红青, 刘星魁. 顶煤自燃危险性分析及注氮防火的理论研究[J]. 煤炭学报, 2012, 37(6): 1015-1020.

[37] 王月红, 吴怡, 张九零, 等. 采空区注氮防灭火技术工艺参数研究[J]. 矿业研究与开发, 2019, 39(2): 96-101.

[38] 周福宝. 瓦斯与煤自燃共存研究(Ⅰ): 致灾机理[J]. 煤炭学报, 2012, 37(5): 843-849.

[39] 周福宝, 夏同强, 史波波. 瓦斯与煤自燃共存研究(Ⅱ): 防治新技术[J]. 煤炭学报, 2013, 38(3): 353-360.

[40] 周福宝, 李建龙, 李世航, 等. 综掘工作面干式过滤除尘技术实验研究及实践[J]. 煤炭学报, 2017, 42(3): 639-645.

[41] Organiscak J A, Page S J. Airborne dust liberation during coal crushing[J]. Coal Preparation, 2000, 21(5-6): 423-453.

[42] Thakur P. Advanced Mine Ventilation[M]. Cambridge: Woodhead Publishing, 2019.

[43] Sarver E, Kele I, Afrouz S G. Particle size and mineralogy distributions in respirable dust samples from 25 US underground coal mines[J]. International Journal of Coal Geology, 2021, 247: 103851.

[44] 柴肇云, 康天合, 李清堂. 低级无烟煤冲击产尘特性的试验研究[J]. 矿业研究与开发, 2008(4): 60-63.

[45] 黄声树, 王晋育, 冉文清. 煤的湿润效果与产尘能力的关系研究[J]. 煤炭工程师, 1996(2): 2-5, 15, 48.

[46] Liu X H, Liu S Y, Tang P. Coal fragment size model in cutting process[J]. Powder Technology, 2015, 272: 282-289.

[47] 井伟川, 王慧. 刨煤机刨刀间距对煤岩跃进破碎及产尘的影响[J]. 辽宁工程技术大学学报(自然科学版), 2015, 34(12): 1341-1344

[48] 袁亮. 煤矿粉尘防控与职业安全健康科学构想[J]. 煤炭学报, 2020, 45(1): 1-7.

[49] 耿凡, 周福宝, 罗刚. 煤矿综掘工作面粉尘防治研究现状及方法进展[J]. 矿业安全与环保, 2014, 41(5): 85-89.

[50] 蒋仲安, 金龙哲, 袁绪忠, 等. 掘进巷道中粉尘分布规律的实验研究[J]. 煤炭科学技术, 2001(3): 43-45.

[51] 秦跃平, 姜振军, 张苗苗, 等. 综掘面粉尘运移规律模拟及实测对比[J]. 辽宁工程技术大学学报(自然科学版), 2014, 33(3): 289-293.

[52] 龚晓燕, 韩郑, 薛河, 等. 综掘工作面不同截割方式下的最佳风场调控规则[J]. 煤炭学报, 2021, 46(3): 973-983.

[53] 李雨成. 基于风幕技术的综掘面粉尘防治研究[D]. 阜新: 辽宁工程技术大学, 2010.

[54] Ren T, Wang Z W, Zhang J. Improved dust management at a longwall top coal caving (LTCC) face—a CFD modelling approach[J]. Advanced Powder Technology, 2018, 29(10): 2368-2379.

[55] Geng F, Gui C G, Teng H X, et al. Dispersion characteristics of dust pollutant in a typical coal roadway under an auxiliary ventilation system[J]. Journal of Cleaner Production, 2020, 275: 122889.

[56] 张子敏, 吴吟. 中国煤矿瓦斯地质规律及编图[M]. 徐州: 中国矿业大学出版社, 2014.

[57] 程远平, 付建华, 俞启香. 中国煤矿瓦斯抽采技术的发展[J]. 采矿与安全工程学报, 2009, 26(2): 127-139.

[58] 袁亮, 林柏泉, 杨威. 我国煤矿水力化技术瓦斯治理研究进展及发展方向[J]. 煤炭科学技术, 2015, 43(1): 45-49.

[59] 张东明, 白鑫, 尹光志, 等. 低渗煤层液态 $CO_2$ 相变定向射孔致裂增透技术及应用[J]. 煤炭学报, 2018, 43(7): 1938-1950.

[60] 周福宝, 邓进昌, 史波波, 等. 煤田火区热能开发与生态利用研究进展[J]. 中国科学基金, 2021, 35(6): 871-877.

[61] 赵建会, 张辛亥. 矿用灌浆注胶防灭火材料流动性能的实验研究[J]. 煤炭学报, 2015, 40(2): 383-388.

[62] Shi B B, Zhou F B. Fire extinguishment behaviors of liquid fuel using liquid nitrogen jet[J]. Process Safety Progress, 2016, 35(4): 407-413.

[63] 周福宝, 李全海, 刘应科, 等. 复合浆体喷涂新材料及其隔风特性[J]. 煤炭学报, 2010, 35(7): 1155-1159.

[64] 张雷林. 防治煤自燃的凝胶泡沫及特性研究[D]. 徐州: 中国矿业大学, 2014.

[65] 邓军, 孙宝亮, 费金彪, 等. 胶体防灭火技术在煤层露头火灾治理中的应用[J]. 煤炭科学技术, 2007(11): 58-60.

[66] 任万兴, 郭庆, 左兵召, 等. 近距离易自燃煤层群工作面回撤期均压防灭火技术[J]. 煤炭科学技术, 2016, 44(10): 48-52, 94.

[67] Li S H, Xie B, Hu S D, et al. Removal of dust produced in the roadway of coal mine using a mining dust filtration system[J]. Advanced Powder Technology, 2019, 30(5): 911-919.

[68] 刘浩. 煤矿潮湿环境对矿用干法过滤除尘系统除尘性能的影响研究[D]. 徐州: 中国矿业大学, 2021.

[69] 蒋仲安, 闫鹏, 陈举师, 等. 岩巷掘进巷道长压短抽通风系统参数优化[J]. 煤炭科学技术, 2015, 43(1): 54-58.

[70] 于忠强. 空气雾化喷嘴雾化特性的实验研究[D]. 大连: 大连理工大学, 2014.

[71] Balla L. Mathematical modeling of methane flow in a borehole coal mining system[J]. Transport in Porous Media, 1989, 4(2): 199-212.

[72] 赵阳升, 胡耀青, 赵宝虎, 等. 块裂介质岩体变形与气体渗流的耦合数学模型及其应用[J]. 煤炭学报, 2003(1): 41-45.

[73] 梁冰, 刘建军, 范厚彬, 等. 非等温条件下煤层中瓦斯流动的数学模型及数值解法[J]. 岩石力学与工程学报, 2000(1): 1-5.

[74] 孙可明. 低渗透煤层气开采与注气增产流固耦合理论及其应用[J]. 岩石力学与工程学报, 2005(12): 2081.

[75] 杨天鸿, 徐涛, 冯启言, 等. 脆性岩石破裂过程渗透性演化试验[J]. 东北大学学报, 2003(10): 974-977.

[76] Hu G Z, Wang H T, Fan X G, et al. Mathematical model of coalbed gas flow with Klinkenberg effects in multi-physical fields and its analytic solution[J]. Transport in Porous Media, 2008, 76(3): 407-420.

[77] An F H, Cheng Y P, Wang L, et al. A numerical model for outburst including the effect of adsorbed gas on coal deformation and mechanical properties[J]. Computers and Geotechnics, 2013, 54: 222-231.

[78] Zhi S, Elsworth D. The role of gas desorption on gas outbursts in underground mining of coal[J]. Geomechanics and Geophysics for Geo-Energy and Geo-Resources, 2016, 2(3): 151-171.

[79] Fan C J, Li S, Luo M K, et al. Coal and gas outburst dynamic system[J]. International Journal of Mining Science and Technology, 2017, 27(1): 49-55.

[80] Liu J S, Chen Z W, Elsworth D, et al. Interactions of multiple processes during CBM extraction: a critical review[J]. International Journal of Coal Geology, 2011, 87(3): 175-189.

[81] 李宗翔, 孙广义, 王继波. 综放工作面煤柱内漏风与耗氧过程的数值模拟[J]. 力学与实践, 2001(4): 15-18.

[82] 卓辉. 浅埋藏近距离煤层群开采裂隙漏风及煤自然发火规律研究[D]. 徐州: 中国矿业大学, 2021.

[83] Wessling S, Kessels W, Schmidt M, et al. Investigating dynamic underground coal fires by means of numerical simulation[J]. Geophysical Journal International, 2008, 172(1): 439-454.

# 第2章 矿井灾害种类及形成

矿井下常见且危险性较大的有七大灾害，分别为矿井瓦斯、矿井火灾、矿井粉尘、矿井水害、顶板事故、冲击地压和矿井热害，根据第1章内容，本书主要探讨矿井瓦斯、矿井火灾和矿井粉尘三类灾害。

## 2.1 矿井灾害的种类

### 2.1.1 矿井瓦斯

广义上讲，瓦斯是井下有毒有害气体的总称，主要成分是烷烃，其中甲烷占绝大多数。除此之外，瓦斯中一般还含有硫化氢、二氧化碳、氮气、水、微量惰性气体。狭义上，瓦斯指的是甲烷，是无色、无味的气体，与空气的相对密度为0.554，难溶于水，不助燃，也不能维持呼吸。井巷中的瓦斯达到一定浓度时，能使人因缺氧而窒息，并能发生燃烧或爆炸，是煤矿安全生产的重大危险源之一。

矿井中常见的瓦斯灾害类型主要有瓦斯爆炸、煤与瓦斯突出、瓦斯燃烧和瓦斯窒息。2015~2019年各类瓦斯事故统计情况见图2-1。需要说明的是，瓦斯燃烧常常引发瓦斯爆炸事故，二者无法完全区分，因此将瓦斯燃烧和瓦斯爆炸合并为同类灾害进行统计。由图2-1可以看出，2015~2019年我国煤矿发生瓦斯事故131起，死亡人数669人，其中瓦斯燃烧或爆炸事故57起，占瓦斯事故总起数的43.5%，死亡人数365人，占死亡总人数的54.5%；煤与瓦斯突出事故39起，死亡人数187人，

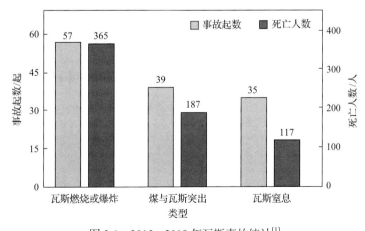

图 2-1　2015~2019 年瓦斯事故统计[1]

分别占瓦斯事故总起数和死亡总人数的 29.8%和 28.0%；瓦斯窒息事故 35 起，占瓦斯事故总起数的 26.7%，死亡人数 117 人，占死亡总人数的 17.5%[1]。

1. 瓦斯爆炸

瓦斯爆炸是煤矿致灾最严重、危害最大的事故，井下一旦发生瓦斯爆炸，将严重威胁矿工的生命安全和煤矿的正常生产，如图 2-2 所示。瓦斯发生爆炸必须满足三个条件：①氧气浓度＞12%；②瓦斯浓度处于爆炸极限，5%～16%；③一定能量的点火源。

(a) 瓦斯爆炸场景      (b) 瓦斯爆炸对巷道的破坏

图 2-2 瓦斯爆炸事故现场图

1) 瓦斯爆炸事故类型[2]

根据瓦斯爆炸过程中参与瓦斯量的多少、是否有煤尘参与爆炸、是否引起火灾和风流紊乱以及爆炸波及的范围，瓦斯爆炸可分为局部瓦斯爆炸、大型瓦斯爆炸和瓦斯连续爆炸三类。

(1) 局部瓦斯爆炸事故。局部瓦斯爆炸事故主要发生在井下局部区域，如采掘工作面、采空区和巷道的局部瓦斯积聚处，其发生过程中参与爆炸的瓦斯量较少，仅使局部设施产生破坏，不对相邻的工作面等作业场所产生影响，不破坏全矿井的通风系统。

(2) 大型瓦斯爆炸事故。大型瓦斯爆炸事故主要发生在有大量瓦斯积聚的采掘工作面、封闭的巷道或采空区，爆炸过程中参与瓦斯量相对较多或有煤尘参与，事故波及范围广，爆炸产生的冲击波、爆炸火焰以及有毒有害气体可影响一个采区、一个开采水平、矿井的一翼甚至整个矿井；大型瓦斯爆炸事故易导致矿井通风系统破坏，可能出现风流逆转及大量有毒有害气体的蔓延，易造成大量人员中毒死亡。

(3) 瓦斯连续爆炸事故。矿井发生瓦斯爆炸事故后，紧接着发生第二次、第三次以至数次爆炸，称为连续爆炸。井下发生瓦斯连续爆炸的原因一般有两种：一是由于瓦斯爆炸产生的高温点燃了坑木或其他可燃物而引起发火，且高温点附近有瓦斯的持续涌出及通风供氧，就可能发生连续爆炸；二是在第一次爆炸产生的反向冲击空气中含有足够的瓦斯和氧气，且爆源附近的火源尚未熄灭，或因爆炸产生新的火源，也可能造成第二次甚至多次连续爆炸事故。

2）瓦斯爆炸事故的一般规律

根据国内外煤矿发生的瓦斯爆炸统计资料，瓦斯爆炸事故具有如下规律：

（1）瓦斯涌出量愈大，瓦斯爆炸的危险性也愈大。随着矿井开采深度的增加和开采规模的扩大，煤层瓦斯涌出量增大，使得井下通风管理更加复杂、困难，容易发生瓦斯积聚，导致瓦斯燃烧、爆炸事故增多。

（2）采掘工作面发生瓦斯爆炸的概率大。采掘工作面易发生瓦斯积聚，使得采掘工作面瓦斯爆炸概率增大。以"U"形通风系统、上行通风的回采工作面为例，上隅角和采煤机截槽内、截盘附近、机壳与工作面煤壁之间易发生瓦斯积聚，若遇到一定能量的火源，可能在回采工作面内引发瓦斯爆炸。

（3）通风管理不好是引起瓦斯积聚、导致瓦斯爆炸的主要原因。越靠近瓦斯涌出源的地点，瓦斯积聚的概率越高；巷道内风量不足、风速低或供风停顿延续时间越长，瓦斯积聚量越大，发生瓦斯爆炸的概率也越大。

（4）电气火花和爆破火花是引发瓦斯爆炸的重要点火源。煤矿井下的火源多种多样，常见的有明火（火柴、香烟、气焊、喷灯、火灾）、煤炭自燃、爆破（爆破火焰、高温气体与微粒）、冲击摩擦火花（岩石与岩石、岩石与金属、金属与金属之间的冲击与摩擦）、绝热压缩高温（爆炸或大面积基本顶冒落产生的冲击波压缩）、电气火花、电弧、静电火花（高电阻介质摩擦产生高电位而静电放电）、高温热表面等，在能量足够时这些高温火源都可能点燃瓦斯。

（5）低瓦斯矿井，瓦斯爆炸也时有发生。对于我国部分低瓦斯矿井，特别是小煤窑，尽管煤层瓦斯涌出量不大，但由于对通风、瓦斯、爆破和机电设备的管理不符合规程要求等一系列原因，曾经多次发生瓦斯燃烧或瓦斯爆炸事故。

2. 煤与瓦斯突出

煤与瓦斯突出是我国矿井较为频繁发生的灾害之一。2001～2020 年我国共发生煤与瓦斯突出事故 484 起、死亡人数 3195 人，各年度事故起数和死亡人数见图 2-3[3]。由图 2-3 可以看出，近 20 年间，煤与瓦斯突出事故起数、死亡人数整体呈现下降的趋势。然而煤与瓦斯突出死亡人数占煤矿事故总死亡人数的比例却呈现波动式上涨，从 2001 年的 3.44%逐渐增加至 2020 年的 6.58%，并于 2019 年达到峰值 12.34%。此外，死亡人数曲线和其占比曲线近似呈现"X"分布，即随着煤与瓦斯突出死亡人数的逐年递减，煤与瓦斯突出死亡人数占比却呈现相反的变化规律，这表明，尽管煤矿安全形势逐渐好转、煤与瓦斯突出事故也得到有效控制，但煤与瓦斯突出事故在煤矿事故中仍然处于相对较高水平且愈加凸显。

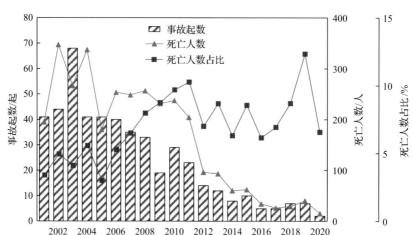

图 2-3 2001～2020 年煤与瓦斯突出事故起数和死亡人数[3]

1) 煤与瓦斯突出分类

(1) 按照动力现象的成因和特征，煤与瓦斯突出可分为煤与瓦斯突出、煤与瓦斯压出和煤与瓦斯倾出，简称突出、压出和倾出。从动力现象的分类结果来看，突出是地应力和瓦斯压力共同作用于软煤产生的一种动力现象；压出是由构造应力和受采动影响产生的地应力引起的，瓦斯压力和重力只起次要作用；倾出主要是煤体在重力作用下产生的。

(2) 按照突出发生的地点，煤与瓦斯突出可分为石门突出、平巷突出、上山突出、下山突出和回采工作面突出等。

(3) 按突出煤炭数量，煤与瓦斯突出可分为四个等级：小型突出，突出煤量小于 100t；中型突出，突出煤量为 100t(含) 至 500t；大型突出，突出煤量为 500t(含) 至 1000t；特大型突出，突出煤量等于或大于 1000t。

2) 煤与瓦斯突出的基本特征[4]

(1) 突出的煤向外抛出距离较远，具有分选现象；

(2) 抛出的煤堆积角小于煤的自然安息角；

(3) 抛出的煤破碎程度较高，含有大量碎煤和一定数量手捻无粒感的煤粉；

(4) 有明显的动力效应，破坏支架，推倒矿车，损坏和抛出安装在巷道内的设施；

(5) 有大量的瓦斯涌出，瓦斯涌出量远远超过突出煤的瓦斯含量，有时会使风流逆转；

(6) 突出孔洞呈口小腔大的梨形、舌形、倒瓶形、分岔形、其他形状等。

3）煤与瓦斯突出发生的条件

煤与瓦斯突出是在地应力、瓦斯及煤结构力学性质等综合作用下产生的动力现象。

地应力在突出中的作用有三方面：①当地应力状态突然发生改变时，围岩或煤层的弹性变形潜能做功，使煤体产生突然破坏和位移；②地应力场对瓦斯压力场起控制作用，围岩高地应力决定了煤层的高瓦斯压力，从而促进了瓦斯压力梯度在破坏煤体中的作用；③煤层透气性也取决于地应力状态，当地应力增加时，煤层透气性按负指数规律降低，使巷道前方的煤体不易排放瓦斯，而造成较高的瓦斯压力梯度。

煤体中的瓦斯对煤体有三方面作用：①全面压缩煤的骨架，促使煤体中产生潜能；②吸附在微孔表面的瓦斯分子，对微孔起楔子作用，从而降低煤的强度；③较大的瓦斯压力梯度，产生与压力降低方向保持一致的附加作用力。

煤结构和力学性质与发生突出的关系很大。在地应力和瓦斯压力为一定值时，软煤分层易被破坏，突出往往只沿软煤分层发展。软煤分层中裂隙的连通性差，煤体透气性差，因此在软煤分层中容易产生较大的瓦斯压力梯度，从而促进了突出的发生。此外，煤层中薄弱地点(如裂隙交汇处、裂隙端部等)最易引起应力集中，因此煤体的破坏一般从煤层薄弱点开始，而后再沿整个软煤分层发展。

3. 瓦斯燃烧

煤矿井下的瓦斯燃烧是指在高浓度瓦斯与井下空气接触表面发生的扩散燃烧，是矿井火灾中的外因火灾，因其发生突然并产生大量有毒有害气体，故常常威胁矿井安全生产。我国煤矿井下瓦斯燃烧事故频繁发生，据不完全统计，2000 年至 2022 年共发生瓦斯燃烧事故 144 起，造成 440 人死亡和多人受伤[5]。

1）瓦斯燃烧事故发生规律

瓦斯燃烧事故易发生在采煤工作面和掘进工作面。在采煤工作面，瓦斯燃烧事故主要发生在工作面上隅角、支架顶板空隙等。瓦斯燃烧点火源主要有电气火花、放炮火源、摩擦火花、撞击火花、吸烟、违章烧焊、煤自燃及明火 8 种类型，其分布规律如图 2-4 所示。由图 2-4 可知，电气火花和放炮火源是瓦斯燃烧事故的主要点火源，二者比例合计高达 64%。电气火花主要是由各种电气设备产生的短路火花；放炮火源主要是违章放炮产生的火源，包括二次放炮、放糊炮等。

2）瓦斯燃烧与瓦斯爆炸条件的区别

甲烷、氧气和引火源是瓦斯燃烧和瓦斯爆炸的三个必要条件，二者的区别在于瓦斯浓度的不同。一般而言，瓦斯爆炸的浓度极限为 5%～16%。当瓦斯浓度高于爆炸上限时，遇火源就会发生燃烧，但不会发生爆炸[7]。此外，在瓦斯燃烧过程中，随环境内瓦斯浓度的降低，当瓦斯浓度处于爆炸极限范围内时，瓦斯燃烧有可能转化为瓦斯爆炸。

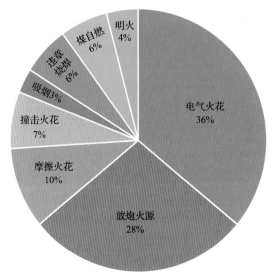

图 2-4　瓦斯燃烧点火源类型分布规律[6]

### 4. 瓦斯窒息

在井下通风条件不良的情况下，瓦斯容易在工作面、巷道上方、上隅角等场所积聚，造成空气中氧气浓度下降，使得工作人员呼吸困难，严重时引发瓦斯窒息事故，导致人员伤亡。

瓦斯窒息事故多发生在停风的煤巷或不通风的盲巷中。这些地点由于长时间无新鲜风流的供给，加上持续的瓦斯涌出，环境中的氧气浓度逐步降低。当井巷中的瓦斯浓度达到28%时，氧气浓度将降低到15%；瓦斯浓度达到43%时，氧气浓度将降低到12%。井巷空气中氧气浓度对人体生理活动具有较大影响，人体缺氧症状与空气中氧气浓度的关系见表 2-1。当空气中氧气浓度低于 15%时，人的肌肉活动能力将明显下降；氧气浓度降低到 10%～14%时，人的判断能力将迅速

表 2-1　人体缺氧症状与空气中氧气浓度的关系[8]

| 氧气浓度(体积分数)/% | 主要症状 |
| --- | --- |
| 17 | 静止时无影响，工作时能引起喘息和呼吸困难 |
| 15 | 呼吸及心跳急促，耳鸣目眩，感觉和判断能力降低，失去劳动能力 |
| 10～12 | 失去理智，时间稍长有生命危险 |
| 6～9 | 失去知觉，呼吸停止，如没有及时抢救几分钟内可能导致死亡 |

降低，出现智力混乱现象；氧气浓度降低到 6%～10% 时，短时间内人将会晕倒，甚至死亡。因此，当矿工进入通风不良的煤巷或不通风的盲巷时，因缺氧易引起窒息事故。

### 2.1.2　矿井火灾

矿井火灾是指发生在井下或地面井口附近、威胁矿井安全生产、形成灾害的一切非控制燃烧，是矿井生产中的主要灾害之一。其一旦发生不仅会烧毁大量资源和设备，还会严重危及井下人员的生命安全，甚至诱发瓦斯、煤尘爆炸等二次伤害，进一步扩大灾害危险性。在全球范围内，矿井火灾都是煤矿的主要自然灾害之一，而在我国这种现象尤为严重。

据统计，我国 25 个产煤省（自治区、直辖市）的 130 余个大中型矿区均受到矿井火灾不同程度的威胁，其中 40 个大中型矿区煤层自然发火严重。全国 657 处重点煤矿中，有煤层自然发火倾向的矿井数量占 54.9%。最短自然发火期小于 3 个月的矿井数量占 50% 以上[9,10]。而由图 2-5 的 2000～2018 年的矿井火灾统计数据可知，近年来随着煤矿行业科技进步和监管强化，我国矿井火灾形势确有好转，但重特大煤矿火灾事故尚未能够完全遏制。

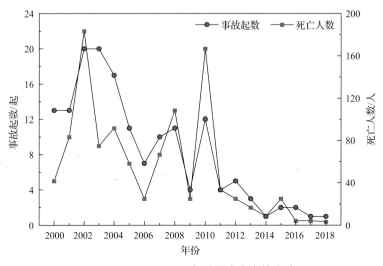

图 2-5　2000～2018 年矿井火灾事故统计

随着井下机械化程度的不断提高，各种诱发火灾的因素也在不断增加，现有的防灭火技术难以适应集约化矿井的需求。此外，矿井火灾救援难度大也是矿井火灾中人员伤亡难以避免的原因之一。矿井火灾发生在井下受限空间内，一旦发生火灾，巷道受灾程度会不断扩大，同时井下火灾会直接影响到通风系统，进一步使受灾人员的逃生更加困难，灭火人员的生命安全也会受到严重威胁。另外，矿井火灾和爆炸中 90% 以上的人员死亡原因，不是因为被灼烧或爆炸冲击波直接作用造成的，而是因为吸入了有毒烟气，特别是一氧化碳气体。

1. 矿井火灾的分类

1)按火灾成因

在这些井下火灾事故中，按照成因可分为外因火灾和内因火灾，其中内因火灾是矿井火灾的主要形式，在我国国有重点煤矿中，有56%以上的矿井都存在自然发火的危险，而由煤炭自燃引起的火灾占矿井火灾总数的90%以上。

(1)外因火灾是指由外部的高温热源引起可燃物燃烧的火灾，如吸烟、电焊、用电炉或灯泡取暖、电火花、明火明电、放炮、瓦斯煤尘爆炸等所引起的火灾。外因火灾的特点是发生突然，来势迅猛，无预兆可查[11]，在矿井火灾总数中所占的比例不大，但损失较大。需要注意的是，近年来随着机械化程度的不断提高，外因火灾在矿井火灾中所占的比例也在逐渐增加。

(2)内因火灾是指由于煤炭自燃引起的火灾。这类火灾有一个孕育过程(潜伏期、自热期和燃烧期)，在火灾发生前会有一些预兆。而且火源经常发生在人们难以进入的采空区和煤柱内，扑灭难度较大。近年来，综采放顶煤技术得到大力推广和应用，使煤矿生产效率大幅提高，但该方法冒落高度大、采空区遗留残煤多、漏风严重，使得矿井煤炭自然发火频繁发生，已成为制约矿井安全生产的主要因素之一。

煤田火灾(图 2-6)是暴露地层表面或者在地下煤层的不受控制的燃烧或阴燃行为，主要通过煤炭自燃引起，即煤和氧气之间的放热反应。煤火会引起地表气温升高、气体排放物(如二氧化碳、甲烷、一氧化碳、二氧化硫、硫化氢等物质)浓度增加、地表开裂以及上覆岩层的裂缝和塌陷等地质异常现象。

图 2-6　由煤炭自燃引起的煤田火区

2)按可燃物的种类

矿井下存在众多的可燃物(图2-7)，包括木材、传送胶带、煤、瓦斯、一氧化碳以及电气设备所需的机油、润滑油等。这些可燃物可分为气态可燃物、固态可燃物和液态可燃物，根据燃烧物的种类不同，火灾的燃烧形式也不同。

(a) 高分子材料

(b) 空压机及油料

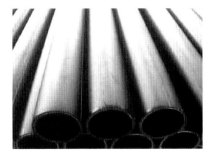
(c) PVC(聚氯乙烯)管材

(d) 煤矿井下电气设备

(e) 坑木和皮带火灾

图 2-7　矿井下可燃物

对于瓦斯等气态可燃物，燃烧的形式包括扩散燃烧和预混燃烧两种。扩散燃烧是指高浓度的可燃气体与空气边混合边燃烧的现象，如煤矿井下的瓦斯或一氧化碳从泄漏口喷出后进而在与空气的混合区域发生燃烧，因此此类燃烧只发生在局部有限的区域，不会发生爆炸。

对于胶带、高分子材料等固态和空压机油料等液态可燃物，燃烧的主要方式是分解燃烧。可燃物在高温作用下首先发生热分解生成挥发性的可燃气体，这些气体在高温下达到一定温度后燃烧，而气体燃烧产生的热量又继续使可燃物热分解，因此使得燃烧不断进行。

3) 按通风状况(供氧状况)

通风控制的燃烧或富氧燃烧是指燃烧处通风好，氧气的供给量大于或等于燃烧所需的氧气量，此时燃烧在进行过程中只会受到可燃物数量的限制。随着燃烧的进行，氧气的供给量可能会逐渐下降，最终低于燃烧所需的氧气量，这时燃烧就转变为可燃物控制的燃烧或富燃料燃烧。

富氧燃烧转变为富燃料燃烧的过程是一个非常重要的节点，在建筑火灾中这一时间点称为爆燃，即燃烧达到最盛的时刻。而在矿井下，这一过程会对通风系统和巷道内的安全设施造成极大的威胁，使逃生和救援工作变得更加困难。另外，有时也会发生富燃料燃烧转变为富氧燃烧的现象。当高温烟流中的挥发性可燃气体随着流动遇到新鲜空气时，就有可能突然燃烧，这种现象称为回燃，这种燃烧一般与火源地点有一定的距离且呈现出跳跃性的前进，因此在矿井下又称为"跳蛙"。

2. 矿井火灾的危害

矿井火灾一旦发生就有可能造成大量的财产损失和人员伤亡。火灾的伤害一般直接来自有限空间内燃烧产生的高温、高压、有害气体，以及诱发爆炸产生的冲击波、构造物垮塌等，而在矿井下由于空间受限此类伤害因素就更加危险。除此之外，矿井火灾还对井下通风系统有重大影响，这也是矿井火灾更具危险性、更难以施救的原因。

以上直接伤害因素带来了以下几点危害：

(1)矿井火灾由于在受限空间燃烧，产生大量有毒有害气体，使人体缺氧窒息或中毒。煤炭燃烧或自燃会产生一氧化碳、二氧化碳、二氧化硫等有害气体，毒害人体(表2-2)。燃烧产生的高温可使人呼吸道灼伤。

表2-2　不同浓度一氧化碳对人体的影响

| 浓度/ppm | 对人体的影响 |
| --- | --- |
| 100 | 最大允许值 |
| 200 | 2～3h 轻微头痛 |
| 400 | 1～2h 头痛、恶心 |
| 800 | 45min 痉挛，2h 昏迷 |
| 1600 | 20min 痉挛，2h 死亡 |
| 2400 | 15min 痉挛，1h 死亡 |
| 3200 | 5min 痉挛，0.5h 死亡 |
| 6400 | 10min 死亡 |

注：$1ppm=10^{-6}$

(2)引起瓦斯、煤尘爆炸。矿井火灾不仅提供了瓦斯、煤尘爆炸的热源，而且由于火的干馏作用，井下可燃物(煤、木材等)放出氢气和其他多种碳氢化合物等爆炸性气体。因此，火灾会引起瓦斯、煤尘爆炸，进一步扩大灾情及伤亡。

(3)火灾烧毁设备和煤炭资源。井下发生火灾，因灭火措施不当或拖延时间，往往错失灭火良机，使火势扩大，这样就会烧毁大量的设备、器材，消耗煤炭资源。

(4)火灾可破坏井下通风系统，致使风流紊乱。火灾产生的火风压会使风流逆转，使原来安全的上风侧工作面中进入有害气体，威胁上风侧人员、设备安全。

其中，矿井火灾对通风系统的影响主要体现在两个方面：

(1)燃烧放热使巷道内空气温度升高，降低了巷道内的空气密度，进而改变了压力分布，尤其是产生的火风压会对非水平的巷道分支造成较大影响。火风压是指在非水平巷道中，一端巷道由于火灾空气升温膨胀而密度减小，与另一端有高度差的巷道内的空气形成压力差，产生一种浮力效应，即火风压。

(2)燃烧导致的热膨胀使主干通风巷道内的空气质量流量减少，即节流效应。

这两个方面的影响都会改变矿井的风量分配，使井下供风量不足甚至风流逆转，导致火灾事故范围扩大，造成更严重的后果。

### 3. 矿井火灾事故的一般规律

内因火灾一般发生在采空区、遗留的煤柱、破裂的煤壁、断层或地质构造带、煤巷的高冒处以及浮煤堆积等地点；且大多数自燃火灾发生在隐蔽的地方，一般情况下是不易被发现的。初期阶段，其发火特征不明显，只能通过空气成分的微小变化，以及矿井空气温度、湿度的逐渐增加来判断，只有燃烧过程发展到明火阶段，产生大量热、烟气和气味时，才能被人们察觉到。

外因火灾一般都是由外部高温热源引起可燃物质燃烧造成的火灾，如明火、放炮、瓦斯爆炸、机电设备运转不良(如机械摩擦、电流短路)等原因造成的火灾。这类火灾大部分发生在井口房、井筒、井底车场、石门及机电硐室和有机电设备的巷道等地点，具有火源明显、发生突然、来势凶猛等特点，通常会引起通风系统紊乱，同时给灭火救灾工作带来困难。由于外因火灾往往是由表及里进行的，若发现不及时，可能酿成二次事故。

## 2.1.3　矿井粉尘

粉尘是在矿井生产(如钻眼爆破、切割、装载、落煤及运输和提升)过程中，因煤岩被破碎而产生的。由于煤、岩地质条件和物理性质及采掘方法、作业方式、通风状况和机械化程度的不同，煤矿粉尘的生成量有很大差异；即使在同一矿井，产尘的多少也因地因时发生不同的变化。一般来说，在现有防尘技术措施的条件下，各生产环节产生的浮游粉尘比例大致为：采煤工作面产尘量占 45%～80%；

掘进工作面产尘量占 20%～38%；锚喷作业点产尘量占 5%～10%；其他作业点占 2%～5%。各作业点随机械化程度的提高，粉尘生成量也将增大[12,13]。

井下粉尘带来的危害主要体现在以下几个方面：

(1)导致工人罹患尘肺病，另外受到煤尘爆炸的潜在生命威胁；

(2)煤尘爆炸同瓦斯爆炸一样都属于矿井中的重大灾害事故，会对受害者的人身、财产造成极大的损失；

(3)粉尘污染不仅严重破坏生态环境，影响人们的身心健康，而且悬浮性粉尘会增加生产设备的非正常磨损，缩短设备寿命，对企业的产出和经济效益产生不可低估的影响。

**1. 尘肺病**

悬浮于空气中的粉尘称为浮尘，沉落下来的粉尘称为落尘。浮尘和落尘可以相互转化，其中浮尘是导致井下工作人员罹患尘肺病的直接诱因。按对人体的危害程度将粉尘分为呼吸性粉尘和非呼吸性粉尘。呼吸性粉尘是指能在人体肺泡内沉积的，粉尘空气动力学直径在 7.07μm 以下，而且空气动力学直径 5μm 粉尘的采集效率为 50%的粉尘。尘肺病在我国职业病中占了绝大部分的比例，尘肺病是一个长期的致病过程，粉尘作业工人往往在工作中意识不到其危害，在工作很多年甚至退休后才检查出尘肺病，对身体造成不可挽救的创伤[14]。煤矿尘肺发病率居高不下的主要原因是我国大多数煤矿未能采取有效的防尘措施或根本就没有防尘措施，致使作业场所的总尘和呼吸性粉尘浓度未能得到有效降低。

1)尘肺病类型

煤矿尘肺病可按吸入矿尘成分的不同分为以下三类。

(1)硅肺病(矽肺病)：是由于长期吸入大量含有游离二氧化硅粉尘所引起的，以肺部广泛的结节性纤维化为主的疾病。严重者可影响肺功能，丧失劳动能力，甚至发展为肺心病、心衰及呼吸衰竭。

(2)煤硅肺病(煤矽肺)：同时接触硅尘又接触煤尘的混合工种工人，其尘肺在病理上往往兼有硅肺和煤肺的特征，这种尘肺称为煤硅肺。

(3)煤肺病：是长期接触游离二氧化硅含量为 5%以下的煤尘，从而引起肺部病理改变，使肺间质组织纤维化和纤维结节的疾病。患者多为采煤工作面上的工人。

2)尘肺病分布特征

我国煤矿工人工种变化较大，长期从事单一工种的很少。因此，煤矿尘肺中煤硅肺比重较大。据卫生和科研部门统计：煤硅肺占尘肺总人数的 70%～80%，硅肺占 20%～30%，煤肺占 5%～10%。

国家卫生健康委员会统计数据显示[15]：2020 年全国共报告各类职业病新病例 17064 例，职业性尘肺病及其他呼吸系统疾病 14408 例，其中职业性尘肺病 14367 例。由图 2-8 可知，2020 年我国职业性尘肺病约占职业病总数的 84.19%。尘肺病所造成的危害给国家和煤矿企业造成了巨额的经济损失，也给井下矿工带来了严重的身体健康危害。

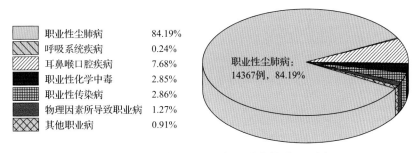

职业性尘肺病　　　　84.19%
呼吸系统疾病　　　　0.24%
耳鼻喉口腔疾病　　　7.68%
职业性化学中毒　　　2.85%
职业性传染病　　　　2.86%
物理因素所导致职业病　1.27%
其他职业病　　　　　0.91%

职业性尘肺病：
14367例，84.19%

图 2-8　2020 年我国职业性尘肺病数量和比例

2. 煤尘爆炸

煤尘引起的爆炸事故可能导致人员的大量伤亡、设备的严重破坏，而且爆炸时引起的高温、高压和冲击波还可能毁坏整个矿井，后果不堪设想。在煤尘爆炸过程中，煤尘首先在高温热源的作用下热分解而产生可燃气体，这些可燃气体与空气混合后发生燃烧，继而放热促进附近煤尘继续热分解，形成链式反应，最终导致爆炸。

1) 煤尘爆炸分级

煤尘爆炸指数是指煤的挥发分占可燃物的百分数，其单位为%。煤的主要成分有挥发分、固定碳、水分和灰分等。每一种成分对煤的爆炸性都有一定影响，而其中主要是挥发分。煤尘爆炸指数也可叫作可燃挥发分指数。煤尘爆炸指数越高，煤尘爆炸性越强。煤尘爆炸指数与煤尘爆炸性强弱的关系如下：①煤尘爆炸指数小于 10%，煤尘一般不爆炸；②煤尘爆炸指数为 10%~15%，煤尘爆炸性较弱；③煤尘爆炸指数为 15%~28%，煤尘爆炸性较强；④煤尘爆炸指数大于 28%，煤尘爆炸性强烈。

煤尘爆炸指数并不能确定煤尘能否爆炸，我国煤尘爆炸指数小于 10% 的，也有煤尘爆炸的现象；煤尘爆炸指数大于 10% 的，也有煤尘不爆炸的现象；通常用煤尘爆炸指数作为判断煤尘爆炸性强弱的一项指标。

随着矿井开采规模的不断扩大，机械化作业的水平及效率越来越高，粉尘浓度也越来越高。这不仅会对人体造成直接伤害，当煤矿粉尘浓度临近爆炸浓度时还极易产生爆炸事故，对人身财产安全造成更加严重的威胁。因此，煤矿企业在开采工作中一定要对粉尘进行根本治理，为开采人员及财产安全提供有力保障。

2) 煤尘爆炸的特征[8]

(1) 形成高温、高压、冲击波。煤尘爆炸火焰温度为 1600～1900℃，爆源的温度达到 2000℃以上，这是煤尘爆炸得以自动传播的条件之一。

在矿井条件下煤尘爆炸的平均理论压力为 736kPa，但爆炸压力随着离开爆源距离的延长而跳跃式增大。爆炸过程中如遇障碍物，压力将进一步增加，尤其是连续爆炸时，后一次爆炸的理论压力将是前一次的 5～7 倍。煤尘爆炸产生的火焰速度可达 1120m/s，冲击波速度为 2340m/s。

(2) 煤尘爆炸具有连续性。由于煤尘爆炸具有很高的冲击波速，能将巷道中落尘扬起，甚至使煤体破碎形成新的煤尘，导致新的爆炸，有时可如此反复多次，形成连续爆炸，这是煤尘爆炸的重要特征。

(3) 煤尘爆炸的感应期。煤尘爆炸也有一个感应期，即煤尘受热分解产生足够数量的可燃气体形成爆炸所需的时间。根据试验，煤尘爆炸的感应期主要取决于煤的挥发分含量，一般挥发分含量为 40%时，感应期一般为 40～280ms，挥发分越高，感应期越短。

(4) 挥发分减少或形成"粘焦"。煤尘爆炸时，参与反应的挥发分占煤尘挥发分含量的 40%～70%，致使煤尘挥发分减少。根据这一特征，可以判断煤尘是否参与井下的爆炸。对于气煤、肥煤、焦煤等黏结性煤的煤尘，一旦发生爆炸，一部分煤尘会被焦化，黏结在一起，沉积于支架和巷道壁上，形成煤尘爆炸所特有的产物——焦炭皮渣或黏块，统称"粘焦"。"粘焦"也是判断井下发生爆炸事故时是否有煤尘参与的重要标志。

(5) 产生大量的一氧化碳。煤尘爆炸时产生的一氧化碳，在灾区气体中浓度可达 2%～3%，甚至高达 8%左右，爆炸事故中受害者的大多数 (70%～80%) 是由一氧化碳中毒造成的。

### 3. 粉尘污染

巷道开采过程会产生大量粉尘及废气，矿井隧道内污染十分严重。巷道采用通风除尘技术，可以有效降低巷道内粉尘浓度，改善煤矿工人工作环境，但是会导致巷道内大量粉尘被排出巷道之外，进而造成大气污染。此外，煤粉中含有铜、铅、镍、锌、锡等重金属，若无法有效处理会导致地下水安全受到严重威胁。

1) 粉尘污染分类

按粉尘颗粒的大小可分为如下几种。

(1) 粗尘：直径大于 40μm 的粉尘，是一般筛分的最小直径，极易沉降；

(2) 细尘：直径为 10～40μm，在明亮的光线条件下，肉眼可以看到，在静止空气中呈加速沉降；

（3）微尘：直径为 0.25～10μm，用普通光学显微镜可以观察到，在静止空气中呈等速沉降；

（4）超微粉尘：直径小于 0.25μm，要用超倍显微镜才能观察到，可长时间悬浮于空气中，并能随空气分子做布朗运动。

2）粉尘污染特征

矿井通风是井下安全生产的前提和保障，但风井回风流中往往含有大量的微尘和超微粉尘，通风排放的粉尘具有粒径小、比表面积大等特点，使得小颗粒粉尘更加容易吸附空气中的有毒物质，包括一些重金属及小粒径有毒物质，其在沉降后还会造成周围土壤的重金属污染，增加肺癌、急性白血病等疾病的发病率。此外，这些粉尘不仅会在空气中长时间存在，还会在空气中大范围扩散传播，给生态环境带来严重的损害。

矿井开采环境非常恶劣，煤粉中携带许多重金属、方解石、铁矿石等坚硬物质，对矿用机械磨损十分严重。矿用机械事故每时每刻都在发生，一旦设备抛锚，为了维护这些设备，不仅需要投入大量的资金，而且还会耽误工程进度。在煤炭开采过程中，液压支架、输送机和采煤机的事故率超过 30%，其中机械磨损导致机械失效的事故率达到 80%。因此，降低巷道内粉尘浓度有着较为明显的现实意义。

## 2.2　矿井灾害的形成

### 2.2.1　矿井瓦斯

1. 瓦斯爆炸灾害的形成

1）瓦斯爆炸机理[7,16]

瓦斯爆炸是一定浓度的甲烷和空气中的氧气在高温热源的作用下发生激烈氧化反应的过程，其本质是热-链反应，如图 2-9 所示，其最终的化学反应式为

$$CH_4 + 2O_2 \Longrightarrow CO_2 + 2H_2O + 882.6kJ/mol \qquad (2-1)$$

由于瓦斯爆炸链式反应的复杂性，很难直接通过理论分析得出其链式反应过程。许多学者通过实验研究甲烷-氧气反应过程[17-20]，建立的甲烷-氧气反应历程模型如下：

（1）甲烷首先分解为大量的自由基，由于甲烷的 C—H 键键能较大，这一过程速度相对较慢，在反应初始阶段自由基浓度较低。甲烷氧化起始反应有两条途径：低温下为 $CH_4+O_2 \longrightarrow CH_3+H_2O$；高温下为 $CH_4+M \longrightarrow CH_3+H+M$。

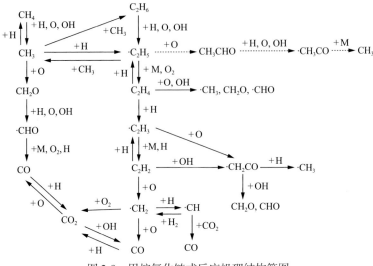

图 2-9　甲烷氧化链式反应机理结构简图

(2) 当自由基浓度形成一定规模后，—O、—OH、—H 和 $H_2O$ 在反应中起主导作用并加速反应，使甲烷反应生成—$CH_3$，因此反应初期基团中—$CH_3$ 浓度最高。随着甲烷与氧气或其他基团反应，中间产物甲醛、氢气、乙烷、乙烯的反应率及浓度都相对稳定，对反应起着重要作用。在火焰高温下—$CH_3O$ 不稳定而很快分解，感应期内的反应生成了大量甲醛。甲醛浓度的升高将导致自由基浓度猛增，加速反应进行和热释放，因此甲醛浓度的上升时间决定着感应期的长短。

2) 瓦斯爆炸原因

(1) 通风不畅造成瓦斯积聚。瓦斯积聚是发生瓦斯爆炸的物质基础，瓦斯浓度达到爆炸浓度且氧气浓度适当的混合气体在遇到火源后即会发生爆炸。瓦斯积聚是指体积超过 $0.5m^3$ 的空间瓦斯浓度超过 2% 的现象，局部地点的瓦斯积聚是造成瓦斯爆炸的根源。造成瓦斯积聚的原因主要有工作面风量不足、通风设计不合理、煤矿瓦斯含量高及煤层瓦斯抽采效果不达标等。

(2) 存在高温火源，井下的一切高温热源都有可能引起瓦斯燃烧、爆炸事故，其中爆破和电气火花是瓦斯爆炸的主要火源。

3) 瓦斯爆炸灾害效应

瓦斯爆炸对矿井设施、设备及现场作业人员造成的危害是十分严重的，主要表现在以下三个方面：

(1) 瓦斯爆炸产生高温。瓦斯爆炸的反应速度极快，瞬间释放出大量热，使气体温度和压力骤然升高。这种高温不仅会造成人员伤亡、设备烧毁，还有可能点燃木材、支架和煤尘，引起井下火灾和煤尘爆炸事故。

(2)瓦斯爆炸产生高压冲击波。爆炸瞬间气体温度骤然升高会引起气体压力突然增大，并以极快的速度传播，形成高压冲击波。高压冲击波会推倒支架、损坏设备、使巷道或工作面的顶板坍塌以及造成现场人员死亡，致使矿井遭受严重破坏。

(3)瓦斯爆炸产生大量有毒有害气体，且氧气浓度大幅降低，直接威胁井下作业人员的安全。瓦斯爆炸后的气体成分为氧气6%～10%、氮气82%～88%、二氧化碳4%～8%、一氧化碳1%～2%。而当空气中一氧化碳浓度达到0.4%时，易使人中毒死亡。此外，当氧气浓度减少到10%～12%时，也会使人失去知觉而发生窒息事故。

### 2. 煤与瓦斯突出的形成

#### 1)煤与瓦斯突出机理[2,4,7]

煤与瓦斯突出是一种复杂的动力现象。世界上许多产煤国家对煤与瓦斯突出机理开展了广泛研究，提出了多种假说，但目前尚未形成统一认识。但是，煤与瓦斯突出是瓦斯压力、地应力和煤的物理力学性能综合作用的结果，这一结论已得到广泛认可。煤与瓦斯突出综合作用假说认为煤与瓦斯突出存在三个必要条件：①工作面前方存在具有较高瓦斯能量和地应力的局部高能煤体；②局部高能煤体与自由面之间的煤体强度要低；③煤体中蕴含大量的可迅速释放的瓦斯。

采掘工作面突出前的状态如图2-10所示。突出系统由高能煤岩体、隔离体和自由空间三部分组成。突出前，由于高能煤岩体与自由面之间存在一个隔离体，系统处于平衡状态。当爆破等外部因素导致隔离体抗拒力(强度)降低，或采掘活动导致高能煤岩体的能量增加时，则平衡破坏，便发生突出事故。煤与瓦斯突出发展的充要条件是：有足够的瓦斯流将破碎煤体抛出，且突出孔壁始终保持较大的地应力梯度和瓦斯压力梯度，从而使煤的破碎向深部发展。

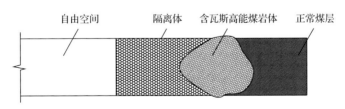

图 2-10　采掘工作面突出前状态

#### 2)煤与瓦斯突出过程[4]

煤与瓦斯突出过程可分为孕育、激发、发展和停止这四个阶段。

(1)突出的孕育阶段。外因的诱发作用(如爆破、风镐作业、打钻等)，使得煤体原有平衡的应力状态突然破坏，孔隙和裂隙中瓦斯压力逐渐升高，采动应力重新分布，在工作面附近的煤壁内地应力与瓦斯压力梯度逐渐增高。

(2)突出的激发阶段。当瓦斯压力梯度及释放的岩石和煤的弹性潜能足够大时，存储在煤岩体内的弹性潜能迅速释放，伴有煤体的破裂声，煤层发生压缩变形，即可破坏煤体，激发突出。

(3)突出的发展阶段。在突出的发展阶段，依靠释放的弹性能以及游离和解吸瓦斯的膨胀能使煤体破碎，并由瓦斯流将碎煤抛出。随着碎煤被抛出，在突出孔洞壁始终保持着一个较大的地应力梯度和瓦斯压力梯度，从而使煤的破碎过程由突出发动中心向内部和周围发展。随着煤的破碎和抛出，瓦斯压力降低，吸附瓦斯解吸，而大量解吸瓦斯的膨胀加剧了这一过程，又促使煤进一步破碎。

(4)突出的停止阶段。当激发突出的能量耗尽，继续放出的能量不足以粉碎煤，或突出孔道受阻碍，不能继续在突出孔洞壁建立大的地应力梯度和瓦斯压力梯度时，突出即停止。

**3. 瓦斯燃烧灾害的形成**

1)燃烧理论

瓦斯燃烧属于气体燃烧范畴，当瓦斯浓度高于瓦斯爆炸上限时，遇到点火源会发生燃烧，并在火焰外围形成燃烧层。瓦斯燃烧要素如图 2-11 所示。

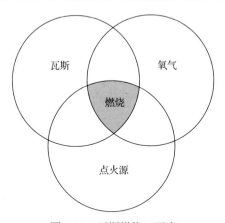

图 2-11　瓦斯燃烧三要素

2)瓦斯燃烧灾害特点

(1)瓦斯燃烧所需点火能量低，井下点火源众多。虽然矿井对火源管理十分严格，但是各种潜在的点火源仍然存在，种类众多。例如，采掘过程中的摩擦火花、电气短路的电火花以及煤炭自燃引发的热源等。

(2)瓦斯燃烧火焰呈游离状态，发火位置及形状变化多端。井下瓦斯具有多源性的特点，煤壁、落煤、采空区以及上下邻近层都可以释放出瓦斯，同时受其本身的物理特性以及井下环境温度和瓦斯浓度差的影响，瓦斯在无风的条件下也能够发生扩散，这就造成了瓦斯燃烧的火焰是类似于流体流淌的蔓延火，给扑救带来较大的困难。

4. 瓦斯窒息灾害的形成

1) 瓦斯窒息机理

在人体器官中，大脑是高度氧依赖器官，机体内氧气主要参与脑内组织细胞代谢，是维持脑组织结构及功能正常的重要因素[21]。当井下人员所处环境瓦斯浓度过高，氧气浓度低于 18% 时，人体内血氧浓度和氧分压均大幅度降低，引起机体心血管系统代偿性反应、血管扩张、心率增快。若人员长期处于缺氧环境，将诱发心、脑等重要器官出现功能障碍、器官衰竭直至死亡[22]。

2) 窒息事故形成过程

人体由窒息向死亡的发展过程可分为窒息前期、吸气性呼吸困难时期、呼气性呼吸困难时期、终末呼吸期和呼吸停止期共五个阶段。

(1) 窒息前期。机体发生呼吸障碍，在此时期机体的呼吸障碍主要表现为氧气的吸入障碍。但由于机体内还有部分氧气的残留，故机体在短时间内无明显缺氧症状。此时期一般持续仅 0.5～1min。

(2) 吸气性呼吸困难期。在窒息前期，机体新陈代谢将耗去体内的残余氧气，并产生大量的二氧化碳。在二氧化碳的刺激下，人体呼吸将加深加快，机体需要通过高频率吸气，以缓解缺氧症状。在此时期机体呼吸呈喘气状，且伴随心跳加快和血压上升。此时期一般持续 1～1.5min。

(3) 呼气性呼吸困难期。机体内二氧化碳浓度持续增加，呼吸加剧，出现呼气强于吸气的现象。机体出现颜面青紫肿胀、颈静脉怒张等典型窒息症状，并可能出现意识丧失、肌肉痉挛，甚至出现排尿排便现象。此时期持续约 1min。

(4) 终末呼吸期。由于机体内严重缺氧和过多的二氧化碳积蓄，人体呼吸中枢再度受刺激而兴奋，呼吸活动又暂时恢复，呈间歇性吸气状态，同时机体血压下降，瞳孔散大，肌肉松弛。此时期持续一至数分钟。

(5) 呼吸停止期。机体呼吸停止，但尚有微弱的心跳，可持续数分钟至数十分钟，直至心跳停止死亡。

## 2.2.2　矿井火灾

1. 燃烧着火基础理论

燃烧三要素是燃烧发生的必要条件，即可燃物、点火源、助燃物，结合矿井下的具体情况就可总结出矿井火灾发生的三要素。

(1)可燃物。在矿井下，各种可燃的矿物、坑木、机电设备、油料、炸药甚至运输胶带等都具有可燃性。而在煤矿中煤炭本身就是一个普遍存在的可燃物，另外在生产过程中产生的煤尘、涌出的瓦斯等都是潜在的可燃物。

(2)点火源。可燃物只有在足够热量和温度下才可能燃烧。煤的自燃、放炮作业、机电设备摩擦生热、吸烟、电气设备故障等积聚的热量或产生的明火都是井下可能引发火灾的点火源。

(3)助燃物。燃烧的本质就是剧烈的氧化还原反应，而最常见的氧化剂就是氧气。在井下氧气主要由巷道中的新鲜风流提供，为矿井火灾的发生提供了必要的助燃物，只有当氧气浓度低于12%时明火燃烧才会熄灭。

总之，燃烧三要素是矿井防灭火技术与理论的基础，防治井下火灾就是要避免或减少三要素中的至少一个要素。

经典的着火三角形(图2-12(a))一般足以说明燃烧得以发生和持续进行的原理。但是，根据燃烧的链锁反应理论，很多燃烧的发生都有持续的游离基(自由基)作"中间体"，因此着火三角形应扩大到包括一个说明游离基参加燃烧反应的附加维，从而形成一个着火四面体(图2-12(b))[23]，如图2-12(b)所示。

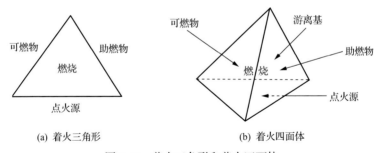

(a) 着火三角形　　　　　(b) 着火四面体

图 2-12　着火三角形和着火四面体

井下可燃物的着火方式，一般分为下列几类：

(1)化学自燃。例如，火柴受摩擦而着火；炸药受撞击而爆炸；金属钠在空气中的自燃；烟煤因堆积过高而自燃等。这类着火现象通常不需要外界加热，而是在常温下依据自身的化学反应发生的，因此习惯上称为化学自燃。

(2)热自燃。如果将可燃物和氧化剂的混合物预先均匀地加热，随着温度的升高，当混合物加热到某一温度时便会自动着火(这时着火发生在混合物的整个容积中)，这种着火方式习惯上称为热自燃。

(3)点燃(或称强迫着火)。是指由于从外部能源，如电热线圈、电火花、炽热质点、点火火焰等得到能量，使混气的局部范围受到强烈的加热而着火。这时火焰就会在靠近点火源处被引发，然后依靠燃烧波传播到整个可燃混合物中，这种着火方式习惯称为阴燃。大部分火灾都是因为阴燃所致。

上述三种着火分类方式，并不能十分恰当地反映出它们之间的联系和差别。例如，化学自燃和热自燃都是既有化学反应的作用，又有热的作用；而热自燃和点燃的差别只是整体加热和局部加热的不同而已，绝不是"自动"和"受迫"的差别。另外，火灾有时也称爆炸，热自燃也称热爆炸。这是因为此时着火的特点与爆炸相类似，其化学反应速率随时间激增，反应过程非常迅速，因此在燃烧学中所谓着火、自燃、爆炸，其实质都是相同的，只是在不同场合叫法不同而已。

通常所谓的着火是指直观中的混合物反应自动加速，并自动升温以至引起空间某个局部最终在某个时间有火焰出现的过程。这个过程反映了燃烧反应的一个重要标志，即由空间的这一部分到另一部分，或由时间的某一瞬间到另一瞬间化学反应的作用在数量上有突跃的现象，可用图 2-13 表示。

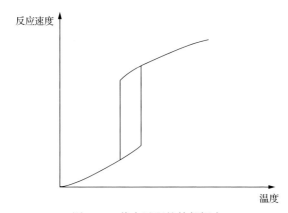

图 2-13 着火过程的外部标志

图 2-13 表明，着火条件是：如果在一定的初始条件下，系统将不能在整个时间区段保持低温水平的缓慢反应态，而将出现一个剧烈的、加速的过渡过程，使系统在某个瞬间达到高温反应态，即达到燃烧态，那么这个初始条件就是着火条件。

需要注意的是：①系统达到着火条件并不意味着已经着火，而只是系统已具备着火的条件；②着火这一现象是就系统的初态而言的，它的临界性质不能错误地解释为化学反应速度随温度的变化有突跃的性质，如图 2-13 中横坐标所代表的温度不是反应进行的温度，而是系统的初始温度；③着火条件不是一个简单的初温条件，而是化学动力学参数和流体力学参数的综合体现。对一定种类可燃预混气而言，在封闭情况下，其着火条件可由下列函数关系表示：

$$f(T_0, h, P, d, u_\infty) = 0 \qquad (2\text{-}2)$$

式中，$T_0$ 为环境温度；$h$ 为对流换热系数；$P$ 为混气压力；$d$ 为容器直径；$u_\infty$ 为静气流速度。

下面论述几个经典的着火理论[24-26]。

1) 自燃的化学动力学基础

自燃着火条件的分析、火势发展快慢的估计、燃烧历程的研究及灭火条件的分析等，都要用到燃烧反应的化学动力学理论。1889 年，阿伦尼乌斯(Arrhenius)从实验结果中总结出温度对反应速率影响的经验公式，后来又用理论证实了该式。阿伦尼乌斯方程为

$$k = Ae^{-E/RT} \tag{2-3}$$

式中，$k$ 为反应速率常数，$m^3/(mol \cdot s)$ 或 $K/min$；$A$ 为频率因子或指前因子，表示单位时间、单位体积内一对分子发生碰撞的次数，$m^3/(mol \cdot s)$ 或 $K/min$；$T$ 为温度，$K$；$E$ 为活化能，$J/mol$；$R$ 为通用气体常数，$J/(mol \cdot K)$。

阿伦尼乌斯方程适用于所有基元反应、许多非基元反应和某些多相反应。或者说，随着反应温度的升高，反应速率能够连续变大的反应，阿伦尼乌斯方程均可适用。研究煤自燃时，通常视煤与氧气的作用为一个总包反应，并假说反应速率服从一级阿伦尼乌斯方程，由实验数据求得活化能 $E$ 和频率因子 $A$，以此求算反应速率、放热速率或评价煤的自燃倾向性，给煤自燃的研究带来方便。

2) 谢苗诺夫热自燃理论

任何反应体系中的可燃混气，一方面它会进行缓慢氧化而放出热量，使体系温度升高，另一方面体系又会通过器壁向外散热，使体系温度下降。热自燃理论认为，着火是反应放热因素与散热因素相互作用的结果。如果反应放热占优势，体系就会出现热量积聚，温度升高，反应加速，发生自燃；相反，如果散热因素占优势，体系温度下降，不能自燃。即当放热速度小于散热速度时，反应物的温度会逐渐降低，显然不可能引起着火。反之，如果放热速度大于散热速度，则混合气就有可能着火。

对井下堆积的有自燃倾向性的煤来说，如果在常温下经过一段时间能发生自燃，则说明该煤在所处散热条件下的温度高于能导致着火的临界环境温度；如果经过无限时间不能自燃，那么从热着火理论上说明该处散热条件下的温度低于能导致着火的临界环境温度。因此，矿井下易自燃地点的环境温度高就会加速煤与氧的复合作用，大量反应热来不及散发而积聚使煤温升高，使煤的自燃危险性增大，并可大大缩短煤的自然发火期。我国高温矿井煤层容易自燃，如兖州矿区东滩煤矿的煤易自然发火，其中一个原因就是井下环境温度比较高。

3) 弗兰克-卡门涅茨基热自燃理论

该理论认为，可燃物质在堆放情况下，空气中的氧将与之发生缓慢的氧化反

应，反应放出的热量一方面使物体内部温度升高，另一方面通过堆积体边界向环境散失。如果体系不具备自燃条件，则从物质堆积时开始，内部温度逐渐升高，经过一段时间后，物质内部温度分布趋于稳定，这时化学反应放出的热量与边界传热向外流失的热量相等。如果体系具备自燃条件，则从物质堆积开始，经过一段时间后（称为着火延滞期），体系着火。显然，在后一种情况下，体系自燃着火之前，物质内部不可能出现不随时间变化的稳态温度分布(图 2-14)。因此，体系能否达到稳态温度分布就成为判断物质体系能否自燃的依据。

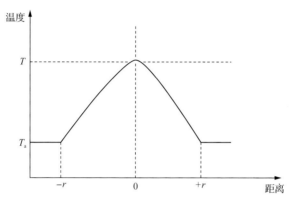

图 2-14　弗兰克-卡门涅茨基热自燃理论反应体系

$T$ 为物体温度；$T_a$ 为初始温度；$-r$、$+r$ 为厚度(以 $r=0$ 为中轴线)

在氧化产热及与环境进行热交换的煤自燃过程中，有水分产生，并有对流换热的影响，因此基于弗兰克-卡门涅茨基热自燃理论，用带内热源项的热平衡方程作为描述煤自燃过程的基本动力学方程，即

$$(\rho C_\mathrm{P})_{\text{coal}} \frac{\partial T}{\partial t} = k\nabla^2 T - (\rho C_\mathrm{P})_{\text{O}_2} V \frac{\partial T}{\partial x} - H_\mathrm{w}\frac{\mathrm{d}C_\mathrm{w}}{\mathrm{d}t} + Q\rho A \mathrm{e}^{-E/RT} \tag{2-4}$$

式中，$\rho$ 为煤体密度，kg/m³；$C_\mathrm{P}$ 为比热容，J/(kg·K)；$k$ 为热传导系数，W/(m·K)；$V$ 为氧气在煤样中的流速，m/s；$H_\mathrm{w}$ 为干燥热或湿润热，J/m³；$C_\mathrm{w}$ 为煤中水分含量，%；$\mathrm{d}C_\mathrm{w}/\mathrm{d}t$ 为干燥或者湿润速率，s⁻¹；$\nabla$ 为哈密顿算子；$Q$ 为放热速率，J/s；$A$、$T$、$R$、$E$ 含义同式(2-3)。

在式(2-4)等号右边的四项中，第一项至第三项分别为传热项、对流换热项和水分蒸发热或者湿润热，这三项都是影响煤自燃的外在因素，第四项是煤低温氧化产热的动力学表达式，也是煤低温氧化过程中煤体温度不断上升的内在动力。该方程完整地表达出煤自燃过程是热量产生与热量散失这对矛盾的发展过程，是煤自燃的基本动力学方程，并且能够对影响煤自燃的内外因素做出解释。

4) 链锁自燃理论

A　链式着火概念

如前所述，谢苗诺夫热自燃理论表明，自燃之所以会产生主要是由于感应期内系统化学反应放出的热量大于系统向周围环境散失的热量，出现热量积累而导致反应速度自动加速的结果。这一理论可以阐明混合气热自燃过程中的不少现象和很多碳氢化合物在空气中的自燃。但在实践中，发现有不少现象和实验结果无法用热自燃理论来解释，如烃类氧化过程、氢-氧混合气的可燃界限的实验结果与热自燃理论对双分子反应的分析结论是矛盾的以及着火半岛现象。这些现象说明着火并非在所有情况下都是由放热的积累而引起的自动加速反应。由于链反应的基元反应由一些简单反应所构成，因此热自燃理论还能够解释一些实际燃烧现象。但整个反应的真正机理并不是简单的双分子反应，而是比较复杂的链反应，故仍有一些着火现象，如着火半岛、冷焰等，是无法用热自燃理论解释的，这时就要用到链式着火理论。

这一理论认为，使反应自动加速并不一定仅仅依靠热量积累，也可以通过链锁反应的分枝，迅速增加活化中心来使反应不断加速直至着火爆炸。它由三个步骤组成：链引发、链传递和链终止；分为两大类：直链反应(如 $H_2+Cl_2$)与支链反应($H_2+O_2$)，前者在发展过程中不发生分支链，后者将产生分支链。

B　链锁自燃着火条件(链锁分枝反应的发展条件)

简单反应的反应速度随时间的进展由于反应物浓度的不断消耗而逐渐减小，但在某些复杂的反应中，反应速度却随生产物浓度的增加而自动加速。链锁反应就属于后一类型，其反应速度受到中间某些不稳定产物浓度的影响，在某种外加能量使反应产生活化中心后，链的传播就不断进行下去，活化中心的数目因分枝而不断增多，反应速度急剧加快，导致着火爆炸。但是，在链锁反应过程中，不但有导致活化中心形成的反应，也有使活化中心消灭和链锁中断的反应，因此链锁反应的速度能否增长导致着火爆炸，还取决于活化中心浓度增加的速度。

在链锁反应中，导致活化中心浓度增加有两种因素：一是由于热运动的结果而产生；二是由于链锁分枝的结果。另外，在反应的任何时刻都存在活化中心被消灭的可能，其速度也与活化中心本身浓度成正比。

C　烃类氧化的链反应

烃类的高温气相氧化除了有诱导期外，还往往表现出明显的阶段性，即在着火前常出现冷焰的现象(与着火时的热焰比较，温度较低，辉光较弱，产生的热量很少，因此叫冷焰)，这种现象是烃类气相氧化的特征之一。

各种烃类在高温气相条件下的氧化过程或机理是很复杂的，根据现代理论，烃类的氧化过程本质上是一系列通过自由基的链反应过程。

近年来，链反应已经被视为构成火灾的基本要素之一，因为在火灾燃烧过程中，正是火焰前沿的自由基链反应保证了燃烧的持续性，并控制着火灾的增长速度。人们已经注意到煤自燃具有分子链锁反应的特点。链式自燃理论对于指导煤自燃的过程机理和防治技术的研究有重要作用。

5) 强迫着火

强迫着火也称点燃，一般指用炽热的高温物体引燃火焰，使混合气的一小部分着火，形成局部的火焰核心，然后这个火焰核心再把邻近的混合气点燃，这样逐层依次地引起火焰的传播，从而使整个混合气燃烧起来。一切燃烧装置和燃烧设备都需经过点火过程而后才能开始工作，因此研究点火问题具有重要的实际意义。

强迫着火过程和自发着火过程一样，两者都具有依靠热反应或链锁反应推动的自身加热和自动催化的共同特征，都需要外部能量的初始激发，也有点火温度、点火延迟和点火可燃界限问题。但它们的影响因素却不同，强迫着火比自发着火影响因素复杂，除了可燃混合气的化学性质、浓度、温度和压力外，还与点火方法、点火能和混合气体的流动性质有关。在矿井火灾中很多外因火灾的形成原因之一就是强迫点火。

### 2. 矿井外因火灾的形成

外因火灾是由外部火源引燃可燃物造成的火灾，成因明显，发生突然。矿山外因火灾绝大部分是木支架与明火接触，电气线路、照明和电气设备的使用和管理不善，在井下违章进行焊接作业、使用火焰灯、吸烟或无意、有意点火等外部原因所引起的。随着矿山机械化、自动化程度的提高，因电气原因所引起的火灾比例也在不断增加。因此，矿井外因火灾的成因具体有以下几个方面。

1) 明火引起的火灾

在井下使用电石灯照明、吸烟或无意、有意点火所引起的火灾占有相当大的比例。电石灯火焰与蜡纸、碎木材、油棉纱等可燃物接触，很容易将其引燃，如果扑灭不及时，便会发生火灾。非煤矿山井下，一般不禁止吸烟，未熄灭的烟头随意乱扔，遇到可燃物是很危险的。

2) 爆破作业引起的火灾

爆破作业中发生的炸药燃烧及爆破原因引起的硫化矿尘燃烧、木材燃烧，爆破后因通风不良造成可燃气体聚集而发生燃烧、爆炸都属爆破作业引起的火灾。近年来，这类燃烧事故时有发生，造成人员伤亡和财产损失。其直接原因可以归纳为：在常规的炮孔爆破时，引燃硫化矿尘；某些采矿方法（如崩落法）采场爆破产生的高温引燃采空区的木材；大爆破时，高温引燃黄铁矿粉末、黄铁矿矿尘及木材等可燃物；爆破产生的碳、氢化合物等可燃气体积聚到一定浓度，遇摩擦、冲击或明火，便会发生燃烧甚至爆炸。

3) 焊接作业引起的火灾

在矿山地面、井口或井下进行气焊、切割及电焊作业时，如果没有采取可靠的防火措施，由焊接、切割产生的火花及金属熔融体遇到木材、棉纱或其他可燃物，便可能造成火灾。特别是在比较干燥的木支架进风井筒进行提升设备的检修作业或其他动火作业时，因焊接、切割产生火花及金属熔融体未能全部收集而落入井筒，又没有用水将其熄灭，便很容易引燃木支架或其他可燃物，若扑灭不及时，往往酿成重大火灾事故。

据测定结果，焊接、切割时飞散的火花及金属熔融体碎粒的温度高达 1500~2000℃，其水平飞散距离可达 10m，在井筒中下落的距离则可大于 10m。由此可见，这是一种十分危险的引火源。

4) 电气原因引起的火灾

电气线路、照明灯具、电气设备的短路、过负荷，容易引起火灾。电火花、电弧及高温赤热导体极易引燃电气设备、电缆等绝缘材料。有的矿山用灯泡烘烤爆破材料或用电炉、大功率灯泡取暖、防潮，引燃了炸药或木材，造成严重的火灾、中毒、爆炸事故。

3. 矿井内因火灾的形成

目前，内因火灾的成因主要有多种学说，包括以下几种：

(1) 煤氧复合作用学说。煤炭接触空气后，因煤自身氧化发生基-链反应而产生热量，在适宜的热量储备条件下，热量会不断积聚最终到达一定温度后就会使煤炭自然发火而产生火灾。

(2) 硫化矿石自燃学说。铁、铜、铅、锌等金属的硫化矿物均易氧化，硫化矿物吸附空气中的氧，氧化发热，随着热量积聚，温度升高，在适宜的外界条件下，氧化过程逐渐加速，直到自燃。

(3) 细菌作用学说。在细菌作用下，煤发酵而产生热量，最终导致煤层火灾。

(4) 酚基作用学说。煤内的不饱和酚基化合物遇氧气后发生化学作用而释放出一定的热量，最终导致火灾。

在经过学者的不断研究与试验验证，目前煤氧复合作用学说得到了较多的认可。煤氧复合作用学说有效地揭示了煤炭氧化生热的本质，但是由于煤本身结构与成分的复杂性，煤氧复合作用学说还不能完全解释煤炭自燃的全部机理。

煤自燃多发生在采空区、遗留的煤柱、破裂的煤壁及浮煤堆积等处，煤自燃有一个明显的热量积聚过程，使得此类内因火灾有一定的预兆，易于早期发现但火源隐蔽，同时也使得内因火灾可以持续燃烧，冻结大量煤炭资源。

有自燃倾向的煤在常温下吸附空气中的氧，在表面上生成不稳定的氧化物，经历以下三个阶段后就有可能发生自燃(图 2-15)：

(1)潜伏期。煤开始氧化时发热量少，能及时散发，煤温变化不明显，但化学活性增大，生成了烃基(—OH)、羟基(—COOH)等游离基。煤的着火温度稍有降低，但会有一段较长的蓄热时间。

(2)自热期。煤的氧化速度加快，不稳定的氧化物先后分解成水、二氧化碳和一氧化碳，氧化发热量增大，氧化速度明显加快，甚至出现煤的干馏，产生芳香族的碳氢化合物和更多的一氧化碳等可燃气体。当热量不能充分散发时，煤温逐渐升高。

(3)燃烧期。煤温继续升高，超过临界温度 $T_c$(通常为 80℃左右)，氧化速度剧增，煤温猛升，达到着火温度 $T_a$ 即开始燃烧。在到达临界温度前，若停止或减少供氧，或改善散热条件，则自热阶段中断，煤温逐渐下降，趋于冷却风化状态。

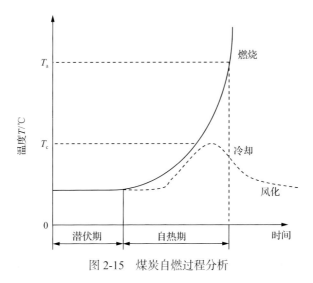

图 2-15　煤炭自燃过程分析

由以上过程可知煤炭要发生自燃有以下几个必要的条件：

(1)煤本身具有自燃倾向性且呈破碎状态堆积。煤的化学成分和碳化程度是影响煤自燃倾向的重要因素。褐煤最易自燃；烟煤、中长焰煤和气煤较易自燃；无烟煤则很少自燃。碳化程度低、含水分大的煤，水分蒸发后易自燃；碳化程度高的煤，水分对自燃的影响不明显。煤成分中的镜煤、丝煤，吸氧能力强，着火温度低，煤中含量越多，越易自燃。实验室鉴定煤自燃倾向的方法很多，都是模拟煤的氧化过程，以其氧化能力作为判定依据。而同时，完整的煤体只能在表面发生氧化反应，生成的热量少且不易于积聚，所以不会自燃。因此，煤本身是否呈破碎状态堆积也很重要。

(2)有连续的通风供氧条件。氧气是燃烧发生的必要条件之一，而煤炭自燃需要氧气的连续供应，因为煤自燃一旦开始，当氧气供应不足时煤的氧化反应逐渐停止，煤温下降进入冷却阶段，继续发展就会进入风化状态，此时煤就不易再次发生自燃。

（3）持续一段时间且热量易于积聚。在以上煤自燃的过程中，可以看出一定要有一个适宜热量积聚的环境，只有当煤温上升，煤的氧化反应才能不断加快而进入下一阶段，而热量积聚又需要煤氧化反应的持续进行。

### 2.2.3　矿井粉尘

在矿山生产过程中，如采掘机作业、钻眼作业、炸药爆破、顶板管理、矿物的装载及运输等各个环节都会产生大量矿尘，而不同矿井由于煤、岩地质条件和物理性质的不同，采掘方法、作业方式、通风状况和机械化程度的不同，矿尘产生量有很大差异。

影响矿尘产生量的主要因素有以下几点：

（1）地质构造及煤层赋存条件。煤层中地质构造复杂的地方，产尘量较大。有火成岩侵入的煤层，煤体会变脆变酥，使得产尘量增大。另外，当矿井采用相同生产技术条件时，开采急倾斜煤层比缓倾斜煤层的产尘量大，开采厚煤层比薄煤层产尘量大。

（2）煤岩的物理性质。当煤层开采遇见的煤体节理发育、结构疏松、水分低、脆性大的煤岩时，开采时其产尘量较大；反之则较小。

（3）生产技术因素。不同的采煤方法，产尘量也不一样。例如，急倾斜煤层采用倒台阶采煤法比水平分层采煤法产尘量大得多；全部冒落法管理顶板比充填法管理顶板产尘量大。

（4）机械化程度。机械化程度越高，煤岩破碎程度越严重，产尘量就越大，而采掘机械的截齿形状、排列方法、切割和牵引速度等则直接影响着粉尘的产生。

（5）开采强度。随着开采强度的增大，采掘推进速度加快，煤炭产量增加，产尘量将显著加大；同时，随着开采强度的增加，矿井的风量也随之加大，导致扬起积尘，粉尘飘浮时间更长，传播更远，使得矿内空气中的矿尘浓度增大。

（6）开采深度。开采深度越大，井下温度越高，使得煤岩体的含水量变小，井下空气更加干燥，产尘量就越大。

（7）通风状况。风速太小，不能将浮尘带出矿井。风速过大，又将积尘扬起。单从降尘角度考虑，工作面风速以 1.2～1.6m/s 最佳。

　1）尘肺病的形成

尘肺病的发病机理至今没有完全研究清楚，通常认为尘肺的病因是吸入致尘肺的粉尘，但吸入这类粉尘并不一定会导致尘肺的发生。人体呼吸器官本身就有很强的防御粉尘进入和沉积体内的功能，吸入空气中的粉尘，首先经过鼻毛格栅的阻滤，继而受到鼻咽腔的影响，大于 10μm 的粉尘易撞击而附着于上呼吸道壁上，这样一般可阻滤吸入空气中 30%～50%的粉尘；之后气流进入下部呼吸道，随气管支气管的逐级分支，气流速度更加减慢，气流中的粉尘沉降附着于管壁的黏液膜上，黏液膜下纤毛细胞的摆动将黏液推向喉部，随痰排出体外，此部分阻留的粉尘多在 2～10μm；能进入肺泡的粉尘，多数小于 2μm，大部分被肺内吞噬细胞吞噬，通过覆盖在肺泡表面的一层表面活性物质和肺泡的张弛活动，移送到具有纤毛细胞的支气管黏膜表面再被移送出去，进入肺泡的粉尘只有很小一部分被吞噬细胞带入肺泡间隔，经淋巴或血液循环到达肺及人体的其他组织，引起生理病理作用，使肺功能受到损伤，导致尘肺病的发生。因此，吸入的粉尘在肺内沉积，只发生于吸入粉尘量过大，人体呼吸器官的防御功能不能将其过滤、附着、阻留，或粉尘沉积于肺泡又不能完全清除时。

尘肺病的发病症状及程度受到以下几个因素的影响[8]：

(1)矿尘的成分。矿尘中游离 $SiO_2$ 的含量越高，尘肺病的发病工龄越短，病变的发展程度越快。

(2)矿尘粒度及分散度。尘肺病主要是由粒径为 2～5μm 及以下的矿尘引起的，因此矿尘的粒度越小、分散度越高，对人体的危害就越大。

(3)矿尘浓度。尘肺病的发生与进入肺部的矿尘量有直接关系，矿尘量越大所引起的尘肺病越具有危害性。

(4)触尘时间。一般地，人体累计接触矿尘的时间越长，尘肺病的风险就越大。例如，人体接触游离 $SiO_2$ 粉尘的时间若不足 1 年，诊断为矽肺病的可能性是很小的。

(5)人体自身的原因。人本身的机体条件，如年龄、健康状况等对尘肺病的发展有一定的影响。

2) 煤尘爆炸的机理

煤尘爆炸是在高温或一定点火能的热源作用下，空气中氧气与煤尘急剧氧化的反应过程，是一种非常复杂的链式反应，一般认为其爆炸机理及过程如下[27]：

(1)煤本身是可燃物质，当它以粉末状态存在时，总表面积显著增加，吸氧和被氧化的能力大大增加，一旦遇见点火源，氧化过程迅速展开。

(2)当温度达到 300～400℃时，煤的干馏现象急剧增强，放出大量的可燃气体，主要成分为甲烷、乙烷、丙烷、丁烷、氢和1%左右的其他碳氢化合物。

(3)形成的可燃气体与空气混合，在高温作用下吸收能量，在煤尘颗粒周围形成气体外壳，即活化中心，当活化中心的能量达到一定程度后，链式反应过程开始，游离基迅速增加，随即发生粉尘的闪燃。

(4)闪燃所形成的热量传递给周围的粉尘，并使之参与链式反应，导致闪燃过程急剧地循环发生，当燃烧不断加剧使火焰速度达到每秒数百米后，煤尘的燃烧便在一定临界条件下跳跃式地转变为爆炸。

煤尘可以分为爆炸性煤尘和无爆炸性煤尘，其中对煤尘爆炸性起主要作用的是煤尘的挥发分含量，挥发分含量越高的煤尘越容易爆炸。在过去，我国煤矿曾以煤的挥发分含量作为煤尘爆炸性指标，称为煤尘爆炸指数 $V^{\Gamma}$，其表达式为

$$V^{\Gamma} = \frac{V^{a}}{100 - A^{a} - W^{a}} \times 100\% \tag{2-5}$$

式中，$V^{a}$ 为分析的挥发分，%；$A^{a}$ 为工业分析的灰分，%；$W^{a}$ 为工业分析的水分，%。

对于煤尘浓度，煤尘的最低爆炸界限一般为 $50g/m^{3}$，最大爆炸浓度为 $150 \sim 350g/m^{3}$，这也是由煤的挥发分含量决定的。另外，我国煤尘爆炸的引燃温度一般为 $700 \sim 800 ℃$。

# 2.3　矿井灾害的多场耦合特征

## 2.3.1　矿井灾害物理场的跨尺度特征

矿井灾害物理场具有跨尺度特征，涉及煤孔隙的微纳尺度、煤层裂隙的介观尺度、采动裂隙的宏观尺度、采空区和巷道的工程尺度，变化范围十分广阔，从几十纳米甚至几埃的微孔到几千米的巷道，都可能对矿井灾害产生重要影响。

### 1. 煤层微观孔隙-裂隙尺度

煤层性质与砂岩类、页岩类储层有着较大的区别，它既是瓦斯的生气层又是储集层。煤具有非常复杂的物理化学结构，大多数学者将其看作一种具有孔隙-裂隙特征的双重孔隙介质(图 2-16)，而煤层所表现的吸附性、含气性、渗透性等储层特征均与孔隙和裂隙的发育程度和结构特征有关。近年来，随着研究煤的孔隙和裂隙的各种物理测试手段的不断发展，如扫描电镜、压汞法、气体吸附法、计算机层析扫描法、核磁共振法等，对煤的孔隙和裂隙的研究和认识逐步深入。

煤孔隙结构有多种分类方法。霍多特将煤孔隙分为四个级别，即微孔(<10nm)、过渡孔(10~100nm)、中孔(100~1000nm)和大孔(>1000nm)。国际纯粹与应用化学联合会(IUPAC)将孔分为三类，即微孔(<2nm)、中孔(2~50nm)和大孔(>50nm)。在以上孔隙分类的基础上，有学者提出将孔径小于 2nm 的孔称为超微孔。煤中的微孔占孔隙体积的比例最大，可达到 60%以上，其次是过渡孔[28]。目前，大多数对煤的孔隙结构的研究主要集中在孔径大于 2nm 的孔，对超微孔对瓦斯吸附的作用研究还较少。

煤裂隙的发育程度、连通性、规模和性质直接决定着煤层的渗透性，进而影响煤炭开采、安全生产和煤层气的开发。按照裂隙的成因可分为内生裂隙和外生裂隙，内生裂隙指的是在煤化作用过程中，由于煤体积收缩、脱水、脱挥发分等作用生成的裂隙，或者是煤化作用产生的气体、水以及温度升高，孔隙产生膨胀，形成异常高压产生的裂隙。而外生裂隙是煤在构造变形时期由于应力作用生成的裂隙。扫描电镜测试的内生裂隙的尺度为 0.1～5μm，外生裂隙的尺度为 10～30μm[29]。

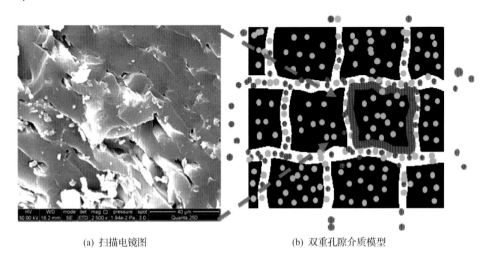

(a) 扫描电镜图　　　　　　　　　(b) 双重孔隙介质模型

图 2-16　煤层微观孔隙-裂隙尺度

## 2. 采动卸压裂隙带尺度

原始煤岩始终承受着垂直地应力、水平地应力、构造应力及孔隙压力，并处于相对平衡的状态。煤层开采会破坏采动影响范围内的覆岩应力平衡状态，致使上覆岩层发生运动和破坏，并产生大量采动裂隙，在竖直方向上形成冒落带、断裂带和弯曲下沉带(图 2-17)，透气性得到大大提高，有的能达到数百倍，这些裂隙为采动区瓦斯提供了良好的运移通道。特别是，近距离煤层群在开采时，其邻近层距离开采层较近，受开采层卸压影响，邻近层瓦斯会从开采层顶底板涌出开采层，造成开采层的瓦斯涌出大。因此，在进行瓦斯抽采和治理时应充分研究顶、底板岩层的卸压瓦斯富集及运移规律，在掌握规律的基础上进行邻近层及采空区瓦斯抽采。此外，开采保护层是预防煤与瓦斯突出最为有效的区域性治理措施，而保护层开采的有效保护范围的确定问题，井下邻近层瓦斯抽放工程的布孔问题，地面钻孔抽放多气层瓦斯工程的设计问题等都与采动裂隙带瓦斯渗流密切相关。

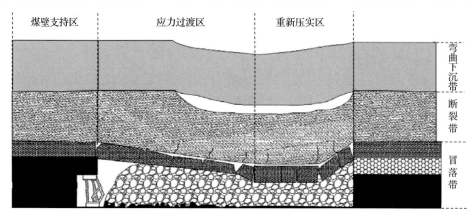

图 2-17　采动卸压裂隙带尺度

采动岩体裂隙场总体来讲是由于采场上覆岩层随工作面的推进而形成的，但由于在不同的区域上覆岩层受力的形式及位置不同，具体的裂隙场也可分为工作面上方裂隙场和采空区上方裂隙场。其中，前者主要是受到超前支承压力的作用，使煤体原岩应力发生巨大变化而形成的；而后者是煤体的支承力突然消失后，采空区上覆岩层负重完全作用在顶板上。有学者利用钻孔彩色电视系统，对煤矿采动覆岩裂缝带范围内钻孔裂隙的分布形态进行了探测，统计发现采动裂隙的宽度在 2~44mm，小于 20mm 的裂隙占总数的 75%，其中以 10~20mm 的裂隙为主，整体上裂隙宽度与裂隙数量的分布近似呈正态分布[30]。

3. 采空区与巷道尺度

采空区是指地下煤层回采后，在工作面后由遗煤、冒落的矸石和上覆岩所形成的采掘空间。在采动过程中，工作面由于应力的变化，上覆岩层会发生位移和形变，随着工作面的推进，形变量加大直至垮落，从而形成了采空区。根据上覆岩的冒落形态和结构以及裂隙的发育情况，大体将采空区在竖直方向和水平方向上各分成三个区域。在竖直方向上，按照覆岩的范围和强度自下而上可分为冒落带、断裂带和弯曲下沉带；在水平方向上，根据采动条件应力分布可分为煤壁支持区、应力过渡区和重新压实区。在采空区，气体流速非常慢，属于渗流。此外，采空区是井下自然发火概率最高的区域，采空区自然发火位置大多数在采空区的漏风通道，即采空区与地表裂隙贯通处、回采工作面后方、综放工作面的切眼和停采线处、采空区废弃风巷等地点。根据矿井地质条件、巷道开拓布置、开采工艺、开采时间等因素，一些大型矿井的采空区范围在走向上可达几千米，倾向上可达几百米，形成的采空区面积达到几十万平方米，采空区体积甚至达到几百万立方米。

煤矿井下生产过程中，必须对巷道进行通风，其主要目的包括：将足够的新鲜风流送到井下，供给井下人员呼吸所需要的氧气；将冲淡有害气体和粉尘后的乏风排出地面，保证井下空气质量并使有害气体和粉尘浓度限制在安全范围内；调节井下巷道和工作场所的气候条件，满足《煤矿安全规程》规定的风速、温度和湿度的要求，创造良好的作业环境。因此，"一通三防"中矿井通风对于井下防治瓦斯、防治煤尘和防灭火具有重要作用。根据不同性质和用途，矿井一般分为开拓巷道、准备巷道和回采巷道。对于一个工作面，至少布置一条进风巷和一条回风巷(图 2-18)，巷道断面积从几平方米到几十平方米，巷道长度可从几百米变化到几千米。

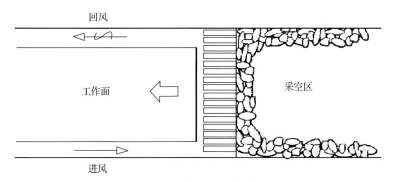

图 2-18　采空区巷道尺度

### 2.3.2　矿井灾害多场耦合的基本理论

矿井灾害是多尺度、多时度和多物理过程耦合作用的结果。例如，在开采扰动下，岩体应力场的变化引起岩体孔隙率及渗透特性的变化，从而引起渗流场的变化，而流体的渗流作用又会影响应力的分布。随着工作面采煤深度的不断增加，伴随而来的高地温一方面影响应力的分布，以热应力、岩石热膨胀和岩石的力学性质改变等方式呈现，而岩体的变形、固体介质之间的传热又会影响岩体温度；另一方面温度的变化影响孔隙流体的黏滞性从而改变渗流场，渗流场中液体与固体介质进行热交换从而影响温度场。又如，随着矿井开采深度的增加，瓦斯与煤自燃的复合共生已成为重大煤矿事故的普遍规律，涉及煤岩裂隙场、多组分气体扩散-渗流场、煤-氧反应化学场以及能量传输场之间的耦合作用关系。

本书在矿井环境下，主要进行瓦斯灾害耦合理论分析、自燃灾害耦合理论分析、粉尘灾害耦合理论分析，包括瓦斯、煤岩体、热量、粉尘以及化学反应，涉及流、固、热、化四者之间的耦合。

构建多场耦合的一般过程如下：

(1)首先做出一定的简化假设，并构建单一物理属性的数学模型。

(2)通过能量守恒、动量守恒、质量守恒、组分运输方程、连续性方程以及各个相互关联的物理量进行交叉耦合。

(3)用模拟求解器对交叉耦合后得到的数学模型进行求解。

1. 基本场

由上述构建多场耦合的一般过程可知，构成耦合场的基础是每一个物理属性的独立场，或称为基本场。通常是通过数学模型来表达，数学模型一般由控制方程(组)、边界条件和(或)初始条件组成。在矿井灾害的多场耦合中，基本场包括流场、应力场、温度场、浓度场等。从耦合的角度出发，根据常见场存在的耦合关系，得出基本场的统一表达式为

$$f(v_i, s, m_j) = 0 \tag{2-6}$$

式中，$f$ 为微分算子；$v_i$ 为场内变量，其存在形式是一个(或多个)标量(或矢量)；$s$ 为场的源，一般是一个；$m_j$ 为材料变量，可以是一个或多个；$i$、$j$ 为组分。

将基本场各个变量应用到式(2-6)中就可以得到一个场的数学模型。例如，瓦斯-空气混流在多孔介质单元内的扩散-对流方程可表示为[31,32]

$$\frac{\partial m_\kappa}{\partial t} + \nabla \cdot (v \cdot \rho_{g\kappa}) + \nabla \cdot (-D_\kappa \cdot \nabla m_{f\kappa}) = Q_{s\kappa} \tag{2-7}$$

式中，下标 $\kappa$ 表示瓦斯和空气组分；$\rho_g$ 为气体密度，$kg/m^3$；$t$ 为时间，s；$Q_s$ 为气体源(汇)项，$kg/(m^3 \cdot s)$；$m$ 为气体含量，$kg/m^3$；$m_f$ 为煤基质或裂隙系统中游离气体含量，$kg/m^3$；$D_\kappa$ 为气体组分 $\kappa$ 的动力弥散系数，$m^2/s$；$v$ 为气体速度矢量。

即使是仅仅针对流体的数学控制方程也是十分复杂的，无法直接获得解析解，而多场耦合更加复杂，只能通过模拟求解器来求取数值解。另外，一般对流体建立数学控制方程时，为简便通常将其视为理想气体并且忽略气体本身的重力效应。理想气体的状态方程是描述气相流场受外界影响而改变的重要手段。矿井灾害的多场耦合中常见的基本场见表2-3。

表2-3 矿井灾害的多场耦合中常见的基本场

| 基本场 | 场表达式 | 场变量意义 |
|---|---|---|
| 流场 | $f(v, p; \rho, \mu) = 0$ | $v$-速度矢量，$p$-压力，$\rho$-材料密度，$\mu$-动力黏度 |
| 应力场 | $S(u, f; \rho, \varepsilon, \mu) = 0$ | $u$-位移矢量，$f$-体积力矢量，$\rho$-材料密度，$\mu$-泊松比，$\varepsilon$-应变 |
| 温度场 | $T(t, q_v; \rho, K, c) = 0$ | $t$-温度，$q_v$-单位体积的热产生率，$\rho$-材料密度，$K$-导热系数，$c$-比热 |
| 浓度场 | $C(C_i, R_i; D_{ij}, v_{ij}) = 0$ | $C_i$-组分 $i$ 的浓度，$R_i$-组分 $i$ 的化学反应强度，$D_{ij}$-组分 $i$ 在组分 $j$ 中的质量扩散率，$v_{ij}$-组分 $i$ 在组分 $j$ 中的质量传播速度 |

2. 耦合场与耦合关系

耦合场建立的特点就是在基本场的基础上将基本场变量相互耦合，场间耦合通过数学模型表示，如设场 A 及场 B 的耦合数学模型表达式分别如式(2-8)和式(2-9)。

$$f(x;\ O_A, i_A) = 0 \tag{2-8}$$

$$g(y; O_B, i_B) = 0 \tag{2-9}$$

式中，$f$ 为场 A 中的微分方程；$g$ 为场 B 中的微分方程；$x$ 为场 A 中的独立变量；$y$ 为场 B 中的独立变量；$i_A$ 为场 A 的变量输入；$i_B$ 为场 B 的变量输入；$O_A$ 为场 A 的变量输出；$O_B$ 为场 B 的变量输出。

其中，两场相互耦合的表达式如下。

A 场对 B 场的作用：

$$C(O_A, i_B) = 0 \tag{2-10}$$

B 场对 A 场的作用：

$$D(O_B, i_A) = 0 \tag{2-11}$$

由此可见，即使基本场相同，若耦合关系不同，所构建的耦合场也不相同。

耦合关系十分复杂，根据划分标准不同得到的耦合形式多种多样，耦合关系通常可分为五大类，表 2-4 对基本场间的耦合关系进行了分类[33]：

表 2-4　基本场间的耦合关系

| 耦合关系 | 划分标准 |
|---|---|
| 边界耦合<br>域耦合 | 根据耦合区域 |
| 单向耦合<br>双向耦合 | 根据耦合的相互作用 |
| 直接耦合<br>间接耦合 | 两场相互作用是否通过其他场进行 |
| 微分耦合<br>代数耦合 | 根据耦合方程的形式 |
| 几何耦合<br>属性耦合<br>源耦合<br>流耦合 | 根据耦合扰动机理 |

# 参 考 文 献

[1] 景国勋, 刘孟霞. 2015-2019 年我国煤矿瓦斯事故统计与规律分析[J]. 安全与环境学报, 2022, 22(3): 1680-1686.

[2] 张福旺, 张国枢. 矿井瓦斯灾害防控体系[M]. 徐州: 中国矿业大学出版社, 2009.

[3] 张超林, 王恩元, 王奕博, 等. 近 20 年我国煤与瓦斯突出事故时空分布及防控建议[J]. 煤田地质与勘探, 2021, 49(4): 134-141.

[4] 俞启香, 程远平. 矿井瓦斯防治[M]. 徐州: 中国矿业大学出版社, 2012.

[5] 李军涛. 煤矿瓦斯事故灾害特征与救援决策支持系统研究[D]. 北京: 中国矿业大学(北京), 2013.

[6] 许浪, 王德明, 张微. 煤矿瓦斯燃烧事故统计分析[J]. 煤炭技术, 2014, 33(10): 33-35.

[7] 何学秋. 中国煤矿灾害防治理论与技术[M]. 徐州: 中国矿业大学出版社, 2006.

[8] 王德明. 矿井通风与安全[M]. 徐州: 中国矿业大学出版社, 2007.

[9] 梁运涛, 侯贤军, 罗海珠, 等. 我国煤矿火灾防治现状及发展对策[J]. 煤炭科学技术, 2016, 44(6): 1-6.

[10] 陈晓坤, 蔡灿凡, 肖旸. 2005—2014 年我国煤矿瓦斯事故统计分析[J]. 煤矿安全, 2016, 47(2): 224-226.

[11] 孙继平, 崔佳伟. 矿井外因火灾感知方法[J]. 工矿自动化, 2021(47): 1-6.

[12] Li D W, Sui J J, Liu G Q, et al. Technical status and development direction of coal mine dust hazard prevention and control technology in China[J]. Mining Safety & Environmental Protection, 2019, 46(6): 1-7.

[13] 周福宝, 李建龙, 李世航, 等. 综掘工作面干式过滤除尘技术实验研究及实践[J]. 煤炭学报, 2017, 42(3): 639-645.

[14] 袁亮. 煤矿粉尘防控与职业安全健康科学构想[J]. 煤炭学报, 2020, 45(1): 1-7.

[15] 中华人民共和国国家卫生健康委员会. 2020 年我国卫生健康事业发展统计公报[EB/OL]. [2021-07-13]. http://www.nhc.gov.cn/guihuaxxs/s10743/202107/af8a9c98453c4d9593e07895ae0493c8.shtml.

[16] 许满贵, 成连华. 煤矿灾害事故典型案例分析[M]. 徐州: 中国矿业大学出版社, 2014.

[17] 余明高, 阳旭峰, 郑凯, 等. 我国煤矿瓦斯爆炸抑爆减灾技术的研究进展及发展趋势[J]. 煤炭学报, 2020, 45(1): 168-188.

[18] 高娜, 张延松, 胡毅亭, 等. 受限空间瓦斯爆炸链式反应动力学分析[J]. 中国安全科学学报, 2014, 24(1): 60-65.

[19] 林柏泉, 翟成. 煤炭开采过程中诱发的瓦斯爆炸机理及预防措施[J]. 采矿与安全工程学报, 2006(1): 19-23.

[20] 邓军, 李会荣, 杨迎, 等. 瓦斯爆炸微观动力学及热力学分析[J]. 煤炭学报, 2006(4): 488-491.

[21] 石华香, 周梦玮, 周琥, 等. 急性缺氧对小鼠大脑皮质和海马的时间依赖性损伤[J]. 生理学报, 2022, 74(2): 145-154.

[22] Bonnitcha P, Grieve S, Figtree G. Clinical imaging of hypoxia: current status and future directions[J]. Free Radical Biology and Medicine, 2018, 126: 296-312.

[23] 张国枢, 谭允祯, 陈开岩, 等. 通风安全学[M]. 徐州: 中国矿业大学出版社, 2000.

[24] 王德明. 矿井火灾学[M]. 徐州: 中国矿业大学出版社, 2008.

[25] 王德明. 矿井热动力灾害学[M]. 徐州: 中国矿业大学出版社, 2018.

[26] 刘宏, 窦国兰, 李庆钊, 等. 燃烧学[M]. 徐州: 中国矿业大学出版社, 2021.

[27] 景国勋, 杨书召. 煤尘爆炸传播特性的实验研究[J]. 煤炭学报, 2010, 35(4): 605-608.

[28] Kang J H, Zhou F B, Xia T Q, et al. Numerical modeling and experimental validation of anomalous time and space subdiffusion for gas transport in porous coal matrix[J]. International Journal of Heat and Mass Transfer, 2016, 100: 747-757.

[29] 程庆迎, 黄炳香, 李增华, 等. 煤的孔隙和裂隙研究现状[J]. 煤炭工程, 2011, 12: 91-93.

[30] 程志恒, 苏士龙, 汪昕, 等. 采动覆岩裂隙分布特征数字分析及网络模拟实现[J]. 煤矿开采, 2009, 14(5): 4-6, 82.

[31] 夏同强. 瓦斯与煤自燃多场耦合致灾机理研究[D]. 徐州: 中国矿业大学, 2015.

[32] 周福宝, 王鑫鑫, 夏同强. 瓦斯安全抽采及其建模[J]. 煤炭学报, 2014, 39(8): 1659-1666.

[33] 岳明娟. 电磁离合器多场耦合特性及多学科设计优化[D]. 西安: 西安理工大学, 2019.

# 第3章 矿井灾害多场耦合理论

多物理场耦合问题是指由两个或两个以上的场通过交互作用而形成的物理现象，它在客观世界和工程应用中广泛存在。尤其是在地下资源能源开发中，涉及复杂的多孔介质多场耦合作用的科学问题。

## 3.1 控制方程体系

地下资源开发打破了地质储层的固有平衡状态，每个域内的应力、变形、温度和瓦斯压力失衡，导致多物理场之间发生耦合作用(图 3-1)。多场耦合理论是对非平衡态下域与域之间的耦合过程和域内多物理场耦合过程的科学理解与定量描述。多孔介质多场耦合理论研究的是在温度场、应力场、渗流场和化学场的耦合作用下，气体、液体、气液二相流体或化学流体在孔隙裂隙中传输、固体骨架和流体中的温度分布及其骨架变形与破坏规律。

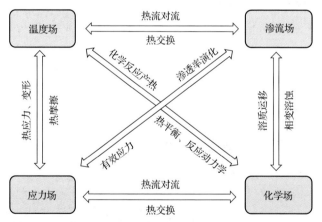

图 3-1 温度场-渗流场-应力场-化学场耦合关系示意图

### 3.1.1 煤岩裂隙渗流场控制方程

在煤层裂隙和孔隙中存在着游离瓦斯，一般采用气体状态方程描述其物理特性，其在多孔介质煤体中流动遵守质量守恒定律，即流入和流出均衡体的流体质量之差等于均衡体内储层流体质量的变化。通过求解气体流动质量守恒方程，能够准确描述流体的运移和分布规律。

1. 气体状态方程

当理想气体处于平衡态时, 具有以下关系[1]:

$$pV=nRT \tag{3-1}$$

式中, $p$ 为气体压强, Pa; $V$ 为气体体积, m³; $n$ 为气体总量, mol; $T$ 为气体温度, K; $R$ 为理想气体常数, 约为 8.31441J/(mol·K)。对于那些不容易液化、凝华的气体(如氮气、氧气、氢气、氦气等), 常温下的性质十分接近理想气体, 可以用理想气体状态方程描述。但是当理想气体状态方程运用于甲烷等气体时会有所偏差, 一般采用范德瓦耳斯方程描述

$$\left(p+a\frac{n^2}{V^2}\right)(V-nb)=nRT \tag{3-2}$$

式中, $a$ 为度量分子间引力的参数; $b$ 为 1mol 分子本身包含的体积之和。$a$ 和 $b$ 的值可由实验得出。实际应用中常引入气体的压缩因子 $Z$, 即[2]

$$pV=nZRT \tag{3-3}$$

式中, $Z$ 为压缩因子, 其值随着温度和压力的变化而变化, 如图 3-2 所示。

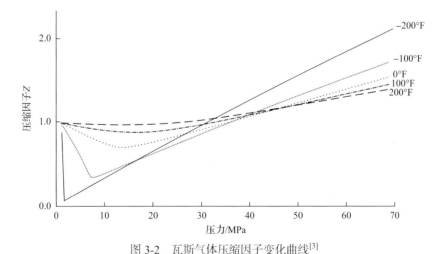

图 3-2　瓦斯气体压缩因子变化曲线[3]

因此, 存在于单位体积煤体孔隙内的游离态瓦斯质量为

$$M_l^g = \frac{\phi_c pM}{ZRT} \tag{3-4}$$

式中, $\phi_c$ 为煤体孔隙率, %; $M_l^g$ 为游离态气体质量, 其中 g 为气体质量, 1 为游

离态气体，kg/mol；$M$ 为气体摩尔质量。

2. 渗流运动方程

孔隙、裂缝介质中的流动空间为贯通的复杂通道，其截面形状无法确定，一般采用达西（Darcy）定律描述多孔介质的渗流规律

$$q = -\frac{k}{\mu}\nabla p \tag{3-5}$$

式中，$q$ 为渗流通道上单位时间内在单位面积上的气体通量，m/s；$k$ 为渗透率张量，$m^2$；$\mu$ 为气体动力黏度，Pa·s；$\nabla p$ 为气体压力梯度矢量，Pa/m。

动力黏度反映的是流体在流动时分子间产生内摩擦的性质，根据牛顿的定义，纯剪切流动中相邻两流体层之间的剪切力 $\tau$ 与流体的速度梯度 $\nabla v$ 成正比，并与流体的性质有关，其数学表达式为

$$\tau = \mu\nabla v \tag{3-6}$$

式中，$\nabla v$ 为垂直流动方向的法向速度梯度。黏度数值上等于单位速度梯度下流体所受的剪应力。气体的动力黏度和温度与压力有密切关系，在等温条件下瓦斯的黏度随压力变化如图 3-3 所示。

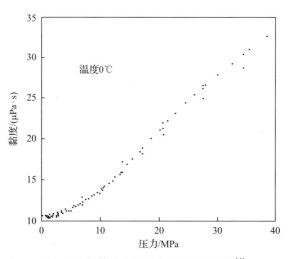

图 3-3　气体黏度随瓦斯压力变化规律[4]

从图 3-3 可见，气体黏度随压力增加而升高，但在压力较低阶段气体黏度变化较小，因此可以认为实际瓦斯压力范围内气体动力黏度是定值。

1883 年，英国人雷诺（Reynolds）使用不同直径的圆管及不同黏性流体，通过大量实验数据，发现流体的流态主要取决于一个无量纲参数——雷诺数[5]

$$Re = \frac{\rho v d}{\mu} \tag{3-7}$$

式中，$\rho$ 为流体密度，kg/m$^3$；$v$ 为管内流体的平均速度，m/s；$d$ 为圆管的直径，m；$\mu$ 为流体的黏滞系数，Pa·s。在渗流理论研究中，克利门托夫[6]提出用雷诺数作为达西定律应用的判断准则。Fancher 和 Lewis[7]通过实验得到了 Fanning 摩擦系数 $f$ 与雷诺数 $Re$ 的关系曲线，并归纳出一张双对数模式图，但局限在于只给出了达西定律适用段。图 3-4 给出了气体在多孔介质中渗流流态划分区域，包括低速非线性渗流区、低速过渡区、线性渗流区、过渡区、高速渗流区。

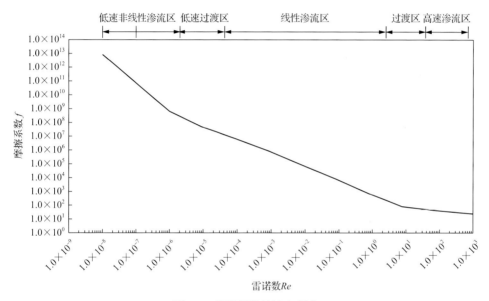

图 3-4　以雷诺数的流态划分

**3. 质量平衡方程**

在一定孔隙率的含瓦斯煤系统中某点取一微小正六面体，其边长分别为 d$x$、d$y$、d$z$，如图 3-5 所示。令 $q_x$、$q_y$、$q_z$ 分别是瓦斯流速 $q$ 在坐标轴上的分量，令 $Q^g$ 为源汇项的单位体积质量源。根据质量守恒定律，在单位时间单元体内流体质量的变化量等于流体流入流出单元体的质量差值和源汇项流体生成量。在小变形假设下，煤体内瓦斯气体的质量平衡方程为

$$\frac{\mathrm{d}M^g}{\mathrm{d}t} = Q^g - \nabla q \tag{3-8}$$

式中，$M^g$ 为单元体内气体的质量；$q$ 为单元体内流体流量，分为裂隙系统流量 $q^F$ 和基质系统流量 $q^M$。

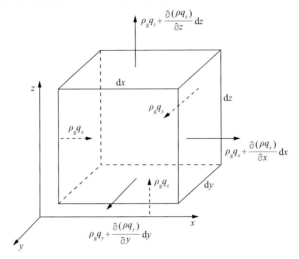

图 3-5　含瓦斯煤单元体物质守恒

　　煤包含基质和裂隙系统，是一种典型的双重孔隙率、双重渗透率介质。在裂隙系统中气体快速流动，在基质中缓慢扩散。气体的流动和扩散会对裂隙和基质的应变产生重要影响，进而直接影响孔隙率和渗透率的演化。为了研究煤渗透率的演化规律，尤其是基质和裂隙相互作用对渗透率演化的影响，需要建立新的理论模型。为了便于理解煤基质和裂隙之间的相互影响，很多学者对煤进行简化并提出了一系列概念模型。例如，球模体型、管状模型、火柴棒模型和立方体模型，如图 3-6 所示。

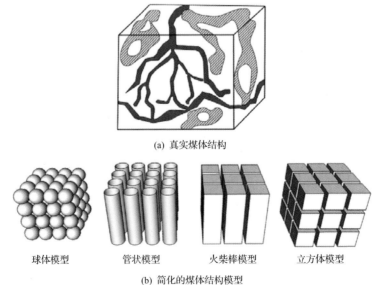

(a) 真实煤体结构

球体模型　　　管状模型　　　火柴棒模型　　　立方体模型

(b) 简化的煤体结构模型

图 3-6　煤体结构和几个简单的模型[8]

为了推导基质和裂隙变形控制方程和气体流动控制方程，做以下基本假设：①煤的基质和裂隙均为各向同性、均匀性的弹性介质；②煤基质和裂隙的变形满足小变形假设；③气体在煤基质和裂隙孔隙中是理想状态；④煤层是等温的，不考虑温度对气体动力黏度等参量的影响；⑤煤中的气体是饱和的；⑥只考虑单一组分气体，如二氧化碳、甲烷等。

煤体内发达的裂隙构成了连通的裂隙网络，是瓦斯进行流动的主要空间。裂隙系统内瓦斯全部以游离态存在，游离态瓦斯气体状态方程符合式(3-3)，因此裂隙系统内单位体积煤体中瓦斯质量为

$$M_g^F = \phi^F p \frac{M}{ZRT} \tag{3-9}$$

式中，$M_g^F$ 为单元体裂隙系统内气体的质量；$\phi^F$ 为煤体裂隙系统的孔隙率。

瓦斯在裂隙系统内是层流运动，符合达西定律、气体分子扩散和克林肯贝格(Klinkenberg)效应。根据菲克扩散和达西定律可以得到如下裂隙系统内瓦斯渗流和扩散的质量守恒方程：

$$q^F = -\rho_g \frac{k_{rg}^F \kappa^F}{\mu}(\nabla p - \rho_g ge) - D_f e \nabla \rho_g \tag{3-10}$$

式中，$\rho_g$ 为气体密度；$\mu$ 为气体的黏滞系数；$p$ 为气体压力；$g$ 为重力加速度；$e$ 为单位矩阵；$k_{rg}^F$ 为裂隙相对渗透率系数；$\kappa^F$ 为裂隙绝对渗透率；$D_f$ 为瓦斯扩散系数。

将式(3-9)和式(3-10)代入式(3-8)即可得到裂隙系统内的瓦斯气体平衡方程：

$$\frac{d}{dt}\left(\phi^F p \frac{M}{ZRT}\right) = Q^g - \nabla \cdot \left(-\rho_g \frac{k_{rg}^F \kappa^F}{\mu}(\nabla p - \rho_g ge) - D_f e \nabla \rho_g\right) \tag{3-11}$$

国内外大量研究表明，煤对瓦斯气体的吸附等温线显示出第Ⅰ类吸附等温线的特征，与朗缪尔(Langmuir)单分子层吸附模型相同[9]。对不同煤质的煤样进行了等温瓦斯吸附实验，发现 Langmuir 单分子层吸附模型与实验结果相符，如图 3-7 所示。因此，用 Langmuir 方程能较好地描述煤的吸附等温线。

Langmuir 方程的基本假设条件是[11]：①吸附平衡是动态平衡；②固体表面是均匀的；③被吸附分子间无相互作用力；④吸附平衡仅形成单分子层。Langmuir 方程表达式为

$$C = \frac{L_a L_b p}{1 + L_b p} \tag{3-12}$$

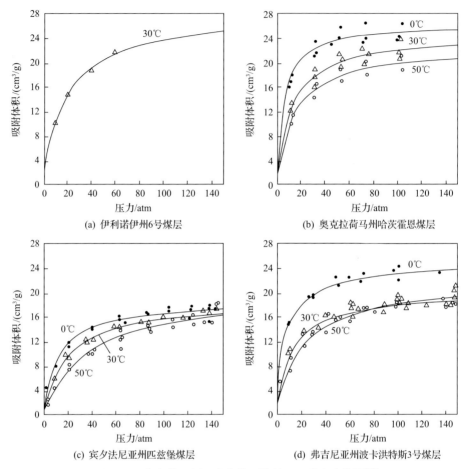

图 3-7 瓦斯气体不同温度条件下的等温吸附实验曲线[10]

1atm=1.01325×10⁵Pa

式中，$C$ 为单位质量煤体所含吸附态气体含量，m³/kg；$L_a$ 为单位质量煤体在参考压力下的极限吸附量，表示在给定的温度下，单位质量固体的极限吸附量，m³/kg；$L_b$ 为吸附平衡常数，反映了气体压力变化时瓦斯吸附的快慢，Pa⁻¹；$p$ 为气体压力，Pa。因此在恒定条件下，忽略煤体中的灰分和水分，单位体积煤体内吸附态瓦斯质量为

$$M_a^g = (1-\phi_c)\rho_g\rho_M\frac{L_aL_bp}{1+L_bp} \tag{3-13}$$

式中，$\rho_g$ 为瓦斯气体密度，kg/m³；$\rho_M$ 为煤体密度，kg/m³；$\phi_c$ 为煤体孔隙率。

煤基质系统内瓦斯气体含量由游离态瓦斯量和吸附态瓦斯量组成，单位体积煤体孔隙内的游离态瓦斯质量式(3-9)确定，单位体积煤体内吸附态瓦斯质量由

式(3-13)确定，因此单位体积煤体内总瓦斯质量为

$$M_{\mathrm{g}}^{\mathrm{M}} = M_{\mathrm{l}}^{\mathrm{g}} + M_{\mathrm{a}}^{\mathrm{g}} = \phi^{\mathrm{M}} p \frac{M}{ZRT} + (1 - \phi_{\mathrm{c}}) \rho_{\mathrm{g}} \rho_{\mathrm{M}} \frac{L_{\mathrm{a}} L_{\mathrm{b}} p}{1 + L_{\mathrm{b}} p} \tag{3-14}$$

式中，$\phi^{\mathrm{M}}$ 为煤体基质的孔隙率。

从式(3-14)可以看出，在恒定温度下，煤层瓦斯含量与孔隙率和瓦斯压力有关。煤体采动卸压时应力降低，由孔隙率与应力关系可知孔隙率增大，瓦斯压力降低，煤层瓦斯发生大量解吸，导致游离态瓦斯增加而吸附态瓦斯减少。

煤体基质属于低渗透性介质，低速渗流具有 Darcy 流特征，因此可以假设煤体基质内的渗流规律符合式(3-10)。同时，考虑到瓦斯气体的分子扩散运动，瓦斯气体的渗流量为

$$q^{\mathrm{M}} = -\rho_{\mathrm{g}} \frac{k_{\mathrm{rg}}^{\mathrm{M}} \kappa^{\mathrm{M}}}{\mu} (\nabla p - \rho_{\mathrm{g}} g e) - D_{\mathrm{f}} e \nabla \rho_{\mathrm{g}} (\nabla p - \rho_{\mathrm{g}} g e) \tag{3-15}$$

式中，$q^{\mathrm{M}}$ 为单元体基质系统内单位时间气体通量；$k_{\mathrm{rg}}^{\mathrm{M}}$ 为基质相对渗透率系数；$\kappa^{\mathrm{M}}$ 为基质绝对渗透率。

影响渗流过程的主要参数是渗透率，渗透率受到应力场影响会发生变化，两者存在耦合作用关系，可见瓦斯整个渗流过程都和应力场有密切关系。在不进行煤层瓦斯抽采或其他流体注入活动的情况下，可以忽略源汇项，式(3-16)构成了煤体基质内瓦斯渗流的质量平衡方程。

$$\frac{\mathrm{d}}{\mathrm{d}t} \left[ \phi^{\mathrm{M}} p \frac{M}{ZRT} + (1 - \phi^{\mathrm{M}}) \rho_{\mathrm{g}} \rho_{\mathrm{M}} \frac{L_{\mathrm{a}} L_{\mathrm{b}} p}{1 + L_{\mathrm{b}} p} \right]$$
$$= Q^{\mathrm{g}} - \nabla \left[ -\rho_{\mathrm{g}} \frac{k_{\mathrm{rg}}^{\mathrm{M}} \kappa^{\mathrm{M}}}{\mu} (\nabla p - \rho_{\mathrm{g}} g e) - D_{\mathrm{f}} e \nabla \rho_{\mathrm{g}} (\nabla p - \rho_{\mathrm{g}} g e) \right] \tag{3-16}$$

整个方程包括煤体基质系统内瓦斯吸附解吸、运移、扩散、脱滑效应等完整的物理过程，描绘了瓦斯在煤体基质内的动态变化。

### 3.1.2　煤岩巷道流体场控制方程

煤矿粉尘指岩尘和煤尘，其产生在煤炭开采过程及运输等其他工序中。由于粉尘颗粒体积较小，在风流相中的体积分数低于 10%，可以采用纳维-斯托克斯 (Navier-Stokes)方程计算连续相流场，颗粒轨迹跟踪采用离散相模型完成，计算两相流时，气体为连续相，颗粒为离散相。将煤矿巷道和工作面气相流动简化为定常不可压的绝热流动，气相流动控制方程组采用三维稳态不可压 Navier-Stokes

方程，湍流流动采用标准 $k$-$\varepsilon$ 方程。

### 1. 连续性方程

在煤岩巷道风流中取一微元正六面体，根据质量守恒原理，单位时间内流入流出微元体的流体质量之差，应等于同一时间间隔微元体内流体质量的增量，可得三维不可压缩流体的连续性方程：

$$\frac{\partial u_x}{\partial x} + \frac{\partial u_y}{\partial y} + \frac{\partial u_z}{\partial z} = 0 \tag{3-17}$$

式中，$u_x$、$u_y$、$u_z$ 分别为速度矢量 $u$ 在 $x$、$y$、$z$ 方向上的速度分量。

### 2. Navier-Stokes 方程

在运动的流体中取一微元正六面体，根据牛顿第二运动定律，微元体的质量乘以某一方向上的加速度等于在这一方向上作用于微元体上的外力，可以得到常物性单位体积流体的三维运动方程：

$$\left.\begin{aligned}
\rho\left(\frac{\partial u_x}{\partial t} + u_x\frac{\partial u_x}{\partial x} + u_y\frac{\partial u_x}{\partial y} + v_z\frac{\partial u_x}{\partial z}\right) &= F_x - \frac{\partial p}{\partial x} + \mu\nabla^2 u_x \\
\rho\left(\frac{\partial u_y}{\partial t} + u_x\frac{\partial u_y}{\partial x} + u_y\frac{\partial u_y}{\partial y} + u_z\frac{\partial u_y}{\partial z}\right) &= F_y - \frac{\partial p}{\partial y} + \mu\nabla^2 u_y \\
\rho\left(\frac{\partial u_z}{\partial t} + u_x\frac{\partial u_z}{\partial x} + u_y\frac{\partial u_z}{\partial y} + v_z\frac{\partial u_z}{\partial z}\right) &= F_z - \frac{\partial p}{\partial z} + \mu\nabla^2 u_z
\end{aligned}\right\} \tag{3-18}$$

式中，左边项是密度乘以 $x$、$y$、$z$ 方向上的加速度；$F_x$、$F_y$、$F_z$ 分别为 $x$、$y$、$z$ 方向上流体受到的体积力；右边第二项为流体受到的压力差；右边第三项为黏性力；$p$、$\rho$、$\mu$ 分别为流体压力、密度和动力黏度。

式(3-18)通常称为 Navier-Stokes 方程，或简称 N-S 方程。假设煤岩巷道内风流不可压缩、无内热源、常物性、已知 $F_x$、$F_y$、$F_z$，针对具体问题设置定解条件，根据式(3-17)和式(3-18)求解压力场和速度场。

### 3. $k$-$\varepsilon$ 方程

在巷道内粉尘运动紊乱，已经越过层流状态，进入紊流状态，根据经验及实验数据，选用 $k$-$\varepsilon$ 方程计算粉尘的紊流状态，该方程适用范围广，是根据实验现象总结出的半经验公式。$k$-$\varepsilon$ 方程如下：

湍流动能方程：

$$\frac{\partial}{\partial t}(\rho k)+\frac{\partial}{\partial x_j}(\rho k u_j)=\frac{\partial}{\partial x_j}\left(\varGamma_k\frac{\partial k}{\partial x_j}\right)+G_k+G_b-\rho\varepsilon-Y_M+S_k \qquad (3\text{-}19)$$

湍流耗散方程：

$$\frac{\partial}{\partial t}(\rho\varepsilon)+\frac{\partial}{\partial x_j}(\rho\varepsilon u_j)=\frac{\partial}{\partial}\left(\varGamma_\varepsilon\frac{\partial\varepsilon}{\partial x_j}\right)+\rho C_1 S_\varepsilon-\rho C_2\frac{\varepsilon^2}{k+\sqrt{v\varepsilon}}+C_{1\varepsilon}\frac{\varepsilon}{k}C_{2\varepsilon}G_b+S_\varepsilon \qquad (3\text{-}20)$$

式中，$\rho$ 为流体密度；$x_j$、$u_j$ 分别为某方向及该方向上的速度分量；$G_k$ 为因平均速度梯度而产生的湍流动能；$G_b$ 为因浮力产生的湍流动能；$Y_M$ 为可压缩流动脉动扩张对总耗散率的影响；$S_k$ 和 $S_\varepsilon$ 为自定义源项；$C_1$、$C_2$、$C_{1\varepsilon}$ 和 $C_{2\varepsilon}$ 为常数；$\varGamma_k$ 和 $\varGamma_\varepsilon$ 分别为湍流动能方程、湍流耗散方程的有效扩散系数。

### 3.1.3　煤岩应力场控制方程

在外部应力影响下煤层的变形破坏等特征和煤体的力学性质有密切关系。由于采动导致原岩应力的重新分布，并伴随煤体裂纹、裂隙的产生和扩展，从而降低材料的强度和刚度，并对采掘空间的围岩稳定性产生重要影响。由于煤体的物理吸附特性，瓦斯吸附过程导致煤体体积膨胀，并且瓦斯压力导致煤体有效应力改变，因此瓦斯对煤体的力学特性也有重要影响。目前，人们普遍认为含瓦斯煤岩动力灾害是地应力、瓦斯压力和煤体物理力学性质三因素共同作用的结果。因此，为准确描述含瓦斯煤体的力学性质，应该考虑煤体的变形、损伤、瓦斯等因素的影响。

#### 1. 有效应力原理

自从 Terzaghi[12]研究流固耦合时建立有效应力公式以来，许多研究学者对流体和固体同时存在时的骨架变形规律进行了研究。由流体和岩石骨架所组成的多相介质受到外力作用后，岩石骨架受力将发生变形，同时流体会产生流动或原来的流动状态发生改变。岩石骨架的变形是在外部载荷与孔隙流体压力的共同作用下发生的，因此在研究煤岩体骨架的变形时，引入有效应力的概念。

当煤岩的孔隙中充满水和瓦斯等流体时，流体压力为均匀作用于孔隙周边的法向压力，如图 3-8 所示，这种压力称为流体的孔隙压力。对于深埋于地下几百米的煤层多孔介质来说，不但受到巨大的上覆岩层压力和侧限压力，而且由于多孔介质内部孔隙结构的复杂性，多孔介质的受力情况十分复杂。煤层多孔介质的有效应力是一个等价应力或等效应力，它作用于煤层多孔介质所产生的效果与多孔介质所受到的外部应力和孔隙压力共同作用所产生的效果完全相同。当采用有效应力研究多孔介质的力学行为时，等效于采用真实应力研究普通的固体材料。

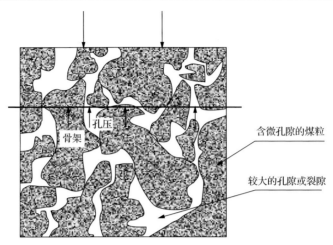

图 3-8　含瓦斯煤基质应力与瓦斯压力示意图

　　在分析岩体渗流时，基本的问题是渗流场和应力场共同作用下岩体的宏观力学响应。在流体渗透介质中，有效应力控制材料的变形和破坏，有效应力原理建立了孔隙流体压力与岩石固相骨架应力之间的受力关系。对于饱和多孔介质而言，其有效应力可以利用 Terzaghi 所提出的有效应力原理来计算。Terzaghi 认为，岩体形变是由外部载荷对应的全应力与孔隙流体压力的叠加值来控制的，这一叠加值即为有效应力，并提出了一个非常简洁的有效应力公式：

$$\sigma_{ij} = \sigma_{ij}^{t} - p\delta_{ij} \tag{3-21}$$

式中，$\sigma_{ij}$ 为有效应力张量；$\sigma_{ij}^{t}$ 为总应力张量；$p$ 为孔隙压力；$\delta_{ij}$ 为克罗内克符号，$i,j$=1,2,3。有效应力准则是在宏观上被定义的，可以通过调整弹性常数的影响来控制应变量。因为岩石的孔隙特性不同于松散体介质，大量有关岩体类材料在流体压力作用下的变形实验与研究表明，Terzaghi 原理并不适用于岩体类孔隙介质，岩体类材料的有效应力原理需修正[13]，适用于岩体类材料的有效应力准则可扩展为[14]

$$\sigma_{ij} = \sigma_{ij}^{t} - \alpha p\delta_{ij} \tag{3-22}$$

式中，$\alpha$ 为毕奥（Biot）系数，是煤体骨架所受的有效体积应力和瓦斯孔隙压力的函数，取值范围是 0～1。

　　有效应力公式建立了有效应力、孔隙压力与全应力之间的关系，简化了多孔介质内流体压力对介质变形的影响，将复杂的孔隙介质的变形问题转化为有效应力作用下的无孔隙等效变形体问题，为建立孔隙介质变形的本构方程提供了方法。同样，煤岩体脆性破裂、弹塑性变形、摩擦滑动、含瓦斯煤的强度及变形特性也受有效应力的控制。

2. 弹性本构关系

假设煤体为各向同性材料，且线弹性本构关系符合广义胡克定律，则本构关系为

$$\sigma_{ij} = 2G\varepsilon_{ij}^{e} + \lambda\varepsilon_{kk}^{e}\delta_{ij} \tag{3-23}$$

式中，$G$ 为剪切模量，GPa；$\lambda$ 为拉梅常数；$\varepsilon_{ij}^{e}$、$\varepsilon_{kk}^{e}$ 为应变张量，$i,j,k$=1,2,3。其应力增量形式为

$$\Delta\sigma_{ij} = 2G\Delta\varepsilon_{ij}^{e} + \lambda\Delta\varepsilon_{kk}^{e}\delta_{ij} \tag{3-24}$$

对于各向异性材料，张量形式的本构关系为

$$\sigma_{ij} = C_{ijkl}\varepsilon_{ij}^{e} \tag{3-25}$$

用矩阵形式表达，可写成

$$\begin{bmatrix} \sigma_{11} \\ \sigma_{22} \\ \sigma_{33} \\ \tau_{12} \\ \tau_{23} \\ \tau_{31} \end{bmatrix} = \begin{bmatrix} C_{11} & C_{12} & C_{13} & C_{14} & C_{15} & C_{16} \\ C_{21} & C_{22} & C_{23} & C_{24} & C_{25} & C_{26} \\ C_{31} & C_{32} & C_{33} & C_{34} & C_{35} & C_{36} \\ C_{41} & C_{42} & C_{43} & C_{44} & C_{45} & C_{46} \\ C_{51} & C_{52} & C_{53} & C_{54} & C_{55} & C_{56} \\ C_{61} & C_{62} & C_{63} & C_{64} & C_{65} & C_{66} \end{bmatrix} \begin{bmatrix} \varepsilon_{11}^{e} \\ \varepsilon_{22}^{e} \\ \varepsilon_{33}^{e} \\ \gamma_{12}^{e} \\ \gamma_{23}^{e} \\ \gamma_{31}^{e} \end{bmatrix} \tag{3-26}$$

式中，$C_{ijkl}$ 为材料的刚度矩阵；$\tau_{12}$、$\tau_{23}$、$\tau_{31}$ 分别为不同方向的剪切应力；$\gamma_{12}^{e}$、$\gamma_{23}^{e}$、$\gamma_{31}^{e}$ 分别为不同方向的切应变。由式(3-24)可知，此处应变量是膨胀变形产生的应变和骨架本身的应变总和，应力为有效应力，因此式(3-26)包含了与气体吸附的耦合关系。

3. 固体变形控制方程

煤基质和裂隙的力学平衡方程为

$$\sigma_{ij} + f_{j} = 0 \tag{3-27}$$

式中，$\sigma_{ij}$ 为应力张量分量；$f_{j}$ 为体力分量。

煤基质和裂隙变形的几何方程为

$$\varepsilon_{ij} = \frac{1}{2}(u_{i,j} + u_{j,i}) \tag{3-28}$$

式中，$\varepsilon_{ij}$ 为应变张量分量；$u_{i,j}$ 和 $u_{j,i}$ 为位移分量的微分形式；$i,j$ 为空间坐标。

基于孔弹性理论[15]与热作用和基质收缩类比并考虑压力梯度[16]，煤基质和裂隙的本构方程为

$$\varepsilon_{mij} = \frac{1}{2G_m}\sigma_{ij} - \left(\frac{1}{6G_m} - \frac{1}{9K_m}\right)\sigma_{kk}\delta_{ij} + \frac{\alpha}{3K_m}P_m\delta_{ij} - \frac{1}{3K_m}\Delta P\delta_{ij} + \frac{\varepsilon_{ms}}{3}\delta_{ij} \tag{3-29}$$

$$\varepsilon_{fij} = \frac{1}{2G_f}\sigma_{ij} - \left(\frac{1}{6G_f} - \frac{1}{9K_f}\right)\sigma_{kk}\delta_{ij} + \frac{\beta}{3K_f}P_f\delta_{ij} + \frac{1}{3K_f}\Delta P\delta_{ij} + \frac{\varepsilon_{fs}}{3}\delta_{ij} \tag{3-30}$$

$$G_m = \frac{E_m}{2(1+\nu_m)} \tag{3-31}$$

$$G_f = \frac{E_f}{2(1+\nu_f)} \tag{3-32}$$

$$K_m = \frac{E_m}{3(1-2\nu_m)} \tag{3-33}$$

$$K_f = \frac{E_f}{3(1-2\nu_f)} \tag{3-34}$$

式中，$E_m$ 为基质弹性模量；$E_f$ 为裂隙弹性模量；$\nu_m$ 为基质泊松比；$\nu_f$ 为裂隙泊松比；$G_m$ 为基质剪切模量；$G_f$ 为裂隙剪切模量；$K_m$ 为基质体积模量；$K_f$ 为裂隙体积模量；$\alpha$ 和 $\beta$ 为毕奥系数；$P_m$ 为基质中的孔隙压力；$P_f$ 为裂隙中的孔隙压力；$\sigma_{kk}$ 为总应力；$\varepsilon_{ms}$ 为基质中的气体吸附应变；$\varepsilon_{fs}$ 为裂隙中的气体吸附应变；$\Delta P$ 为裂隙和基质间的压差（$\Delta P = P_m - P_f$）；$\delta_{ij}$ 为克罗内克符号；$i,j = 1,2,3$。

### 3.1.4 温度场控制方程

矿井煤岩体温度场随着开采深度的增大而增高，同时采掘活动造成的煤体氧化自燃、瓦斯解吸、通风等活动也影响着煤层温度场的变化。温度的变化不仅能改变煤岩体物理力学性质，而且会对渗流规律产生重要影响，温度场是矿井灾害中的重要耦合因素之一。煤岩体热量可由热传导和热对流产生。

1. 煤岩体热传导

假设煤岩体是均质和各向同性的，初始巷道围岩温度相等。采用傅里叶定律

描述热量传导，其方程可表示为[17]

$$\vec{q} = -\lambda \cdot \mathrm{grad}\, T = -\lambda\left(\frac{\partial T}{\partial x}i + \frac{\partial T}{\partial y}j + \frac{\partial T}{\partial z}k\right) \tag{3-35}$$

式中，$\vec{q}$ 为热流密度，$\mathrm{W/m^2}$；$T$ 为煤岩体温度，$\mathrm{K}$；$\lambda$ 为煤岩体导热率，$\mathrm{W/(m\cdot K)}$；$i$、$j$、$k$ 分别为 $x$、$y$、$z$ 轴上的单位矢量。

在煤岩体中取一微元正六面体，$\mathrm{d}t$ 时间内、沿 $x$ 轴方向、经垂直于 $x$ 轴的表面导入的热量为 $\mathrm{d}Q_x = q_x \cdot \mathrm{d}y\mathrm{d}z\mathrm{d}t$。同理，$\mathrm{d}t$ 时间内、沿 $x$ 轴方向、经垂直于 $x$ 轴的表面导出的热量为 $\mathrm{d}Q_{x+\mathrm{d}x} = q_{x+\mathrm{d}x} \cdot \mathrm{d}y\mathrm{d}z\mathrm{d}t$，式中 $q_x$ 和 $q_{x+\mathrm{d}x}$ 分别为热量导入面和导出面上的热流密度，$\mathrm{W/m^2}$。其中，$q_x - q_{x+\mathrm{d}x} = -\dfrac{\partial q_x}{\partial x}\mathrm{d}x$，所以不同方向上导入与导出的热量差为

$$\mathrm{d}Q_x - \mathrm{d}Q_{x+\mathrm{d}x} = -\frac{\partial q_x}{\partial x}\mathrm{d}x \cdot \mathrm{d}y\mathrm{d}z\mathrm{d}t$$

$$\mathrm{d}Q_y - \mathrm{d}Q_{y+\mathrm{d}y} = -\frac{\partial q_y}{\partial y}\mathrm{d}y \cdot \mathrm{d}x\mathrm{d}z\mathrm{d}t \tag{3-36}$$

$$\mathrm{d}Q_z - \mathrm{d}Q_{z+\mathrm{d}z} = -\frac{\partial q_z}{\partial z}\mathrm{d}z \cdot \mathrm{d}x\mathrm{d}y\mathrm{d}t$$

微元体自身发热量由内热源强度 $q_v$ 决定，在 $\mathrm{d}t$ 时间内，微元体自身发热量 $Q_{\mathrm{d}v}$ 为

$$Q_{\mathrm{d}v} = q_v\mathrm{d}x\mathrm{d}y\mathrm{d}z\mathrm{d}t \tag{3-37}$$

在 $\mathrm{d}t$ 时间内，微元体热力学能的增量，即微元体温度升高耗费的能量 $Q_{\Delta T}$ 为

$$Q_{\Delta T} = \rho c\frac{\partial T}{\partial t}\mathrm{d}t \cdot \mathrm{d}x\mathrm{d}y\mathrm{d}z \tag{3-38}$$

式中，$\rho$ 为煤岩体密度；$c$ 为比热。

根据能量守恒，可以得到

$$(\mathrm{d}Q_x - \mathrm{d}Q_{x+\mathrm{d}x}) + (\mathrm{d}Q_y - \mathrm{d}Q_{y+\mathrm{d}y}) + (\mathrm{d}Q_z - \mathrm{d}Q_{z+\mathrm{d}z}) + Q_{\mathrm{d}v} = Q_{\Delta T} \tag{3-39}$$

整理即得

$$\left(-\frac{\partial q_x}{\partial x} - \frac{\partial q_y}{\partial y} - \frac{\partial q_z}{\partial z}\right) + q_v = \rho c\frac{\partial T}{\partial t} \tag{3-40}$$

根据傅里叶定律：$\dfrac{\partial q_x}{\partial x}=-\lambda\dfrac{\partial^2 T}{\partial x^2}$，$\dfrac{\partial q_y}{\partial y}=-\lambda\dfrac{\partial^2 T}{\partial y^2}$，$\dfrac{\partial q_z}{\partial z}=-\lambda\dfrac{\partial^2 T}{\partial z^2}$，代入式 (3-40)，得直角坐标系下的导热微分方程为

$$\lambda\left(\frac{\partial^2 T}{\partial x^2}+\frac{\partial^2 T}{\partial y^2}+\frac{\partial^2 T}{\partial z^2}\right)+q_v=\rho c\frac{\partial T}{\partial t} \tag{3-41}$$

**2. 煤岩体热对流**

由于巷道风流接触的煤壁表面温度与风流温度不同，煤岩体除了内部热传导，还存在巷道围岩壁面与巷道风流之间的对流换热，可采用牛顿冷却公式：

$$q=\alpha(T_w-T_a) \tag{3-42}$$

式中，$\alpha$ 为换热系数；$T_a$ 为风流温度；$T_w$ 为巷壁表面温度。

假设巷道封闭壁面，即煤岩体与风流的交接面为 $\varGamma_1$，围岩体深部边界取保持原始温度不变的边界面 $\varGamma_2$。

煤岩体热对流的初始和边界条件为

$$\begin{aligned}T(x,y,z,t)|_{\varGamma_1}&=T_0\\ T(x,y,z,t)|_{\varGamma_2}&=T_0\\ -\lambda\frac{\partial T}{\partial n}\bigg|_{\varGamma_1}&=\alpha(T_w-T_a)\end{aligned} \tag{3-43}$$

第三个边界条件式中 $\dfrac{\partial T}{\partial n}\bigg|_{\varGamma_1}$ 为沿巷壁表面 $\varGamma_1$ 处法向的煤岩体温度梯度。假设煤岩体温度高于风流温度，则煤岩体深部向巷壁表面处传导的热量等于巷壁表面与风流之间的对流换热量。此外，还需设置进出口等边界条件。

**3. 巷道风流的对流传热**

实际上，巷道围岩体温度场与巷道风流温度场存在关联关系。因此，还必须增加巷道风流的对流传热能量方程。

矿井巷道风流作为热量传递介质，风流的对流传热对温度场影响很大。假设：风流的物性参数 $\rho$、$\lambda$、$c_p$ 为常量；无内热源；流速不高，忽略流体黏性引起的耗散热。在巷道风流中取一微元正六面体，根据热力学第一定律，由导热传入微元体的热量加上由对流传入微元体的热量等于微元体内能的增加，可以得到常物性无内热源的三维流体对流换热能量微分方程：

$$\rho c_{\mathrm{p}}\left(\frac{\partial T}{\partial t}+u_x\frac{\partial T}{\partial x}+u_y\frac{\partial T}{\partial y}+u_z\frac{\partial T}{\partial z}\right)=\lambda\left(\frac{\partial^2 T}{\partial x^2}+\frac{\partial^2 T}{\partial y^2}+\frac{\partial^2 T}{\partial z^2}\right)\qquad(3\text{-}44)$$

式中，$T$ 为风流温度，与时空有关。该式左边项括号内是温度对时间的全导数，其中第二、三、四项为热对流项；右边项是导热项。

根据巷道风流连续性方程、Navier-Stokes 方程和对流传热能量方程，巷道围岩体的导热微分方程以及巷壁表面与风流之间对流换热的牛顿冷却公式，针对具体问题，设置必要的定解条件，即可求解巷道风流压力场、速度场、温度场和巷道围岩体温度场。

## 3.2　矿井灾害耦合关系

研究瓦斯渗流场、煤岩力学场、氧气浓度场和温度场耦合机制是矿山安全理论的重要组成部分，具有极大的工程意义和实用价值。

### 3.2.1　瓦斯灾害气-固-热耦合机理

煤层采动应力场诱发了裂隙的萌生、扩展贯通，不可避免地影响着气体渗流规律，使得瓦斯气体解吸运移，而气体渗流引起孔隙压力的改变从而导致煤体有效应力的变化，同时温度变化将导致热应力和流体性质改变，应力场、渗流场和温度场耦合作用下煤体和瓦斯的相互作用机理如图 3-9 所示。

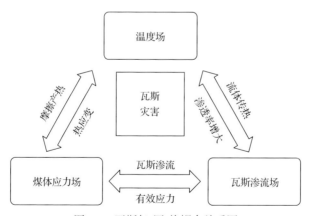

图 3-9　瓦斯气-固-热耦合关系图

通常情况下，在研究含瓦斯煤的气-固-热耦合问题时，各场所建立的数学模型并不是孤立存在的，它们之间是以多个物性参数方程为纽带，通过各场中的关键物性参数耦合项在一起联立求解的。通过分析不同物理场的耦合关系，揭示矿井瓦斯灾害过程的多场耦合规律，对矿井灾害防治具有重要意义，具体关系如下：

（1）温度变化将导致煤体瓦斯温度变化，进而改变气体压力；瓦斯压力的变化与温度场引起的热应力变化，共同导致煤体应力场的变化；煤岩体应力变化进一步导致裂隙渗透特性和瓦斯压力的改变，从而引起煤体瓦斯渗流场变化。

（2）矿井地下采掘活动造成井下煤层经历了由原岩应力状态进入应力升高与降低状态的过程，在这个过程中应力变化导致裂隙开度变化，引起煤体的渗透性也相应发生变化。

（3）煤体对瓦斯的吸附也会影响煤的渗透特性。在煤层中吸附气体所呈现的吸附性越强，对煤样渗透率影响越大，且随着孔隙压力的增大，这种关系越明显。因为煤吸附气体后会发生膨胀变形，且吸附性越强变形量越大，造成煤体在外部围压力保持一定、无法沿径向产生变形时，微孔隙和微裂隙在吸附气体后必然产生向内变形，从而影响中孔和大孔及裂隙的容积，使得渗透容积减少。

（4）从煤体骨架受力来看，煤所受的围压力等于骨架力和气体压力之和，因而在围压力保持不变的情况下，瓦斯压力越大，则骨架所能承受的应力就越小，因而裂隙开度越大，越有利于流体流动。

（5）含瓦斯煤受地应力的作用所产生的变形功与渗流场中煤体瓦斯的解吸吸附，共同导致温度场变化，流体运移过程同样导致热量传递进而改变温度场。

### 3.2.2　自燃灾害气-固-热耦合机理

煤的自燃条件比较复杂，影响因素众多，包括孔隙率、粒度、氧气浓度、通风状况等。这一过程是井下巷道内气体流动、氧气运移、煤体氧化放热、固-热传导、固-气对流换热等多物理场相互作用耦合的结果，是井下环境放热和散热矛盾运动的结果，是一个极其复杂的、动态变化的、自加速的物理和化学变化过程。

煤处于井下的通风条件中，不同于井上的自然对流，属于强制对流问题。巷道内空气不断流动，形成了空气流场。一方面，热量随着气体的流动而发生空气内部的对流传热和空气-煤体界面处的对流换热，从而影响固气温度的分布；另一方面，空气的流动直接带动了氧气的传质，影响氧气浓度的分布。煤体作为一种多孔介质，空气流场的存在使得煤体内部存在漏风气流，氧气随之进入，从而形成氧气浓度场。正是由于氧气的存在，煤体才会开始其蓄热过程；蓄热化学反应消耗了氧气，改变了氧气浓度场的分布，氧气浓度的降低又抑制了蓄热反应的发生强度；但空气流动又带来了新鲜的氧气，使得煤体蓄热过程能够持续进行，由此便产生了煤体充填体的固体温度场。另外，煤体固体在临空面与空气发生对流换热，形成了气体温度场；同时，固体与气体的温度变化既影响着煤体的蓄热效率，又导致空气密度发生变化，反作用于温度分布和气体流动过程[18]。

由此可见，煤体井下自燃问题是其空气流场、氧气浓度场、固体温度场、气体温度场等物理场互相耦合、彼此影响下的复杂物理现象。仅研究孤立物理场而忽视其他物理场的耦合作用是不科学的，无法展现自燃蓄热的全貌。就井下的环境而言，由于巷道工作面有供风设备持续供风，产生了煤体内部与巷道空气流的压力梯度，巷道内氧气随着漏风扩散，为煤体内部的硫氧反应提供了必要条件，而这种氧化放热反应又对整个物理过程提供了内热源，这一系列过程环环相扣，反复循环，相互影响，相互耦合，构成了影响自燃蓄热的关键要素。对众多影响因素进行综合分析，多物理场耦合关系如图 3-10 所示。

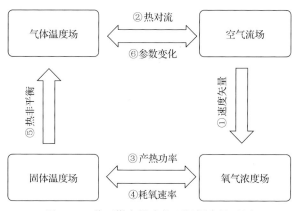

图 3-10 井下煤自燃多物理场耦合关系图

分析井下煤自燃影响因素间的相互关系，得到多场耦合下的煤自燃耦合过程如下。

(1) 空气流场对氧气浓度场的耦合作用：井下空气不断流动，形成了具有速度矢量的空气流场。空气流场的存在深刻地影响了氧气浓度场。第一，空气流动直接推动了氧气的扩散行为；第二，空气流动导致富氧的新风源源不断地供给硫氧反应区域，补充因参与化学反应而消耗的氧气，使得自燃蓄热过程得以持续进行。

(2) 空气流场对气体温度场的耦合作用：空气流动是引发气体内部热对流的根本原因，而热对流过程又是气体温度场中热量传递过程的重要一环，因此空气流场对气体温度场的重分布具有重要影响。

(3) 氧气浓度场对固体温度场的耦合作用：在氧气的作用下，煤体多孔介质固体内部逐渐发生氧化放热化学反应，引发内部热量集聚，氧气浓度与煤体的放热强度密切相关，使得煤体成为具有一定产热功率的体热源。

(4) 固体温度场对氧气浓度场的耦合作用：固体温度场对氧气浓度场的影响主要体现在煤体的耗氧速率上，耗氧速率是一个与温度、氧气浓度正相关的函数，即温度越高，蓄热反应越快，耗氧速率越大。

(5) 固体温度场与气体温度场的耦合作用：固体煤体颗粒与孔隙间气体存在相互间的对流换热，形成局部的热非平衡过程。

(6) 气体温度场对空气流场的耦合作用：空气的各项热物性参数不可与煤体固

体的热物性参数一样简化为常数,这是因为空气的热物性参数与其温度密切相关,且变化幅度较大。因此,气体温度场与空气流场之间存在强相互耦合关系,温度的变化对气体渗透、扩散和传热行为有重要影响。

(7)多场耦合全过程是非稳态的过程,在多场耦合全过程中,空气流场、氧气浓度场、固体温度场和气体温度场之间互相耦合,各物理场均随着时间和空间坐标的变化而变化。

### 3.2.3　粉尘灾害气-固耦合机理

煤矿综采工作面是作业人员和各种采煤设备高度集中的场所,各种产尘源导致粉尘浓度居高不下,粉尘治理难度加大。随着采煤工作机械化的普及,加剧了工作面粉尘浓度的上升。其原因是煤岩体的机械开采和掘进产生微小粉尘颗粒,而粉尘的积聚进一步造成机械设备的不稳定振动,从而导致粉尘浓度的增加,其关系如图 3-11 所示。

图 3-11　粉尘产生气-固耦合关系图

(1)采煤机割煤产尘是综采工作面最大的粉尘源,在一定时间内为连续作业,粉尘来源具有持久性。其产尘机理主要是,采煤机切割煤体过程中滚筒截齿对煤层产生挤压,使煤层储存弹性势能,发生弹性变形,在截齿离开煤体时,释放弹性能,煤层受到强大的剪切力、冲击力等迅速破碎、散落,碎成煤块的同时产生大量粉尘。被切割下来的煤块在垮落过程中,受重力、冲击气流和地面反作用力的影响,又产生大量粉尘,其随工作面风流飞扬在气流中。

另外,移架作业产尘具有脉冲性,即在移架时瞬间产生大量粉尘,移架完成后不会再产尘。其产尘机理是,综采工作面液压支架支撑的顶板上部煤层在工作面推进时受到不同力的影响逐渐破碎,在支架降架、拉架、升架时,支架上方破碎或者不完整的煤岩体,在支架运动时受到挤压垮落,垮落过程中由于重力、碰撞、冲击波等使煤块进一步破碎,产生大量粉尘[19]。

(2)在采煤机螺旋滚筒将破碎下来的煤炭装入刮板运输机时,由于振动、摩擦等原因,也会产生粉尘。

(3)粉尘在工作面中随风运动时,由于受到碰撞、反弹等因素影响,会形成二次粉尘,二次粉尘在工作面中也应算作无处不在的尘源。

# 3.3　矿井灾害判别准则

煤矿灾害类型具有不同的致灾特点，为了保障煤矿职工安全与健康、保证煤炭资源安全开发利用，在生产过程中需要判别灾害发生的条件。

## 3.3.1　瓦斯灾害判别准则

### 1. 瓦斯爆炸灾害

瓦斯爆炸是煤矿开采中非常严重的灾害。爆炸会对煤矿产生毁灭性打击，在井下受限空间内，瓦斯爆炸产生的冲击波、高温高压气体伴随着烟火沿巷道传播[20]，对井下的设备和设施产生破坏作用。爆炸过程中还会产生大量有毒气体，对工人的生命安全构成极大的威胁。瓦斯爆炸是以甲烷为主的可燃气体和空气组成的爆炸性混合气体，在火源存在的条件下引发的一种剧烈而迅速的链式反应过程。瓦斯爆炸极限指的是瓦斯和空气或氧气均匀混合后遇明火能够发生爆炸的体积浓度，通常用体积分数(%)表示[21]。

#### 1)煤层瓦斯爆炸的条件

##### A　瓦斯浓度

根据链式反应理论，一定浓度的甲烷吸收足够的热能后，将分解出大量活化中心，其化学活性很大，能与体系内稳定分子进行反应成为反应中心，一方面使稳定分子的化学形态转化(由反应物转化为产物)，另一方面使旧的活化中心消亡而形成新的活化中心，新的活化中心又迅速参与反应，如此延续下去完成整个反应过程，并释放出热量。根据实验验证，通常条件下甲烷的爆炸极限为5%～16%，在当量比浓度为9.1%～9.5%时爆炸最为剧烈。当浓度低于5%时，由于惰性组分的稀释及冷却效应常不发生爆炸；当浓度高于16%时，由于氧气的不足也难以维持火焰传播而失去爆炸性，但在空气中遇到火源时能够形成扩散燃烧。此外，瓦斯爆炸极限并不是定值，其受初始温度、初始压力、惰性介质、点火能量、受限空间大小等因素的影响。

甲烷的爆炸极限随环境温度和混合气体初始压力的变化而变化，见表 3-1 和表 3-2。由此可知，随着温度升高，甲烷爆炸下限下降、上限升高；随着混合气体初始压力升高，甲烷爆炸下限变化很小，爆炸上限上升很大。

##### B　引爆火源

点燃甲烷所需的最低温度称为最低点燃温度，一般情况下最小能量为 0.28mJ，甲烷最低点燃温度为 650～750℃。甲烷浓度不同，最低点燃温度也不同，该范围还受瓦斯浓度、火源性质、混合气体压力、环境温度和湿度等因素影响，甲烷浓度和最低点燃温度之间的关系见表 3-3。

表 3-1 甲烷爆炸极限与环境温度的关系

| 环境温度/℃ | 甲烷爆炸极限/% | |
|---|---|---|
| | 下限 | 上限 |
| 20 | 6.00 | 13.40 |
| 100 | 5.45 | 13.50 |
| 200 | 5.05 | 13.80 |
| 300 | 4.40 | 14.25 |
| 400 | 4.00 | 14.70 |
| 500 | 3.65 | 15.35 |
| 600 | 3.35 | 16.40 |
| 700 | 3.25 | 18.75 |

表 3-2 甲烷爆炸极限与初始压力的关系

| 初始压力/MPa | 甲烷爆炸极限/% | |
|---|---|---|
| | 下限 | 上限 |
| 0.0 | 5.6 | 14.3 |
| 1.0 | 5.9 | 17.2 |
| 5.1 | 5.4 | 29.4 |
| 12.7 | 5.7 | 45.7 |

表 3-3 甲烷浓度与最低点燃温度之间的关系

| 甲烷浓度/% | 2.0 | 3.0 | 4.0 | 5.9 | 7.0 | 8.0 | 10.0 | 14.3 |
|---|---|---|---|---|---|---|---|---|
| 最低点燃温度/℃ | 711 | 700 | 696 | 695 | 697 | 701 | 714 | 742 |

在引火源达到最低点燃温度的情况下，能否引燃瓦斯还取决于引火源作用时间的长短。甲烷遇高温火源时并非立即发生燃烧或爆炸，而是经过一段弛豫时间后才会被点燃，通常将这种引火延迟时间称为引火感应期。在压力一定时，感应期的长短主要取决于甲烷浓度与引火源温度。在爆炸极限内，甲烷浓度越高，感应期越长；引火源温度越高，感应期越短(表 3-4)。

2) 油气伴生煤层混合瓦斯气体爆炸的条件

我国部分煤矿区存在煤油气共生现象，如陕西焦坪和黄陵、甘肃窑街等矿区[22]。由于煤层下部有油气储集层分布，部分矿井随着采掘范围的拓展，出现了围岩油型气异常涌出现象，具有突发性、隐蔽性和涌出量大等特点，特别是以煤层底板异常涌出尤为严重。煤层底板油型气向采掘空间突然大量涌出，这种混合气

表 3-4 甲烷浓度和引火源温度对应感应期(s)

| 甲烷浓度/% | 引火源温度/℃ | | | | | | |
|---|---|---|---|---|---|---|---|
| | 775 | 825 | 875 | 925 | 975 | 1075 | 1175 |
| 6 | 1.08 | 0.58 | 0.35 | 0.20 | 0.12 | 0.039 | — |
| 7 | 1.15 | 0.60 | 0.36 | 0.21 | 0.13 | 0.041 | 0.010 |
| 8 | 1.25 | 0.62 | 0.37 | 0.22 | 0.14 | 0.042 | 0.012 |
| 9 | 1.30 | 0.65 | 0.39 | 0.23 | 0.14 | 0.044 | 0.015 |
| 10 | 1.40 | 0.68 | 0.41 | 0.24 | 0.15 | 0.049 | 0.018 |
| 12 | 1.64 | 0.74 | 0.44 | 0.25 | 0.16 | 0.055 | 0.020 |

体同样存在燃烧或爆炸的风险，成为影响矿井安全高效开采新的隐蔽致灾因素。以焦坪矿区为例，其油气伴生气态产物的主要成分为甲烷、$C_{2-5}$ 饱和烃、烯烃以及少量的氢气、二氧化碳、一氧化碳等，此外还有可能含有氮气。当甲烷-空气混合气体中混入其他可燃气体时，不仅增加了可燃气体的总浓度，而且会使混合气体的爆炸极限发生变化。当瓦斯中混入其他可燃气体时，混合气体爆炸极限由莱·夏特尔公式计算[23]：

$$N = \frac{100}{\dfrac{C_1}{N_1} + \dfrac{C_2}{N_2} + \cdots + \dfrac{C_n}{N_n}} \tag{3-45}$$

$$C_1 + C_2 + \cdots + C_n = 100\% \tag{3-46}$$

式中，$N, N_1, N_2, \cdots, N_n$ 分别为混合气体和其中各种可燃气体的爆炸上限或下限，%；$C_1, C_2, \cdots, C_n$ 分别为各种可燃气体占可燃气体总和的体积百分比，%；

当混合气体中含有油气和惰性气体时，瓦斯的爆炸极限如图 3-12 所示。当有少许二氧化碳、氮气等对瓦斯爆炸有惰化作用的气体存在时，瓦斯爆炸极限的变化趋势是随着油气成分体积百分含量增加而下降的，上限的下降幅度相对较大。但如果继续增加瓦斯气体中的油气成分，其爆炸极限也将继续降低，假如油气成分的体积百分含量达到80%时，可以计算得出其上下限分别为 13.8%、2.9%，上限值比常规的16%下降了 2.2 个百分点，下限值比常规的5%下降了 2.1 个百分点，此时瓦斯爆炸危险性增大。

此外，由于瓦斯爆炸的实质是甲烷的快速定容燃烧，因此混合气体中的氧气浓度对甲烷爆炸极限有较大影响，二者关系如图 3-13 所示。当氧气浓度降到12%以下时，甲烷-空气混合气体失去爆炸性，该点的氧气浓度称为失爆浓度。

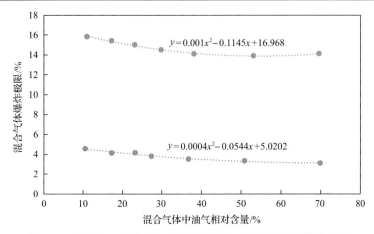

图 3-12　有少许二氧化碳、氮气气体存在时瓦斯爆炸极限趋势图

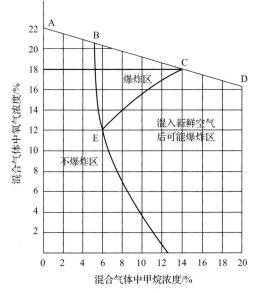

图 3-13　甲烷-空气混合气体的爆炸三角形

## 2. 煤与瓦斯突出灾害

煤与瓦斯突出是指煤层在地应力和瓦斯压力的作用下，破碎的煤与瓦斯在极短的时间内由煤体暴露面突然向采掘空间大量喷出的一种动力现象，是瓦斯特殊涌出中危害性最大的一种。一旦矿井发生瓦斯突出事故，会导致井巷充满瓦斯和煤岩抛出物，造成人员被掩埋或者窒息，甚至引起瓦斯爆炸和火灾事故[24]。为了规范煤与瓦斯突出防治工作，2019 年国家煤矿安全监察局颁布实施了《防治煤与瓦斯突出细则》。防突工作必须坚持"区域综合防突措施先行、局部综合防突措施

补充"的原则，按照"一矿一策、一面一策"的要求，实现"先抽后建、先抽后掘、先抽后采、预抽达标"。突出煤层必须采取两个"四位一体"综合防突措施，做到多措并举、可保必保、应抽尽抽、效果达标，否则严禁采掘活动。然而随着我国煤矿相继向深部开采，深部高瓦斯压力、高地应力、低渗透性煤层及其围岩之间的耦合作用不断增强，灾害呈现特殊的复合型特征[25]。

1）煤与瓦斯突出鉴定指标

根据国家煤矿安全监察局 2019 年印发的《防治煤与瓦斯突出细则》，煤与瓦斯突出煤层鉴定应当首先根据实际发生的瓦斯动力现象进行，瓦斯动力现象特征基本符合煤与瓦斯突出特征或者抛出煤的吨煤瓦斯涌出量大于等于 $30\text{m}^3$（或者为本区域煤层瓦斯含量 2 倍以上）的，应当确定为煤与瓦斯突出，该煤层为突出煤层。

当根据瓦斯动力现象特征不能确定为突出，或者没有发生瓦斯动力现象时，应当根据原始煤层瓦斯压力（相对）$P$、软分层煤的破坏类型、煤的瓦斯放散初速度 $\Delta p$ 和煤的坚固性系数 $f$ 等指标进行鉴定。当全部指标均符合表 3-5 所列条件，或者钻孔施工过程中发生喷孔、顶钻等明显突出预兆的，应当鉴定为突出煤层。否则，煤层突出危险性应当由鉴定机构结合直接法测定的原始瓦斯含量等实际情况综合分析确定，但当 $f \leq 0.3$、$P \geq 0.74\text{MPa}$，或者 $0.3 < f \leq 0.5$、$P \geq 1.0\text{MPa}$，或者 $0.5 < f \leq 0.8$、$P \geq 1.50\text{MPa}$，或者 $P \geq 2.0\text{MPa}$ 时，一般鉴定为突出煤层。

表 3-5　煤层突出危险性鉴定指标

| 判定指标 | 原始煤层瓦斯压力（相对压力）$P$/MPa | 煤的坚固性系数 $f$ | 软分层煤的破坏类型 | 煤的瓦斯放散初速度 $\Delta p$/MPa |
|---|---|---|---|---|
| 有突出危险的临界值及范围 | ≥0.74 | ≤0.5 | Ⅲ、Ⅳ、Ⅴ | ≥10 |

此外，当煤层在开采过程中出现瓦斯动力现象、煤层瓦斯压力达到或者超过 0.74MPa 或者相邻矿井开采的同一煤层发生突出或者被鉴定、认定为突出煤层时，该煤层应当立即停工进行突出危险性鉴定或者直接认定为突出煤层。被鉴定为具有煤与瓦斯突出危险性的煤层应该按照上述"四位一体"综合防突措施组织生产，包括区域"四位一体"综合防突措施和局部"四位一体"综合防突措施。

2）区域"四位一体"综合防突措施

区域"四位一体"综合防突措施中涉及的煤与瓦斯突出危险性判别指标及判定准则主要体现在煤层区域突出危险性预测、煤层区域防突措施效果检验和区域验证 3 个环节。

A　煤层区域突出危险性预测

煤层区域突出危险性预测是区域综合防突措施的第一个环节，一般根据煤层瓦斯参数结合瓦斯地质分析的方法进行，也可以采用其他经试验证实有效的方法，根据煤层区域瓦斯压力和瓦斯含量进行预测的临界值应当由具有煤与瓦斯突出鉴定资质的机构进行试验考察，考察前暂按照表 3-6 所示。

表 3-6 煤层区域突出危险性预测临界指标

| 瓦斯压力 $P$/MPa | 瓦斯含量 $W$/(m³/t) | 区域类别 |
| --- | --- | --- |
| $P<0.74$ | $W<8$(构造带 $W<6$) | 无突出危险区 |
| 除上述情况以外的其他情况 | | 突出危险区 |

B 煤层区域防突措施效果检验

开采保护层的保护效果检验主要采用残余瓦斯压力和残余瓦斯含量指标，可辅助采用顶底板位移量及其他经试验证实有效的指标和方法，也可以结合煤层的透气性系数变化率等辅助指标。

可采用残余瓦斯含量指标进行预抽瓦斯煤层区域防突措施效果检验，若任何一个检验测试点的指标测定值达到或超过有突出危险的临界值而判定为预抽防突效果无效时，则此检验测试点周围半径 100m 内的预抽区域均判定为预抽防突效果无效，即为突出危险区。但若检验期间在煤层中进行钻孔等作业时发现喷孔、顶钻及其他明显突出预兆时，发生明显突出预兆的位置周围半径 100m 内的预抽煤层区域判定为防突效果无效，所在区域煤层仍属突出危险区。

C 区域验证

经煤层区域突出危险性预测为无突出危险区或经煤层区域防突措施效果检验为无突出危险区时，在其采掘过程中应对该区域进行区域验证。在井巷揭煤区域，应当采用井巷揭煤工作面突出危险性预测方法进行区域验证。在煤巷掘进工作面和采煤工作面，应当采用工作面预测方法结合工作面瓦斯涌出动态变化等对无突出危险区进行区域验证。

3)局部"四位一体"综合防突措施

局部"四位一体"综合防突措施中涉及的煤与瓦斯突出危险性判别指标及判定准则主要体现在煤层局部突出危险性预测和煤层局部防突措施效果检验 2 个环节。其中，局部突出危险性预测包括井巷揭煤工作面、煤巷掘进工作面和回采工作面突出危险性预测。

A 煤层局部突出危险性预测

井巷揭煤工作面突出危险性预测应当选用钻屑瓦斯解吸指标法或者其他经试验证实有效的方法进行。钻屑瓦斯解吸指标法预测井巷揭煤工作面突出危险性预测指标及临界值如表 3-7 所示。$K_1$ 值是指单位重量暴露煤样第 1min 解吸的瓦斯量，单位为 mL/(g·min$^{1/2}$)。$\Delta h_2$ 是指一定重量的煤样暴露第 4～5min 内解吸的瓦

斯在 "U" 形压差计内产生的液位压差，单位为 Pa。

**表 3-7　井巷揭煤工作面突出危险性预测临界值**

| 煤样 | $\Delta h_2$ 指标临界值/ Pa | $K_1$ 指标临界值/[mL/(g·min$^{1/2}$)] |
|---|---|---|
| 干煤样 | 200 | 0.5 |
| 湿煤样 | 160 | 0.4 |

　　煤巷掘进工作面和回采工作面可采用钻屑瓦斯解吸指标法进行突出危险性预测，预测指标及临界值如表 3-8 所示。钻屑量是指采用 $\phi$42mm 麻花钻杆每米钻出的煤渣量，单位为 kg/m 或 L/m。

**表 3-8　煤巷掘进工作面突出危险性预测临界值**

| 钻屑瓦斯解吸指标 $\Delta h_2$/Pa | 钻屑瓦斯解吸指标 $K_1$/[mL/(g·min$^{1/2}$)] | 钻屑量 $S$ | |
|---|---|---|---|
| | | kg/m | L/m |
| 200 | 0.5 | 6 | 5.4 |

　　B　煤层局部防突措施效果检验

　　在井巷揭煤工作面进行防突措施效果检验时，应当选择钻屑瓦斯解吸指标法进行。在煤巷掘进工作面和回采工作面进行防突措施效果检验时参照对应的局部预测方法和临界值。

### 3.3.2　自燃灾害判别准则

　　1）煤自燃的三要素

　　煤炭自燃的发生，必须同时具备三个条件：①煤层具有自燃倾向性且呈破碎状态堆积；②具备连续通风供氧条件；③具备持续的蓄热环境，且要有足够的煤氧复合氧化时间。

　　其中煤自燃倾向性的判别，可以依据《煤自燃倾向性色谱吸氧鉴定法》(GB/T 20104—2006)，以每克干煤在常温(30℃)、常压(1.01×10$^5$Pa)下的吸氧量作为分类指标，如表 3-9 和表 3-10 所示。

**表 3-9　煤氧干燥无灰基挥发分 $V_{daf}$＞18%的自燃倾向性分类**

| 自燃倾向性等级 | 自燃倾向性 | 煤的吸氧量 $V_d$/(cm$^3$/g) |
|---|---|---|
| Ⅰ 类 | 容易自燃 | $V_d$＞0.7 |
| Ⅱ 类 | 自燃 | 0.4＜$V_d$≤0.7 |
| Ⅲ 类 | 不易自燃 | $V_d$≤0.4 |

表 3-10 煤氧干燥无灰基挥发分 $V_{daf} \leqslant 18\%$ 的自燃倾向性分类

| 自燃倾向性等级 | 自燃倾向性 | 煤的吸氧量 $V_d$/(cm³/g) | 全硫 SQ/% |
|---|---|---|---|
| I 类 | 容易自燃 | $V_d \geqslant 1.0$ | $\geqslant 2.0$ |
| II 类 | 自燃 | $V_d < 1.0$ | $\geqslant 2.0$ |
| III 类 | 不易自燃 | | $< 2.0$ |

除上述鉴定方法外，还可依据安全生产行业标准《煤自燃倾向性的氧化动力学测定方法》(AQ/T1068—2008)。该方法通过测试在程序升温条件下煤样温度达到 70℃时煤样罐出气口氧气浓度和之后的交叉点温度，根据计算式得出煤自燃倾向性的判定指数 $I$，并按表 3-11 中的分类指标对煤自燃倾向性进行分类。

表 3-11 煤自燃倾向性分类指标

| 自燃倾向性 | 判定指数 $I$ |
|---|---|
| 容易自燃 | $I < 600$ |
| 自燃 | $600 \leqslant I \leqslant 1200$ |
| 不易自燃 | $I > 1200$ |

依据加法合成法，煤自燃倾向性判定指数计算式如下：

$$I_{C_{O_2}} = \frac{C_{O_2} - 15.5}{15.5} \times 100 \tag{3-47}$$

$$I_{T_{cpt}} = \frac{T_{cpt} - 140}{140} \times 100 \tag{3-48}$$

$$I = \phi \left( \varphi_{C_{O_2}} I_{C_{O_2}} + \varphi_{T_{cpt}} I_{T_{cpt}} \right) - 300 \tag{3-49}$$

式中，$I$ 为煤自燃倾向性判定指数，无量纲；$I_{C_{O_2}}$ 为煤样温度达到 70℃时煤样罐出气口氧气浓度指数，无量纲；$I_{T_{cpt}}$ 为煤在程序升温条件下交叉点温度指数，无量纲；$C_{O_2}$ 为煤样温度达到 70℃时煤样罐出气口的氧气浓度，%；$T_{cpt}$ 为煤在程序升温条件下的交叉点温度，℃；15.5 为煤样罐出气口氧气浓度的计算因子，%；140 为交叉点温度的计算因子，℃；$\varphi_{C_{O_2}}$ 为低温氧化阶段的权数，$\varphi_{C_{O_2}} = 0.6$；$\varphi_{T_{cpt}}$ 为快速氧化阶段的权数，$\varphi_{T_{cpt}} = 0.4$；$\phi$ 为放大因子，$\phi = 40$；300 为修正因子。

2) 自燃判别的指标气体法

在煤层开采过程中，根据煤自燃过程中的温升、气体释放等特征信息，判别不同区域的煤自燃状态，并确定煤自然发火的位置，实现煤自燃实时监测、预报，并在灾害扩大前给出不同等级的报警。根据目前研究现状，煤自燃灾害判别指标主要有气体和温度指标。

A　一氧化碳浓度指标

工作面回风流一氧化碳浓度≥24ppm（临界值）。

B　乙烯气体浓度

乙烯是目前大多数矿井采用的主要预警指标气体之一，出现乙烯气体的温度需实验室研究，不同煤种代表性煤样乙烯产生的临界温度如表 3-12 所示。

表 3-12　不同煤种代表性煤样乙烯产生的临界温度

| 煤种 | 褐煤 | 长焰煤 | 气煤 | 肥煤 | 焦煤 | 瘦煤 | 贫煤 | 无烟煤 |
|---|---|---|---|---|---|---|---|---|
| 乙烯产生的临界温度/℃ | 110 | 120 | 120 | 130 | 150 | 150 | 150 | 160 |

C　乙炔气体浓度

乙炔是煤进入剧烈氧化阶段的产物。乙炔出现较晚，产生的初始温度值较高，研究表明，煤样温度在达到 180℃之前往往不会产生乙炔气体。在煤自燃预测预报工作中，若监测到乙炔气体，则表明井下煤自燃已经发展到比较严重的程度，此时采取防灭火措施时一定要谨慎，防止引发爆炸事故而导致更大的灾难。

D　各种气体指数

a　格雷哈姆系数

单一气体（如一氧化碳）作为煤自燃预测预报的指标，容易受到新鲜风流的影响。1914 年，英国学者格雷哈姆（Graham）引入耗氧量（$\Delta O_2$）参数并提出了相应的复合指标，即格雷哈姆系数（Graham's ratio）。格雷哈姆系数由煤氧化过程中一氧化碳、二氧化碳浓度的增加量和氧气浓度的减少量计算得到，其三种不同的组合方式如下：

$$R_1 = \frac{+\Delta CO_2}{-\Delta O_2} \times 100\% \tag{3-50}$$

$$R_2 = \frac{+\Delta CO}{-\Delta O_2} \times 100\% \tag{3-51}$$

$$R_3 = \frac{+\Delta CO}{+\Delta CO_2} \times 100\% \tag{3-52}$$

$R_1$ 又称二氧化碳指数和 Yaung 比值，煤自燃过程中往往会产生大量二氧化碳，相应的 $R_1$ 值也较大。由于煤矿井下二氧化碳来源较多，以及二氧化碳本身具有的易溶于水、易被固体吸附的特性，常对二氧化碳测定结果的准确度造成影响。当火灾由阴燃转为明火燃烧时，原来产生的一氧化碳将燃烧成为二氧化碳，因此同时出现 $R_1$ 升高和 $R_2$ 降低的现象时，就表明火灾还在进一步发展。

应用格雷哈姆系数进行煤自燃的预测预报时，一般以 $R_2$ 作为主要指标，以 $R_1$ 作为辅助指标，$R_3$ 则主要用于风流状态变化很大的情况。正常情况下，$R_2$ 值小于 0.5%，若 $R_2$ 值持续上升并超过 0.5%，即表明该矿井中有自热现象发生，此时应积极采取措施防止灾害的发生；超过 1% 时，则说明煤矿井下已经发生煤自燃现象，此时应积极采取措施防止灾害扩大。现场实际应用过程中，由于煤矿井下情况复杂多变，差别较大，应根据实际情况选用不同的临界指标。

格雷哈姆系数自提出以来，在煤自燃预测预报中得到了较广泛的应用，一定程度上改善了煤矿现场的自燃预测预报现状，但格雷哈姆系数仍然存在一定的缺陷。首先，格雷哈姆系数在氧气消耗量很小的情况下精度很低。例如，当氧气消耗量 $\Delta O_2$ 小于 0.3% 时，利用格雷哈姆系数得到的结果就不再可靠，这个缺点也存在于其他含有氧气消耗量的判别指标。其次，格雷哈姆系数还受到那些不是因煤自燃而产生的一氧化碳、二氧化碳的影响，其中包括从其他采空区运移过来的一氧化碳、二氧化碳或进入火区的空气本身所携带的少量一氧化碳、二氧化碳。

b　链烷比

煤在氧化升温过程中会释放甲烷、乙烷、丙烷、丁烷等烷烃气体，其主要来源分为吸附烷烃气体的释放、氧化产生和裂解产生几个方面。在煤氧化升温的不同阶段，各种烷烃气体的产生及其浓度之间有一定的联系，可以通过它们之间的浓度比值对煤自燃的发展阶段进行判断，通常称这些比值为链烷比。

链烷比主要包括两类：一类是长链的烷烃气体与甲烷的浓度比值(乙烷/甲烷、丙烷/甲烷、丁烷/甲烷)；另一类是长链的烷烃气体与乙烷的浓度比值(丙烷/乙烷、丁烷/乙烷)，但一般情况下丙烷和丁烷需要煤达到较高温度之后才能够测得。

链烷比在现场应用过程中，主要受以下两方面因素的影响：①煤本身吸附的烷烃量；②吸附烷烃的释放时间。煤中吸附的大量烷烃气体改变了链烷比随煤温升高而变化的规律，再加上煤暴露在空气中释放时间的不同，链烷比表现出的规律也不同，这就使得链烷比与煤氧化自燃发展阶段之间的关系并不明显。因此，对于采掘工作面这些新破碎、剥落的区域，采用链烷比作为指标进行煤自燃预测预报存在一定难度；但对于发生在采空区的煤自燃高温点，由于多为浮煤，破碎较为充分，且经过了较长的释放时间，所吸附的烷烃基本上已释放出来，适于应用链烷比指标对该类煤自燃现象进行预测预报。

3) 采空区煤自燃"三带"的划分

在有煤自燃倾向性的煤层工作面采空区中，工作面漏风给采空区遗煤提供合适的通风供氧条件，漏风速度的大小和采空区遗煤的堆积决定了煤氧化蓄热的环境，而氧气浓度的大小决定了煤层的氧化自燃能力。因此，根据采空区氧气浓度、漏风速度和温度可以综合划分出自燃"三带"(自燃危险区域)的范围，分别为散热带、氧化升温带和窒息带，如图 3-14 所示。

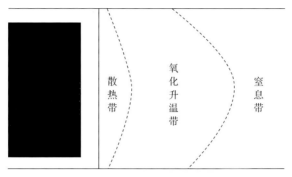

图 3-14　采空区自燃"三带"分布示意图

工作面采空区自燃"三带"观测即通过在工作面预埋束管和温度传感器，观测测点气体和温度数据来划分采空区自燃"三带"范围。但如何划分采空区自燃"三带"，目前尚无统一的指标，当前现场常用的划分方法如下[26]：

(1)氧气浓度指标。散热带，氧气浓度＞15%；氧化升温带，5%≤氧气浓度≤15%；窒息带，氧气浓度＜5%。

(2)漏风速度指标。散热带，漏风速度＞0.24m/min；氧化升温带，0.1m/min≤漏风速度≤0.24m/min；窒息带，漏风速度＜0.1m/min。

(3)温度指标。以 1℃/d 递增作为散热带和氧化升温带分界(该指标具有局限性，只作为参考依据。因为具有自然发火可能性的遗煤，并不完全表现为持续升温)。

### 3.3.3　粉尘灾害判别准则

粉尘的危害主要表现为致使工人患尘肺病和诱发粉尘爆炸事故。此外，所有粉尘都会对眼睛、鼻腔和喉咙有刺激作用，而且在粉尘浓度很高的情况下，能导致能见度的降低，这些都对工人的健康和矿井的安全生产有不利影响。作业场所空气中粉尘(总粉尘、呼吸性粉尘)浓度应当符合表 3-13 的要求。

表 3-13　作业场所空气中粉尘浓度要求

| 粉尘种类 | 游离二氧化硅含量/% | 时间加权平均容许浓度/(mg/m³) | |
|---|---|---|---|
| | | 总粉尘 | 呼吸性粉尘 |
| 煤尘 | ＜10 | 4 | 2.5 |
| 矽尘 | 10~50 | 1 | 0.7 |
| | 50~80 | 0.7 | 0.3 |
| | ≤80 | 0.5 | 0.2 |
| 水泥灰 | ＜10 | 4 | 1.5 |

注：时间加权平均容许浓度是以时间加权数规定的 8h 工作日、40h 工作周的平均容许接触浓度

1) 尘肺病判别准则

影响尘肺病发病的因素主要包含四个：①粉尘成分。矿井粉尘中游离二氧化硅含量是引起并促进尘肺病及病程发展的主要因素，其含量越高，危害性越大；煤尘中的挥发分是引起煤肺病的主要原因，其煤化作用程度越低，危害越大。②粉尘粒度。粉尘对人体的危害程度与粉尘粒度有关，粒径在 7.07μm 以下的粉尘通过呼吸道能在人体肺泡内沉积。粉尘的粒度越小，分散度越高，对人体的危害越大。③粉尘浓度。尘肺病的发生和进入肺部的粉尘量有直接关系，也就是说，尘肺病的发病工龄和作业场所的粉尘浓度成正比。相关资料表明，在高粉尘浓度的场所工作时，平均 5～10 年就有可能导致硅肺病，如果粉尘中的游离二氧化硅含量达 80%～90%，甚至 1.5～2 年即可发病。④个体原因。粉尘引起尘肺病是通过人体进行的，因此人的机体条件，如年龄、营养、健康状况、生活习性、卫生条件等，对尘肺病的发生、发展有一定影响。

我国尘肺病病例大多为男性，新发病例以煤工尘肺和矽肺为主。对山东省菏泽市 1971～2019 年诊断的 608 例尘肺病患者进行调查，发现发病工种以纯掘进工、掘岩工、主掘进工为主，工种分布与山东省济宁市的相关研究报道一致[27]。接尘工龄在 10 年以内占比为 92.93%，提示该市尘肺病患者中短时间接尘劳动者占相当大比例，同时也反映了他们所处的工作环境粉尘浓度控制较差[28]。2008～2018 年新疆煤炭行业职业性尘肺病病例分析显示，该地区尘肺病患者的发病年龄平均 (49.87±9.74) 岁，发病工龄平均 (15.96±8.53) 年，与闽西地区煤矿尘肺病研究结果相近[29]，这与尘肺病的检查频率、迟发性特点有关[27]。晚发型矽肺主要见于接触粉尘浓度较高的工种。

2) 煤尘爆炸判别准则

煤尘发生爆炸有三个条件[30]：①煤尘在空气中有足够的浓度，在爆炸区域要求的浓度范围内。一般煤尘爆炸的下限浓度为 30～50g/m³，上限浓度为 1000～2000g/m³，处于上、下限浓度之间的粉尘都具有爆炸危险性，其中爆炸力最强的浓度为 300～500g/m³。②足够浓度的氧气量，有机粉尘受热后发生分解，释放出可燃气体，留下可燃的碳。③要有足够引起粉尘爆炸的起始能量，大多数粉尘最小点火能量在 5～50mJ 量级范围，产生的条件如电弧、火焰、火花和机械碰撞等。只要同时具备上述三个条件，就会导致粉尘爆炸，如图 3-15 所示。此外，主要根据粉尘浓度、粒径大小、

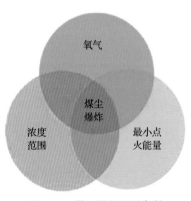

图 3-15　煤尘爆炸所需条件

粉尘分散度、煤的挥发分、粉尘种类等因素，判断矿井是否会发生粉尘爆炸等灾害情况。

总的来说，煤尘爆炸可以分为以下三个阶段：

(1)悬浮的煤尘受高温热源的作用产生可燃气体；

(2)可燃气体与空气混合而燃烧；

(3)气体燃烧释放热量，促使附近悬浮着的煤尘继续分解，使燃烧循环进行，反应速度越来越快，最终形成爆炸。

煤尘的出现不一定会导致爆炸，除去必要的高温热源和氧气外，影响粉尘爆炸的发生主要有 5 个影响因素。①粉尘的挥发分：无烟煤挥发分≤10%，无爆炸危险；烟煤挥发分>10%，有爆炸危险，百分比愈大，爆炸性愈大。②粉尘粒度：粉尘粒径在200μm 以下，且分散度较大时，易于在空中飘浮，吸热快，容易着火，进而容易引发爆炸；当粒径超过 500μm，并含有一定数量的大颗粒时则不易起爆。因为当颗粒较大时，煤尘颗粒在相同的温度下不易发生干馏，所以在一定时间内产生的可燃气体不足以发生爆炸。相关试验表明，煤粉可燃爆的粒度为：上限 0.5～0.8mm，粒径小于 75μm 更易于燃爆。③瓦斯含量：瓦斯的存在，会扩大粉尘爆炸的上、下限范围，即下限范围明显降低，上限范围增高，其降低和增高的范围随瓦斯浓度的增高而增大。④水分含量：水分蒸发会吸收热量，当粉尘含水量较高时，会促使尘粒结团，小粒子结团成大粒子而加速沉降，从而降低了形成粉尘云的能力。⑤灰分含量：灰分能够吸收粉尘在燃烧过程中释放出的热量从而起到冷却作用，因此粉尘的爆炸性随其灰分含量的增加而降低。当粉尘的灰分含量小于20%时，对其爆炸性影响不大，当灰分含量达 30%～40%时，爆炸性会明显下降。

# 参 考 文 献

[1] Cengel Y A, Boles M A. Thermodynamics: An Engineering Approach[M]. Fourth ed. New York: McGraw-Hill Inc., 2001.

[2] Zucker R D, Biblarz O. Fundamentals of Gas Dynamics[M]. 2nd ed. New Jersey: Wiley Books, 2002.

[3] Savidge J L. Compressibility of natural gas[C]. Proceedings of the 89th International School of Hydrocarbon Measurement, Oklahoma, 2014.

[4] van der Gulik P S, Mostert R, van den Berg H R. The viscosity of methane at 273K up to 1GPa[J]. Fluid Phase Equilibria, 1992, 79: 301-311.

[5] Osborne R. An experimental investigation of the circumstances which determine whether the motion of water shall be direct or sinuous, and of the law of resistance in parallel channels[J]. Philosophical Transactions of the Royal Society, 1883, 174: 935-982.

[6] 克利门托夫. 地下水动力学[M]. 北京: 地质出版社, 1958.

[7] Fancher G H, Lewis J A. Flow of simple fluids through porous materials[J]. Industrial and Engineering Chemistry Research, 1933, 25(19): 1139-1147.

[8] Lu S Q, Cheng Y P, Li W. Model development and analysis of the evolution of coal permeability under different boundary conditions[J]. Journal of Natural Gas Science & Engineering, 2016, 31: 129-138.

[9] Dutta P, Bhowmik S, Das S. Methane and carbon dioxide sorption on a set of coals from India[J]. International Journal of Coal Geology, 2011, 86(3-4): 289-299.

[10] Ruppel T C, Grein C T, Bienstock D. Adsorption of methane on dry coal at elevated pressure[J]. Fuel, 1974, 53: 152-162.

[11] Langmuir I. The constitution and fundamental properties of solids and liquids[J]. Journal of the American Chemical Society, 1916, 38: 221-229.

[12] Terzaghi K. Theoretical Soil Mechanics[M]. New York: John Wiley and Sons, 1943.

[13] 李俊亭, 王愈吉. 地下水动力学[M]. 北京: 地质出版社, 1987.

[14] Biot M A. General theory of three dimensional consolidation[J]. Journal of Applied Physics, 1941, 12: 155-164.

[15] Detournay E, Cheng A H D. Fundamentals of poroelasticity//Fairhurst C. in Comprehensive Rock Engineering Principles, Practice and Projects, Vol. II, Analysis and Design Method[M]. Oxford: Pergamon Press, 1993, 113-117.

[16] Ramandi H L, Mostaghimi P, Armstrong R T, et al. Porosity and permeability characterization of coal: a micro-computed tomography study[J]. International Journal of Coal Geology, 2016, 154-155: 57-68.

[17] 周建辛. 含瓦斯煤固-流-热耦合数学模型及渗透特性研究[D]. 太原: 太原理工大学, 2019.

[18] 候仰久. 井下煤矸石充填体自燃多场耦合机理研究[D]. 徐州: 中国矿业大学, 2020.

[19] 陈雅. 综采工作面双尘源多场耦合模型及仿真模拟研究[D]. 北京: 北京科技大学, 2019.

[20] 秦波涛, 张雷林, 王德明, 等. 采空区煤自燃引爆瓦斯的机理及控制技术[J]. 煤炭学报, 2009, 34(12): 1655-1659.

[21] 陈硕, 路长, 苏振国, 等. 煤矿瓦斯爆炸发展规律及防治的综述与展望[J]. 火灾科学, 2021, 30(2): 63-79.

[22] 孟召平. 铜川焦坪矿区油气显示及成因探讨[J]. 西安矿业学院学报, 1989(1): 51-56.

[23] 李增华. 燃烧学[M]. 徐州: 中国矿业大学出版社, 2002.

[24] 景国勋, 张强. 煤与瓦斯突出过程中瓦斯作用的研究[J]. 煤炭学报, 2005(2): 169-171.

[25] 王凯, 杜锋. 煤岩瓦斯复合动力灾害机理研究进展与展望[J]. 安全, 2022, 43(1): 1-10, 89.

[26] 沈春明, 林柏泉, 朱传杰, 等. 关于煤与瓦斯突出矿井鉴定若干问题的探讨与思考[J]. 煤矿安全, 2011, 42(3): 105-108.

[27] 王德明. 矿井火灾学[M]. 徐州: 中国矿业大学出版社, 2008.

[28] 张雪梅. 2011～2020 年济宁市职业性尘肺病发病情况分析[J]. 预防医学论坛, 2021, 27(8): 613-615.

[29] 陈仁强, 李文华, 黄静, 等. 寿命表法及 Cox 回归分析 608 例尘肺病患者发病特征与生存情况[J]. 职业卫生与应急救援, 2021, 39(6): 615-619.

[30] 袁辉, 胡晓远, 郝伟, 等. 2008—2018 年新疆煤炭行业职业性尘肺病新发病例分析[J]. 职业与健康, 2022, 38(3): 289-293.

# 第4章 瓦斯灾害耦合理论分析与防控技术

矿井瓦斯是成煤过程中的伴生产物，主要以吸附态和游离态赋存在煤层中。在煤炭开采过程中，煤层瓦斯持续或突然地涌向生产空间，易导致瓦斯爆炸或煤与瓦斯突出等事故发生。长期以来，瓦斯灾害一直是煤矿安全生产的"第一杀手"，造成了大量的人员伤亡和财产损失。近年来，随着我国煤炭企业的开采强度不断增大、开采深度逐年增加，煤层地应力、瓦斯压力与含量持续增大，导致矿井瓦斯危险性日趋严重。因此，认清瓦斯灾害发生规律，做好瓦斯防治工作始终是煤矿安全生产工作的重中之重。

本章在介绍瓦斯灾害多物理场特征的基础上，分析了瓦斯灾害多场耦合规律，提出了煤层瓦斯抽采的安全准则和效率准则，并从地面抽采和井下抽采两方面重点阐述了地面采动钻井高效抽采、颗粒密封井下瓦斯抽采钻孔漏气裂隙和脉动气力压裂煤层增透抽采的瓦斯灾害防控技术。

## 4.1 瓦斯灾害多物理场特征

矿井瓦斯灾害的发生涉及煤岩、瓦斯和井下空气等多种介质间的力学过程、化学过程和热力学过程等，如煤层瓦斯解吸扩散、采动条件下煤岩裂隙发育与卸压瓦斯流动、采动裂隙场时空演化等。这些过程彼此相互影响、相互制约，使矿井瓦斯灾害具有极强的多物理场耦合特性。影响瓦斯灾害的典型物理场有地应力场、采动裂隙场、采空区气体流动场、瓦斯渗流场和瓦斯浓度场等。随着我国主力生产矿井采煤逐步向深部延伸、开采强度逐渐提高，瓦斯灾害多物理场耦合程度不断增大。因此，探索矿井瓦斯灾害多物理场特征具有重要意义。

### 4.1.1 地应力场

地应力场是岩体应力在空间各点的分布，影响着煤矿井下采动裂隙场、采空区气体流动场和瓦斯渗流场等多物理场分布特性。地应力主要由岩体自重应力和构造应力耦合组成。其中，自重应力是由覆岩重力产生的地应力分量，而构造应力是岩体地质构造运动产生的地应力分量，是导致岩体产生构造形变的根本作用力。此外，构造应力的作用方向多以水平方向为主，是影响地应力水平最大主应力和水平最小主应力的重要因素[1]。

岩体的地应力分布极其复杂，其大小和方向随时间和空间位置的变化而变化。

一般认为，影响岩体地应力分布的主要因素有地质构造、地形地貌、岩体力学性质以及采掘活动。

（1）地质构造主要影响地应力的分布特性和应力传递特性。以断层为例，岩体越靠近断层，岩体内部地应力梯度越大。此外，由于断层核心带岩体松软破碎，岩体应力传递性能较弱，地应力在断层核心带形成应力松弛区，而在断层边缘处形成应力集中区。

（2）地形地貌仅对地表附近岩体地应力场有显著影响。以山脊地形为例，山脊地形在侧坡处形成应力集中区，且在侧坡山脚处应力集中系数最大。

（3）岩体应力上限受岩体力学强度的控制。弹性模量较高的岩体内部，大多存在较高的地应力。从能量积累角度出发，弹性模量越高的岩体在相同变形条件下能够存储更多的弹性应变能，导致岩体内部应力集中区的形成。

（4）采掘活动影响下，采场上覆岩层原始应力平衡状态受到破坏，覆岩应力重新分布，导致岩层发生位移或错断，并在岩体内形成应力降低区和应力增高区。除此之外，受工作面支架支撑应力的影响，沿工作面走向方向，在垮落带和裂隙带还将形成煤壁支撑影响区、离层区和重新压实区，简称"横三区"[2]。

### 4.1.2　采动裂隙场

煤层采动影响下，上覆岩层原有应力平衡状态受到破坏，引起覆岩应力的重新分布，从而引起岩层的变形、破坏和移动，形成错综复杂的采动裂隙场。如图 4-1 所示，工作面回采后，采场覆岩在走向和倾向方向上均形成了梯形裂隙场。采动裂隙场中的裂隙主要形式有离层裂隙和破断裂隙两种。离层裂隙在埋深较小的区域发育丰富，且单条裂隙的发育长度较长[3]。破断裂隙在埋深较大靠近煤层顶板的区域发育丰富，且随着埋深的减小破断裂隙数量逐渐减少。

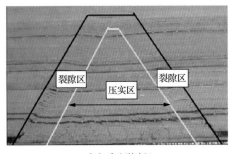
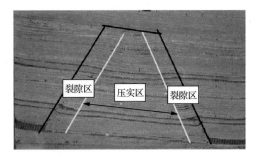

(a) 走向采动裂隙场　　　　　　　　　　(b) 倾向采动裂隙场

图 4-1　采动裂隙场示意图

如图 4-2 所示，根据煤层开采厚度与冒落空间的关系，采动裂隙场从下向上依次划分为垮落带、裂隙带和弯曲下沉带，简称"三带"[2]。

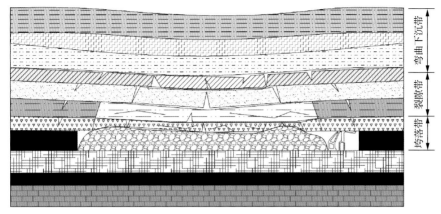

图 4-2　采动裂隙场"三带"示意图

## 1. 垮落带裂隙发育特征

工作面回采后，局部位置的应力激增使得距采空区一定高度范围内的岩体发生破断、垮落，并在采空区内形成不规则的堆积体，形成垮落带。如图 4-3 所示，垮落带处于拉张破坏区及局部拉张区，顶板垮落破碎充分，破坏了岩体的连续性，形成大量的空隙和裂隙。

图 4-3　垮落带裂隙分布

## 2. 裂隙带裂隙发育特征

岩体受采动影响程度随其与煤层底板间距的增大而逐渐减弱。裂隙带处于垮落带上方，当垮落带岩层垮落后，裂隙带处于剪切破坏区，岩体并未完全脱离垮落。因此，裂隙带内岩体仍具有一定的连续性，进而形成大量离层裂隙。此外，由于采场覆岩各岩层物理性质和受采动影响程度的不同，裂隙带内各岩层的下沉量具有显著的区域性差异，致使裂隙带产生大量斜交于或垂直于岩层层面的破断裂隙。裂隙带内离层裂隙和破断裂隙发育丰富，是邻近煤层卸压瓦斯向采空区和回采工作面运移的主要通道。

3. 弯曲下沉带裂隙发育特征

弯曲下沉带位于裂隙带的上方，该区域内岩体保存较为完整，整体性未受到破坏。如图 4-4 所示，弯曲下沉带内岩层物理性质的差异性，使得各岩层在自重影响下的下沉量不同，产生大量离层裂隙。

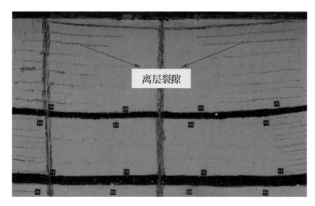

离层裂隙

图 4-4　弯曲下沉带裂隙分布

### 4.1.3　采空区气体流动场

采空区气体主要包含邻近煤层及采空区遗煤释放的瓦斯和采煤工作面漏入采空区的风流。当工作面正常生产时，在进风巷和回风巷压差作用下，采空区内形成明显的压力场。此时，采空区内气体压力梯度是采空区内气体流动的重要动力。以"U"形工作面上行通风系统为例，工作面风流主要通过下隅角流入采空区，经采空区后由上隅角流出。采空区漏风流线呈圆弧状、对称分布，且进风巷侧采空区和回风巷侧采空区的漏风速度大于采空区中部区域漏风速度，表明采空区漏风流场呈"O"形圈分布[4]。

### 4.1.4　瓦斯渗流场

瓦斯渗流场是瓦斯在煤岩裂隙内运移产生的。根据裂隙载体不同，瓦斯渗流场可分为煤体内瓦斯渗流场和采动裂隙内瓦斯渗流场。

1. 煤体内瓦斯渗流场

瓦斯在煤岩体内流动并向生产空间涌出是瓦斯灾害发生的基础。在采煤过程中，瓦斯向巷道的运移形式主要为瓦斯扩散和瓦斯渗流。如图 4-5 所示，煤是一种由孔隙-裂隙-基质组成的双重孔隙介质。煤体内裂隙是煤在成煤过程中受到应力作用破裂产生的，根据成因不同又可分为内生裂隙和外生裂隙，其中内生裂隙也称为割理(面割理和端割理)。瓦斯在煤体裂隙系统内主要以游离状态赋存，此外，通常认为煤体裂隙内的瓦斯运移形式符合达西渗流定律。进一步地，煤体被面割理和端割理切分为尺度不均的煤基质，基质内含有丰富的孔隙结构。在煤基质孔隙系统内，瓦斯主要以吸附状态赋存，其运移形式主要为表面扩散、诺森扩散、过渡扩散和菲克扩散。

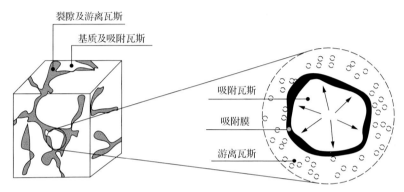

图 4-5　煤的孔隙-裂隙双重介质模型

2. 采动裂隙内瓦斯渗流场

采动裂隙场"竖三带"变形破坏形式的不同使得采动裂隙场内瓦斯渗流特性具有明显的区域性差异。

(1)垮落带瓦斯渗流特性。垮落带内瓦斯主要来源于邻近煤层和落煤释放瓦斯。由于瓦斯密度低于空气，因此瓦斯浓度在垂直方向上呈层状分布，且随与煤层底板间距的增大而增大，并在垮落带的上边缘处达到最大。在垮落带倾向方向上，受工作面漏风影响，靠近回风巷一侧瓦斯浓度较高，容易导致工作面上隅角瓦斯超限。

(2)裂隙带瓦斯渗流特性。裂隙带内破断裂隙和离层裂隙发育丰富，部分裂隙互相贯通，煤岩的透气性显著增加，是瓦斯流动最活跃的区域。裂隙带内瓦斯在气压差的驱动下通过竖向裂隙流入垮落带，并继续涌向采空区和生产空间。

(3)弯曲下沉带瓦斯渗流特性。弯曲下沉带在采动影响下产生少量破断裂隙和岩层层间脱离、滑移和张开。由于弯曲下沉带卸压程度低，裂隙发育不充分，岩层透气性较差，卸压瓦斯难以流向采空区和工作面。

### 4.1.5　瓦斯浓度场

瓦斯浓度场是瓦斯浓度在空间各点的分布状态。井下瓦斯浓度场分布空间主要有工作面和采空区。工作面和采空区内风流流动特性不同，使得风流对瓦斯浓度的稀释作用不同，导致井下瓦斯浓度场分布特性具有明显的区域性差异。

1. 工作面瓦斯浓度场

以"U"形通风系统上行通风的工作面为例，工作面瓦斯浓度场分布特性如下：

(1)工作面内瓦斯浓度沿风流方向呈现逐渐增大的变化趋势[5]。工作面进风侧瓦斯浓度较低，随着风流中逐渐混入煤壁、落煤和顶底板及采空区涌出瓦斯，瓦斯浓度逐渐升高，并在工作面上隅角处瓦斯浓度达到峰值。

(2)工作面内从煤壁至支架方向，瓦斯浓度随距煤壁距离的增大呈现先降低后增加的变化趋势。这是由于靠近煤壁和支架区域风流速度小，煤壁和采空区瓦斯涌入工作面，使得以上两处区域瓦斯浓度明显大于工作面中部。此外，受工作面采煤设备影响，工作面易在靠近采煤设备处形成涡流区，导致采煤设备处风流速度小，瓦斯易在采煤设备附近形成聚集区。

2. 采空区瓦斯浓度场

工作面漏风流对瓦斯浓度的稀释作用是导致采空区瓦斯浓度不均的主要原因。工作面漏风流进入采空区后，垮落带是采空区漏风流运移的主要区域。采空区内漏风流在不同区域的流动特性决定了采空区瓦斯浓度场呈现如下分布特性：

(1)沿采空区走向方向。如图4-6所示，根据垮落带岩体堆积压实程度，采空区在走向方向上形成自然堆积区、载荷影响区和压实稳定区[6]。煤层开采后，沿自然堆积区、载荷影响区和压实稳定区的延伸方向，堆积岩体的孔隙率逐渐减小，瓦斯流动的阻力和能量消耗逐渐增大，漏风流对瓦斯浓度的稀释作用也逐渐减小[7]。因此，在采空区走向方向上瓦斯浓度随距工作面距离的增大而增大。

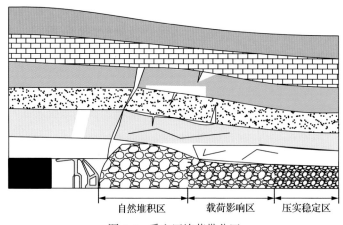

图4-6 采空区垮落带分区

(2)沿采空区垂向方向。一方面,岩体堆积区孔隙率随距煤层底板距离的增大而减小,漏风流沿采空区垂向方向的流动阻力和能量消耗随距煤层底板距离的增大而增加,导致漏风流速度逐渐减小;另一方面,瓦斯密度比空气小,沿采空区垂向方向存在自然浮升的现象。在漏风流速度减小和瓦斯自然浮升的双重作用下,瓦斯浓度沿采空区垂向方向随距煤层底板距离的增大而增大。

## 4.2　瓦斯灾害耦合计算分析

瓦斯通过煤岩体裂隙涌出是瓦斯灾害发生的重要基础,因此控制煤岩体裂隙系统中瓦斯流动行为是提升瓦斯灾害治理效果的有效方法。为保证瓦斯流动的控制效果,必须掌握瓦斯压力场、浓度场、应力场、裂隙场和流体场等多场耦合规律。

### 4.2.1　采动煤岩体卸压瓦斯多场耦合计算

煤岩体裂隙场是瓦斯渗流、运移的主要通道,探索采动条件下含瓦斯煤岩体裂隙演化规律对卸压瓦斯高效抽采具有重要意义。采动影响下的煤岩体先后经历了原岩(未扰动状态)、损伤发展、峰值破坏和峰后破碎阶段,煤岩体介质属性在连续介质-非连续裂隙介质-破碎松散介质发生转化,且各个阶段的力学属性差异很大。为此,从保护层开采过程中煤岩体损伤、破断角度入手,定义了煤岩体的损伤变量,建立了弹塑性损伤本构方程,并完成了有限元源程序二次开发。以乌兰煤矿为例,计算分析了保护层开采过程中采场围岩损伤场和应力场的分布及演化规律,揭示了被保护层透气性系数变化规律,为卸压瓦斯高效抽采提供了指导。

1. 煤岩体弹塑性损伤本构方程

为了描述煤岩体内损伤的动态演化过程,定义了与应变相关的损伤变量,其在单向应力状态下的表达式为[8]

$$\omega = \begin{cases} 0 & 0 < \varepsilon \leqslant \varepsilon_f \\ \dfrac{\varepsilon_u(\varepsilon - \varepsilon_f)}{\varepsilon(\varepsilon_u - \varepsilon_f)} & \varepsilon_f < \varepsilon < \varepsilon_u \end{cases} \tag{4-1}$$

式中,$\omega$ 为损伤变量;$\varepsilon_f$ 为单向应力状态下岩石介质的损伤演化门槛值应变;$\varepsilon_u$ 为极限应变。

对于三向应力状态,设其三个主应变分别为 $\varepsilon_1$、$\varepsilon_2$、$\varepsilon_3$,则其等效总应变可

表述为 $\varepsilon = \sqrt{\varepsilon_1{}^2 + \varepsilon_2{}^2 + \varepsilon_3{}^2}$。等效拉应变为 $\varepsilon_t = \sqrt{\sum_i \varepsilon_i{}^2}$，等效压应变为 $\varepsilon_c =$
$\sqrt{\sum_j \varepsilon_j{}^2}$。设由等效拉应变引起的拉损伤为 $\omega_t$，由等效压应变引起的压缩损伤为
$\omega_c$，$\omega_t$、$\omega_c$ 分别由 $\varepsilon_t$ 和 $\varepsilon_c$ 按式(4-1)确定。根据文献[9]将损伤度划分为三种状态
或三个阶段:

$$\omega = \begin{cases} \omega_t - \omega_c & 0 < \omega_t \leqslant 0.3 \text{ 且 } 0 < \omega_c \leqslant 0.55, \text{连续损伤介质} \\ \max(\omega_t, \omega_c) & 0.3 < \omega_t \leqslant 0.65 \text{ 且 } 0.55 < \omega_c \leqslant 0.7, \text{非连续裂隙介质} \\ 1 & \omega_t > 0.65 \text{ 或 } \omega_c > 0.7, \text{破断松散体介质} \end{cases} \quad (4-2)$$

式(4-2)表明:在拉应力作用下,当 $0 < \omega_t \leqslant 0.3$ 时,煤岩体材料产生张拉微裂
纹,但可视为连续损伤介质;当 $0.3 < \omega_t \leqslant 0.55$ 时,微裂纹迅速扩展,相互贯穿形
成宏观裂纹;当 $\omega_t > 0.65$ 时,煤岩体材料基本丧失承载能力而进入破断阶段。在
压缩载荷作用下,当 $0 < \omega_c \leqslant 0.55$ 时,煤岩体材料只产生微裂纹,并可使已产生
的张拉微裂纹闭合;当 $0.55 < \omega_c \leqslant 0.7$ 时,裂纹扩展并贯通;当 $\omega_c > 0.7$ 时,煤岩
体材料进入压缩破碎阶段。则三维物体的总损伤可写为

$$\omega = \alpha_t \omega_t + \alpha_c \omega_c \quad (4-3)$$

式中,$\alpha_t = \left(\dfrac{\varepsilon_t}{\varepsilon}\right)^2$;$\alpha_c = \left(\dfrac{\varepsilon_c}{\varepsilon}\right)^2$。

假设岩体损伤主要由偏应力引起[10],则其损伤本构方程为

$$\sigma_{ij} = (1 - \omega)E_{ijkl}\varepsilon_{kl}^e + \frac{\omega}{3}\delta_{ij}E_{ppkl}\varepsilon_{kl}^e \quad (4-4)$$

式中,$E_{ijkl}$ 和 $E_{ppkl}$ 为煤岩材料参数;$\delta_{ij}$ 为克罗内克符号;$\varepsilon_{kl}^e$ 为弹性应变;$i$、$j$、
$k$、$l$、$p$ 均为张量指标符号。

写成张量型通式:

$$\sigma_{ij} = \tilde{D}_{ijkl}\varepsilon_{kl}^e \quad (4-5)$$

式中,$\tilde{D}_{ijkl}$ 与煤岩材料参数 $E_{ijkl}$ 及损伤变量 $\omega$ 有关。

对式(4-5)应力进行微分得

$$\mathrm{d}\sigma_{ij} = \tilde{D}_{ijkl}\,\mathrm{d}\varepsilon_{kl}^e + \varepsilon_{kl}^e\frac{\partial \tilde{D}_{ijkl}}{\partial \omega}\mathrm{d}\omega \quad (4-6)$$

材料进入塑性阶段以后,其应力应变关系不能像胡克定律那样建立全量关系,

只能建立应力应变增量间的关系。因此，对于微小的应力增量 $\mathrm{d}\sigma_{ij}$，假设引起的全应变由弹性应变增量 $\mathrm{d}\varepsilon_{kl}^{\mathrm{e}}$ 和塑性应变增量 $\mathrm{d}\varepsilon_{kl}^{\mathrm{p}}$ 两部分组成，即

$$\mathrm{d}\varepsilon_{kl} = \mathrm{d}\varepsilon_{kl}^{\mathrm{e}} + \mathrm{d}\varepsilon_{kl}^{\mathrm{p}} \tag{4-7}$$

对于塑性应变增量 $\mathrm{d}\varepsilon_{kl}^{\mathrm{p}}$，它不仅与应力增量有关，还受应力状态、应力路线和应力历史的影响。它与塑性势函数 $Q$ 的关系为

$$\mathrm{d}\varepsilon_{kl}^{\mathrm{p}} = \mathrm{d}\lambda \frac{\partial Q}{\partial \sigma_{kl}} \tag{4-8}$$

式中，$\lambda$ 为塑性乘子。因此：

$$\mathrm{d}\varepsilon_{kl}^{\mathrm{e}} = \mathrm{d}\varepsilon_{kl} - \mathrm{d}\lambda \frac{\partial Q}{\partial \sigma_{kl}} \tag{4-9}$$

将式(4-9)代入应力微分方程(4-6)，可得增量形式的弹塑性损伤本构方程：

$$\mathrm{d}\sigma_{ij} = \tilde{D}_{ijkl}\left( \mathrm{d}\varepsilon_{kl} - \mathrm{d}\lambda \frac{\partial Q}{\partial \sigma_{kl}} \right) + \varepsilon_{kl}^{\mathrm{e}} \frac{\partial \tilde{D}_{ijkl}}{\partial \omega} \mathrm{d}\omega \tag{4-10}$$

利用上述弹塑性损伤本构方程重新构造有限元方程，并实现程序化，计算流程见图 4-7。

2. 损伤场的分布及演化特征

乌兰煤矿是煤与瓦斯突出较为严重的矿井之一，主采煤层为 2#、3#、7#、8# 煤层。其中，2#、8# 煤层为突出煤层，3#、7# 煤层为非突出煤层。在此情况下，对 2#、3# 煤层进行下保护层开采。根据我国《煤矿安全规程》规定，应优先选择无突出危险煤层作为保护层。因此，首选 7# 煤层作为保护层，这样它既是 2#、3# 煤层的远距离下保护层，又是 8# 煤层的上保护层，然后开采 8# 煤层，这样它又可作为 2#、3# 煤层的下保护层，对其进行二次保护。

根据该矿的地质条件和研究重点，建立三维有限元模型，其数值模型尺寸为：煤层倾向 350m，走向 200m，垂直方向 300m，煤层倾角 20°。根据保护开采方案，保护层工作面宽 200m，在工作面两端各留 75m 的煤柱，几何模型如图 4-8 所示。模型左右边界约束 $x$ 方向位移，前后边界约束 $y$ 方向位移，底面边界为固定边界，由于模型顶部为地表，所以顶部为自由边界。煤层开采前，由上覆岩层自重形成初始应力场。利用弹塑性损伤程序进行数值计算时，采用德鲁克-普拉格(Drucker-Prager)屈服准则。各岩层主要力学参数见表 4-1。

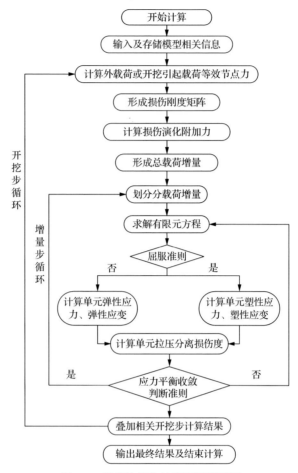

图 4-7  煤岩体损伤计算程序流程图

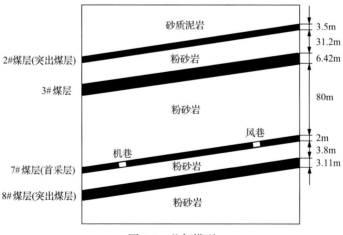

图 4-8  几何模型

表 4-1　各岩层主要力学参数

| 岩层 | 弹性模量/GPa | 泊松比 | 容重/(N/m³) | 内摩擦角/(°) | 内聚力/MPa |
|---|---|---|---|---|---|
| 粉砂岩 | 8.61 | 0.23 | 24540 | 37 | 2 |
| 煤层 | 4.47 | 0.18 | 14650 | 32 | 1.5 |
| 砂质泥岩 | 5.04 | 0.26 | 22710 | 32 | 1.6 |

利用开发的弹塑性损伤有限元程序对上述模型进行计算，图 4-9(a)给出了7#煤层开采后，在 $y=100$m 剖面上被保护层倾向损伤场的分布特征。当 7#煤层开采完成后，进一步对 8#煤层进行开采，图 4-9(b)给出了同一剖面上损伤场的分布图。

7#煤层开采后，造成覆岩大面积悬露，顶板因承受上覆岩层重力而出现弯曲下沉，顶板出现拉伸破坏裂隙。从图 4-9(a)中可以看到在采空区上方出现较大损伤，损伤度最大值达到 0.85，岩体已发生破断。采空区下部岩层由于保护层的开采会向采空区膨胀，产生大量裂隙，从而导致在采空区下方煤岩体中也出现较大损伤，损伤度最大值达到 0.75。另外，在 2#煤层、3#煤层这些局部区域也出现了较大的损伤，损伤度分别达到 0.25、0.45，表明在这些区域形成的采动裂隙发育，煤岩体的透气性远远大于原始煤岩体的透气性，有利于瓦斯运移和煤层瓦斯卸压抽采；从图 4-9(b)中可以看到 8#煤层开采后，由于煤岩体中新的裂隙不断产生以及原有裂缝的张开扩大，围岩的损伤度进一步增大，采空区上方损伤增大到 0.9，2#煤层、3#煤层的损伤度增大到 0.3 和 0.5，煤岩体的透气性进一步增强，更加有利于瓦斯运移和抽采。

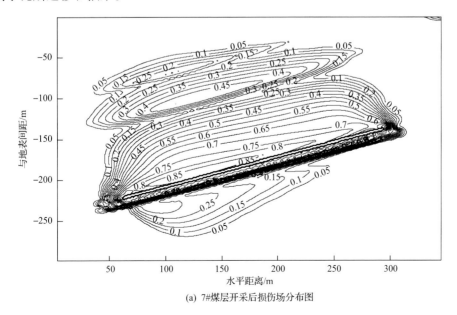

(a) 7#煤层开采后损伤场分布图

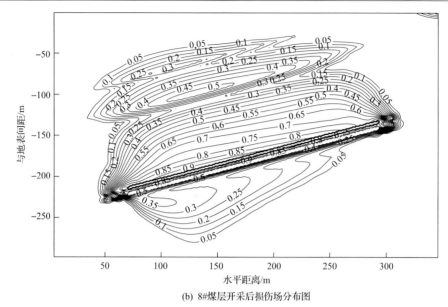

(b) 8#煤层开采后损伤场分布图

图 4-9    倾向剖面损伤场的动态演化特征

图中数字表示损伤度

图 4-10 为 7#、8#煤层开采后 $y$ =100m 剖面上采场围岩垂直应力分布情况。从图 4-10(a)中可以看到，7#煤层的开采破坏了原岩应力场的平衡，引起应力场的重新分布。在采空区两侧巷道附近产生了应力集中，其中左侧机巷附近最大应力达到 8.53MPa，在右侧风巷附近最大应力达到 7.03MPa。而采空区内顶、底板处应力明显比周围煤岩体所受的应力小，表明这些区域已经充分卸压，弹性能得到释放，出现底鼓和拉张裂隙，透气性系数得到提高，煤层瓦斯压力迅速降低，对应的瓦斯流量大幅提升。当 8#煤层开采后[图 4-10(b)]，采空区两侧巷道附近应力

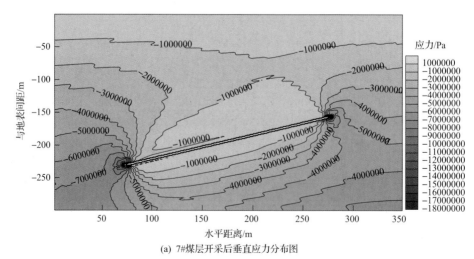

(a) 7#煤层开采后垂直应力分布图

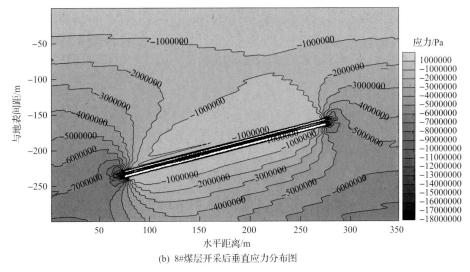

(b) 8#煤层开采后垂直应力分布图

图 4-10　倾向剖面垂直应力分布特征

集中进一步增强，其中左侧机巷附近最大应力达到 18.05MPa，右侧风巷附近最大应力达到 13.89MPa，应注意支护与防突。采空区顶、底板岩层的卸压程度进一步增强，煤岩体的渗透率进一步增大。

　　为了更好地研究保护层开采时被保护层的应力变化规律，分别在 2#煤层和 3#煤层顶板位置沿倾向布置两条观测线，然后提取观测线上各点的垂直应力绘制如图 4-11 所示的应力变化曲线。从图 4-11 中可以看出，当 7#煤层开采后，在左侧煤柱上方的被保护层出现了不同程度的应力集中，右侧煤柱上方的被保护层的应力水平与原岩应力相差很小。而在采空区上方的被保护层则出现了不同程度的卸压，3#煤层的垂直应力大幅降低，为原岩应力的 40%~80%，卸压效果显著，而2#煤层的垂直应力为原岩应力的 60%~80%，卸压相对较弱。最大卸压点均出现

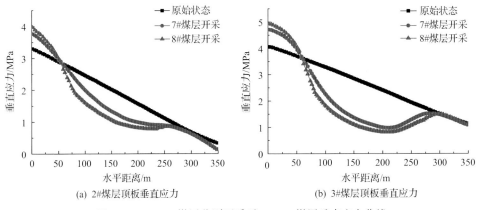

(a) 2#煤层顶板垂直应力　　　　　　　　　(b) 3#煤层顶板垂直应力

图 4-11　7#、8#煤层分别开采后 2#、3#煤层垂直应力曲线

在采空区中部靠倾斜上方,也就是距左边界 200m 左右的位置。当 8#煤层开采后,3#煤层所处区域的垂直应力进一步降低,为 7#煤层开采后的 75%,卸压程度进一步提高,2#煤层垂直应力是开采 7#煤层后的 80%左右,最小值达到 0.9MPa。由于卸压导致了煤层的膨胀变形,增加了其透气性,从而有利于瓦斯的抽采。

### 3. 被保护层渗透性分析

煤岩体是一种多孔介质,在一定压力梯度下,流体可以在煤岩体内流动。煤岩体透气性表征煤岩体对瓦斯流动的阻力,它反映着瓦斯沿煤岩体流动的难易程度。当煤岩体细观单元的应力状态或者应变状态满足某个给定的损伤阈值时,单元开始损伤。由实验可知[10],煤岩体损伤破裂后将引起试件的透气性系数急剧增大,透气性系数的增大倍数可由 $\xi$ 定义,$\xi$ 的大小由实验给出,单元透气性系数描述为

$$\lambda = \begin{cases} \lambda_0 \mathrm{e}^{-\beta(\sigma_1 - \alpha p)} & \omega = 0 \\ \xi\lambda_0 \mathrm{e}^{-\beta(\sigma_1 - \alpha p)} & \omega > 0 \end{cases} \qquad (4\text{-}11)$$

处于拉伸下的煤岩细观单元的透气性系数-损伤耦合方程服从类似的规律。对应单元透气性系数描述为

$$\lambda = \begin{cases} \lambda_0 \mathrm{e}^{-\beta(\sigma_3 - \alpha p)} & \omega = 0 \\ \xi\lambda_0 \mathrm{e}^{-\beta(\sigma_3 - \alpha p)} & 0 < \omega < 1 \\ \xi'\lambda_0 \mathrm{e}^{-\beta(\sigma_3 - p)} & \omega = 1 \end{cases} \qquad (4\text{-}12)$$

式中,$\lambda_0$ 为初始透气性系数,$\mathrm{m}^2/(\mathrm{MPa}^2\cdot\mathrm{d})$;$p$ 为孔隙压力,MPa;$\xi$ 为单元损伤情况下的透气性突跳系数;$\xi'$ 为单元完全破坏情况下的透气性突跳系数;$\sigma_1$ 为最大主应力;$\sigma_3$ 为最小主应力;$\alpha$ 为孔隙压力系数;$\beta$ 为应力对孔隙压力的影响系数(或耦合系数)。

为更好地研究保护层开采过程中被保护层的透气性系数变化规律,这里同样在 2#煤层和 3#煤层顶板位置沿倾向布置两条观测线,然后利用上述损伤、应力的计算结果求得观测线上各点的透气性系数,公式中用到的相关参数见表 4-2。对于透气性突跳系数 $\xi$ 的取值,按照文献[11]的建议,当单元无损伤时 $\xi=1$;当单元出现损伤时 $\xi=5$。因此保护层开采过程中,2#煤层和 3#煤层透气性系数变化曲线见图 4-12 和图 4-13。

由图 4-12 和图 4-13 可知,保护层的开采,导致采场覆岩的移动、垮落,从而诱使被保护层出现损伤区和卸压区,致使采动影响范围内的被卸压煤层的透

表 4-2　煤层瓦斯相关参数

| 项目 | 瓦斯含量<br>/(m³/t) | 瓦斯抽采率/% | 瓦斯压力/MPa | 透气性系数<br>/[m²/(MPa²·d)] | 孔隙压力系数 | 耦合系数 |
|---|---|---|---|---|---|---|
| 2#煤层 | 10.6 | — | 1.1 | 0.01 | 0.9 | 2.5 |
| 3#煤层 | 9.81 | 10.17 | 1.3 | 0.01 | 0.9 | 2.1 |

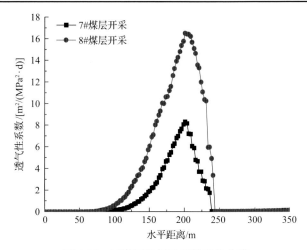

图 4-12　2#煤层透气性系数变化曲线

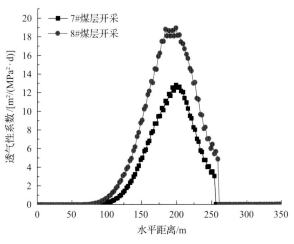

图 4-13　3#煤层透气性系数变化曲线

气性系数增加明显。从图 4-12 中可以看到，当 7#煤层开采后，2#煤层的透气性系数从最初的 0.01m²/(MPa²·d) 增大到 8.32m²/(MPa²·d)，为保护层开采前的 832 倍；当 8#煤层开采后，2#煤层的透气性系数增大到 16.51m²/(MPa²·d)，为保护层开采前的 1651 倍，最大值位于风巷内侧 75m 左右的区域。从图 4-13 中可以看到，当 7#煤层开采后 3#煤层的透气性系数增大到 12.54m²/(MPa²·d)，为保护层开采前的 1254 倍；当 8#煤层开采后，3#煤层的透气性系数增大到 18.96m²/(MPa²·d)，为保护层开采前的 1896 倍，最大值同样位于风巷内侧 75m 左右的区域。由上述分析可知，保护层的卸压开采，能够显著降低卸压煤层中的瓦斯压力，增加被卸压煤层的渗透性。因此，通过钻孔或钻井抽采被卸压煤层内的瓦斯是切实可行的，可有效实现煤与瓦斯共采。

### 4.2.2　煤层钻孔瓦斯抽采多场耦合计算

煤层是一个典型的孔隙-裂隙系统，瓦斯主要以吸附态和游离态存在于煤体孔隙-裂隙内，其中 90%左右的瓦斯呈吸附状态赋存于煤基质的微孔及其表面，只有不到 10%的瓦斯呈游离状态赋存于裂隙及大孔内。煤层瓦斯的运移过程分为 3 个阶段(图 4-14)：气体从孔隙表面解吸、气体在基质内扩散和传输、气体在裂隙系统内流动。瓦斯在煤层中的吸附-解吸、扩散-渗流行为处于复杂的应力场和孔隙-裂隙演化环境，瓦斯流动是典型的流-固耦合过程。

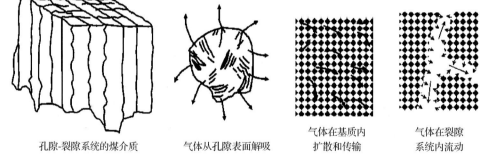

孔隙-裂隙系统的煤介质　　气体从孔隙表面解吸　　气体在基质内扩散和传输　　气体在裂隙系统内流动

图 4-14　瓦斯在孔隙-裂隙煤介质中的瓦斯解吸、传输和流动过程的概念模型

1. 数学模型

基本假设如下：
(1)煤是弹性双重孔隙介质，煤的变形符合小变形假设；
(2)煤层中气体视为理想饱和气体，且不考虑温度的变化；
(3)煤基质-裂隙中气体流动满足达西定律；
(4)瓦斯和空气两种气体在煤层孔隙-裂隙中的运移过程是相互独立的(有各自的扩散-渗流方程)，且又是相互重叠的，共同影响气体的渗流规律；
(5)由于孔外漏风空气压力远小于基质气体压力，这里忽略煤对空气的吸附作用。
煤体的双重孔隙介质系统被概化为具有相同尺寸的煤基质块和裂隙的结

构[11,12]。图 4-15 为概念化的煤层瓦斯抽采物理模型。图中，$K_n$ 为裂隙刚度，MPa；$\sigma_e$ 为作用在煤上的有效应力，MPa；$a$ 为立方体煤基质块的边长，m；$b$ 为裂隙开度，m；$L$ 为钻孔封孔深度，m；$L_0$ 为有效钻孔抽采长度，m。

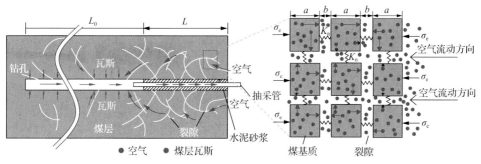

图 4-15　概念化的煤层瓦斯抽采物理模型

1) 瓦斯-空气混流方程

根据质量守恒原理，任意组分的 $\kappa$ 气体在多孔介质单元内的扩散-对流方程为

$$\frac{\partial m_\kappa}{\partial t} + \nabla \cdot (v \cdot \rho_{g\kappa}) + \nabla \cdot (-D_\kappa \cdot \nabla m_{f\kappa}) = Q_{s\kappa} \tag{4-13}$$

式中，下标 $\kappa$ (=1，2) 分别为瓦斯和空气组分；$\rho_g$ 为气体密度，kg/m³；$t$ 为时间，s；$Q_s$ 为气体源(汇)项，kg/(m³·s)；$m$ 为气体含量，kg/m³；$m_f$ 为煤基质或裂隙系统中游离气体含量，kg/m³；$D$ 为扩散系数；$v$ 为气体速度。

对瓦斯-空气双组分气体系统，混合气体压力 $p$、基质气体压力 $p_m$ 和裂隙气体压力 $p_f$ 分别表示为

$$p = \sum p_\kappa，\quad p_m = p_{m1}，\quad p_f = p_{f1} + p_{f2} \tag{4-14}$$

煤基质和裂隙系统中任意气体组分的气体含量分别为

$$m_{m1} = \phi_m \rho_{m1} + \rho_s \rho_a \frac{V_L p_{m1}}{P_L + p_{m1}}，\quad m_{f\kappa} = \phi_f \rho_{f\kappa}，\quad m_{m2} = 0 \tag{4-15}$$

式中，$\rho_{f\kappa} = \frac{M_\kappa}{RT} p_{f\kappa}$；$\rho_{m\kappa} = \frac{M_\kappa}{RT} p_{m\kappa}$；$M_\kappa$ 为气体组分 $\kappa$ 的摩尔质量，kg/mol；$T$ 为温度，K；$R$ 为普适气体常数，J/(mol·K)；下标 m 为煤基质系统；下标 f 为煤裂隙系统；$\rho_{f\kappa}$ 为裂隙系统中气体组分 $\kappa$ 的密度，kg/m³；$\rho_{m\kappa}$ 为基质系统中气体组分 $\kappa$ 的密度，kg/m³，$\kappa=1,2$，当 $\kappa=1$ 时，即 $\rho_{m1}$；$\rho_a$ 为标准状态下甲烷密度，kg/m³；$\rho_s$ 为煤体密度，kg/m³；$V_L$ 为瓦斯 Langmuir 体积常数，m³/kg；$P_L$ 为瓦斯 Langmuir 压力常数；$\phi$ 为煤的孔隙度。

在式(4-13)中，忽略气体重力效应，气体速度 $v$ 可以表示为

$$v_{\mathrm{f}} = -\frac{k_{\mathrm{f}}}{\mu}\nabla p_{\mathrm{f}}, \quad v_{\mathrm{m}} = -\frac{k_{\mathrm{m}}}{\mu}\nabla p_{\mathrm{m}} \tag{4-16}$$

式中，$k$ 为煤的渗透率，$\mathrm{m}^2$；$\mu$ 为混合气体的平均动力黏度系数，$\mathrm{N}\cdot\mathrm{s}/\mathrm{m}^2$。煤基质和裂隙系统中气体组分 $\kappa$ 的扩散系数 $D_\kappa$ 分别为

$$D_{\mathrm{m}\kappa} = \beta_{\mathrm{c}} \cdot v_{\mathrm{m}} + D_{\mathrm{m}\kappa 0}, \quad D_{\mathrm{f}\kappa} = \beta_{\mathrm{c}} \cdot v_{\mathrm{f}} + D_{\mathrm{f}\kappa 0} \tag{4-17}$$

式中，$D_{\kappa 0}$ 为气体组分 $\kappa$ 的扩散系数，$\mathrm{m}^2/\mathrm{s}$；$\beta_{\mathrm{c}}$ 为动力驱替系数，$\mathrm{m}$。

将式(4-14)～式(4-16)代入式(4-13)可得二元气体在煤孔隙-裂隙中的运移控制方程：

$$\left(\phi_{\mathrm{m}} + \frac{\rho_{\mathrm{s}} p_{\mathrm{a}} V_{\mathrm{L}} P_{\mathrm{L}}}{(P_{\mathrm{L}} + p_{\mathrm{m}1})^2}\right)\frac{\partial p_{\mathrm{m}1}}{\partial t} + p_{\mathrm{m}1}\frac{\partial \phi_{\mathrm{m}}}{\partial t} - \nabla\left(\frac{k_{\mathrm{m}}}{\mu} p_{\mathrm{m}1}\nabla p_{\mathrm{m}1}\right) - \nabla(\phi_{\mathrm{m}} D_{\mathrm{m}1}\nabla p_{\mathrm{m}1}) = -\omega_{\mathrm{c}}(p_{\mathrm{m}1} - p_{\mathrm{f}1})$$

$$\tag{4-18}$$

$$\phi_{\mathrm{f}}\frac{\partial p_{\mathrm{f}1}}{\partial t} + p_{\mathrm{f}1}\frac{\partial \phi_{\mathrm{f}}}{\partial t} - \nabla\left(\frac{k_{\mathrm{f}}}{\mu} p_{\mathrm{f}1}\nabla p_{\mathrm{f}}\right) - \nabla(\phi_{\mathrm{f}} D_{\mathrm{f}1}\nabla p_{\mathrm{f}1}) = \omega_{\mathrm{c}}(p_{\mathrm{m}1} - p_{\mathrm{f}1}) \tag{4-19}$$

$$\phi_{\mathrm{f}}\frac{\partial p_{\mathrm{f}2}}{\partial t} + p_{\mathrm{f}2}\frac{\partial \phi_{\mathrm{f}}}{\partial t} - \nabla\left(\frac{k_{\mathrm{f}}}{\mu} p_{\mathrm{f}2}\nabla p_{\mathrm{f}}\right) - \nabla(\phi_{\mathrm{f}} D_{\mathrm{f}2}\nabla p_{\mathrm{f}2}) = 0 \tag{4-20}$$

式中，$\omega_{\mathrm{c}}$ 为瓦斯在煤基质和裂隙系统中的传递系数，$\omega_{\mathrm{c}} = 8\left(1 + \dfrac{2}{a^2}\right)\dfrac{k_{\mathrm{m}}}{\mu}$，$\mathrm{s}^{-1}$，其中 $a$ 为煤基质块的边长。

2）煤变形方程

瓦斯-空气在双重孔隙-裂隙煤层系统中运移的 Navier-Stokes 型煤变形控制方程可以表示为

$$Gu_{i,kk} + \frac{G}{1-2\nu}u_{k,ki} - \alpha p_{\mathrm{m},i} - \beta p_{\mathrm{f},i} - K\varepsilon_{\mathrm{s},i} + f_i = 0 \tag{4-21}$$

式中，$G = D/(2+2\nu)$；$D = [1/E + 1/(a\cdot K_{\mathrm{n}})]^{-1}$；$K = D/(3-6\nu)$；$\alpha = 1 - K/K_{\mathrm{s}}$；$\beta = 1 - K/(a\cdot K_{\mathrm{n}})$；$\varepsilon_{\mathrm{s}} = \varepsilon_{\mathrm{L}} p_{\mathrm{m}1}/(P_{\mathrm{L}} + p_{\mathrm{m}1})$；$u_i$ 为位移分量，$\mathrm{m}$；$E$ 为煤的弹性模量，$\mathrm{MPa}$；$G$ 为煤的剪切模量，$\mathrm{MPa}$；$\nu$ 为煤的泊松比；$K$ 为煤的体积模量，$\mathrm{MPa}$；$K_{\mathrm{s}}$ 为煤固体骨架的体积模量，$\mathrm{MPa}$；$\alpha$ 和 $\beta$ 分别为煤基质和裂隙系统的 Biot 系数；$\varepsilon_{\mathrm{s}}$ 为瓦斯吸附引起的应变；$\varepsilon_{\mathrm{L}}$ 为瓦斯 Langmuir 体积应变；$f_i$ 为 $i$ 方向的体积力，$i$ 为张量的第 $i$ 个分量，表示 $i$ 方向。

3) 煤孔隙-裂隙渗透率动态演化模型

取双重介质微元体为研究对象，其总应变等于煤体基质产生的应变和裂隙产生的应变之和，可表示为[13]

$$\Delta\varepsilon_V = \Delta\varepsilon_{mV} + \frac{b_0}{a_0}\Delta\varepsilon_{fV} \tag{4-22}$$

式中，$\Delta\varepsilon_{mV} = -\Delta\sigma_e/K + \Delta\varepsilon_s$；$\Delta\varepsilon_{fV} = -\Delta\sigma_e/K_f$，$K_f$ 为裂隙刚度，MPa；$\sigma_e$ 为多孔介质的有效应力，MPa；$\varepsilon_V = \varepsilon_{11} + \varepsilon_{22} + \varepsilon_{33}$ 为体积应变；$\varepsilon_{mV}$ 和 $\varepsilon_{fV}$ 分别为基质应变和裂隙应变；$a_0$ 为初始状态时立方体基质块的边长，m；$b_0$ 为初始状态时裂隙开度，m；下标 0 为相应变量的初始状态。

基于连续介质假设，裂隙和基质块之间的骨架作用力相等，且都等于有效应力，可以得到有效应力变化量和基质应变分别为[14]

$$\Delta\sigma_e = -\left(\frac{1}{K} + \frac{b_0}{a_0 K_f}\right)^{-1}(\Delta\varepsilon_V - \Delta\varepsilon_s) \tag{4-23}$$

$$\Delta\varepsilon_{mV} = -\frac{\Delta V_m}{V_m} = \frac{1}{K}\left(\frac{1}{K} + \frac{b_0}{a_0 K_f}\right)^{-1}(\Delta\varepsilon_V - \Delta\varepsilon_s) + \Delta\varepsilon_s \tag{4-24}$$

基质块孔隙介质中包含固体体积 ($V_s$) 和孔隙体积 ($V_p$)，因此其总体积可以表示为 $V_m = V_s + V_p$，则基质块的孔隙率可以定义为 $\phi_m = V_p/V_m$。当基质块变形时，基质中的孔隙体积也会发生相应改变。假设微孔由于吸附产生的应变与基质块吸附应变相等，基质块中微孔的体积应变可表示为[15]

$$\Delta\varepsilon_p = -\frac{\Delta V_p}{V_p} = \frac{1}{K_p}\left(\frac{1}{K} + \frac{b_0}{a_0 K_f}\right)^{-1}(\Delta\varepsilon_V - \Delta\varepsilon_s) + \Delta\varepsilon_s \tag{4-25}$$

式中，$K_p$ 为孔隙的体积模量，MPa。对于线弹性孔隙介质，孔隙的体积模量可以用基质块的体积模量和孔隙率表示为[16] $K_p = \dfrac{\phi_m K}{\alpha}$。

根据孔隙率的定义，可以得到：

$$\frac{\Delta V_m}{V_m} = \frac{\Delta V_s}{V_s} + \frac{\Delta\phi_m}{1-\phi_m} \tag{4-26}$$

$$\frac{\Delta V_p}{V_p} = \frac{\Delta V_s}{V_s} + \frac{\Delta\phi_m}{\phi_m(1-\phi_m)} \tag{4-27}$$

联立式 (4-26) 和式 (4-27) 得

$$\frac{\Delta\phi_m}{\phi_m} = \frac{\Delta V_p}{V_p} - \frac{\Delta V_m}{V_m} \tag{4-28}$$

将式 (4-24) 和式 (4-25) 代入式 (4-28) 得

$$\frac{\Delta\phi_m}{\phi_m} = \Delta\varepsilon_{mV} - \Delta\varepsilon_p = \frac{1}{K}\left(\frac{\phi_m - \alpha}{\phi_m}\right)\left(\frac{1}{K} + \frac{b_0}{a_0 K_f}\right)^{-1}(\varepsilon_V - \varepsilon_{V0} + \varepsilon_{s0} - \varepsilon_s) \tag{4-29}$$

假设初始状态下煤体的平均应力为 $\bar{\sigma}_0$、孔隙压力为 $p_0$、孔隙度为 $\phi_0$，并认为 Biot 系数 $\alpha$ 远远大于 $\phi$。则对式 (4-29) 分离变量并积分得煤基质孔隙率：

$$\phi_m = \alpha + (\phi_{m0} - \alpha)\exp\left[\frac{1}{K}\left(\frac{1}{K} + \frac{b_0}{a_0 K_f}\right)^{-1}(\varepsilon_V - \varepsilon_{V0} - \varepsilon_s + \varepsilon_{s0})\right] \tag{4-30}$$

煤基质孔隙率 $\phi_m$ 对时间求偏导得

$$\frac{\partial\phi_m}{\partial t} = (\phi_m - \alpha)\frac{1}{K}\left(\frac{1}{K} + \frac{b_0}{a_0 K_f}\right)^{-1}\left[\frac{\partial\varepsilon_V}{\partial t} - \frac{\varepsilon_L P_L}{RT(P_L + p_m)^2}\frac{\partial p_m}{\partial t}\right] \tag{4-31}$$

煤基质渗透率可以采用立方定律表示为[17]

$$\frac{k_m}{k_{m0}} = \left(\frac{\phi_m}{\phi_{m0}}\right)^3 = \left\{1 - \frac{\alpha}{K\phi_{m0}}\left(\frac{1}{K} + \frac{b_0}{a_0 K_f}\right)^{-1}(\varepsilon_{V0} - \varepsilon_V + \varepsilon_s - \varepsilon_{s0})\right\}^3 \tag{4-32}$$

根据文献[18]，裂隙系统的裂隙度和渗透率分别为

$$\frac{\phi_f}{\phi_{f0}} = 1 + \frac{1}{K_f}\left(\frac{1}{K} + \frac{b_0}{a_0 K_f}\right)^{-1}(\varepsilon_V - \varepsilon_{V0} + \varepsilon_{s0} - \varepsilon_s) \tag{4-33}$$

$$\frac{k_f}{k_{f0}} = \left(\frac{\phi_f}{\phi_{f0}}\right)^3 = \left[1 + \frac{1}{K_f}\left(\frac{1}{K} + \frac{b_0}{a_0 K_f}\right)^{-1}(\varepsilon_V - \varepsilon_{V0} + \varepsilon_{s0} - \varepsilon_s)\right]^3 \tag{4-34}$$

式中，$k_{f0}$ 为煤层裂隙的初始渗透率，$m^2$。可由 $k_{f0} = b_0^3/12a_0$ 进行计算。对煤的裂隙度 $\phi_f$ 求时间偏导得

$$\frac{\partial \phi_{\mathrm{f}}}{\partial t} = \frac{\phi_{\mathrm{f0}}}{K_{\mathrm{f}}}\left(\frac{1}{K} + \frac{b_0}{a_0 K_{\mathrm{f}}}\right)^{-1}\left[\frac{\partial \varepsilon_{\mathrm{V}}}{\partial t} - \frac{\varepsilon_{\mathrm{L}} P_{\mathrm{L}}}{RT(P_{\mathrm{L}} + p_{\mathrm{m}})^2}\frac{\partial p_{\mathrm{m}}}{\partial t}\right] \tag{4-35}$$

4) 交叉耦合过程

将式 (4-14) 代入式 (4-21) 得双重介质煤变形控制方程:

$$Gu_{i,kk} + \frac{G}{1-2\upsilon}u_{k,ki} - \left(\alpha + K\cdot\frac{\varepsilon_{\mathrm{L}} P_{\mathrm{L}}}{(P_{\mathrm{L}} + p_{\mathrm{m1}})^2}\right)p_{\mathrm{m1},i} - \beta(p_{\mathrm{f1}} + p_{\mathrm{f2}})_{,i} + f_i = 0 \tag{4-36}$$

将式 (4-30)~式 (4-35) 代入气体流动方程式 (4-16)~式 (4-18) 得煤孔隙-裂隙系统中瓦斯-空气混流控制方程:

$$\left(\phi_{\mathrm{m}} + \frac{\rho_{\mathrm{s}} p_{\mathrm{a}} V_{\mathrm{L}} P_{\mathrm{L}}}{(P_{\mathrm{L}} + p_{\mathrm{m1}})^2} - \frac{(\phi_{\mathrm{m}} - \alpha)}{K}\frac{\varepsilon_{\mathrm{L}} P_{\mathrm{L}} p_{\mathrm{m1}}}{(P_{\mathrm{L}} + p_{\mathrm{m1}})^2}\left(\frac{1}{K} + \frac{b_0}{a_0 K_{\mathrm{f}}}\right)^{-1}\right)\frac{\partial p_{\mathrm{m1}}}{\partial t} - \nabla\cdot\left(\frac{k_{\mathrm{m}}}{\mu}p_{\mathrm{m1}}\nabla p_{\mathrm{m1}}\right)$$

$$-\nabla\cdot(\phi_{\mathrm{m}} D_{\mathrm{m1}}\nabla p_{\mathrm{m1}}) = -8\left(1 + \frac{2}{a^2}\right)\frac{k_{\mathrm{m}}}{\mu}(p_{\mathrm{m1}} - p_{\mathrm{f1}}) - \frac{(\phi_{\mathrm{m}} - \alpha)p_{\mathrm{m1}}}{K}\left(\frac{1}{K} + \frac{b_0}{a_0 K_{\mathrm{f}}}\right)^{-1}\frac{\partial \varepsilon_{\mathrm{V}}}{\partial t} \tag{4-37}$$

$$\phi_{\mathrm{f}}\frac{\partial p_{\mathrm{f1}}}{\partial t} - \nabla\cdot\left(\frac{k_{\mathrm{f}}}{\mu}p_{\mathrm{f1}}\nabla p_{\mathrm{f}}\right) - \nabla\cdot(\phi_{\mathrm{f}} D_{\mathrm{f1}}\nabla p_{\mathrm{f1}}) = 8\left(1 + \frac{2}{a^2}\right)\frac{k_{\mathrm{m}}}{\mu}(p_{\mathrm{m1}} - p_{\mathrm{f1}})$$

$$-\frac{p_{\mathrm{f1}}\phi_{\mathrm{f0}}}{K_{\mathrm{f}}}\left(\frac{1}{K} + \frac{b_0}{a_0 K_{\mathrm{f}}}\right)^{-1}\left[\frac{\partial \varepsilon_{\mathrm{V}}}{\partial t} - \frac{\varepsilon_{\mathrm{L}} P_{\mathrm{L}}}{(P_{\mathrm{L}} + p_{\mathrm{m1}})^2}\frac{\partial p_{\mathrm{m1}}}{\partial t}\right] \tag{4-38}$$

$$\phi_{\mathrm{f}}\frac{\partial p_{\mathrm{f2}}}{\partial t} - \nabla\cdot\left(\frac{k_{\mathrm{f}}}{\mu}p_{\mathrm{f2}}\nabla p_{\mathrm{f}}\right) - \nabla\cdot(\phi_{\mathrm{f}} D_{\mathrm{f1}}\nabla p_{\mathrm{f2}})$$

$$= -\frac{p_{\mathrm{f2}}\phi_{\mathrm{f0}}}{K_{\mathrm{f}}}\left(\frac{1}{K} + \frac{b_0}{a_0 K_{\mathrm{f}}}\right)^{-1}\left[\frac{\partial \varepsilon_{\mathrm{V}}}{\partial t} - \frac{\varepsilon_{\mathrm{L}} P_{\mathrm{L}}}{(P_{\mathrm{L}} + p_{\mathrm{m1}})^2}\frac{\partial p_{\mathrm{m1}}}{\partial t}\right] \tag{4-39}$$

式 (4-37)~式 (4-39) 定义了双重孔隙-裂隙系统中煤变形和瓦斯-空气混流流-固耦合模型。其耦合关系如图 4-16 所示。上述控制方程都是由一系列时间或空间区域上高度非线性的偏微分程组成的,显然无法获得其解析解,这里通过有限元软件 COMSOL MULTIPHISICS 和 MATLAB(CMM) 软件进行求解。COMSOL MULTIPHISICS 是基于偏微分方程组而开发的多物理场耦合过程分析工具,可与 MATLAB 之间实现无缝连接以进行复杂物理场耦合计算的二次开发,最终将任意耦合偏微分方程转化为适当的形式进行高速数值求解。

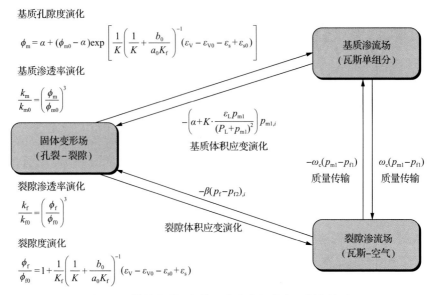

基质孔隙度演化

$$\phi_{\mathrm{m}} = \alpha + (\phi_{\mathrm{m}0} - \alpha)\exp\left[\frac{1}{K}\left(\frac{1}{K} + \frac{b_0}{a_0 K_{\mathrm{f}}}\right)^{-1}(\varepsilon_{\mathrm{V}} - \varepsilon_{\mathrm{V}0} - \varepsilon_{\mathrm{s}} + \varepsilon_{\mathrm{s}0})\right]$$

基质渗透率演化

$$\frac{k_{\mathrm{m}}}{k_{\mathrm{m}0}} = \left(\frac{\phi_{\mathrm{m}}}{\phi_{\mathrm{m}0}}\right)^3$$

固体变形场（孔裂-裂隙）

基质渗流场（瓦斯单组分）

$$-\left(\alpha + K \cdot \frac{\varepsilon_{\mathrm{L}} p_{\mathrm{m}1}}{(P_{\mathrm{L}} + p_{\mathrm{m}1})^2}\right)p_{\mathrm{m}1,i}$$

基质体积应变演化

$-\omega_{\mathrm{c}}(p_{\mathrm{m}1} - p_{\mathrm{f}1})$　质量传输

$\omega_{\mathrm{c}}(p_{\mathrm{m}1} - p_{\mathrm{f}1})$　质量传输

裂隙渗透率演化

$$\frac{k_{\mathrm{f}}}{k_{\mathrm{f}0}} = \left(\frac{\phi_{\mathrm{f}}}{\phi_{\mathrm{f}0}}\right)^3$$

$-\beta(p_{\mathrm{f}} - p_{\mathrm{f}2})_{,i}$

裂隙体积应变演化

裂隙渗流场（瓦斯-空气）

裂隙度演化

$$\frac{\phi_{\mathrm{f}}}{\phi_{\mathrm{f}0}} = 1 + \frac{1}{K_{\mathrm{f}}}\left(\frac{1}{K} + \frac{b_0}{a_0 K_{\mathrm{f}}}\right)^{-1}(\varepsilon_{\mathrm{V}} - \varepsilon_{\mathrm{V}0} - \varepsilon_{\mathrm{s}0} + \varepsilon_{\mathrm{s}})$$

图 4-16　煤的变形和气体组分流之间的交叉耦合关系

### 2. 模型验证

1) 理论模型对比验证

为验证模型的正确性，首先将作者建立的煤层瓦斯-空气混流流-固耦合模型与 Wu 等[17]建立的双重孔隙介质孔隙-裂隙渗透率演化模型相比较。Wu 等[17]建立的孔隙和裂隙系统的孔/裂隙度和渗透率演化模型分别为

$$\phi_{\mathrm{m}} = \phi_{\mathrm{m}0} + \frac{(\alpha - \phi_{\mathrm{m}0})(1 + S_0)}{(1 + S)} \tag{4-40}$$

$$\frac{k_{\mathrm{m}}}{k_{\mathrm{m}0}} = \left(\frac{\phi_{\mathrm{m}}}{\phi_{\mathrm{m}0}}\right)^3 = \left[\frac{(1 + S_0)\phi_{\mathrm{m}0} + \alpha(S - S_0)}{(1 + S)\phi_{\mathrm{m}0}}\right]^3 \tag{4-41}$$

$$\phi_{\mathrm{f}} = \phi_{\mathrm{f}0} + \frac{3\phi_{\mathrm{f}0}}{\phi_{\mathrm{f}0} + \dfrac{K_{\mathrm{f}}}{K}}(\varepsilon_{\mathrm{V}} - \varepsilon_{\mathrm{V}0} + \varepsilon_{\mathrm{s}0} - \varepsilon_{\mathrm{s}}) \tag{4-42}$$

$$\frac{k_{\mathrm{f}}}{k_{\mathrm{f}0}} = \left(\frac{\phi_{\mathrm{f}}}{\phi_{\mathrm{f}0}}\right)^3 = \left[1 + \frac{3}{\phi_{\mathrm{f}0} + K_{\mathrm{f}}/K}(\varepsilon_{\mathrm{V}} - \varepsilon_{\mathrm{V}0} + \varepsilon_{\mathrm{s}0} - \varepsilon_{\mathrm{s}})\right]^3 \tag{4-43}$$

式中，$S = \varepsilon_{\mathrm{V}} + p_{\mathrm{m}1}/K_{\mathrm{s}} - \varepsilon_{\mathrm{s}}$；$S_0 = \varepsilon_{\mathrm{V}0} + p_{\mathrm{m}10}/K_{\mathrm{s}} - \varepsilon_{\mathrm{s}0}$。

　　这里选取甲烷初始压力为 3MPa 的 5m×10m 矩形计算区域来验证数学模型的正确性，模型四边位移约束，顶部瓦斯压力为 0.1MPa，其他边界为不渗流边界。模型参数如表 4-3 所示，这些参数主要来自平顶山首山一矿已 16-17 煤层的实验数据和相关文献[14,17,18]。图 4-17 为作者与 Wu 等[17]建立模型的模拟结果对比，从图 4-17(a)中可以看出监测点处瓦斯压力和裂隙渗透率的变化趋势相吻合，但从图 4-17(b)中可以看出两种模型计算得到的基质渗透率变化显著不同。大量文献已经揭示煤体的瓦斯解吸会引起煤基质收缩，导致裂隙渗透率增大，基质渗透率减小[14]。但由于 Wu 等[17]建立的双重孔隙渗透率模型中，基质渗透率演化过程并没有考虑裂隙系统和基质系统之间的相互作用[式(4-40)和式(4-41)]，这种普遍的规律并没有在 Wu 等[17]的模型中得到体现。然而，通过对比可以发现作者建立的双重孔隙-裂隙介质渗透率演化模型[式(4-30)和式(4-32)]充分考虑了基质-裂隙间的相互作用，以及瓦斯-空气混流的气-固耦合过程，可以更准确地定量化现场应力条件下双重孔隙-裂隙介质煤的渗透率演化。

表 4-3　数值模拟参数

| 参数 | $E$ | $E_s$ | $K_n$ | $v$ | $\rho_s$ | $\phi_{m0}$ | $k_{m0}$ | $T$ |
|---|---|---|---|---|---|---|---|---|
| 数值 | 2813 | 8439 | 4800 | 0.339 | 1250 | 0.05 | $2.8\times10^{-18}$ | 300 |
| 单位 | MPa | MPa | MPa | — | kg/m³ | — | m² | K |

| 参数 | $a$ | $b$ | $\mu$ | $P_L$ | $V_L$ | $\varepsilon_L$ | $R$ | $D_1$ |
|---|---|---|---|---|---|---|---|---|
| 数值 | 0.005 | $5\times10^{-6}$ | $1.84\times10^{-5}$ | 3.89 | 0.048 | 0.01266 | 8.3143 | $3.6\times10^{-12}$ |
| 单位 | m | m | N·s/m² | MPa | m³/kg | — | J/(mol·K) | m²/s |

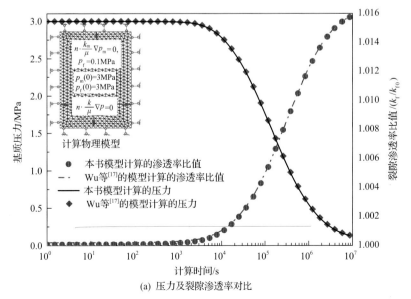

(a) 压力及裂隙渗透率对比

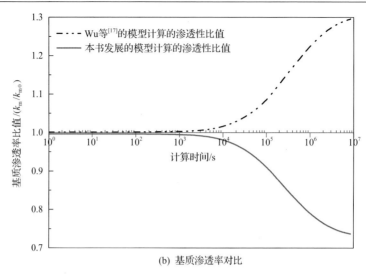

(b) 基质渗透率对比

图 4-17　作者与 Wu 等[17]所建立模型的模拟结果对比

2) 现场数据对比验证

为进一步验证模型的正确性，选择平顶山首山一矿己 16-17 煤层实际瓦斯抽采数据作为模型的试验考察。首山一矿己 16-17 煤层为突出煤层，实测瓦斯压力为 0.81～3.6MPa，瓦斯含量为 10.46～19.51m³/t。为消除煤层的突出危险性，采用顺层钻孔预抽煤层瓦斯。但受采动影响，钻孔周边存在大量漏风裂隙，钻孔瓦斯抽采浓度衰减速度快，短时间内衰减至 20%以下。如图 4-18(a)取钻孔竖直方向的一半区域作为计算区域(3m×150m)，图中 AB 和 BC 分别表示钻孔封孔深度和有效抽采长度。煤层的初始瓦斯压力 $p_0$=3MPa，钻孔抽采负压为 20kPa，钻孔直径为 100mm，煤层钻孔封孔段 AB 为 8m，有效抽采段 BC 为 92m。钻孔瓦斯抽采模型划分为采动影响区 ABCHIFGA 和采动影响区 CDEFIHC 两个区域。钻孔周边破碎区取钻孔半径的 5 倍，巷道开挖影响区距离 GF 可由下式计算[19]：

$$GF = \frac{hA}{2\tan\varphi}\ln\left(\frac{\varsigma\gamma H \cdot \tan\varphi + C}{C}\right) \tag{4-44}$$

式中，h 为采高，m；H 为巷道开采的垂直深度，m；C 为煤体的内聚力，MPa；$\varphi$ 为煤体的内摩擦角，°；$\gamma$ 为上覆煤岩体的容重，kN/m³；$\varsigma$ 为煤壁前方竖直方向应力集中系数；A 为煤壁的侧压系数，$A=(1-\sin\varphi)/(1+\sin\varphi)$。已知试验地点 h=3.8m，H=650m，$\gamma$=22kN/m³、C=100kPa、$\varphi$=15°、$\varsigma$=2.2 和 A=0.536，得开挖影响区距离 GF=16m。

钻孔瓦斯抽采质量评价模型边界条件如图 4-18(b)所示，模型上端无位移约束，相应的应力边界条件 q=-8MPa，其他各边为法向位移约束；根据假设，煤体

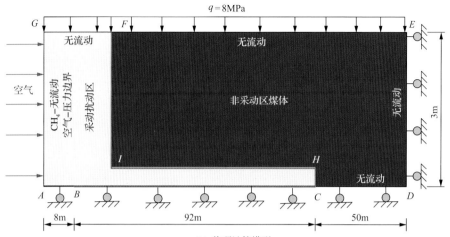

(a) 物理计算模型

|  | 煤变形 |  | CH₄ 流动 |  | 空气流动 |
|---|---|---|---|---|---|
|  | 位移 | 应力 | 基质 | 裂隙 | 裂隙 |
| $AB$ | $u=0, v=0$ | 无应力 | 无流动 | 无流动 | 无流动 |
| $BC$ | $u=0, v=0$ | 无应力 | 无流动 | $C_{\mathrm{CH_4}}^{0}=32.6\mathrm{mol/m^3}$ | 漏风速率 $N_0$ |
| $CD$ | 对称 | 对称 | 对称 | 对称 | 无流动 |
| $DE$ | 对称 | 对称 | 对称 | 对称 | 无流动 |
| $EF$ | 自由 | $q=-8\mathrm{MPa}$ | 无流动 | 无流动 | 无流动 |
| $FG$ | 自由 | $q=-8\mathrm{MPa}$ | 无流动 | 无流动 | 无流动 |
| $AG$ | 自由 | 无应力 | 无流动 | 无流动 | $C_{\mathrm{Air}}^{0}=40.62\mathrm{mol/m^3}$ |

(b) 边界条件

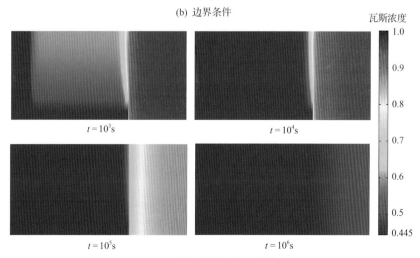

(c) 1号钻孔煤层裂隙瓦斯浓度演化

图 4-18　物理计算模型、边界条件以及裂隙瓦斯浓度演化

瓦斯首先从基质向裂隙渗流，进而由裂隙渗流到抽采钻孔，所以对基质系统瓦斯渗流边界取无流动边界条件；对瓦斯流动，煤体基质和裂隙中的初始瓦斯压力为3MPa，在裂隙系统中钻孔抽采段 $BC$ 为压力或浓度边界（$C_{CH_4}^0$ =32.6 mol/m³），其余均为无流动边界条件；对空气流动，$AG$ 为压力或浓度边界条件（$C_{Air}^0$ =40.62 mol/m³），钻孔抽采段 $BC$ 设定为漏风速率 $N_0$（根据实测漏风量进行估算）。模型的主要参数如表 4-4 所示。模拟得到的钻孔周边煤体裂隙中瓦斯浓度随时间的演化过程如图 4-18(c)所示。从图 4-18(c)中可以看出随着抽采时间的延续，大量外界空气渗入煤体裂隙中，煤体瓦斯浓度逐渐减小。

表 4-4　抽采钻孔模拟参数

| 钻孔 | 扰动区初始裂隙开度 $b_2$/m | $BC$ 段漏风速率 $N_0$ |
|---|---|---|
| 1 号 | 6×10⁻⁴ | 1×10⁻³mol/(m²·s) |
| 2 号 | 2×10⁻⁴ | 4×10⁻⁴mol/(m²·s) |

如图 4-19(a)所示，随着瓦斯抽采的延续，瓦斯抽采浓度逐渐减小，其模拟结果很好地匹配现场实测的瓦斯抽采数据，可以充分验证模型的正确性。瓦斯抽采过程涉及气体扩散-对流、固体变形等多物理耦合作用，从图 4-19(b)中点(130m, 2.5m)处裂隙/基质渗透率比值和基质瓦斯压力演化结果看，随着瓦斯抽采的延续，基质瓦斯逐渐解吸释放，瓦斯压力降低，导致基质收缩，煤基质裂隙渗透率增大，基质渗透率减小。

3. 煤层钻孔瓦斯抽采质量评价

从图 4-17 和图 4-19 可以看出作者建立的耦合煤体变形和瓦斯-空气混流的气-

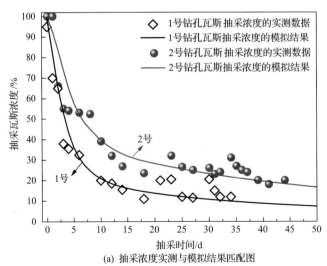

(a) 抽采浓度实测与模拟结果匹配图

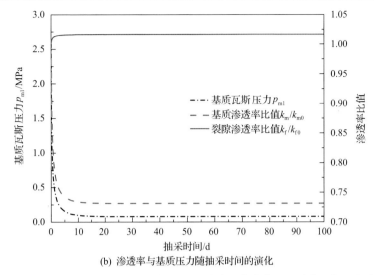

(b) 渗透率与基质压力随抽采时间的演化

图 4-19　模型的现场数据匹配、煤基质-裂隙渗透率演化及基质中瓦斯压力变化

固耦合模型能够很好地用于煤层钻孔瓦斯抽采质量(主要指瓦斯抽采浓度和流量)评价。钻孔瓦斯抽采质量与煤本身的属性密切相关，如煤的吸附特性、煤的孔隙/裂隙渗透率等。此外，工程试验表明钻孔的封孔深度对瓦斯抽采质量有很大的影响，这里采用该模型对瓦斯抽采质量的敏感性进行数值分析。

1) 煤的吸附特性对瓦斯抽采质量的影响

图 4-20 为瓦斯 Langmuir 体积常数 $V_L$ 对瓦斯抽采质量的影响。从图 4-20 可以看出，随着瓦斯 Langmuir 体积常数 $V_L$ 的增加，其瓦斯抽采纯流量逐渐增大，抽采浓度衰减速率逐渐减缓。这是因为瓦斯 Langmuir 体积常数 $V_L$ 与煤基质中吸附量(占瓦斯含量的 90%)呈线性正比关系，吸附常数 $V_L$ 越大，相应的瓦斯含量越高，单位时间钻孔抽采的纯瓦斯流量偏高，进而造成吸附常数 $V_L$ 越大瓦斯抽采浓

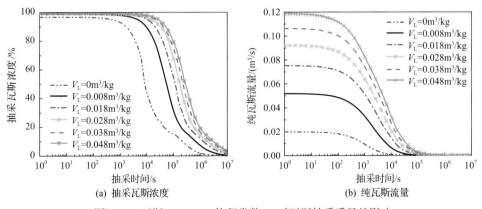

(a) 抽采瓦斯浓度　　　　　　　　　　(b) 纯瓦斯流量

图 4-20　瓦斯 Langmuir 体积常数 $V_L$ 对瓦斯抽采质量的影响

度较高。例如，$V_L$=0.048m³/kg，抽采 $1\times10^7$s 时间内的瓦斯抽采纯流量为 2270.76m³，而 $V_L$=0m³/kg 时的瓦斯抽采纯流量仅为 100.45m³。

图 4-21 为瓦斯 Langmuir 压力常数 $P_L$ 对瓦斯抽采质量的影响。从图 4-21 可以看出，瓦斯 Langmuir 压力常数 $P_L$ 与煤基质中吸附量呈反比关系，$P_L$ 越大，相应的瓦斯吸附量越小。因此，图 4-21 中随着瓦斯 Langmuir 压力常数 $P_L$ 的增加，其瓦斯抽采纯流量逐渐减小，抽采浓度衰减速率逐渐增加。例如，$P_L$=3.89MPa 和 $P_L$=0.89MPa 时，瓦斯浓度从初始时刻衰减至 30%以下的时间分别为 5.3d 和 14d。但当 $P_L$=0MPa 时，瓦斯吸附量与瓦斯压力无关，吸附瓦斯成为煤基质的固有成分，不会发生解吸和扩散流动，由于外界漏风和无内部瓦斯源(可解吸的吸附瓦斯)补给作用，此时的气体流动过程与 $V_L$=0m³/kg 时的流动过程完全一致，瓦斯抽采纯流量衰减快，短时间内瓦斯抽采浓度下降至平衡点。

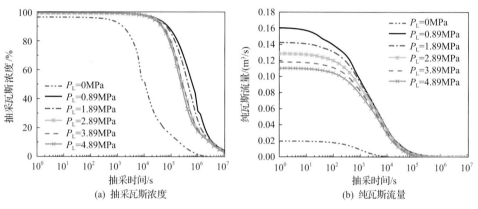

图 4-21　瓦斯 Langmuir 压力常数 $P_L$ 对瓦斯抽采质量的影响

2)煤基质渗透率 $k_{m0}$ 对瓦斯抽采质量的影响

图 4-22 为不同初始煤基质渗透率 $k_{m0}$ 对瓦斯抽采质量的影响。由多组分气体

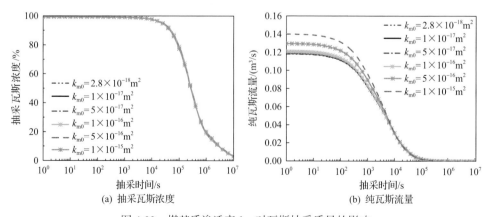

图 4-22　煤基质渗透率 $k_{m0}$ 对瓦斯抽采质量的影响

在煤体双重孔隙中的渗流特征可知,基质主要为气体在裂隙中渗流提供瓦斯源项,决定瓦斯抽采流量的是煤体的裂隙系统。从图 4-22 可以看出,基质渗透率的改变对钻孔抽采浓度影响很小,但基质渗透率越高,基质系统和裂隙系统的瓦斯质量传输能力越强,瓦斯抽采纯流量越大。

3) 煤裂隙渗透性对瓦斯抽采质量的影响

图 4-23 为相同初始裂隙宽度和钻孔漏风速率下,裂隙间距 $a$ 对瓦斯抽采质量的影响。裂隙间距越小,即单位体积的煤体裂隙密度越大,相应的煤体裂隙渗透

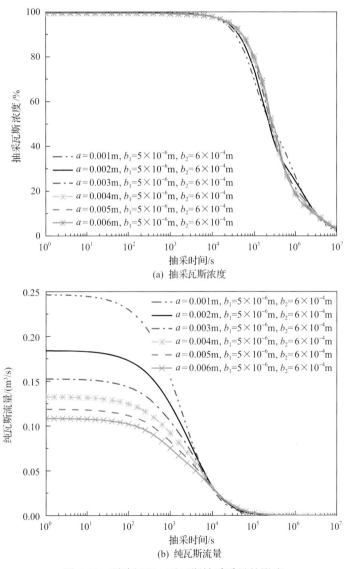

(a) 抽采瓦斯浓度

(b) 纯瓦斯流量

图 4-23   裂隙间距 $a$ 对瓦斯抽采质量的影响

率越大，相同压力梯度驱动下的钻孔瓦斯抽采纯流量越大，瓦斯压力和瓦斯含量衰减越快。例如，裂隙间距 $a$=0.001m 和 $a$=0.006m 时，抽采 $1\times10^7$s 时间内对应瓦斯抽采纯流量分别为 2268.51m³ 和 2253.18m³。这说明，在漏风速率一定的情况下，减小裂隙间距可以提高瓦斯抽采纯流量，但瓦斯抽采浓度提高不大。

图 4-24 为相同裂隙间距 $a$ 和采动影响区煤体的裂隙宽度 $b_2$ 时，不同非采动影响区的裂隙宽度 $b_1$ 对瓦斯抽采质量的影响。从图 4-24 可以看出，在裂隙间距和采动影响区煤体的初始裂隙宽度相同情况下，非采动影响区初始裂隙宽度越大，煤

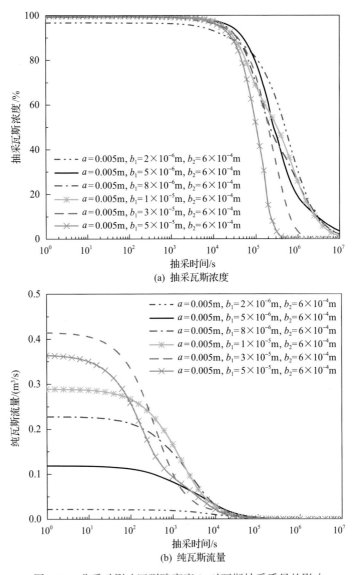

图 4-24　非采动影响区裂隙宽度 $b_1$ 对瓦斯抽采质量的影响

体渗透率越大，瓦斯抽采浓度初期较高，但衰减速率较快，且瓦斯纯流量并不随煤体裂隙宽度的增大而增大。这是由于煤体裂隙渗透率的增大，也增大了漏风的渗流能力，且瓦斯抽采的能力与瓦斯基质的解吸补给相关，在瓦斯解吸能力一定的情况下，原始煤体裂隙宽度越大，瓦斯抽采浓度衰减越快，但不对应较高的瓦斯抽采纯流量。例如，$b_1 = 2 \times 10^{-6}$m、$8 \times 10^{-6}$m 和 $5 \times 10^{-5}$m 时，在 $1 \times 10^7$s 时间内的瓦斯抽采纯流量分别为 1936.89m³、2289.12m³ 和 964.66m³，平均瓦斯抽采浓度分别为 11.93%、10.65% 和 1.24%。由此说明，在钻孔大量漏风的情况下，通过采取煤体增透措施来提高煤体的渗透率并不一定有利于实际瓦斯抽采。

图 4-25 为相同裂隙间距 $a$ 和非采动影响区煤体裂隙宽度 $b_1$ 时，不同采动影响

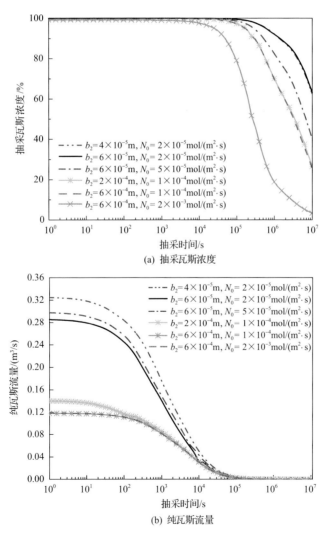

图 4-25　采动影响区裂隙宽度 $b_2$ 对瓦斯抽采质量的影响

区的裂隙宽度 $b_2$ 对瓦斯抽采质量的影响。从图 4-25 可以看出，在裂隙间距和非采动影响区煤体初始裂隙宽度相同的情况下，漏风速率越大，瓦斯抽采浓度衰减越快；漏风裂隙宽度越小，瓦斯抽采纯流量越大。因此，要提高瓦斯抽采质量，不仅应提高钻孔孔内密封质量，同时还要采取措施对孔外漏风裂隙进行有效封堵。

　　4) 钻孔封孔深度和漏风速率对瓦斯抽采质量的影响

　　图 4-26 为钻孔封孔深度和漏风速率对瓦斯抽采质量的影响。从图 4-26 可以看出，相同封孔深度下，钻孔漏风速率对钻孔瓦斯抽采纯流量影响不大，但漏

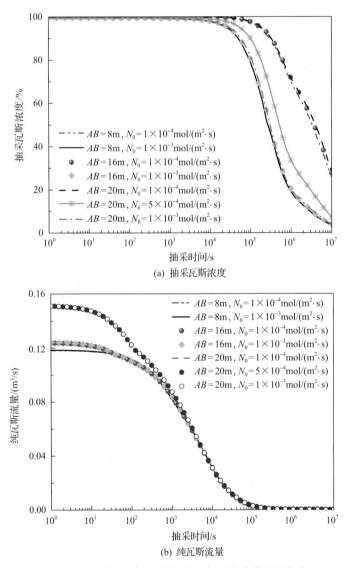

(a) 抽采瓦斯浓度

(b) 纯瓦斯流量

图 4-26　封孔深度与钻孔漏风速率对抽采质量的影响

风速率越小，瓦斯浓度越高，如 $AB=20\text{m}$ 时，钻孔漏风速率 $N_0=1\times10^{-4}\text{mol/}(\text{m}^2\cdot\text{s})$、$5\times10^{-4}\text{mol/}(\text{m}^2\cdot\text{s})$ 和 $1\times10^{-3}\text{mol/}(\text{m}^2\cdot\text{s})$ 时所对应的瓦斯抽采纯流量随时间的变化趋势基本重合，但瓦斯抽采浓度截然不同，在抽采 $1\times10^{7}\text{s}$ 时间内所对应的平均瓦斯浓度分别为 48.9%、19.2% 和 11.7%；相同钻孔漏风速率的钻孔，封孔深度的增加可以提高瓦斯抽采浓度，但提高幅度较小，而且一定程度上封孔深度的增加可以提高纯瓦斯抽采量，如 $N_0=1\times10^{-4}\text{mol/}(\text{m}^2\cdot\text{s})$，封孔深度 $AB=8\text{m}$、$16\text{m}$ 和 $20\text{m}$时，瓦斯抽采 $1\times10^{7}\text{s}$ 时间内对应的钻孔瓦斯抽采纯流量分别为 $2262.08\text{m}^3$、$2270.76\text{m}^3$ 和 $2340.86\text{m}^3$，显然封孔深度 $AB$ 的增加会减少钻孔的有效抽采长度 $BC$，在漏风一定的情况下，必然存在最佳封孔深度。

## 4.3  煤层瓦斯抽采的安全准则和效率准则

煤层中常富含大量的吸附瓦斯，煤岩体裂隙场不仅是瓦斯解吸渗流的通道，也是在压力梯度下外界空气携带氧气渗流进入煤体的通道，一旦氧气分子与煤颗粒接触就会引发煤-氧放热反应，在适宜的情况下易发生瓦斯与煤自燃复合灾害。煤矿瓦斯抽采不仅要考虑抽采的高效性，更须考虑抽采运行过程的安全性。河南某矿 13330 工作面煤层为高瓦斯易自燃煤层，瓦斯含量为 $20\sim22\text{m}^3/\text{t}$。为保障工作面安全开采，在 13330 风巷和机巷实施顺层钻孔预抽工作面瓦斯。但受上部邻近煤层采动影响，煤巷和钻孔周边的煤体破碎程度大，瓦斯抽采中存在大量漏风，造成瓦斯抽采浓度低，引发钻孔周边煤体破碎区富氧聚集、浮煤氧化升温，钻孔孔端检测出大量 CO 气体，最高单孔 CO 涌出浓度为 501ppm，结果造成 400 多个煤层钻孔被迫关闭，顺层钻孔瓦斯抽采布置示意图和钻孔监测数据分别如图 4-27 和图 4-28 所示。为此，瓦斯抽采过程中，必须兼顾瓦斯抽采的安全与效率。

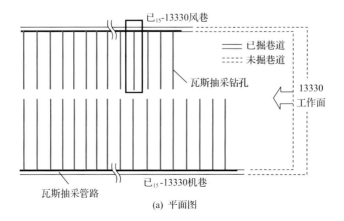

(a) 平面图

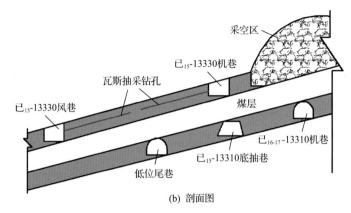

(b) 剖面图

图 4-27　13330 工作面顺层钻孔瓦斯抽采布置示意图

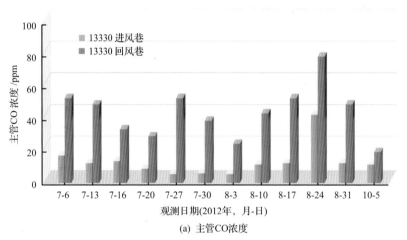

(a) 主管CO浓度

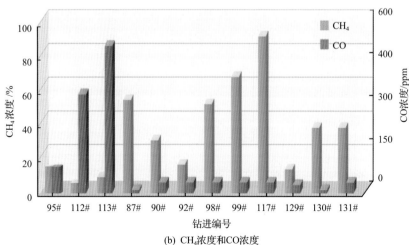

(b) CH₄浓度和CO浓度

图 4-28　主管和钻孔的监测气体浓度

### 4.3.1 煤层瓦斯抽采安全准则

1. 煤层瓦斯抽采安全度定义

抽采安全度为定量评价瓦斯抽采过程中抽采区域和抽采管网系统安全性时空演化的指标。当抽采区域(或抽采管网)的温度或瓦斯浓度在煤体自燃、瓦斯燃爆的危险范围以内时,抽采安全度取值为 0;当抽采区域(或抽采管网)的温度或瓦斯浓度在危险范围以外时,抽采安全度取值为抽采区域(或抽采管网)的温度或瓦斯浓度与其危险临界值(煤自燃、瓦斯燃爆临界温度或浓度)的归一化差值。基于抽采安全度的定义,其数学描述应为按照煤自燃、瓦斯燃爆临界温度和可燃气体爆炸极限定义的安全度中的最小值,分别按照临界温度和可燃气体爆炸极限定义的安全度可以表示为式(4-45)和式(4-46):

$$\varepsilon_t = \begin{cases} \dfrac{T^* - T}{T^* - T_0} & T_0 \leqslant T \leqslant T^* \\ 0 & T^* < T \end{cases} \tag{4-45}$$

$$\varepsilon_c = \begin{cases} (c - c_u)/(1 - c_u) & c_u \leqslant c, c_{o_2} \geqslant c_{o_2}' \\ (c_f - c)/c_f & c \leqslant c_f, c_{o_2} \geqslant c_{o_2}' \\ 0 & c_f < c < c_u, c_{o_2} \geqslant c_{o_2}' \\ 1 & c_{o_2} < c_{o_2}' \end{cases} \tag{4-46}$$

式中,$\varepsilon_t$ 为按照煤自燃、瓦斯燃爆临界温度定义的安全度;$\varepsilon_c$ 为按照可燃气体爆炸极限定义的安全度;$T$ 为抽采区域煤体氧化升温后的温度;$T_0$ 为抽采区域的初始环境温度;$T^*$ 为煤自燃、瓦斯燃爆临界温度;$c$ 为管路中的瓦斯浓度;$c_u$ 为瓦斯爆炸上限;$c_f$ 为瓦斯爆炸下限;$c_{o_2}$ 为氧气浓度;$c_{o_2}'$ 为失爆氧浓度。

因此,抽采安全度可按下式计算[20]:

$$\varepsilon = \min(\varepsilon_t, \varepsilon_c) \tag{4-47}$$

由式(4-45)~式(4-47)可知,抽采安全度为 0~1,且数值越大,表明瓦斯抽采越安全,0 和 1 分别对应最危险和最安全的状态。

2. 瓦斯抽采安全度多场耦合数学模型

做如下基本假设:

(1)煤层瓦斯吸附过程符合广义 Langmuir 等温吸附方程;

（2）将瓦斯和空气视为理想气体，符合理想气体状态方程，瓦斯和空气的动力黏度为常数；

（3）假设煤及煤中的气体传热瞬间完成，即满足局部热平衡假设；

（4）仅考虑瓦斯在煤中的吸附解吸过程，不考虑空气在煤中的吸附；

（5）假设钻孔内部密封严密，外界空气只能通过煤壁进入钻孔。

1）瓦斯-空气渗流方程

气体质量守恒方程为

$$\frac{\partial m_{\kappa}}{\partial t} + \nabla \cdot (\rho_{g_{\kappa}} q_{g_{\kappa}}) = 0 \tag{4-48}$$

式中，$\rho_{g_{\kappa}}$ 为气体的密度；$\kappa = 1, 2$，1 为瓦斯，2 为空气；$q_{g_{\kappa}}$ 为气体的渗流速度；$t$ 为时间；$m_{\kappa}$ 为 $\kappa$ 气体含量。

煤层瓦斯包括游离瓦斯和吸附瓦斯两部分，瓦斯含量 $m_1$ 可按下式计算：

$$m_1 = \rho_{g_1} \phi + \frac{\rho_{g_1}^{a} \rho_c V_L p_1}{p_1 + P_L} \tag{4-49}$$

式中，$\rho_{g_1}^{a}$ 为标准状况下的瓦斯密度；$\rho_c$ 为煤体密度；$p_1$ 为瓦斯压力；$\phi$ 为煤体孔隙率；$V_L$ 为 Langmuir 体积常数；$P_L$ 为 Langmuir 压力常数。

根据假设（1），不考虑空气在煤体中吸附，则煤体中空气含量 $m_2$ 计算公式为

$$m_2 = \rho_{g_2} \phi \tag{4-50}$$

理想气体密度 $\rho_{g_{\kappa}}$ 可表示为

$$\rho_{g_{\kappa}} = \frac{p_{\kappa} M_{g_{\kappa}}}{RT} \tag{4-51}$$

式中，$M_{g_{\kappa}}$ 为 $\kappa$ 气体的摩尔质量；$p_{\kappa}$ 为 $\kappa$ 气体的压力；$R$ 为气体摩尔常数；$T$ 为气体温度。

$q_{g_{\kappa}}$ 为气体的渗流速度，可按达西渗流公式计算：

$$q_{g_{\kappa}} = -\frac{k}{\mu_{\kappa}} \nabla (p_1 + p_2) \tag{4-52}$$

式中，$k$ 为煤体的渗透率；$\mu_{\kappa}$ 为 $\kappa$ 气体的动力黏度；$p_2$ 为空气压力。

联立式（4-48）～式（4-52）可得瓦斯-空气混合气体的渗流控制方程：

$$\begin{cases} \left[ \phi + \dfrac{\rho_c p_a V_L P_L}{(p_1 + P_L)^2} \right] \dfrac{\partial p_1}{\partial t} - \nabla \cdot \left[ \dfrac{k}{\mu_1} p_1 \nabla (p_1 + p_2) \right] = 0 \\ \phi \dfrac{\partial p_2}{\partial t} - \nabla \cdot \left[ \dfrac{k}{\mu_2} p_2 \nabla (p_1 + p_2) \right] = 0 \end{cases} \tag{4-53}$$

式中，$p_a$ 为标准大气压；$\rho_c$ 为煤密度。

2) 氧气对流扩散方程

多孔介质中氧气对流扩散方程为

$$\frac{\phi \partial c_{o_2}}{\partial t} + \nabla \cdot (-\phi D_{o_2} \nabla c_{o_2}) + \overline{q} \cdot \nabla c_{o_2} = w_{o_2} \tag{4-54}$$

式中，$c_{o_2}$ 为氧气浓度；$D_{o_2}$ 为氧气的扩散系数；$w_{o_2}$ 为煤体耗氧速度；$\overline{q}$ 为空气-瓦斯混合气体的渗流速度，可表示为

$$\overline{q} = -\frac{k}{\mu_m} \nabla (p_1 + p_2) \tag{4-55}$$

式中，$\mu_m$ 为瓦斯-空气混合气体动力黏度，可按下式计算：

$$\mu_m = \frac{\mu_1 p_1 M_{g_1}^{1/2} + \mu_2 p_2 M_{g_2}^{1/2}}{p_1 M_{g_1}^{1/2} + p_2 M_{g_2}^{1/2}} \tag{4-56}$$

方程(4-54)中耗氧速度 $w_{o_2}$ 与煤自燃倾向性、氧气浓度和温度等因素相关，根据文献[21]：

$$w_{o_2} = -\frac{c_{o_2}}{c_{o_2}^0} \gamma_0 e^{\alpha(T - T_r)} \tag{4-57}$$

式中，$c_{o_2}^0$ 为参考氧浓度；$\gamma_0$ 为体积耗氧速度常数；$\alpha$ 为氧化温度指数；$T_r$ 为参考温度。

3) 热量传输方程

根据假设(4)，煤与空气换热瞬间完成，满足局部热平衡假设，因此将煤和气体看作一种物质，建立热量传输方程：

$$C_{eq} \frac{\partial T}{\partial t} + \phi \rho_g C_{pg} \overline{q} \cdot \nabla T - \nabla \cdot (K_{eq} \nabla T) = -w_{o_2} Q_T \tag{4-58}$$

式中，$Q_T$ 为煤氧化过程中消耗单位摩尔氧气所产生的热量；$C_{eq}$ 为等效热容；$\rho_g$ 为气体密度；$C_{pg}$ 为混合气体热容；$K_{eq}$ 为等效热传导系数。

$C_{eq}$ 计算公式为

$$C_{eq} = (1-\phi)\rho_c C_{pc} + \phi\rho_g C_{pg} \tag{4-59}$$

式中，$C_{pc}$ 为煤的热容。

$K_{eq}$ 计算公式为

$$K_{eq} = (1-\phi)K_c + \phi K_g \tag{4-60}$$

式中，$K_c$ 为煤的热传导系数；$K_g$ 为气体的热传导系数。

联立式(4-48)、式(4-54)和式(4-58)可得包含瓦斯-空气混合气体渗流场、氧气对流扩散浓度场以及煤氧反应温度传输能量场的多场耦合偏微分方程组，通过求解该方程组可获得瓦斯浓度和温度分布，将其代入式(4-45)～式(4-47)，可确定抽采安全度。

3. 实例分析

山脚树矿是贵州盘江精煤股份有限公司的主力矿井，共有可采煤层 13 层，开采深度 400～800m，年产量较大，核定生产能力 100 万 t/a。但该矿瓦斯灾害较为严重，为煤与瓦斯突出矿井，煤瓦斯含量 9～12m³/t。该矿 12#煤层瓦斯压力为 0.8MPa 左右，煤厚 2.6～3.2m，采用顺层钻孔预抽煤层瓦斯，但受采动影响，钻孔周边存在大量漏风裂隙，钻孔瓦斯抽采浓度衰减速度快，瓦斯抽采存在安全隐患。这里采用该矿 12#煤层 21128 巷道的实际煤层顺层瓦斯抽采钻孔参数作为计算实例。钻孔直径 $d$=0.1m，抽采负压 $\Delta p$=15kPa，封孔长度 $h$=8m，巷道气压 $p_a$=0.1MPa。计算模型及边界条件如图 4-29 所示，模型参数取值如表 4-5 所示。

钻孔孔内对应的瓦斯分压力边界 $p_1(y)$ 和空气分压力边界 $p_2(y)$ 设定为

$$\begin{cases} p_1(y) = (p_a - \Delta p)\{1 - \exp[-0.5(y-h)]\} \\ p_2(y) = (p_a - \Delta p)\exp[-0.5(y-h)] \end{cases} \tag{4-61}$$

式中，$h$ 为距离煤壁的深度。

因巷道开挖造成的巷道壁面附近松动卸压区内渗透率较高，根据 Louis[22] 提出的渗透率公式，假设煤体渗透率随距巷道壁面距离 $y$ 的变化关系为

$$k = k_0 e^{\beta(b-y)} \tag{4-62}$$

式中，$k_0$ 为煤层原始渗透率；$b$ 为松动卸压区宽度；$\beta$ 为沿钻孔轴向向巷道煤壁方向扰动卸压区渗透率增长系数。

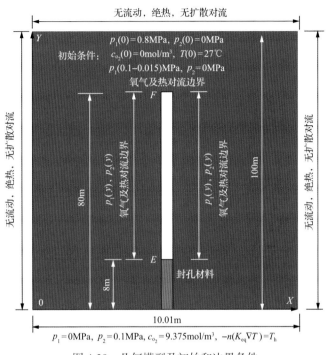

图 4-29　几何模型及初始和边界条件

$T_h$ 为风流与巷道壁面的对流换热量

表 4-5　模型参数取值

| 参数 | $\rho_c$ | $\rho_g$ | $\phi$ | $k_0$ | $C_{pg}$ | $C_{pc}$ | $M_{g1}$ | $\beta$ |
|---|---|---|---|---|---|---|---|---|
| 单位 | kg/m³ | kg/m³ | — | m² | J/(kg·K) | J/(kg·K) | kg/mol | — |
| 数值 | 1250 | 0.7 | 0.084 | $3.8 \times 10^{-16}$ | 1625 | 1260 | 0.016 | 1.2 |

| 参数 | $M_{g2}$ | $D_{o_2}$ | $Q_T$ | $\alpha$ | $c_{o_2}^0$ | $R$ | $h_T$ | $b$ |
|---|---|---|---|---|---|---|---|---|
| 单位 | kg/mol | m²/s | kJ/mol | ℃⁻¹ | mol/m³ | J/(mol·K) | W/(m²·K) | m |
| 数值 | 0.029 | $1.6 \times 10^{-4}$ | 330.3 | 0.0235 | 9.375 | 8.314 | 180 | 12 |

| 参数 | $\mu_1$ | $\mu_2$ | $\gamma_0$ | $K_c$ | $K_g$ | $P_L$ | $V_L$ | $T_w$ |
|---|---|---|---|---|---|---|---|---|
| 单位 | N·s/m² | N·s/m² | mol/(m³·h) | J/(m·s·K) | J/(m·s·K) | MPa | kg/m³ | ℃ |
| 数值 | $1.84 \times 10^{-5}$ | $1.79 \times 10^{-5}$ | 0.16 | 0.26 | 0.026 | 6.019 | 0.008 | 27 |

注：$T_w$ 为巷道空气温度；$h_T$ 为巷道空气与煤壁的对流换热系数

　　将瓦斯抽采浓度随时间变化的模拟结果与钻孔瓦斯抽采浓度的实测数据(钻孔 No.1、No.2)进行对比,结果如图 4-30 所示。

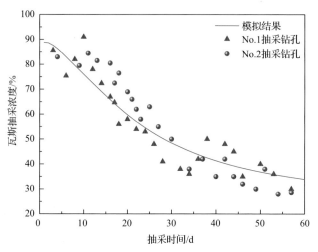

图 4-30　瓦斯抽采浓度模拟结果与实测数据对比

　　由图 4-30 可知,瓦斯抽采浓度的模拟结果与实测数据基本吻合,由此说明所建模型的正确性。此外根据模拟结果,抽采初期瓦斯浓度为 90%,抽采 60d 后模拟得出的瓦斯抽采浓度衰减至 35% 左右,瓦斯抽采浓度衰减速率在抽采前期较小,之后衰减速率变大,然而到抽采后期瓦斯抽采浓度衰减速率再次减小,这一规律也与现场实际测得的瓦斯抽采浓度变化规律相符。

　　取煤自燃临界温度为 70℃,瓦斯爆炸极限为 5%～16%,由于通常钻孔密封段与煤壁之间存在漏风,且实际煤矿现场还存在管路漏风,管路内氧气浓度一般高于失爆氧浓度(12%),因此本算例计算抽采管路安全度时未考虑管路内氧气浓度低于失爆氧浓度的情况。根据式(4-45)～式(4-47)计算抽采煤层区域内安全度的演化过程,结果如图 4-31 所示。

　　由图 4-31 可以看出,随抽采时间的延长,抽采区域煤体的安全度不断降低,30d 后整个抽采区域内的安全度最低值接近 0.54;距煤体壁面 0～0.5m 范围内因与巷道换热较快,其安全度较高。而在距煤体壁面 1～1.5m 范围内,形状类似以钻孔为短轴的椭圆形区域安全度最低,该区域内煤最易发生自燃;封孔段末端漏风速度较大,氧气在此处积聚,煤氧反应剧烈,封孔段末端安全度相对较低。

　　图 4-32 为瓦斯抽采安全度随时间变化规律。从图中可以看出,煤层瓦斯抽采安全度最小值随时间延长不断减小,且衰减速度变化较小,而抽采管路安全度初期衰减较慢,之后衰减速度加快,到抽采后期衰减速度再次变缓。

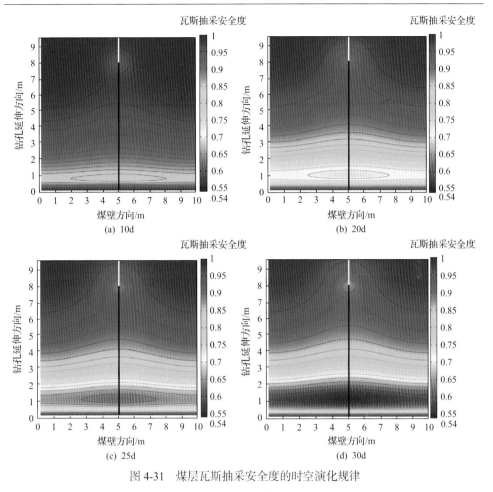

图 4-31　煤层瓦斯抽采安全度的时空演化规律

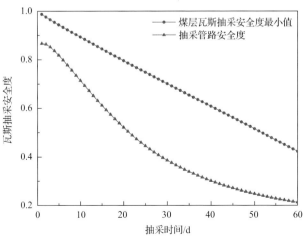

图 4-32　瓦斯抽采安全度随时间变化规律

4. 影响因素分析

大量的研究结果与现场经验均表明，抽采负压、封孔长度、卸压区渗透率、煤瓦斯吸附特性、煤自燃特性对瓦斯抽采影响巨大，因此针对上述几个方面对瓦斯抽采安全度的影响因素进行分析。

图4-33为不同抽采负压下瓦斯抽采安全度随时间变化规律。从图中可以看出，瓦斯抽采负压越大，煤层瓦斯抽采安全度最小值下降越迅速，抽采管路安全度也越小。这是因为抽采负压增大导致抽采钻孔漏风量增大，从而使瓦斯抽采浓度减小，并且为煤体自燃提供了良好的供氧条件。

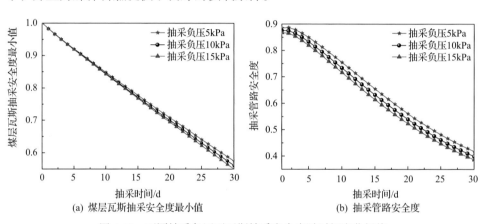

(a) 煤层瓦斯抽采安全度最小值　　　　(b) 抽采管路安全度

图4-33　不同抽采负压下瓦斯抽采安全度随时间变化规律

使表4-5中其他参数不变，分别考察封孔长度为 8m、8.5m、9m 和 9.5m 时瓦斯抽采安全度随时间变化规律。由图4-34可知，煤层瓦斯抽采安全度最小值变化曲线初期下降较快，之后下降速度变慢；封孔长度对瓦斯抽采安全度影响较大，

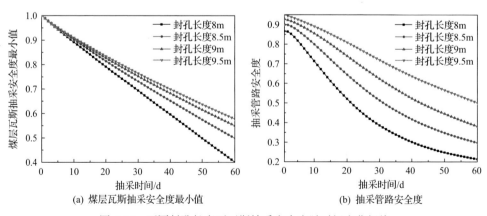

(a) 煤层瓦斯抽采安全度最小值　　　　(b) 抽采管路安全度

图4-34　不同封孔长度下瓦斯抽采安全度随时间变化规律

随封孔长度增加，煤层瓦斯抽采安全度最小值及抽采管路安全度衰减速度明显变慢。这是因为封孔长度增加使漏风阻力大幅增大，从而抑制了钻孔漏风，使抽采安全度衰减速度变缓。

式(4-62)中卸压区渗透率增长系数 $\beta$ 越大，则卸压区渗透率相比煤层原始渗透率的增长幅度越大。由图 4-35 可知，$\beta$ 越大，抽采安全度下降越迅速。这是因为 $\beta$ 增大，对应的卸压区平均渗透率增大，在抽采负压的作用下外界空气更易导入抽采钻孔。因此，当受扰动影响造成巷道卸压区存在大量裂隙，渗透率大幅增加时，应考虑对孔外漏风裂隙进行封堵，降低卸压区渗透率。

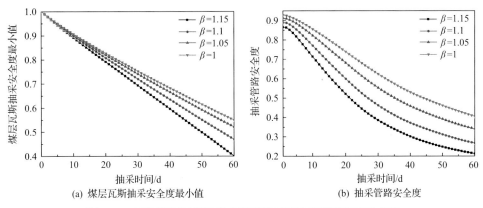

图 4-35 不同卸压区渗透率下瓦斯抽采安全度随时间变化规律

图 4-36 为在其余条件不变的情况下，不同吸附常数下瓦斯抽采安全度随时间变化规律。由式(4-49)可知，Langmuir 体积常数 $V_L$ 及压力常数 $P_L$ 反映了煤体的瓦斯吸附特性，$P_L$ 越小，$V_L$ 越大，相同压力下煤体吸附的瓦斯含量越多。由图 4-36 可知，不同体积常数或压力常数对应的初始抽采安全度基本相同，但 $P_L$ 越小，$V_L$ 越大，抽采安全度衰减越缓慢，因为吸附常数 $P_L$ 减小，$V_L$ 增大，煤层

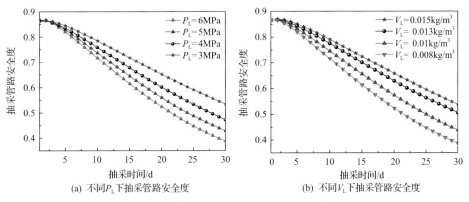

图 4-36 不同吸附常数下瓦斯抽采安全度随时间变化规律

瓦斯含量随之增大，钻孔抽采纯瓦斯流量随时间衰减变慢，从而减缓了抽采安全度的衰减。

　　体积耗氧速度常数 $\gamma_0$ 和单位摩尔耗氧生热量 $Q_T$ 反映了煤自身的自燃倾向性，$\gamma_0$ 和 $Q_T$ 越大，煤越易自燃[12]。由图 4-37 可知，$\gamma_0$ 和 $Q_T$ 增加，抽采安全度衰减速度加快，抽采安全度的下降速度与 $\gamma_0$ 及 $Q_T$ 成正比。因此，对于易自然发火的煤层更需关注瓦斯抽采的安全性，可通过在煤体中注入阻化剂，减小体积耗氧速度常数和单位摩尔耗氧生热量，从而避免瓦斯抽采引发煤自燃事故。

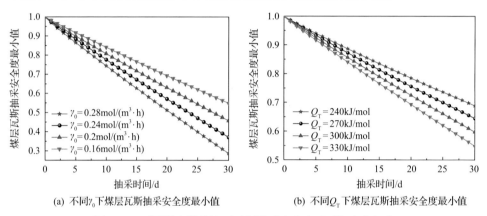

(a) 不同 $\gamma_0$ 下煤层瓦斯抽采安全度最小值　　　(b) 不同 $Q_T$ 下煤层瓦斯抽采安全度最小值

图 4-37　不同煤自燃特性下瓦斯抽采安全度随时间变化规律

### 4.3.2　煤层瓦斯抽采效率准则

1. 瓦斯抽采效率的定义与基本概念

1) 瓦斯抽采效率的定义

瓦斯抽采效率定义为在满足安全准则条件下实际产出投入比与理想产出投入比的比值。瓦斯抽采效率的定义式为

$$\psi = \frac{w_r}{w_i} \tag{4-63}$$

式中，$\psi$ 为瓦斯抽采效率；$w_r$ 和 $w_i$ 分别为实际产出投入比与理想产出投入比。之所以将瓦斯抽采效率表达式限制在满足安全准则的条件下，是因为瓦斯抽采的首要任务是保证安全生产，在保证安全生产的基础上，提高瓦斯抽采效率才有意义。

2) 实际产出投入比 $w_r$

将单孔瓦斯抽采流量 $q$ 作为产出。在实际瓦斯抽采效率的计算中，单孔瓦斯抽采流量 $q$ 可以测出，根据文献[23]：$q$ 可以表示为 $q = q(r, R, l, \lambda, p_0, p_1, \beta_{cr}, t)$。

式中，$r$ 和 $l$ 分别为钻孔半径和长度；$R$ 为初始抽采时保持原始瓦斯压力区域的圆形边界半径；$\lambda$ 为煤层透气性系数；$p_0$ 和 $p_1$ 分别为煤层原始瓦斯压力和钻孔中的瓦斯压力；$\beta_{cr}$ 为抽采时瓦斯流量的实际衰减系数；$t$ 为抽采时间。图 4-38 为瓦斯抽采示意图。

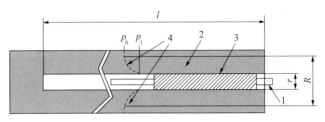

图 4-38　瓦斯抽采示意图

1-抽采管路；2-煤层；3-封孔材料；4-气体压力分布曲线

将单孔工程投入 $c$ 作为总投入。实际中，后期钻孔的维护成本远小于初始钻孔施工成本，因此将单孔施工的成本作为投入，单位为千元，该投入为一次性投入，与抽采时间无关。投入的计算很复杂，涉及很多方面，这里将其假设为 $c=c(r,l)$，由此可得实际产出投入比 $w_r$ 的计算式为

$$w_{\mathrm{r}} = \frac{q(r,R,l,\lambda,p_0,p_1,\beta_{\mathrm{cr}},t)}{c(r,l)} \tag{4-64}$$

3) 理想产出投入比 $w_i$

在瓦斯抽采效率的实际计算中，理想产出投入比应该作为标准的参考值，通过大量不同条件的煤矿做实验，尽量采取目前最好的抽采工艺进行抽采，最后总结出不同条件煤层的理想产出投入比，并作为标准值以供参考。理想产出投入比与反映瓦斯抽采难易程度的 $\lambda$ 和 $\beta$ 密切相关，并且随时间延长而衰减，一定条件下，为达到理想产出投入比而采用的工艺参数 $(r,l,p_1)$ 是固定不变的，因此理想产出投入比的函数式中不含 $r$、$l$ 和 $p_1$。综上所述，将理想产出投入比 $w_i$ 表示为

$$w_{\mathrm{i}} = w_{\mathrm{i}}(\lambda,\beta,\beta_{\mathrm{ci}},p_0,t) \tag{4-65}$$

式中，$\beta_{ci}$ 为抽采时瓦斯流量的理想衰减系数；$\beta$ 为自然涌出时瓦斯流量衰减系数。

结合式(4-63)～式(4-65)，瓦斯抽采效率的定义式为

$$\psi = \frac{q(r,R,l,\lambda,p_0,p_1,\beta_{\mathrm{cr}},t)}{c(r,l)w_{\mathrm{i}}(\lambda,\beta,\beta_{\mathrm{ci}},p_0,t)} \tag{4-66}$$

2. 瓦斯抽采效率计算模型

单孔瓦斯抽采量 $q = q(r, R, l, \lambda, p_0, p_1, \beta_{cr}, t)$，单孔工程投入 $c = c(r, l)$，理想产出投入比 $w_i = w_i(\lambda, \beta, \beta_{cr}, p_0, t)$。以上函数的理论推导极为复杂，很难得到切合工程实际的准确的计算式，在实际计算瓦斯抽采效率时，这些量均应根据实际测量或实验结果确定，下面在假设的基础上进行推导。

由于初始阶段瓦斯抽采的时间很短，假设这时的瓦斯流动是在均质煤层中的径向稳定流动，根据文献[17]，则初始瓦斯抽采量 $q_0$ 的计算可表示为

$$q_0 = 2\pi l \lambda \frac{p_0^2 - p_1^2}{\ln \dfrac{R}{r}} \tag{4-67}$$

假设瓦斯抽采量随时间的变化呈负指数形式的衰减，则实际瓦斯抽采量 $q$ 的表达式为

$$q = 2\pi l \lambda \frac{p_0^2 - p_1^2}{\ln \dfrac{R}{r}} e^{-\beta_{cr} t} \tag{4-68}$$

假设总投入与钻孔半径和钻孔长度的幂函数成正比。由于实际中钻孔半径或钻孔长度达到一定值后，若想再增加钻孔半径或钻孔长度，就必须更新设备与技术，投入会增加很多，所以本书认为总投入是钻孔半径和钻孔长度的分段函数，即钻孔半径和钻孔长度在不同的区间变化时，总投入与它们的函数关系不同。在不同的分段内，钻孔半径和钻孔长度的幂指数大小会变化，由此可得总投入表达式为

$$c = \begin{cases} Cr^{x_1} l^{y_1} & r_0 < r \leqslant r_1, l_0 < l \leqslant l_1 \\ Cr^{x_2} l^{y_2} & r_1 < r \leqslant r_2, l_1 < l \leqslant l_2 \\ \cdots\cdots \end{cases} \tag{4-69}$$

式中，$C$ 为常系数；$r_0$、$r_1$、$r_2$ 和 $l_0$、$l_1$、$l_2$ 分别为对钻孔半径 $r$ 和钻孔长度 $l$ 的分段区间；$x_1$、$x_2$、$y_1$、$y_2$ 分别为该分段区间内的幂指数。

理想产出投入比与抽采的难易程度相关，与实际产出投入比类似，随时间延长呈负指数规律衰减，表达式为

$$w_i = w_{i0}(\lambda, \beta, p_0) e^{-\beta_{ci} t} \tag{4-70}$$

式中，$w_{i0}$ 为初始理想产出投入比。

因此，将式(4-64)～式(4-70)代入式(4-63)中得瓦斯抽采效率为

$$\psi = 2\pi\lambda l^{1-y_n} \frac{p_0^2 - p_1^2}{Cr^{x_m} \ln\dfrac{R}{r} w_{i0}(\lambda, \beta, p_0)} e^{(\beta_{ci} - \beta_{cr})t} \tag{4-71}$$

式(4-71)为分段函数，下标 $m$、$n$ 为不同分段区间，$x_m$、$y_n$ 表示该分段区间内的幂指数。

由于总投入的表达式为分段函数，式(4-71)中 $x_m$ 和 $y_n$ 随 $l$ 和 $r$ 的不同会有变化。

由式(4-71)可得初始瓦斯抽采效率 $\psi_0$ 为

$$\psi_0 = 2\pi\lambda l^{1-y_n} \frac{p_0^2 - p_1^2}{Cr^{x_m} \ln\dfrac{R}{r} w_{i0}(\lambda, \beta, p_0)} \tag{4-72}$$

初始实际产出投入比 $w_{r0}$ 为

$$w_{r0} = \frac{2\pi\lambda l^{1-y_n} (p_0^2 - p_1^2)}{Cr^{x_m} \ln\dfrac{R}{r}} \tag{4-73}$$

$w_r$ 随时间不断衰减，$w_{r0}$ 是衰减前的初始值，$w_r$ 的大小由初始值 $w_{r0}$ 和衰减系数 $\beta_{cr}$ 共同决定，在不考虑 $w_r$ 的衰减特性时，$w_{r0}$ 可以代表 $w_r$，同理，不考虑衰减特性时，$w_{i0}$ 可以代表 $w_i$，$\psi_0$ 可以代表 $\psi$。

### 3. 实例分析

1) 煤层瓦斯抽采难易程度

由于不同煤层的抽采难易程度不同，因此不同煤层的初始理想产出投入比 $w_{i0}(r, l, \lambda, \beta)$ 也不同，假设在两个开采难易程度不同的煤层进行瓦斯抽采，两个抽采工程及煤层的相关参数如表 4-6 所示。

表 4-6　难抽采与可抽采煤层瓦斯抽采工程参数

| 参数 | $r$/mm | $l$/m | $R_0$/mm | $p_0$/MPa | $P_i$/kPa |
|---|---|---|---|---|---|
| 数值 | 30 | 120 | 60 | 0.8 | −13 |

| 参数 | $\lambda/[\text{m}^2/(\text{MPa}^2 \cdot \text{d})]$ | $\beta_{ci}$ | $\beta_{cr}$ | $C/(\text{千元}/\text{m}^{x_m+y_n})$ | $w_{i0}/[(\text{m}^2/\text{d})/\text{千元}]$ |
|---|---|---|---|---|---|
| 数值 | 0.03(难抽采)/0.2(可抽采) | 0.002 | 0.008 | 0.25 | 57(难抽采)/447(可抽采) |

由表 4-6 可知，难抽采与可抽采煤层除 $\lambda$ 和 $w_{i0}$ 不同外，其他参数均相同，将

以上数据代入式(4-73)，并令式中 $x_m=2$，$y_n=0.8$，得难抽采煤层的 $w_{r0}$ 为 49 $(m^3/d)$ /千元，而可抽采煤层的 $w_{r0}$ 为 326 $(m^3/d)$ /千元，可抽采煤层的 $w_{r0}$ 远大于难抽采煤层的 $w_{r0}$，然而由于可抽采煤层的 $w_{i0}$ 同样远大于难抽采煤层的 $w_{i0}$，所以由式(4-72)计算得，可抽采煤层初始瓦斯抽采效率 $\psi_0$ 为 73%，而难抽采煤层的 $\psi_0$ 较大，为 85%。由此说明，这种情况下，难抽采煤层的瓦斯抽采工程更优。上面的例子说明，采用瓦斯抽采效率可以科学地评价不同条件煤层的抽采工程，避免了用同一绝对指标进行评价而产生的不合理性。需要说明，$\lambda$ 和 $\beta$ 代表瓦斯抽采难易程度，它们并不影响瓦斯抽采效率 $\psi$，瓦斯抽采效率 $\psi$ 由瓦斯抽采工程自身决定。

2)抽采的产出与投入

假设式(4-73)中的 $y_n$ 随 $l$ 的变化关系式如下：

$$y_n = \begin{cases} 0.8 & 110 < l \leqslant 120 \\ 0.85 & 120 < l \leqslant 130 \\ 1 & 130 < l \leqslant 140 \\ 1.1 & 140 < l \leqslant 150 \end{cases} \tag{4-74}$$

式(4-73)中其他参量的数值均与表 4-6 中的难抽采煤层相同，并令 $x_m=2$，将数值代入式(4-73)，得初始实际产出投入比 $w_{r0}$ 随钻孔长度 $l$ 的变化关系如图 4-39 所示。

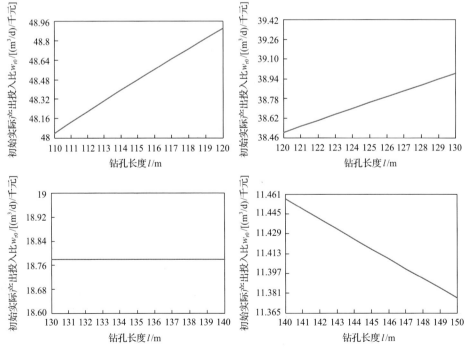

图 4-39　初始实际产出投入比 $w_{r0}$ 随钻孔长度 $l$ 的变化关系图

由图 4-39 可以看出，当 $l$ 处在不同的数值范围内时，$w_{r0}$ 随 $l$ 的变化关系不同。当 $l$ 在 110～120m 范围内时，$w_{r0}$ 随 $l$ 的增大而大幅增大；当 $l$ 在 120～130m 范围内时，$w_{r0}$ 增大的趋势减缓；当 $l$ 在 130～140m 范围内时，$w_{r0}$ 不随 $l$ 的变化而变化；当 $l$ 在 140～150m 范围内时，$w_{r0}$ 随 $l$ 的增大反而减小。

由此可见，当 $l$ 太大或太小时，初始实际产出投入比 $w_{r0}$ 较小，这是因为当 $l$ 减小时，产出减小，可能使 $w_{r0}$ 减小；而当 $l$ 增大时，投入增大，同样可能导致 $w_{r0}$ 减小，这样就存在一个最优钻孔长度 $l$，它会使 $w_{r0}$ 达到最大，上面所举例子中最优钻孔长度为 120m。以上从抽采效率的角度研究问题，给予我们的启示是：不能通过盲目增加投入来提高抽采量，而应综合考虑产出与投入，积极寻求低投入高产出的技术途径，切实提高瓦斯抽采效率，而不仅仅是瓦斯抽采率。

3）瓦斯抽采效率衰减特性

产出投入比的衰减是由抽采流量的衰减造成的，因此产出投入比的衰减系数与抽采流量的衰减系数相同。按照表 4-6 中难抽采煤层的抽采参数，绘出 $w_r$ 和 $w_i$ 随 $t$ 的变化趋势如图 4-40 所示，$\psi$ 随 $t$ 的变化趋势如图 4-41 所示。

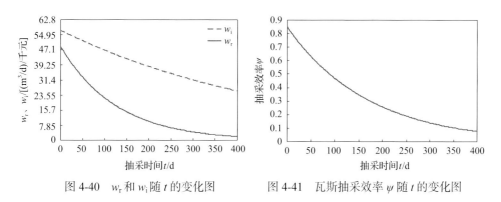

图 4-40　$w_r$ 和 $w_i$ 随 $t$ 的变化图　　　图 4-41　瓦斯抽采效率 $\psi$ 随 $t$ 的变化图

由图 4-40 可知，$w_i$ 和 $w_r$ 均随 $t$ 延长而衰减，且 $w_i$ 的衰减比 $w_r$ 的衰减缓慢。由此可见，我们不能仅根据实际的瓦斯抽采量来评价钻孔的优劣，不能认为实际瓦斯抽采量衰减到较小值后，该钻孔的抽采质量一定变得很差，而应同时考察实际抽采量与理想抽采量的衰减情况。由图 4-41 可知，由于 $w_r$ 比 $w_i$ 衰减得快，所以 $\psi$ 随 $t$ 的延长也衰减。

4）影响因素分析

下面举例说明与 $\psi$ 与 $l$ 的关系。采用式(4-74)$y_n$ 随 $l$ 的变化关系，除 $l$ 外，其他参数取值与表 4-6 相同，$l$ 在 111～130m 范围内取不同值时，初始抽采效率 $\psi_0$ 的数值如表 4-7 所示。

表 4-7　$l$ 取不同值时初始 $\psi_0$ 的数值

| $l/m$ | 111 | 112 | 113 | 114 | 115 | 116 | 117 | 118 | 119 | 120 |
|---|---|---|---|---|---|---|---|---|---|---|
| $\psi_0$ | 0.8406 | 0.8421 | 0.8436 | 0.8451 | 0.8465 | 0.848 | 0.8495 | 0.8509 | 0.8524 | 0.8538 |
| $l/m$ | 121 | 122 | 123 | 124 | 125 | 126 | 127 | 128 | 129 | 130 |
| $\psi_0$ | 0.6729 | 0.6737 | 0.6745 | 0.6753 | 0.6762 | 0.677 | 0.6778 | 0.6786 | 0.6794 | 0.6801 |

由表 4-7 可知，$l$ 在 111~120m 和 121~130m 范围内变化时，$\psi_0$ 随 $l$ 的增加而增加，但当 $l$ 从 120m 变为 121m 时，$\psi_0$ 突然减小，这是因为根据式 (4-74) 所列的 $y_n$ 随 $l$ 的分段变化式的含义，旧的钻孔机械和技术所能达到的最大 $l$ 为 120m，若要延长 $l$ 则必须采用新的钻孔机械和技术，这样钻孔的成本大幅增加，从而导致 $\psi_0$ 减小。但以上的例子并不能说明，采用新的钻孔工艺一定是不合算的，因为由表 4-7 可知，当 $l$ 大于 121m 后，$\psi_0$ 依然随 $l$ 的增加而增加，当 $l$ 增加到某值时，与其对应的 $\psi_0$ 可能大于 $l$ 为 120m 时的 $\psi_0$，这种情况下采用新的抽采工艺就是经济合理的。

令 $r$ 在 20~40mm 范围内变化，并使式 (4-75) 中 $x_m$=1.9、$y_n$=0.8，其余参数值与表 4-6 相同，$\psi_0$ 随 $r$ 的变化趋势如图 4-42 所示。

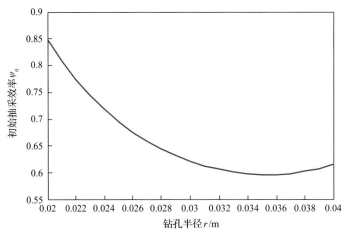

图 4-42　$\psi_0$ 随 $r$ 的变化趋势图

从图 4-42 可以看出，$\psi_0$ 随 $r$ 的增大先减小后增大，这是因为抽采投入和产出均随 $r$ 的增大而增大，前期抽采投入的增长大于产出的增长，导致 $\psi_0$ 减小，而后期产出的增长大于投入的增长，导致 $\psi_0$ 增大。

钻孔的封孔质量直接影响抽采时瓦斯的实际衰减系数 $\beta_{cr}$，封孔质量越好，$\beta_{cr}$ 越小，计算得出 $\beta_{cr}$ 在 0.003~0.008 取不同数值时，$\psi$ 随 $t$ 的变化函数式 (4-66) 中其他参数值与表 4-6 中难抽采煤层相同。$\beta_{cr}$ 取值不同时，$\psi$ 随 $t$ 的变化趋势如图 4-43 所示。

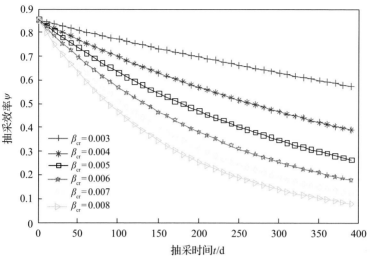

图 4-43　$\beta_{cr}$ 取值不同时 $\psi$ 随 $t$ 的变化趋势图

由图 4-43 可知，$\beta_{cr}$ 越大，$\psi$ 衰减越明显，因此可以通过改善封孔质量等因素来减小 $\beta_{cr}$，从而减缓 $\psi$ 随 $t$ 的衰减。

## 4.4　地面采动钻井高效抽采技术

地面采动钻井是指从地面施工至开采煤层顶板(或穿过开采煤层)的钻井，利用地面泵站的负压作用，将采空区瓦斯和邻近煤岩层卸压瓦斯通过采动裂隙和井孔抽采至地面，如图 4-44 所示。该类钻井一般布置在矿区的回采区域，且在工作面回采前进行预先施工。与井下瓦斯抽采工程相比，地面采动钻井抽采瓦斯具有

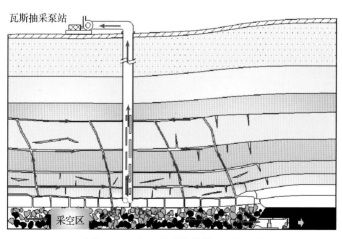

图 4-44　地面采动钻井抽采原理图

三方面的优势：①钻井施工及抽采工作不受矿井巷道条件的影响，可根据需要选择钻井的施工时间和地点，不干扰正常生产秩序且施工危险性低；②在地面可采用大型钻机设备施工地面钻井，所以钻井孔径较大，产气量大；③地面瓦斯抽采工作便于管理，安全高效。

煤岩层采动裂隙是瓦斯解吸与流动的活跃区。基于煤层开采的卸压增透效应，地面采动钻井可大流量、高浓度地抽采瓦斯，因此钻井抽采卸压瓦斯已成为目前我国地面开发煤矿瓦斯的主要策略。淮南、铁法、淮北和呼鲁斯太等煤层渗透率低的矿区开展了采动条件下钻井抽采卸压瓦斯的工业性试验，取得了一定的瓦斯抽采效果[24]，其中地面垂直钻井是我国瓦斯抽采工程中最常用的钻井形式。

在地面采动钻井抽采卸压瓦斯技术的基础上，作者提出了地面钻井控制单一煤层卸压瓦斯流场、地面钻井抽采被保护层卸压瓦斯消突的两种模式，具有可靠性强、效率高和安全性好的特点，取得了显著的工程应用效果。

### 4.4.1　地面钻井控制单一煤层卸压瓦斯流场模式

1. 钻井抽采作用下采空区流场分布规律

通过与井下采空区瓦斯抽采时的采空区流场对比，可分析得到钻井抽采作用下采空区流场分布规律。在采空区瓦斯井下抽采技术中，上隅角埋管抽采方法应用最广泛，因此选取该技术代表采空区瓦斯井下抽采技术。上隅角埋管是布置在工作面上隅角的管子，其吸气口位于采空区内。埋管的吸气口距工作面 10～20m时，可以达到最佳的瓦斯涌出控制效果。为了使埋管一直处于最佳抽采状态，吸气口必须随工作面推进而不断向前移动，因此可假设埋管的吸气口距工作面的距离是固定的。此外，地面钻井的位置是固定的，而工作面不断向前推进，因此其与工作面的间距不断增大。

采空区的几何模型、地面钻井和上隅角埋管的布置见图 4-45。地面钻井和上隅角埋管的抽采流量分别为 $Q_{c1}$ 和 $Q_{c2}$。作者基于采空区渗透率演化方程、采空区气体流动的连续性方程、动量方程和采空区瓦斯浓度的质量守恒方程，建立了采空区瓦斯流动数学模型[25]。由于采空区瓦斯流动数学模型为复杂的偏微分方程组，因此采用 COMSOL Multiphysics 仿真软件对该数学模型进行求解，以研究不同抽采条件下采空区瓦斯的流动特性。数值计算模型参数见表 4-8。

在该数值计算模型中，$ab$ 段的边界条件为：$P=(L_1-y)R'Q^2$，$bc$ 段、$cd$ 段和 $da$ 段的边界条件均为：$v_g=0$。此外，当计算无抽采条件下采空区瓦斯流场时，$Q_{c1}=0\text{m}^3/\text{min}$，$Q_{c2}=0\text{m}^3/\text{min}$。当计算上隅角抽采条件下采空区瓦斯流场时，$Q_{c1}=0\text{m}^3/\text{min}$，$Q_{c2}=100\text{m}^3/\text{min}$。当计算地面钻井抽采条件下采空区瓦斯流场时，$Q_{c1}=25\text{m}^3/\text{min}$，$Q_{c2}=0\text{m}^3/\text{min}$。

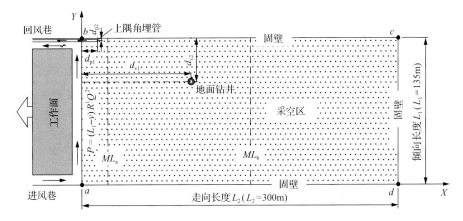

图 4-45　地面钻井与上隅角布置图

**表 4-8　数值计算模型参数**

| 参数 | 数值 | 参数 | 数值 |
|---|---|---|---|
| 采空区倾向长度($L_1$，m) | 135 | 采空区走向长度($L_2$，m) | 300 |
| 初冒碎胀系数($K_{P,max}$) | 1.5 | 压实碎胀系数($K_{P,min}$) | 1.15 |
| 碎胀系数距离固壁的衰减率($a_0$) | 0.0368 | 碎胀系数距离工作面的衰减率($a_1$) | 0.268 |
| 调整系数($\xi_1$) | 0.233 | 气体密度($\rho$，kg/m³) | 1.1 |
| 气体动力黏度($\mu$，Pa·s) | $1.84\times10^{-5}$ | 气体常数[$R$，J/(mol·K)] | 8.314 |
| 瓦斯的分子扩散系数($D_a$，m²/s) | $2\times10^{-5}$ | 多孔介质的颗粒直径($d_p$，m) | 0.04 |
| 采空区气体温度($T_g$，K) | 293 | 多孔介质曲折度($f$) | 0.3 |
| 气体纵向弥散度($\alpha_L$) | 5 | 气体横向弥散度($\alpha_T$) | 1.5 |
| 工作面风量($Q$，m³/min) | 1200 | 风阻[$R'$，(N·s²)/m⁸] | 0.0027 |
| 上隅角埋管吸气口距工作面距离($d_{p1}$，m) | 15 | 上隅角埋管吸气口距回风侧固壁距离($d_{p2}$，m) | 1 |
| 地面钻井距工作面距离($d_{v1}$，m) | 变量 | 地面钻井距回风侧固壁距离($d_{v2}$，m) | 变量 |
| 地面钻井抽采流量($Q_{c1}$，m³/min) | 25 | 上隅角埋管抽采流量($Q_{c2}$，m³/min) | 100 |
| 地面钻井吸气口断面直径($D_1$，mm) | 150 | 上隅角埋管吸气口断面直径($D_2$，mm) | 200 |
| 遗煤解吸瓦斯初始涌出流量[$q_0$，L/(m²·h)] | 13.73 | 遗煤解吸瓦斯涌出量衰减率($\beta$，d$^{-1}$) | 0.076 |
| 下部邻近煤层瓦斯涌出流量[$q_1$，L/(m²·h)] | 7.5 | | |

　　采空区无抽采措施、上隅角埋管和地面钻井($d_{v1}$=45m，$d_{v2}$=40m；$d_{v1}$=105m，$d_{v2}$=40m)抽采条件下，采空区中的气体压力分布见图 4-46，瓦斯浓度和气体流场分布见图 4-47。

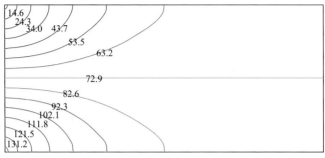

(a) 无抽采措施

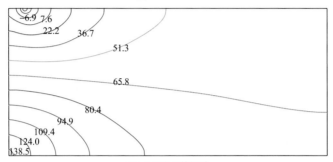

(b) 上隅角埋管抽采

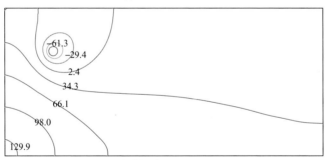

(c) 地面钻井抽采($d_{v1}$=45m，$d_{v2}$=40m)

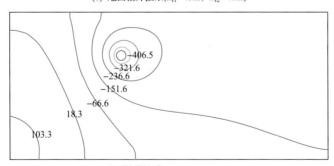

(d) 地面钻井抽采($d_{v1}$=105m，$d_{v2}$=40m)

图 4-46　采空区内的气体压力分布

图中数字表示相对静压，单位为 Pa

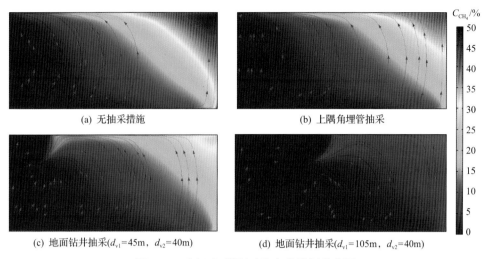

(a) 无抽采措施　　　　　　　　　　　(b) 上隅角埋管抽采

(c) 地面钻井抽采($d_{v1}$=45m，$d_{v2}$=40m)　　　(d) 地面钻井抽采($d_{v1}$=105m，$d_{v2}$=40m)

图 4-47　采空区瓦斯浓度与气体流场分布图

采空区中气体流动速度可分解为走向分速度和倾向分速度，其中走向分速度与回采工作面垂直。本书中规定走向分速度正值"+"表示采空区中气体向远离工作面方向流动，负值"−"表示气体向工作面方向流动。为了表征工作面附近区域的采空区气体和采空区深部气体的流动状态，选择了与回采工作面平行的两条倾向线作为监测线，其中监测线 $ML_a$ 和 $ML_b$ 分别距回采工作面 25m 和 160m，见图 4-45。采空区无抽采措施、上隅角埋管和距工作面不同距离的地面钻井（$d_{v2}$=40m）抽采条件下，监测线 $ML_a$ 和 $ML_b$ 上的气流走向分速度见图 4-48，监测线 $ML_a$ 上的瓦斯浓度见图 4-49。为便于表述，在有地面钻井条件下，以钻井为中心，将采空区划分为 4 个区，如图 4-50 所示。

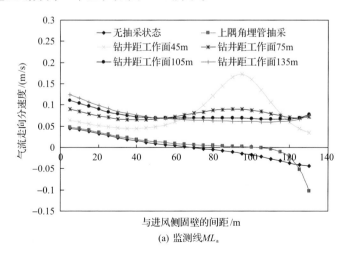

(a) 监测线 $ML_a$

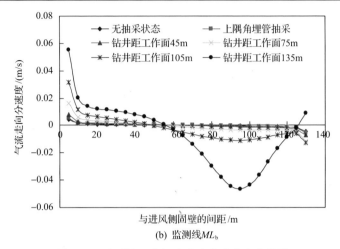

(b) 监测线$ML_b$

图 4-48　监测线上的气流走向分速度变化曲线

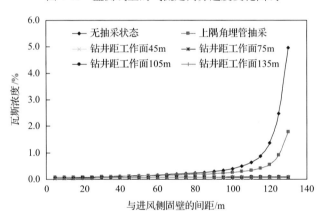

图 4-49　监测线 $ML_a$ 上的瓦斯浓度变化曲线

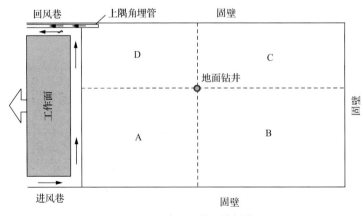

图 4-50　采空区的区域划分

由图 4-46～图 4-50,可得到如下结论:

(1)采空区无抽采或上隅角埋管抽采两种条件下,采空区中的气压分布和气体流动状态基本一致;最低气压点均位于工作面上隅角附近区域,在压差作用下,采空区中大部分气体从 A 和 B 区域流向 C 和 D 区域,并最终从上隅角流向工作面。

(2)不同位置的钻井抽采条件下,采空区中的气压分布和气体流动状态基本一致;最低气压点均位于钻井区域,采空区中的大部分气体在压差作用下向钻井方向流动。

(3)在沿倾向方向上,距 $x$ 轴 70～125m 基本是钻井抽采控制作用最强的区域;在该区域内,监测线与钻井的间距越大,其走向分速度越小,但是走向分速度的方向未改变。例如,监测线 $ML_a$ 与钻井的间距分别为 20m 和 80m 时,D 区域中监测线 $ML_a$ 上的最大走向分速度分别是 0.172m/s 和 0.069m/s。上述分析说明,钻井抽采对距钻井较远区域气体的控制作用依然有效,但控制强度大幅度降低,因此随着工作面的推进,钻井抽采对 D 区域瓦斯运移的控制作用降低。

(4)采空区无抽采或上隅角埋管抽采条件下,D 区域中的瓦斯浓度较高(2%～5%),而钻井抽采时,该区域中的瓦斯浓度大幅度降低,约为 0.2%。

2. 钻井抽采控制卸压瓦斯流场模式主要特点

1)钻井抽采对采动区流场的控制机理

地面钻井与采空区瓦斯井下抽采技术的负压点与回采工作面的相对位置不同,因此采空区内气体压力分布不同(图 4-46),导致气体流动和瓦斯浓度分布也有很大差异。根据图 4-47 和图 4-48,在不同抽采条件下,采空区 4 个区域中大部分气体的流动方向见表 4-9。

**表 4-9　采空区各区域中大部分气体的流动方向**

| 抽采状态 | A 区域 | B 区域 | C 区域 | D 区域 |
|---|---|---|---|---|
| 无抽采或上隅角埋管抽采 | 远离工作面方向 | 远离工作面方向 | 工作面方向 | 工作面方向 |
| 地面钻井抽采 | 远离工作面方向 | 工作面方向 | 工作面方向 | 远离工作面方向 |

在采空区无抽采或上隅角埋管抽采条件下,D 区域中的气体向工作面方向流动,导致大量瓦斯涌向工作面。与无抽采或上隅角埋管抽采相比,地面钻井在采空区的抽采负压点大多时候距工作面超过 50m。因此当钻井抽采时,在采空区深部抽采负压点的作用下,D 区域中的气体向远离工作面方向(钻井区域)流动(图 4-51),并经钻井抽采至地面。由于地面钻井抽采,工作面附近区域(D 区域)中的瓦斯流动方向由流向工作面转变为远离工作面,这种转变即定义为钻井抽采

的"反向转流效应"。钻井抽采对工作面附近区域采空区瓦斯的"反向转流效应"，可使工作面附近区域采空区瓦斯量减少，瓦斯浓度大幅度降低(图4-49)，减少了工作面瓦斯涌出。

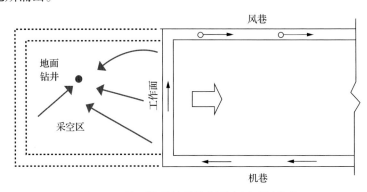

图 4-51　地面钻井抽采控制采空区瓦斯技术

此外，在采空区无抽采或上隅角埋管抽采条件下，B区域和C区域中的瓦斯通过D区域流向回采工作面。而钻井抽采时，B区域和C区域的气体流向钻井位置，并被钻井抽出。由于钻井的抽采，采空区深部瓦斯由从上隅角涌出到生产空间转变为在向生产空间流动的过程中被钻井抽采至地面，这种转变即定义为钻井抽采的"截流效应"。钻井抽采对采空区深部瓦斯的"截流效应"，可以抽出大量的采空区深部瓦斯，既提高了抽采采空区瓦斯的能力，又阻止了采空区深部大部分气体(瓦斯)涌向回采工作面。

2) 地面采动钻井抽采的技术优势

由于钻井位置是固定的，因此随着工作面的推进，钻井抽采形成的负压点与工作面的间距不断变大，即钻井抽采负压点位于采空区深部，这是钻井抽采对工作面附近区域采空区瓦斯具有"反向转流效应"和对深部瓦斯具有"截流效应"的根本原因。钻井抽采独有的"反向转流效应"和"截流效应"，提升了钻井抽采采空区瓦斯的能力，并有效降低了采空区瓦斯涌出量，因此是钻井抽采更具有优势的主要原因。提高钻井抽采流量是增强"截流效应"和"反向转流效应"的主要途径。综上所述，与采空区瓦斯井下抽采技术相比，钻井抽采采空区瓦斯能力强，抽采时采空区瓦斯涌出量小，因此是采空区瓦斯抽采的首选技术。

3. 钻井控制单一煤层卸压瓦斯流场模式的工程应用

地面采动钻井抽采控制单一煤层卸压瓦斯流场模式在靖远、潞安等多个矿区进行了应用，钻井瓦斯抽采流量大、采空区瓦斯流场控制效果好，取得了显著的应用成效。本书以甘肃靖远煤电股份有限公司魏家地煤矿的应用为例，介绍该模式的应用成果。

　　魏家地煤矿是甘肃靖远煤电股份有限公司的骨干矿井，主要开采 1#煤层。东 102 工作面为东一采区首采工作面，布置在1#煤层中，其下部的 2#煤层和3#煤层均不可采。工作面走向长 920m，倾向长 135m，煤层平均厚度为 26.2m，可采平均厚度为 15.4m，煤层平均倾角为 13°。该工作面区域内煤层瓦斯压力高达 1.88MPa，原始瓦斯含量为 10.17m³/t。该煤层渗透性差，透气性系数仅为 $2.13×10^{-3}m^2/(MPa^2·d)$，因此在煤层开采前采用顺层钻孔抽采煤层瓦斯流量小、衰减快，抽采率低于 20%。

　　东 102 工作面采用综采放顶煤工艺开采，全部垮落法管理顶板，通风方式为"U"形通风。在煤层开采过程中，采空区中的遗煤释放出大量瓦斯，导致工作面瓦斯涌出量较大。在东 102 工作面回采初期，采用顶板巷、高位钻孔和上隅角埋管抽采采空区瓦斯，平均总抽采流量为 5.8m³/min。然而，工作面回风的瓦斯浓度仍高达 0.6%～0.8%，非常接近允许的瓦斯浓度界限（1%），严重威胁矿工的人身安全。特别是顶板垮落期间，大量采空区瓦斯在短时间内涌向工作面，极大地威胁矿井安全生产。

　　东 102 工作面共布置 4 口钻井，钻井距回风巷 30～35m，钻井间距约 220m，具体位置见图 4-52。

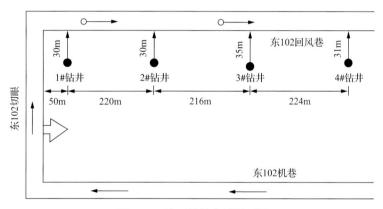

图 4-52　地面钻井布置平面图

　　当工作面推过钻井后，钻井开始抽采采空区瓦斯。钻井抽采过程中，纯瓦斯抽采流量和瓦斯浓度见图 4-53。由于 3#钻井与 4#钻井设置在同一条抽采管路上，因此在抽采过程中测量了这两口钻井的抽采总流量和混合瓦斯浓度。其中，1#钻井抽采期为 167d，累计抽采纯瓦斯 122.5 万 m³，最大抽采流量高达 18.24m³/min，瓦斯浓度基本保持在 50%～75%；2#钻井抽采期为 164d，累计抽采纯瓦斯 80.1 万 m³，最大抽采流量高达 11.84m³/min；3#钻井和 4#钻井共抽采 303d，累计抽采纯瓦斯 272.7 万 m³，最大抽采流量达到 11.2m³/min，瓦斯浓度在 40%左右波动。由各钻井抽采流量与瓦斯浓度的变化可知，地面采动钻井抽采流量大、浓度高，效果显著。

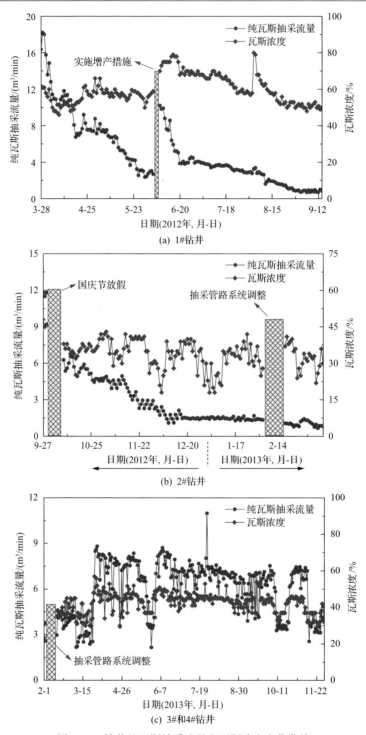

图 4-53　钻井纯瓦斯抽采流量和瓦斯浓度变化曲线

　　此外，图 4-54 是 1#钻井不同流量范围抽采时间分布情况。从图中可以看出，流量在 3～11m³/min 范围内的抽采期为 103d，占总抽采期的 62%。

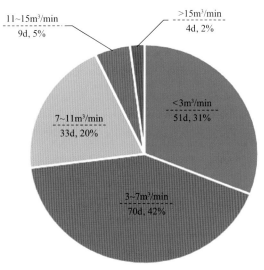

图 4-54　1#钻井不同流量范围抽采时间分布图

　　钻井开始抽采时，顶板巷和上隅角埋管停止抽采。钻井开始抽采瓦斯前、后工作面瓦斯涌出量及回风巷瓦斯浓度的变化曲线见图 4-55。由图 4-55 可知，地面钻井开始抽采采空区瓦斯后，采空区瓦斯涌出量大幅度降低（小于 6m³/min），并且在工作面配风量由 1900m³/min 降低到 1400m³/min 的情况下，回风巷瓦斯浓度基本保持在 0.3%以下，无瓦斯超限现象出现。上述效果说明，钻井抽采有效控制了采空区瓦斯涌出，提高了井下生产的安全性。

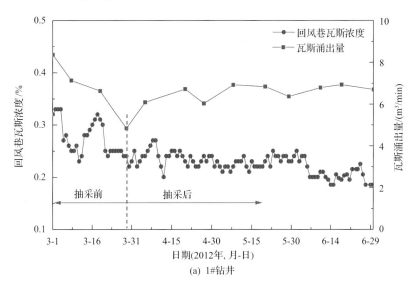

(a) 1#钻井

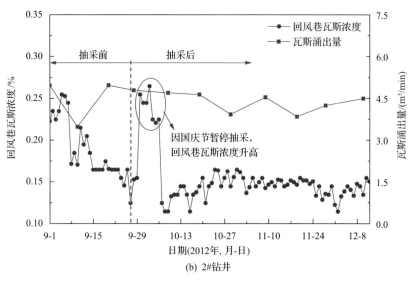

图 4-55　工作面瓦斯涌出量及回风巷瓦斯浓度曲线

### 4.4.2　地面钻井抽采被保护层卸压瓦斯消突模式

地面钻井抽采被保护层卸压瓦斯消突模式在淮南、呼鲁斯太等高瓦斯突出矿区得到了大规模应用。本书以乌兰煤矿为例，介绍地面钻井抽采被保护层卸压瓦斯消突模式的特点和应用效果。

乌兰煤矿隶属于宁夏煤业有限责任公司(现为国家能源集团)，位于贺兰山北段煤田呼鲁斯太矿区北部。井田内煤层以煤层群赋存，有可采及局部可采煤层 17 层，总厚度为 30.9m，煤层平均倾角为 20°。矿井主采 2#、3#、7#和 8#煤层，各煤层平均厚度分别为 3.28m、9.22m、1.89m 和 2.77m，煤种为肥煤和 1/3 焦煤。

乌兰煤矿是煤与瓦斯突出矿井，主采的 2#和 8#煤层为突出煤层，3#和 7#煤层为非突出煤层。矿井瓦斯地质储量为 $1.549 \times 10^9 m^3$，其中可抽采储量为 $9430m^3$，2#、3#、7#和 8#煤层瓦斯含量分别为 $10.60m^3/t$、$9.31m^3/t$、$11.57m^3/t$ 和 $12.74m^3/t$。2#煤层因数次发生动力灾害而被迫弃采，矿井将生产重点转为开采下层的 3#煤层。为治理瓦斯问题，矿井先后采取了钻孔预抽瓦斯、高抽巷及埋管抽采采空区瓦斯等多项措施，但井田内地质条件复杂、断层多、煤层透气性差，造成瓦斯抽采效果不佳，难以消除煤层的突出危险性，不能从根本上解决矿井的瓦斯难题。

#### 1. 基本原理与总体思路

保护层开采过程中，上覆煤岩层发生垮落、断裂和变形等，形成大量裂隙；在此过程中，含瓦斯煤岩体中的吸附瓦斯快速解吸，形成可以在裂隙网络中自由流动的游离瓦斯。上覆煤(岩)层卸压区是采动裂隙发育、卸压瓦斯富集的最主要区域[26]。地面采动钻井布设在被保护层卸压区内,在抽采负压作用下,上部被保护层卸压瓦斯通过采动裂隙运移进入钻井井孔,从而实现对被保护层卸压瓦斯的高效抽采;随着被保护层瓦斯压力和含量逐渐下降,最终达到消除被保护层突出危险性的目的。此外,部分卸压瓦斯通过竖向裂隙进入采空区,增大了保护层回采工作面的瓦斯涌出量。因此,一般将地面钻井的底部设置在保护层上方的裂隙带内,实现地面采动钻井抽采采空区瓦斯,防止回采工作面瓦斯超限。

乌兰煤矿应用钻井抽采被保护层卸压瓦斯消突模式,从根本上解决了矿井的瓦斯难题,其总体思路如下:首先开采 7#煤层,保护下部 8#煤层,再开采 8#煤层,7#、8#煤层开采对 2#、3#煤层进行二次保护,并两次抽采卸压瓦斯,消除其突出危险性,大幅度降低煤层瓦斯含量;采用地面钻井抽采被保护层的卸压瓦斯及保护层采空区瓦斯,如图 4-56 所示。在钻井抽采被保护层卸压瓦斯消突模式中,虽然钻井抽采的瓦斯源有两个甚至多个,但被保护层卸压瓦斯是钻井的主要抽采对象,是实现被保护层卸压消突的关键。

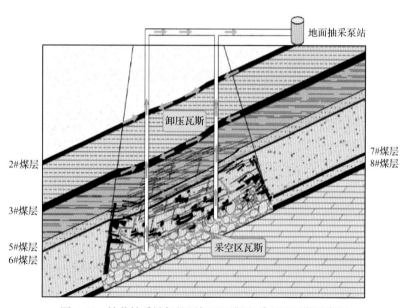

图 4-56   钻井抽采被保护层卸压瓦斯和采空区瓦斯示意图

## 2. 下保护层开采被保护层裂隙场分布与演化

采用相似材料试验研究 7#煤层(5757 工作面)和 8#煤层(5857 工作面)依次回采过程中,上覆被保护层(2#和 3#煤层)裂隙场分布与演化特性。5757 工作面为首采工作面,5857 工作面位于 5757 工作面下方,层间距平均为 4.2m。5757 工作面和 5857 工作面的走向长度分别为 600m 和 630m,倾向长度分别为 200m 和 210m。

相似模拟模型的参数根据煤层和地质实际条件及试验模型架尺寸等确定,具体见表 4-10。该模型中共含 17 层煤岩层,各煤岩层采用沙子(骨料)和石膏(黏结材料)等制成。煤岩层的沉降量采用 YHD 系列电阻式位移传感器进行测量,每隔 4min 采集一次岩层沉降数据。共布置 30 个测点,分布在 2#和 3#煤层的顶板和底板(水平间距为 30cm),形成 4 条位移观测线(图 4-57),以监测被保护层的裂隙演化过程。

**表 4-10　相似模拟模型参数**

| 参数 | 取值 | 参数 | 取值 |
|---|---|---|---|
| 几何相似常数 $c_1$ | 150 | 模拟岩层埋深 | 80～280m |
| 容重相似常数 $c_r$ | 1.5 | 模拟煤层走向长度 | 375m |
| 时间相似常数 $c_t$ | 12 | 模拟开采长度 | 305m |

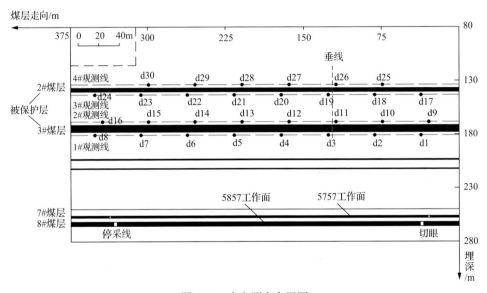

图 4-57　走向测点布置图

根据不同区域测点的沉降特性,并结合双保护层开采完毕后的裂隙场情况,可将双保护层条件下的上覆煤岩层裂隙场分为 3 个区域,见图 4-58。其中,A 区域为二次卸压区,即经历了 7#煤层开采和 8#煤层开采的两次卸压,卸压非常充分,采动裂隙非常发育;B 和 C 区域为一次卸压区,有一定的卸压但不充分(主要是 7#煤层开采时的卸压作用),采动裂隙发育程度中等;而 A、B 和 C 区域之外的区域,几乎没有产生采动裂隙。停采线侧的一次卸压角 $\delta_1$ 约为 80°,切眼侧的一次卸压角 $\delta_2$ 约为 70°,二次卸压角 $\delta_3$ 和 $\delta_4$ 为 60°～65°。

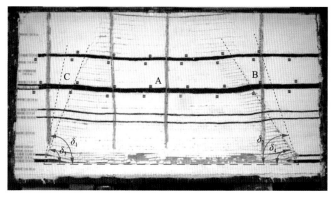

图 4-58　双保护层条件下采动裂隙场分区

工作面回采过程中，被保护层顶板和底板的沉降运动不同步，导致被保护层发生膨胀或压缩变形。当被保护层发生膨胀变形时，其渗透率大幅增大，为高效抽采卸压瓦斯创造了条件。为研究双保护层工作面依次回采过程中上覆煤岩层裂隙场的演化特性，需选择一个竖直区域的测点作为研究对象。需注意的是，选取的测点必须位于二次卸压区（图 4-58 中的 A 区域），以保证次采保护层（8#煤层）回采时被保护层发生膨胀或压缩变形。如图 4-57 所示，选取垂线附近的测点（d3、d11、d19 和 d26）作为研究对象，分析被保护层的裂隙演化特性。

假设测点的沉降量为 $y$，工作面与测点的水平间距为 $x$，通过拟合求出 $y=f(x)$，则岩层随工作面推进的沉降速度 $v=\mathrm{d}y/\mathrm{d}x$。根据上述计算方法，可得到 7#煤层和 8#煤层分别回采过程中垂线附近测点的沉降速度变化曲线，见图 4-59。

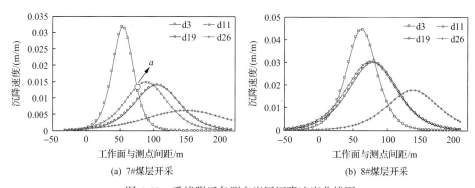

(a) 7#煤层开采　　　　　　　　　　　(b) 8#煤层开采

图 4-59　垂线附近各测点岩层沉降速度曲线图

根据图 4-59 中各测点岩层沉降速度变化曲线，可得到如下规律：

（1）7#煤层和 8#煤层分别回采时，各测点岩层沉降速度的变化特性基本一致；以 7#煤层回采过程中测点 d3 为例[图 4-59(a)]分析岩层沉降速度的变化特性：工作面推进初期，测点 d3 开始沉降，但沉降速度很小；当回采工作面推过 d3 测点9m 后，其沉降速度开始快速增大且大于测点 d11 的沉降速度，说明 3#煤层中的采动裂隙从此时开始快速发育和扩展；当工作面推过测点 48m 时，测点 d3 的沉降速度达到最大；当工作面推过 d3 约 76m 时，d3 与 d11 的沉降速度相同(速度曲线相交于点 $a$)，此时 1#观测线附近的 3#煤层膨胀量达到最大，裂隙发育程度最高；此后，d11 的沉降速度大于 d3 的沉降速度，裂隙开始趋于缩小，甚至闭合。

(2)工作面分别推过垂线 70~80m 和 120~135m 时，垂线区域的 3#煤层和 2#煤层的膨胀量先后达到最大，说明在同一垂直区域，与保护层间距越大的被保护层，其裂隙发育程度达到最高的时刻越滞后。

(3)与 7#煤层回采过程中测点的沉降相比，8#煤层回采过程中测点的沉降速度更大；以测点 d3 为例，7#煤层和 8#煤层分别回采过程中，测点 d3 的最大沉降速度分别为 0.032m/m 和 0.045m/m，说明在首采保护层(7#煤层)已开采的条件下，次采保护层(8#煤层)回采过程中上覆岩层的沉降活动更剧烈，被保护层的裂隙发育更为充分。

(4)7#煤层和 8#煤层分别回采过程中，测点 d3 的沉降速度开始明显增大的时刻分别为工作面推过该测点 9m 和工作面距该测点 15m，说明一次卸压后的上覆岩层的稳定性较弱，其应力平衡状态在二次采动作用下容易被破坏，从而导致采动裂隙进一步发育。

**3. 被保护层消突效果评价技术**

在煤层群赋存条件下，钻井的主要抽采对象是被保护层卸压瓦斯，因此被保护层瓦斯抽采量的精确定量是评价其消突效果的关键。然而，在开展钻井抽采卸压瓦斯工程时，只能测定钻井的瓦斯抽采总量，难以准确掌握各瓦斯源的抽采量，因此无法对各突出煤层的卸压瓦斯抽采效果进行评价。本书建立了地面采动钻井抽采多源瓦斯数学模型，有力支撑了被保护层消突效果评价。

**1) 卸压煤层的瓦斯径向流动模型**

卸压瓦斯径向流动模型如图 4-60 所示，设煤层均质等厚，厚度为 $d$，煤层渗透率为 $k$；瓦斯流场的供给压头为 $p_e$，在圆心处有半径为 $R$ 的钻孔，钻孔边界的气压为 $p_{e0}$，$R_e$ 为煤层卸压质半径。

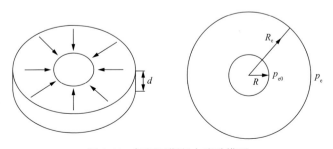

图 4-60　卸压瓦斯径向流动模型

由达西定律可得到在极坐标下的平面径向流速和流量的表达式分别为

$$v = \frac{k}{\mu}\frac{dp}{dr} = \frac{k}{\mu r}\frac{p_e - p_{e0}}{\ln(R_e/R)} \tag{4-75}$$

$$Q = 2\pi r \cdot d \cdot v = 2\pi d \frac{k}{\mu}\frac{p_e - p_{e0}}{\ln(R_e/R)} \tag{4-76}$$

式中，$p$ 为瓦斯气体压力；$\mu$ 为瓦斯气体动力黏度系数；$r$ 为半径。

2）地面采动钻井抽采多源瓦斯抽采流动数学模型[27]

地面采动钻井抽采多源瓦斯如图 4-61 所示。在对模型进行数学分析之前，首先对相关参数做如下定义：

0-0 断面——钻井底部的水平断面；

1-1 断面——钻井在 3#煤层中间位置的水平断面；

2-2 断面——钻井在 2#煤层中间位置的水平断面；

3-3 断面——钻井在地表的水平断面；

$Z_0 \sim Z_3$——0-0 $\sim$ 3-3 断面相对于钻井井底的高度，m；

$\rho_0$、$\rho_3$——0-0 断面和 3-3 断面位置的气体密度，kg/m³；

$p_0$、$p_3$——0-0 断面和 3-3 断面位置的气体压力，Pa；

$g$——重力加速度，m/s²；

$\rho$——纯瓦斯气体的密度，kg/m³；

$\rho_k$——标准状态下空气的密度，kg/m³；

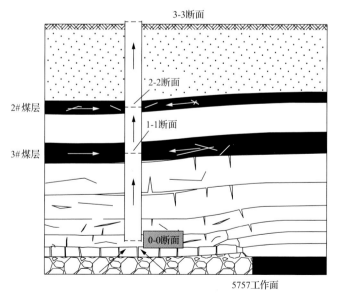

图 4-61　地面采动钻井抽采多源瓦斯示意图

$h$——钻井深度，m；

$R$——钻井半径，m；

$k_1$、$k_2$——3#和 2#煤层的渗透率；

$p_1$、$p_2$——1-1 断面和 2-2 断面位置的气体压力，Pa；

$d_1$、$d_2$——3#和 2#煤层的厚度，m；

$R_1$、$R_2$——钻井抽采卸压瓦斯对 3#和 2#煤层的影响半径，m；

$v_0$、$v_3$——0-0 断面和 3-3 断面的气体速度，m/s；

$v_1$——1-1 断面 3#煤层瓦斯流入钻井的平均速度，m/s；

$v_2$——2-2 断面 2#煤层瓦斯流入钻井的平均速度，m/s；

$b_0$、$b_3$——0-0 断面和 3-3 断面处瓦斯的浓度，%；

$Q_0$、$Q_3$——0-0 断面和 3-3 断面处的流量，$m^3/s$；

$Q_1$、$Q_2$——3#和 2#煤层瓦斯流入钻井的流量，$m^3/s$；

$p_{m1}$、$p_{m2}$—— 3#和 2#煤层的原始瓦斯压力，MPa。

根据卸压瓦斯径向流动模型，地面钻井抽采 3#、2#煤层的卸压瓦斯流量之比为

$$\frac{Q_1}{Q_2} = \frac{k_1(p_{m1} - p_1)d_1 \ln(R_2 / R)}{k_2(p_{m2} - p_2)d_2 \ln(R_1 / R)} \tag{4-77}$$

由于 3#和 2#煤层的间距较小，因此可认为二者的卸压状态一致，即 $k_1$、$k_2$ 相等，钻井抽采卸压瓦斯的影响半径 $R_1$、$R_2$ 相等，则式(4-77)可表示为

$$\frac{Q_1}{Q_2} = \frac{d_1(p_{m1} - p_1)}{d_2(p_{m2} - p_2)} \tag{4-78}$$

同理，地面钻井抽采 3#、2#煤层的卸压瓦斯流速之比为

$$\frac{v_1}{v_2} = \frac{p_{m1} - p_1}{p_{m2} - p_2} \tag{4-79}$$

由 0-0 断面至 3-3 断面的混合瓦斯气体质量守恒可得

$$Q_0 \rho_0 + Q_1 \rho + Q_2 \rho = Q_3 \rho_3 \tag{4-80}$$

即

$$\pi R^2 v_0 \rho_0 + 2\pi R d_1 v_1 \rho + 2\pi R d_2 v_2 \rho = \pi R^2 v_3 \rho_3 \tag{4-81}$$

整理可得

$$v_0 \rho_0 R + 2\rho(d_1 v_1 + d_2 v_2) = v_3 \rho_3 R \tag{4-82}$$

由 0-0 断面至 3-3 断面的空气质量守恒可得

$$\rho_0 v_0 (1 - b_0) = \rho_3 v_3 (1 - b_3) \tag{4-83}$$

气体的密度和瓦斯浓度之间的关系为

$$\rho_0 = \rho b_0 + \rho_k (1 - b_0) \tag{4-84}$$

由 0-0 断面至 3-3 断面能量守恒可得

$$
\begin{aligned}
& v_0 \rho_0 \cdot \pi R^2 \left( \frac{v_0^2}{2} + \frac{p_0}{\rho_0} + Z_0 g \right) + v_1 \rho \cdot 2\pi R d_1 \left( \frac{v_1^2}{2} + \frac{p_1}{\rho} + Z_1 g \right) \\
& + v_2 \rho \cdot 2\pi R d_2 \left( \frac{v_2^2}{2} + \frac{p_2}{\rho} + Z_2 g \right) = v_3 \rho_3 \cdot \pi R^2 \left( \frac{v_3^2}{2} + \frac{p_3}{\rho_3} + Z_3 g \right) + \Delta E_{内} + E_{阻}
\end{aligned}
\tag{4-85}
$$

式中，$\Delta E_{内}$ 为气体内能变化；$E_{阻}$ 为 0-0 断面至 3-3 断面的阻力损失，主要包括气体从钻井井底至井口的沿程阻力损失和 3#、2#煤层瓦斯进入地面钻井的局部阻力损失。

由于地面钻井是长距离输送管路，并且卸压瓦斯流入钻井的速度远远小于钻井内的轴向速度，因此可忽略局部阻力。若不考虑气体流动过程中温度的变化，即无内能损失，即

$$\Delta E_{内} = 0 \tag{4-86}$$

设地面钻井内气体的平均密度为 $\bar{\rho}$，平均速度为 $\bar{v}$，则气流阻力损失为

$$E_{阻} = \alpha \bar{Q} h_f = \alpha \bar{\rho} \bar{v} \pi R^2 \lambda \frac{h}{2R} \frac{\bar{v}^2}{2} \tag{4-87}$$

式中，$h_f$ 为钻井内气体流动沿程阻力损失，Pa；$\lambda$ 为沿程损失系数；$\alpha$ 为沿程阻力校正系数。

为简化处理，式(4-87)可表示为

$$E_{阻} = \alpha' \rho_3 \lambda \frac{h}{2R} \frac{v_3^3}{2} \tag{4-88}$$

式中，$\alpha'$ 为等效沿程阻力校正系数，$\alpha' = \alpha \pi R^2 \dfrac{\bar{\rho}}{\rho_3} \left( \dfrac{\bar{v}}{v_3} \right)^3$。

将式(4-86)和式(4-88)代入式(4-85)，可得

$$
\begin{aligned}
& v_0 \rho_0 \cdot \pi R^2 \left( \frac{v_0^2}{2} + \frac{p_0}{\rho_0} + Z_0 g \right) + v_1 \rho \cdot 2\pi R d_1 \left( \frac{v_1^2}{2} + \frac{p_1}{\rho} + Z_1 g \right) \\
& + v_2 \rho \cdot 2\pi R d_2 \left( \frac{v_2^2}{2} + \frac{p_2}{\rho} + Z_2 g \right) = v_3 \rho_3 \cdot \pi R^2 \left( \frac{v_3^2}{2} + \frac{p_3}{\rho_3} + Z_3 g \right) + \alpha' \rho_3 \lambda \frac{h}{2R} \frac{v_3^3}{2}
\end{aligned}
\tag{4-89}
$$

将式(4-79)、式(4-82)～式(4-84)和式(4-89)联立可得多源瓦斯抽采流动数学模型：

$$
\frac{v_1}{v_2} = \frac{p_{m1} - p_1}{p_{m2} - p_2}
$$

$$
v_0 \rho_0 R + 2\rho(d_1 v_1 + d_2 v_2) = v_3 \rho_3 R
$$

$$
\rho_0 v_0 (1 - b_0) = \rho_3 v_3 (1 - b_3)
$$

$$
\rho_0 = \rho b_0 + \rho_k (1 - b_0) \tag{4-90}
$$

$$
v_0 \rho_0 \cdot \pi R^2 \left( \frac{v_0^2}{2} + \frac{p_0}{\rho_0} + Z_0 g \right) + v_1 \rho \cdot 2\pi R d_1 \left( \frac{v_1^2}{2} + \frac{p_1}{\rho} + Z_1 g \right)
$$

$$
+ v_2 \rho \cdot 2\pi R d_2 \left( \frac{v_2^2}{2} + \frac{p_2}{\rho} + Z_2 g \right) = v_3 \rho_3 \cdot \pi R^2 \left( \frac{v_3^2}{2} + \frac{p_3}{\rho_3} + Z_3 g \right) + \alpha' \rho_3 \lambda \frac{h}{2R} \frac{v_3^3}{2}
$$

通过对式(4-90)求解可确定 $v_0$、$v_1$、$v_2$、$\rho_0$、$b_0$ 的值，从而定量描述地面钻井抽采卸压煤层的瓦斯流量、采空区的瓦斯流量及浓度，并找出其相互关系，分析被保护层卸压瓦斯抽采效果。

3)被保护层卸压瓦斯抽采效果

通过建立的多源瓦斯抽采流动数学模型，利用在煤矿现场实测的地面钻井抽采瓦斯参数，可计算出钻井抽采各卸压煤层的瓦斯流量、采空区瓦斯流量及浓度。

以乌兰煤矿 2008 年 2 月 6 日实测的 8#钻井瓦斯抽采数据为例，对多源瓦斯抽采流动数学模型进行求解，已知参数见表4-11。

**表 4-11　地面钻井瓦斯抽采已知参数**

| 参数 | 数值 | 参数 | 数值 | 参数 | 数值 |
| --- | --- | --- | --- | --- | --- |
| $P$ | 35997Pa | $Z_0$ | 0m | $d_1$ | 6.42m |
| $Q_3$ | 9.11m³/min | $Z_1$ | 83.29m | $d_2$ | 3.5m |
| $b_3$ | 45% | $Z_2$ | 119.45m | $\rho$ | 0.717kg/m³ |
| $R$ | 0.06985m | $Z_3/h$ | 258m | $\rho_k$ | 1.237kg/m³ |
| $P_0$ | 101325Pa | $\lambda$ | 0.0213 | $\alpha'$ | 0.246 |
| $p_{m1}$ | 1.2MPa | $p_{m2}$ | 1.1MPa | | |

注：$P$ 为钻井抽采负压；$P_0$ 为当地大气压

将表 4-11 中数据及钻井参数代入式(4-90)，得 $v_0$=7.001m/s，$v_1$=0.012m/s，$v_2$=0.011m/s，$\rho_0$=1.09kg/m³，$b_0$=28.4%。根据上述计算结果，可求出地面钻井抽采各瓦斯源的瓦斯流量，见表4-12。

表 4-12  数学模型计算结果

| 项目 | 流速/(m/s) | 混合流量/(m³/min) | 浓度/% | 纯瓦斯流量/(m³/min) |
|---|---|---|---|---|
| 采空区 | 7.001 | 6.435 | 28.4 | 1.828 |
| 3#煤层 | 0.012 | 2.028 | 100 | 2.028 |
| 2#煤层 | 0.011 | 1.013 | 100 | 1.013 |
| 井口(计算) | 10.309 | 9.476 | 45 | 4.869 |
| 井口(实测) | 9.86 | 9.106 | 45 | 4.098 |

与上述计算过程相同,对乌兰煤矿 8#钻井在 2008 年 2 月 6～20 日的有关参数进行计算,得出不同瓦斯源的纯瓦斯抽采流量,结果见图 4-62。进一步地,2#、3#煤层的瓦斯抽采流量在纯瓦斯总流量中所占比例见图 4-63。

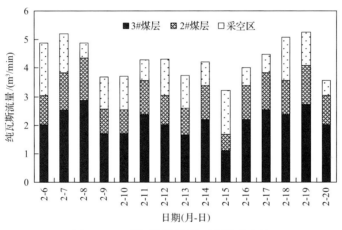

图 4-62  不同瓦斯源的纯瓦斯抽采流量

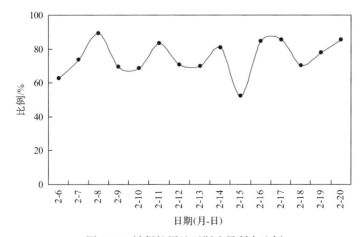

图 4-63  被保护层纯瓦斯流量所占比例

由图 4-63 可知,被保护层卸压瓦斯抽采流量达到 8#钻井纯瓦斯抽采总流量的 52%～89.1%,平均为 74.9%,说明地面钻井主要抽采被保护层卸压瓦斯,可实现降低被保护层瓦斯压力和含量的目的,地面采动钻井抽采被保护层卸压瓦斯取得了显著的效果。

4. 被保护层卸压瓦斯消突模式的应用

根据远距离下保护层的采动裂隙场演化特性及钻井抽采卸压瓦斯消突的要求,在 5757 工作面风巷、机巷内错 40～50m 区域布置了 1#～9#地面钻井,完井后下入 $\varphi$139.7mm 的生产套管;为加强卸压瓦斯抽采,同时考察不同井身直径对瓦斯抽采的影响,在保护层工作面回采前又施工了井径较小的加 1#～加 3#、10#和 11#钻井,完井后下入 $\varphi$108mm 的生产套管,钻井布置见图 4-64。

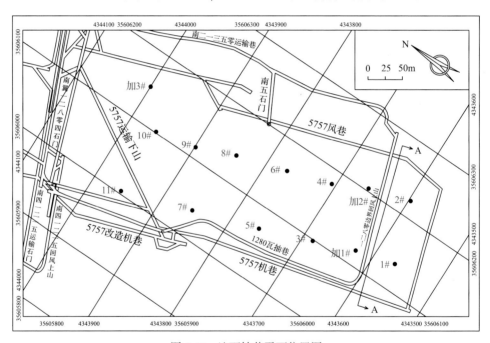

图 4-64　地面钻井平面位置图

地面钻井的施工工艺如下:

一开。用 $\varphi$273mm 潜孔锤钻头开孔,钻进至基岩 3～5m 后,下 $\varphi$244mm 套管,然后用水泥封固好套管。

二开。换 $\varphi$215.9mm 潜孔锤钻头钻至距地面 50m 处,下 $\varphi$193.7mm 套管,然后用比重为 1.50～1.75 的水泥浆固井至地面。

三开。换 $\varphi$177mm 潜孔锤钻头钻至 7#煤层顶板上方 10m 的位置完钻。

三开施工完毕后，下入 φ139.7mm 的生产套管，其中穿过 2#和 3#煤层的管段为筛管，其余管段为实管。乌兰煤矿地面钻井的井身结构见图 4-65。

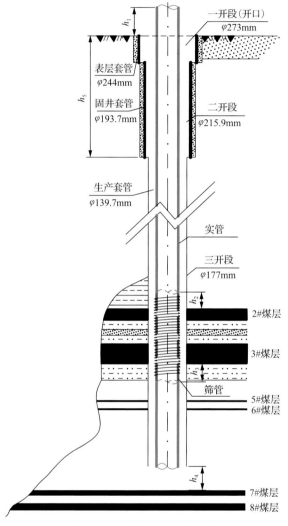

图 4-65　地面钻井井身结构图

$h_1$-生产套管延伸至地面 0.5m；$h_2$-筛管上端在 2#煤层顶板上方 10m 处；$h_3$-筛管下端在 3#煤层底板下方 10m 处；$h_4$-钻井井底距 7#煤层 10m；$h_5$-固井长 50m

2007 年 8 月，在采动卸压作用下 1#钻井和 2#钻井开始连管抽采卸压瓦斯。截至 2010 年 5 月，地面采动钻井总产气量为 1512.96 万 m³，其中 2#钻井总产气量为 355.71 万 m³；此外，单井最长抽采期达到 770d，单井最大日产气量达到 24826m³，取得了显著的效果。各月份的总产气量见图 4-66。

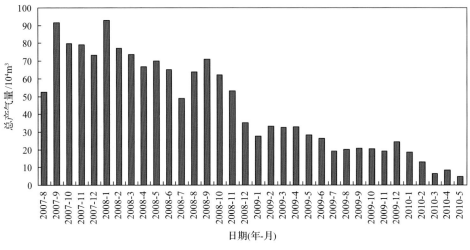

图 4-66　各月份的总产气量

被保护层消突效果考察主要测定被保护层的煤层瓦斯含量、压力、透气性系数及坚固性系数。在 1280 瓦斯抽放巷（七块段）施工 3 个穿层钻孔、在 5347 风巷施工 5 个顺层钻孔和 7 个穿层钻孔进行被保护层消突效果考察，其中穿层钻孔和顺层钻孔分别用于测定煤层残余瓦斯压力和残余瓦斯含量，此外还可用于测定钻孔瓦斯流量以计算煤层透气性系数。被保护层卸压区域内残余瓦斯含量、残余瓦斯压力及透气性系数的考察结果见表 4-13。

**表 4-13　被保护层消突效果考察结果**

| 项目 | | 3#煤层 | | 2#煤层 | |
|---|---|---|---|---|---|
| | | 原始 | 卸压 | 原始 | 卸压 |
| 残余 | 瓦斯含量/(m³/t) | 9.81 | 3.14 | 10.6 | 3.63 |
| | 瓦斯压力/MPa | 1.3 | 0.20 | 1.1 | 0.23 |
| 透气性系数/[m²/(MPa²·d)] | | 0.01 | 20.46 | 0.01 | 18.72 |

根据被保护层透气性测定结果，2#、3#煤层卸压区域内的透气性系数分别为 $18.72m^2/(MPa^2·d)$ 和 $20.46\ m^2/(MPa^2·d)$，分别为原透气性系数的 1872 倍和 2046 倍。根据《煤矿瓦斯抽放规范》，透气性系数大于 $10\ m^2/(MPa^2·d)$ 的煤层为容易抽放煤层，说明下保护层开采后 2#和 3#煤层卸压充分，能够实现卸压瓦斯的高效抽采。被保护层 2#、3#煤层的瓦斯抽采率分别为 65.8%和 68.0%，均高于《煤矿安全规程》规定的 30%，残余瓦斯压力分别为 0.23MPa 和 0.20MPa，说明钻井抽采卸压瓦斯消突效果显著，彻底消除了被保护层的突出危险性。

保护层回采完毕后，在 3#煤层布置了 5347 回采工作面。在 5347 巷道掘进期间测定了不同位置的煤层坚固性系数。结果表明，地面钻井抽采卸压瓦斯消突后，被保护层煤体的坚硬程度增大，坚固性系数由保护层开采前的 0.4 增大至 0.7。由于煤体的坚硬程度增大，卸压区域内的掘进巷道采用了锚网支护，取代了之前成本高、施工效率低的架棚支护。

5347 南风巷和 5347 机巷掘进期间，工作面平均瓦斯涌出量分别仅为 1.08m³/min 和 0.3m³/min；放炮掘进和综掘机掘进工艺的月掘进速度分别在 200m 和 300m 以上，且巷道条件好，支护简单。5347 工作面回采期间，瓦斯涌出量仅为 2.4m³/min，是 3#煤层其他区域回采工作面瓦斯涌出量的 10%。5347 工作面在采掘期间无任何动力现象出现，表明彻底消除了 3#煤层的突出危险性。

## 4.5　固相颗粒密封漏气裂隙瓦斯抽采技术

钻孔抽采瓦斯是煤矿瓦斯灾害防治的主要技术措施，其中钻孔密封质量是决定瓦斯抽采效果的关键因素。作者曾于 2012 年向淮北、淮南、平顶山、晋城、阳煤、神华宁煤、盘江、西山等矿区发出了调查问卷，调研我国煤矿顺层钻孔(煤层钻孔)和穿层钻孔(岩石钻孔)的瓦斯抽采情况。统计结果表明，所调研的大型矿井中 62%的矿井的顺层钻孔接抽 1 个月后平均瓦斯浓度即降低到 30%以下，66%的矿井的顺层钻孔接抽 2 个月后平均瓦斯浓度降低到 16%以下[28]。大量接抽钻孔由于瓦斯浓度过低，不得不提前停抽，导致钻孔利用率较低。

瓦斯抽采浓度低的主要原因是外界空气在抽采负压作用下进入抽采系统。统计表明，进入抽采系统的空气有 80%以上是通过钻孔吸入的，如果钻孔空气吸入量减少 1/3～1/2，钻孔瓦斯流量可增加 1.5～2 倍[29]。传统的钻孔密封技术主要解决孔内密封，避免外界空气经钻孔密封段进入孔内。由于钻孔周围的煤岩体强度较低，钻孔周边往往存在裂隙，这已成为钻孔漏气的主要通道。空气经钻孔周边裂隙流入孔内不仅降低了瓦斯抽采效果，而且增大了钻孔附近煤体的自燃风险，可诱发瓦斯燃烧(或爆炸)。例如，陈家山煤矿 422 工作面煤层钻孔抽采瓦斯过程中存在漏气现象，孔内一氧化碳浓度达到 30ppm，煤体发生自燃[30]；同时，抽采系统内低浓度瓦斯易落入爆炸极限(5%～16%)范围内，存在爆炸风险。例如，2012 年左权宏远煤业 150102 工作面发生了因静电诱发管道内瓦斯燃烧，导致瓦斯抽采管道发生爆炸事故。

针对上述难题，作者提出了固相颗粒密封孔外漏气裂隙新方法(图 4-67)，即当钻孔瓦斯抽采浓度下降至 30%以下时，气力输送粉体颗粒至漏气裂隙内，粉料在裂隙内吸附、膨胀，并受抽采负压作用进一步集聚、凝并，形成"自封堵效应"，起到主动封孔作用，使瓦斯抽采浓度再次提高[31]。该技术已在我国淮北、盘江、石嘴山和晋城等多个矿区进行了工程应用，取得了显著的效果。

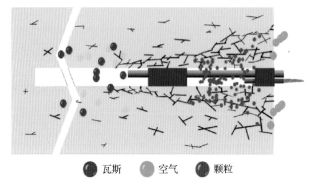

🔵 瓦斯　　　⚪ 空气　　　🔴 颗粒

图 4-67　固相颗粒密封孔外漏气裂隙原理

### 4.5.1　抽采钻孔周边煤岩裂隙区分布与渗流特性

1. 钻孔周边煤岩裂隙区分布特征

钻孔开挖后改变了原始煤岩体的几何形状，引起钻孔周边煤岩体应力重分布，并伴随应力集中。当应力超过孔壁附近煤岩体强度时，将导致煤岩体损伤与破坏，其渗透率发生较大改变。

1) 钻孔轴向裂隙区分布理论分析

基于弹塑性软化模型和巷道围岩裂隙区分布模型，可以建立抽采钻孔孔外裂隙区半径计算模型，以确定钻孔周边裂隙区的分布形态。巷道围岩塑性区和裂隙区半径分别为[32]

$$R_1 = \frac{a_1}{t_1} \left[ \frac{\frac{2}{K_p+1}\left(P_0 + \frac{\sigma_c + \beta B_1}{K_p-1}\right)t_1^{K_p-1} - \frac{2(\sigma_c - \sigma_c^* + \beta B_1)}{K_p^2-1}}{\frac{\sigma_c^*}{K_p-1}} \right]^{\frac{1}{K_p-1}} \tag{4-91}$$

$$R_{t_1} = t_1 R_1 \tag{4-92}$$

式中，$a_1$ 为巷道半径；$P_0$ 为原岩应力；$\sigma_c$ 为煤岩体的单轴抗压强度；$K_p = \frac{1+\sin\varphi}{1-\sin\varphi}$，$\varphi$ 为煤岩体的内摩擦角；$\sigma_c^*$ 为残余强度；$\beta = \frac{M_0}{E}$，$M_0$ 为软化模量，$E$ 为弹性模

量；$B_1 = \dfrac{(1+\mu)[(K_p-1)P_0+\sigma_c]}{K_p+1}$，$\mu$ 为泊松比；$t_1 = \sqrt{\dfrac{\beta B_1}{\sigma_c - \sigma_c^* + \beta B_1}}$。

钻孔是在巷道围岩内开挖形成的，在其施工过程中，将依次穿过巷道周边的裂隙区、塑性区和弹性区（"三区"），进而产生不同的应力扰动。这里假设巷道围岩"三区"的切向应力分布是钻孔开挖前的初始应力，以此迭代计算钻孔开挖后的应力分布。

当 $a_1 \leqslant r < R_{t_1}$ 时，此时钻孔处于巷道的裂隙区，则钻孔周边的应力分布为

$$\sigma_\theta = K_p\left[\frac{2}{K_p+1}\left(P_0 + \frac{\sigma_c+\beta B_1}{K_p-1}\right)t_1^{K_p-1} - \frac{2(\sigma_c-\sigma_c^*+\beta B_1)}{K_p^2-1}\right]\left(\frac{r}{t_1 R_1}\right)^{K_p-1} - \frac{\sigma_c^*}{K_p-1}$$

(4-93)

当 $R_{t_1} \leqslant r < R_1$ 时，此时钻孔处于巷道的塑性区，则钻孔周边的应力分布为

$$\sigma_\theta = \frac{2K_p}{K_p+1}\left(P_0 + \frac{\sigma_c+\beta B_1}{K_p-1}\right)\left(\frac{r}{R_1}\right)^{K_p-1} - \frac{2K_p(\sigma_c+\beta B_1)}{K_p^2-1} + \frac{\overline{\sigma_c}}{K_p+1} \quad (4-94)$$

当 $R_1 \leqslant r$ 时，此时钻孔处于巷道的弹性区，则钻孔周边的应力分布为

$$\sigma_\theta = P_0 + (P_0 - \sigma_{re})\left(\frac{R_1}{r}\right)^2 \quad (4-95)$$

因此，可得钻孔开挖形成的塑性区半径为[33]

$$R_2 = \frac{a_2}{t_2}\left[\frac{\dfrac{2}{K_p+1}\left(\sigma_\theta + \dfrac{\sigma_c+\beta B_2}{K_p-1}\right)t_2^{K_p-1} - \dfrac{2(\sigma_c-\sigma_c^*+\beta B_2)}{K_p^2-1}}{\dfrac{\sigma_c^*}{K_p-1}}\right]^{\frac{1}{K_p-1}} \quad (4-96)$$

相应地，钻孔开挖形成的裂隙区半径为

$$R_{t_2} = t_2 R_2 \quad (4-97)$$

式中，$\sigma_\theta$ 为钻孔周边的应力；$r$ 为距巷道的距离；$\overline{\sigma_c}$ 为软化阶段强度，$\overline{\sigma_c} = \sigma_c - \beta B_1\left[\left(\dfrac{R_1}{r}\right)^2 - 1\right]$；$\sigma_{re}$ 为弹塑性区交界处的径向应力，$\sigma_{re} = \dfrac{2P_0-\sigma_c}{K_p-1}$；

$a_2$ 为钻孔半径；$B_2 = \dfrac{(1+\mu)[(K_p - 1)\sigma_\theta + \sigma_c]}{K_p + 1}$；$t_2 = \sqrt{\dfrac{\beta B_2}{\sigma_c - \sigma_c^* + \beta B_2}}$。

根据巷道及钻孔周边裂隙区半径的计算公式 [式 (4-92) 和式 (4-97)]，可计算出不同埋深、抗压强度及孔径下巷道及钻孔开挖后的裂隙区分布，见图 4-68~图 4-70，其中计算中所用的基本参数如表 4-14 所示。此外，图中的虚线表示巷道开挖产生的裂隙区边界，实线表示钻孔开挖产生的裂隙区边界。

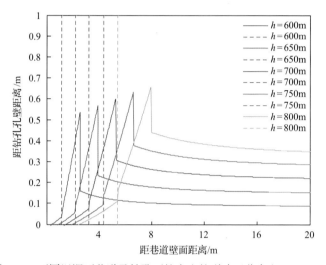

图 4-68　不同埋深下巷道及钻孔开挖产生的裂隙区分布（$\sigma_c$ =10MPa）

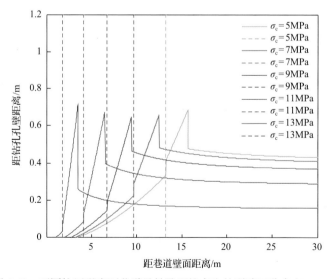

图 4-69　不同抗压强度下巷道及钻孔开挖产生的裂隙区分布（$h$=800m）

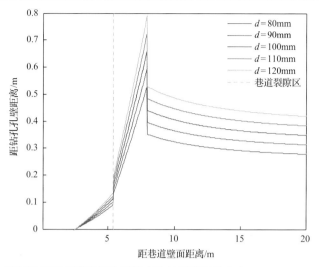

图 4-70　不同孔径下巷道及钻孔开挖产生的裂隙区分布（$\sigma_c$ =10MPa、$h$ =800m）

表 4-14　钻孔周边裂隙区计算参数

| 脆性系数 | 内摩擦角/(°) | 泊松比 | 残余强度/MPa | 容重/(kg/m³) | 巷道半径/m | 钻孔半径/mm |
| --- | --- | --- | --- | --- | --- | --- |
| 0.8 | 30 | 0.32 | 1.75 | 2040 | 2.5 | 50 |

由图 4-68～图 4-70 可知，埋深越大、抗压强度越小、钻孔直径越大，巷道或钻孔开挖产生的裂隙区范围越大；随着距巷道壁面距离的增大，钻孔开挖形成的裂隙区边界皆呈现先增大后减小随后稳定的变化趋势；钻孔的开挖，导致围岩裂隙区在巷道开挖形成的裂隙区的基础上沿钻孔方向扩展。

2) 钻孔径向裂隙区分布模型试验

利用自制的侧限试验装置(图 4-71)，开展了钻孔孔壁附近煤岩体破坏全过程的相似模拟试验(图 4-72)，研究不同埋深应力状态下钻孔径向裂隙区的分布形态[33]。

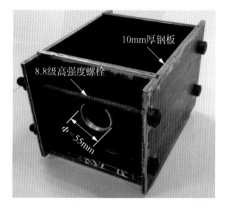

图 4-71　侧限试验装置

图 4-72　电子万能试验机

图 4-73 为模型 1 和模型 2 试块加载破坏后的形状。从图 4-73 可以看到，钻孔破坏前为圆形，破坏后由圆形变成"类橄榄球"形，且长轴与最大主应力方向垂直；钻孔破坏后，其上、下方发生垮塌，形成垮塌区，其左右侧发生破坏，形成破碎区。钻孔开挖后形成的垮塌区与破碎区为外界空气进入孔内提供了漏气通道。

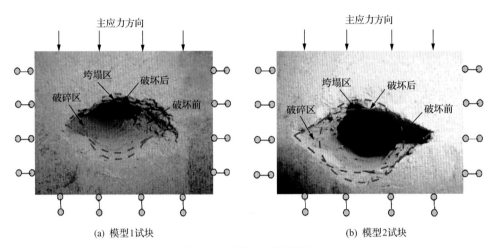

(a) 模型1试块　　　　　　　　　　　　(b) 模型2试块

图 4-73　钻孔破坏前后形状

### 2. 钻孔周边煤岩渗流特性

钻孔开挖后，钻孔附近煤岩体将由弹性状态发生屈服，直至破坏，而远离钻孔的煤岩体受钻孔开挖影响相对较小，依次处于塑性状态和弹性状态。钻孔围岩应力状态分布分别对应于煤岩全应力-应变过程中的不同变形破坏阶段，相应的全应力-应变过程中的渗透率演化过程可以揭示钻孔围岩的渗透率分布规律[34]。

1) 含瓦斯煤变形破坏过程中的渗透试验

三轴渗透试验系统示意图如图 4-74 所示。煤样物理参数如表 4-15 所示。渗透气体为纯度为 99.9%的瓦斯气体，气体压力取 1MPa、2MPa、3MPa 和 5MPa，围压为 10MPa。三轴加载过程中气体渗透率大小的变化间接反映了煤样变形破坏过程中煤体裂隙的发育情况。

利用轴压加载系统和围压加载系统模拟煤层原场应力状态和巷道或钻孔开挖后围岩应力重分布后的应力状态，利用气体渗透试验系统为煤样提供孔隙压力。以全应力-应变曲线中不同应力阶段对应的渗透率分布代表巷道或钻孔周边不同应力状态的围岩渗透率分布情况。含瓦斯煤全应力-应变过程中渗透率和有效应力与应变的关系如图 4-75 所示。

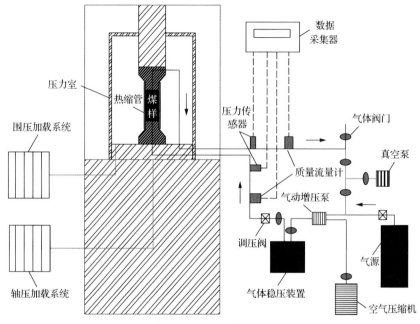

图 4-74　试验系统示意图

表 4-15　煤样物理参数

| 煤样编号 | 直径/mm | 高/mm | 体积/cm³ | 质量/g | 密度/(g/cm³) |
|---|---|---|---|---|---|
| 1 | 50.06 | 92.92 | 182.89 | 235.92 | 1.29 |
| 2 | 50.07 | 98.18 | 193.32 | 262.91 | 1.36 |
| 3 | 50.08 | 95.90 | 188.90 | 249.35 | 1.32 |
| 4 | 50.54 | 92.39 | 185.35 | 250.22 | 1.35 |

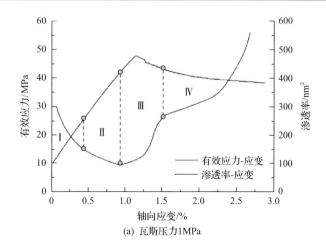

(a) 瓦斯压力1MPa

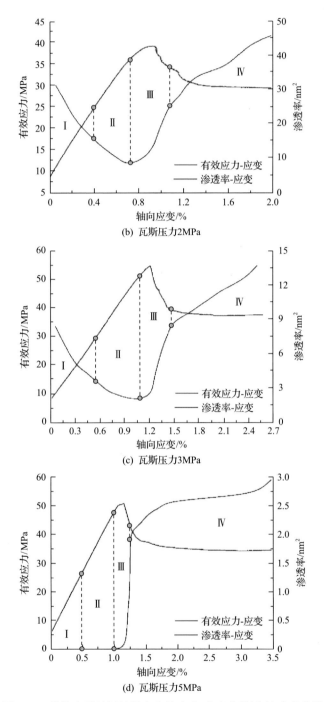

图 4-75　煤体变形破坏过程中有效应力-应变和渗透率-应变曲线

由图 4-75 可知,不同瓦斯压力下煤样变形破坏过程中的有效应力-应变曲线与渗透率-应变曲线具有良好的对应关系,大致可分为 4 个不同阶段(I～IV):初始压实阶段 I、弹性变形阶段 II、塑性破坏阶段 III、裂隙贯通阶段 IV。初始压实阶段煤体的孔隙和原生裂纹在应力加载下逐渐闭合,导致煤体渗透率降低;弹性变形阶段煤体内部的原生孔隙和裂纹在应力加载下进一步被压实,但只发生弹性变形,并未产生新的裂纹,这使瓦斯在煤体内的流动通道变得更窄,从而导致渗透率进一步下降;图 4-75(d)所示的煤样在三轴加载至初始压实阶段和弹性变形阶段时的煤样渗透率均为零,主要是由于该煤样的原生裂隙极少,流量计未能监测到有效流量。在弹性变形阶段和塑性破坏阶段的交界处,煤体渗透率达到最低,这表明煤体内的孔隙和裂纹已被压密至最小,因此瓦斯在其中的流动通道达到最窄;进入塑性破坏阶段后,煤体渗透率显著增加,表明煤体开始发生塑性破坏,原生裂隙开始扩展,并产生新的裂纹,瓦斯在煤体内流动较通畅;当过渡到裂隙贯通阶段后,大量微裂纹汇合,形成宏观裂纹,随着三轴压缩继续进行,孤立裂纹汇合,最终形成贯通性宏观裂纹面,此时破坏煤体渗透率远高于原煤渗透率。

2) 巷道及钻孔先后开挖引起的有效应力与渗透性变化

根据平顶山矿区已 $_{15}$ 煤层 13330 工作面的地质条件建立数值模型,采用 FLAC3D 软件对巷道和钻孔先后开挖后的围岩应力进行数值计算。煤岩力学参数见表 4-16。平顶山矿区的应力梯度约为 0.025MPa/m,13330 工作面的埋深约 640m,则在模型顶部加载 16MPa 的应力作为原岩应力,模型初始水平应力为 17.92MPa。数值计算模型如图 4-76 所示,模型长、宽和高分别为 50m、50m 和 53m,巷道长、宽和高分别为 50m、4m 和 4m,钻孔直径为 100mm、长度为 30m。模型地层赋存情况见表 4-17。

表 4-16　煤岩力学参数

| 岩性 | 容重/(kg/m³) | 体积模量/GPa | 剪切模量/GPa | 黏聚力/MPa | 内摩擦角/(°) | 抗拉强度/MPa |
|---|---|---|---|---|---|---|
| 粉砂岩 | 2500 | 23.1 | 10.2 | 7.3 | 40.1 | 3.1 |
| 中粗砂岩 | 2700 | 26.0 | 15.0 | 7.5 | 42.0 | 4.0 |
| 砂质泥岩 | 2450 | 20.1 | 8.0 | 5.2 | 34.0 | 2.0 |
| 煤 | 1400 | 10.0 | 3.0 | 2.0 | 28.0 | 0.8 |
| 细粒砂岩 | 2671 | 24.0 | 14.0 | 8.2 | 39.3 | 5.8 |
| 灰岩 | 2400 | 19.0 | 6.0 | 4.6 | 31.0 | 1.5 |

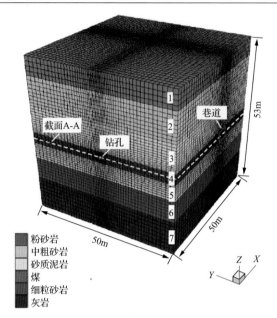

(a) 几何模型和边界

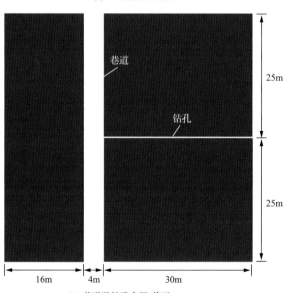

(b) 巷道及钻孔布置(截面A-A)

图 4-76 数值计算模型

表 4-17 模型地层赋存情况

| 地质剖面 | 地层编号 | 岩性 | 厚度/m | 深度/m |
|---|---|---|---|---|
| | 1 | 粉砂岩 | 8 | 648 |
| | 2 | 中粗砂岩 | 9 | 657 |

续表

| 地质剖面 | 地层编号 | 岩性 | 厚度/m | 深度/m |
|---|---|---|---|---|
|  | 3 | 砂质泥岩 | 8 | 665 |
|  | 4 | 煤 | 4 | 669 |
|  | 5 | 中粗砂岩 | 7 | 676 |
|  | 6 | 细粒砂岩 | 8 | 684 |
|  | 7 | 灰岩 | 9 | 693 |

A　巷道开挖引起的有效应力变化

巷道开挖后的围岩有效应力和瓦斯压力分布如图 4-77 所示，巷道围岩分区见表 4-18。由图 4-77 和表 4-18 可知，受巷道开挖影响，巷道围岩依次可分为三个区：有效应力降低区、有效应力升高区和原岩有效应力区。围岩有效应力峰值位置之前区域($AC$)的煤体处于塑性状态，其中低于原岩有效应力区域($AB$)的煤体处于失稳破坏状态，有效应力峰值位置之后区域($AC$ 以外)的煤体处于弹性状态。由图 4-77 可知，巷道围岩塑性区边界位于应力峰值处，即巷道周边 9m 范围内的煤体处于塑性状态，其中低于原岩应力的 0～4.9m 区域内的煤体发生了失稳破坏。而大于 9m 区域的煤体处于弹性状态，其中大于 26.5m 区域的煤体处于原岩应力状态。

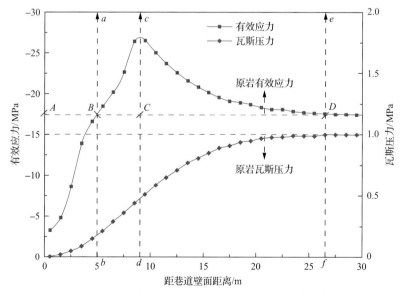

图 4-77　巷道开挖后围岩有效应力与瓦斯压力分布

$ab$、$cd$ 和 $ef$ 分别代表 $AB$ 区、$BC$ 区和 $CD$ 区的边界

表 4-18  巷道围岩分区

| 按煤体变形状态划分 | 有效应力-渗透率曲线阶段 | | 按煤体渗流状态划分 | 按煤体应力状态划分 |
|---|---|---|---|---|
| 塑性区(AC) | 裂隙区(AB) | IV | 完全渗流区 | 有效应力降低区 |
| | 塑性强化区(BC) | III | 过渡渗流区 | 有效应力升高区 |
| 弹性区 (AC 以外区域) | 弹性变形区(CD) | II | 渗流屏蔽区 | |
| | 原岩状态区 (AD 以外区域) | | 原岩渗流区 | 有效原岩应力区 |

由表 4-18 可知,塑性区(AC)包括裂隙区(AB)和塑性强化区(BC)。裂隙区(AB)内煤体有效应力都低于有效原岩应力,故也称为有效应力降低区,区内煤体发生了失稳破坏,宏观裂隙发育,越靠近巷道破坏越严重;塑性强化区(BC)内煤体呈塑性状态,但具备较高的承载能力,煤体处于塑性强化状态,应力高于原岩应力。弹性区(AC 以外区域)包括弹性变形区(CD)和原岩状态区(AD 以外区域)。弹性变形区(CD)内煤体在巷道开挖产生的次生应力作用下仍处于弹性变形状态,各点应力均超过原岩应力;原岩状态区(AD 以外区域)未受巷道开挖影响,煤体仍处于原岩应力状态。

B  钻孔开挖引起的有效应力变化

在图 4-77 中的 AB 区、BC 区、CD 区及 AD 区以外范围内各取一条代表性观测线,分别距巷道壁面 3m、8m、14m 和 29m。所取观测线垂直于钻孔,起点为孔壁。钻孔开挖后,各观测线上的应力分布如图 4-78 所示。从图中可以看出,钻

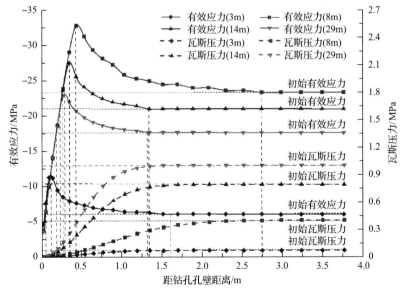

图 4-78  钻孔围岩各观测线上的有效应力与瓦斯压力分布

孔开挖后,不同观测线上的有效应力和瓦斯压力分布情况与图 4-77 情况相似,随着距钻孔孔壁距离的增大,有效应力也都先后出现有效应力降低区、有效应力升高区和有效原岩应力区,瓦斯压力逐渐增大直至恒定。巷道开挖后,任意一条观测线上的有效应力值大小相同,此有效应力可认为是钻孔开挖前的初始有效应力。对于 AB 区内煤体,由于巷道开挖影响,皆处于失稳破坏状态,钻孔开挖后依然处于此状态;对于 BC 区内煤体,只要承载的应力低于该初始应力,则可认为该部分煤体由于钻孔开挖发生了失稳破坏,其余部分煤体由于巷道开挖影响处于塑性状态;对于 AC 以外区域内煤体,承载应力低于初始应力的煤体由弹性状态变为失稳破坏状态,高于初始应力且位于峰值应力之前的煤体由弹性状态变为塑性状态,承载应力位于峰值应力之后的区域仍然为弹性状态。

C　钻孔周边煤体渗透性演化

基于图 4-77 中煤体渗透率随有效应力的变化规律,大致可得到图 4-79 的巷道围岩渗透性分布规律。由图 4-79 可知,AB 区内煤体变形状态对应于图 4-77 中的裂隙贯通阶段Ⅳ,且距巷道越近,随有效应力降低,渗透率急剧变大;BC 区内煤体变形状态对应于图 4-77 中的塑性破坏阶段Ⅲ,且距巷道越远,渗透率进一步降低,至有效应力峰值位置时,渗透率达到最低;AC 区以外煤体变形状态对应于图 4-77 中的弹性变形阶段Ⅱ,其中 CD 区内煤体,随应力降低,渗透率逐渐升高,但始终低于原岩渗透率;AD 以外区域煤体未受巷道开挖影响,渗透率为原岩渗透率。

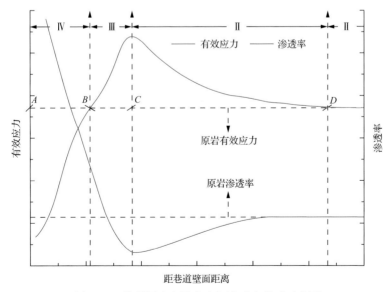

图 4-79　巷道围岩有效应力与渗透率关系示意图

由图 4-77 和图 4-79 可知,AB 区为完全渗流区,该区内煤体受载破坏,裂隙充分发育、贯通，区内煤体渗透率保持在很高水平，其渗透性能比原煤高 2 个数量级；$BC$ 区为过渡渗流区，该区煤体裂隙发育但连通性不强，区内渗透率快速降低至低于原岩渗透率，并在 $BC$ 区与 $CD$ 区交界处达到最低；$CD$ 区为渗流屏蔽区，该区应力高于原岩应力，表现为对煤体孔隙及裂隙的压缩效应，区内应力逐渐降低至原岩应力状态，煤体渗透率亦由最小值逐渐恢复到原岩渗透率；$AD$ 以外区域煤体处于原岩应力状态，为原岩渗流区。

类似于图 4-78 中观测线，距巷道不同距离，垂直于钻孔取观测线，以各观测线上所有低于初始应力的终止位置、峰值应力位置和等于初始应力的起始位置各自距钻孔孔壁距离作为纵坐标，以所取观测线距巷道壁面距离作为横坐标，各点连接即构成由钻孔开挖产生的裂隙区边界 $ghi$、塑性区边界 $mno$ 和弹性变形区边界 $pqr$，如图 4-80～图 4-82 所示。

如图 4-80 所示，裂隙区边界 $ahi$ 与 $jkl$ 构成了钻孔开挖后的完全渗流区，完全渗流区内的煤体渗透性对应于图 4-79 中的裂隙贯通阶段Ⅳ。该区由巷道开挖、巷道及钻孔开挖和钻孔开挖形成的裂隙区组成。钻孔开挖使巷道开挖产生的裂隙区沿钻孔方向扩展，其裂隙区沿巷道方向的宽度整体变化趋势为先增大后减小最后恒定。即由距离巷道 4.9m 处的 $1.8r$（$r$ 为钻孔半径）开始增大，距离巷道 9m 时，达到最大，最大裂隙区宽度为 $6.2r$，随后逐渐减小。距离巷道大于 19m 时，裂隙区宽度一直保持 $4.0r$ 不变。裂隙区内的渗透率较原煤渗透率高 2 个数量级，且越靠近巷道和钻孔，渗透率越大。钻孔周边完全渗流区的存在，导致钻孔抽采初

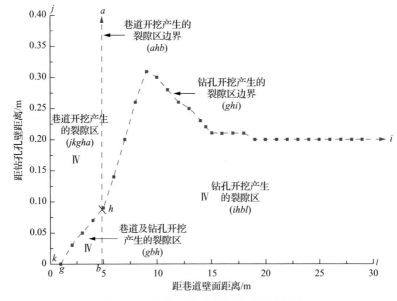

图 4-80　钻孔开挖后产生的裂隙区边界

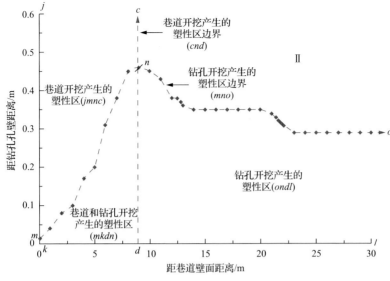

图 4-81　钻孔开挖后产生的塑性区边界

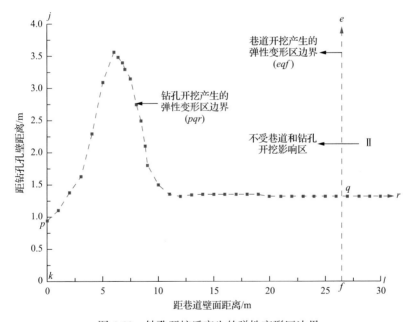

图 4-82　钻孔开挖后产生的弹性变形区边界

期，裂隙区内的瓦斯快速解吸，并被抽入钻孔内。随着抽采进行，完全渗流区内的瓦斯解析速度越来越慢，煤体瓦斯压力大幅度降低至低于大气压，此时巷道中空气在抽采负压作用下易经完全渗流区被抽入孔内，从而降低了钻孔的抽采浓度，影响了钻孔的抽采寿命。

图 4-81 中的边界 cno 对应于图 4-79 中的弹性变形阶段Ⅱ和塑性破坏阶段Ⅲ的交界处，边界 cno 处的煤体渗透率比原煤渗透率低 50%以上，对于低渗透率煤层，该边界是气体渗流的屏障，使钻孔周边塑性区以外的煤体瓦斯难以向钻孔渗流，导致该区域内瓦斯很难被抽出。

由图 4-82 可知，巷道及钻孔先后开挖后，eqr 以外区域即距巷道壁面距离大于 26.5m 且距钻孔孔壁距离大于 26.4r 的煤体为不受巷道或钻孔开挖影响的原煤，该区域即为原岩渗流区。

如图 4-83 所示，裂隙区边界 ahi 和塑性区边界 cno 构成了钻孔开挖后的过渡渗流区，该区由巷道开挖、巷道及钻孔开挖和钻孔开挖产生的塑性强化区组成。区内煤体渗透性对应于图 4-79 中的塑性破坏阶段Ⅲ，其渗透率由边界 ahi 向边界 cno 逐渐变小，区内煤体瓦斯能够流入孔内。该区内煤体裂隙孤立，仅部分裂隙沟通，巷道中空气经过完全渗流区时，少量空气会进入过渡渗流区内。

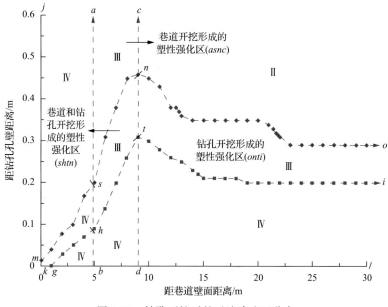

图 4-83　钻孔开挖后的过渡渗流区分布

如图 4-84 所示，边界 cno 和边界 eqr 构成了钻孔开挖后的渗流屏蔽区，该区由巷道开挖、巷道及钻孔开挖和钻孔开挖产生的弹性变形区组成，区内煤体渗透性对应于图 4-79 中的弹性变形区Ⅱ，其渗透率由 cno 向 eqr 逐渐增大。渗流屏蔽区内煤体渗透率较原始煤体渗透率低，则对于低透气性煤层，该区阻隔了原煤瓦斯向钻孔运移。

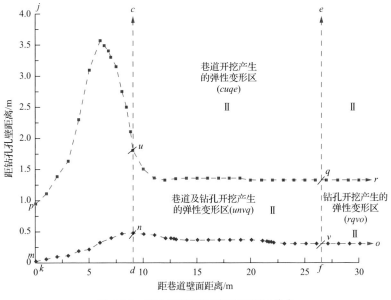

图 4-84　钻孔开挖后的渗流屏蔽区分布

### 4.5.2　煤岩裂隙内固相颗粒的堵塞行为

固相颗粒在钻孔周边煤岩裂隙内的运移与沉积行为，决定了固相颗粒密封钻孔周边漏气裂隙的效果。因此，构建了多裂隙内气固两相流实验系统，模拟研究了固相颗粒在钻孔周边漏气裂隙内的流动与堵塞特性[35-37]，以确定固相颗粒密封漏气裂隙技术的关键工艺参数，为该技术的推广应用提供理论依据。

#### 1. 裂隙内气固两相流模拟试验系统

##### 1) 系统总体结构

裂隙内气固两相流模拟试验系统主要由气源、气流控制装置、粉料输送装置、裂隙平台、数据收集装置等组成，如图 4-85 所示。该系统考虑了给料的微量性及均匀性、裂隙的多样性及粉料流动与堵塞过程的可视化等要求。其中，颗粒粉料的微量输送通过旋转轴上的螺旋叶片控制；通过设计制作多种裂隙平台模拟煤岩体中的真实裂隙；为了实验过程的可视化，采用有机玻璃板形成流动通道以模拟裂隙，采用的颗粒粉料为玫瑰红膨润土，其主要物性参数如表 4-19 所示。此外，所用气源为干燥空气。

##### 2) 粉料输送装置

粉料输送装置由料仓、螺旋叶片、对夹式活接、旋转轴、电机和转速控制器等组成。料仓位于粉料输送装置的上部，整体呈漏斗状，内部光滑，便于粉料颗

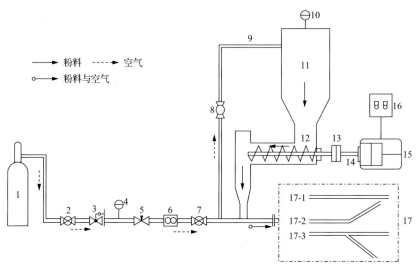

图 4-85　裂隙气力输送系统示意图

1-高压气瓶；2-控制阀Ⅰ；3-减压阀；4-压力表Ⅰ；5-节流阀；6-转子流量计；7-控制阀Ⅱ；8-控制阀Ⅲ；9-平衡管；
10-压力表Ⅱ；11-料仓；12-螺旋叶片；13-对夹式活接；14-旋转轴；15-电机；16-转速控制器；17-裂隙平台；
17-1-直裂隙；17-2-弯折裂隙；17-3-分叉裂隙

表 4-19　试验材料的物性参数

| 平均粒径/$\mu$m | 颗粒密度/(kg/m$^3$) | 堆积密度/(kg/m$^3$) | 湿度/% | 休止角/(°) |
|---|---|---|---|---|
| 48 | 2156 | 970 | 6.3 | 42 |

粒顺利滑落至下部螺旋叶片内。电机带动螺旋叶片转动，从而使螺旋叶片均匀送料。通过转速控制器调节电机旋转频率来控制螺旋叶片的转速，进而控制输送装置供给的粉料质量流量。

3) 气流控制装置

干空气瓶所提供的气源压力范围为 0~15MPa,实验所需气压仅在 0~0.20MPa,故在干空气瓶后设置了减压阀；实验所用气体流量计量程范围为 0~10m$^3$/h，而所需流量为 2.0~7.0m$^3$/h，故设置了节流阀加以控制。实验系统中的气压通过管路上的压力表获取，系统中的气体体积流量通过转子流量计读出，进而得出气体质量流量和表观气速。

4) 裂隙平台

采用原位探测和扫描电镜等方法对钻孔周边裂隙区内的裂隙形态进行了观测，发现孔外裂隙区内主要存在直裂隙、弯折裂隙和分叉裂隙三种裂隙形态。因此，本实验中固体颗粒粉料封堵的对象为直裂隙、弯折裂隙和分叉裂隙，各裂隙通道采用有机玻璃板拼接而成，以方便观测粉料在裂隙中的流动与堵塞情况。其中，弯折裂隙和分叉裂隙分别见图 4-86 和图 4-87。裂隙封堵实验所采用裂隙平台的具体参数见表 4-20。

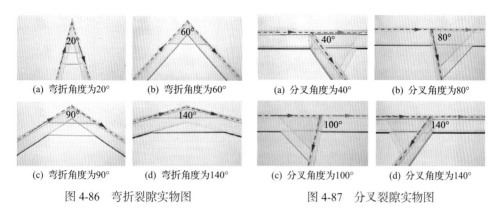

| (a) 弯折角度为20° | (b) 弯折角度为60° | (a) 分叉角度为40° | (b) 分叉角度为80° |
| (c) 弯折角度为90° | (d) 弯折角度为140° | (c) 分叉角度为100° | (d) 分叉角度为140° |

　　　　图 4-86　弯折裂隙实物图　　　　　　　图 4-87　分叉裂隙实物图

**表 4-20　裂隙平台参数**

| 裂隙 | 参数 | 数值 |
| --- | --- | --- |
| 竖直直裂隙 | 宽度 | 3mm、4mm、5mm |
| 水平直裂隙 | 高度 | 3mm、4mm、5mm |
| 分叉裂隙 | 宽度 | 2mm |
|  | 角度 | 20°、40°、80°、100°、140° |
| 弯折裂隙 | 宽度 | 2mm |
|  | 角度 | 20°、60°、90°、140° |

**2. 实验参数与实验步骤**

影响裂隙封堵效果的主要因素有：气力输送压力($P_t$)、空管气速($V_s$)、气体质量流量($m_f$)、粉料质量流量($m_s$)、固气比($m^*$)、竖直直裂隙宽度($D$)、水平直裂隙高度($H$)、弯折裂隙弯折角度($\alpha$)及分叉裂隙分叉角度($\theta$)等，其中空管气速、气体及粉料的质量流量和固气比需通过计算求得。

空管气速是指粉料进入裂隙前气体体积流量与裂隙横截面积的比值，其表达式为

$$V_s = \frac{Q}{S} \tag{4-98}$$

式中，$Q$ 为气体体积流量，$m^3/s$；$S$ 为裂隙横截面积，$m^2$。

气体质量流量是指单位时间内气体流过裂隙某一截面的质量，其表达式为

$$m_f = Q\rho_g \tag{4-99}$$

式中，$\rho_g$ 为气体的密度，取 1.29kg/m³。

粉料质量流量是指在单位时间内输送装置供给粉料的质量，其表达式

$$m_s = nm \tag{4-100}$$

式中，$n$ 为单位时间的转速，r/s；$m$ 为单位转速所供给的粉料质量，kg/r。

固气比是指气力输送过程中的粉料流量与气体流量之比，一般分为质量固气比和体积固气比，本书提到的固气比为质量固气比，其表达式为

$$m^* = \frac{m_s}{m_f} \tag{4-101}$$

固相颗粒粉料堵塞裂隙实验过程如下：

(1)选取裂隙平台中的其中一种裂隙，按图 4-85 所示连接实验系统，并测试系统的气密性。

(2)关闭控制阀Ⅱ，打开控制阀Ⅰ，调节减压阀，使压力表Ⅰ的读数为所需的气力输送压力；打开控制Ⅱ，调节节流阀，使转子流量计的读数为所需的气体体积流量，按式(4-98)即可换算成所需的空管气速；调节转速控制器，设置电机的初始转速，按式(4-100)即可计算出该转速对应的粉料质量流量；关闭控制阀Ⅱ，打开料仓口，向料仓中加入足够的膨润土。

(3)先后打开控制阀Ⅲ和控制阀Ⅱ，按设定转速启动电机，开始气力输送；当观察到裂隙中的颗粒停止运动，且压力表Ⅰ的读数接近所设定的输送压力值时，表明裂隙发生堵塞，此时停止颗粒输送；否则，继续输送膨润土，至料仓中的膨润土全部输送完毕。

(4)关闭控制阀Ⅱ，重新调节转速控制器，增大电机转速，并再次向料仓中加入足够的膨润土；打开控制阀Ⅱ，并启动电机，再次开始气力输送至发生堵塞，否则继续增大电机的转速，直至刚好发生堵塞。

(5)记录恰好发生堵塞时所设定的电机转速，即可获得该输送压力及空管气速下发生堵塞的临界粉料质量流量；开始下一组输送压力及空管气速下的粉料堵塞实验。

3. 裂隙堵塞特性

固相颗粒粉料在三种形态裂隙内的堵塞行为具有一定的相似性，因此本书以弯折裂隙为例，介绍固相颗粒粉料对裂隙的堵塞特性。

1)堵塞的动态过程

图 4-88 为不同弯折角度的弯折裂隙的典型堵塞过程演化，红色虚线代表弯折裂隙弯折位置，气固两相流流动方向为自左向右，粉红色物体为玫瑰红膨润土。

由图 4-88(a) 和(b)可知，对于角度为 20°和 60°的折线裂隙，空气携带颗粒群运移至裂隙弯折位置时，输送通道方向发生急剧改变，迫使气流改变流动方向，由于颗粒物质的密度远远大于气体密度，运动中的颗粒被强烈的惯性力分离出气流，同时由于此处裂隙方向改变较大，且裂隙宽度较小，颗粒与裂隙外侧内壁及颗粒与颗粒间发生剧烈摩擦和碰撞，大量颗粒动量损失，造成一部分颗粒在弯折处附近停留，并在第 1s 时，发生局部栓塞。紧随栓塞段的颗粒群较难越过弯折处，很快栓塞段向裂隙入口方向蔓延，在第 2s 时，颗粒几乎完全充满裂隙前半段，并在第 3s 时，裂隙前半段被完全充满。随后在压差作用下向裂隙右半段扩散，在第 4s 时，几乎充满右半段裂隙。随着栓塞段的增长，同时由于物料的不断加入，消耗了大量的输送动力，最终导致无足够的压差推动物料，从而在第 5s 时，整个裂隙被完全堵塞。与图 4-88(a) 和(b)不同，如图 4-88(c) 和(d) 所示，由于角度为 90°和 140°的折线裂隙弯折处变化相对较缓，颗粒群与裂隙壁面碰撞相对较弱，勉强能够跟随气流越过弯折处，并在第 1s 时，在弯折处右端附近发生栓塞，

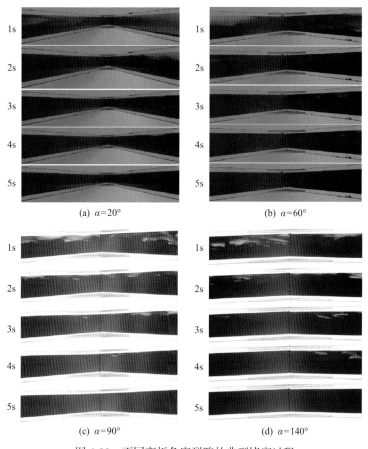

(a) $\alpha=20°$　　　　　　　　　　(b) $\alpha=60°$

(c) $\alpha=90°$　　　　　　　　　　(d) $\alpha=140°$

图 4-88　不同弯折角度裂隙的典型堵塞过程

在第 2s 时弯折处左端附近发生栓塞，随后的栓塞段蔓延及最终堵塞过程与图 4-88(a)和(b)类似。由此可见，对于弯折裂隙，在弯折处局部输送阻力骤增，颗粒运动至弯折处时，颗粒浓度增加，颗粒速度降低，导致在弯折处附近首先发生栓塞，进而向裂隙入口段扩散，随后向裂隙出口段蔓延，直至整个裂隙发生完全堵塞。

2) 气速与粉料质量流量

图 4-89 为输送压力恒定时不同弯折角度的裂隙堵塞发生的临界气速与粉料质量流量关系。由图 4-89 可知，不同弯折角度及输送压力，随气速增大，发生堵塞的临界粉料质量流量皆呈增大的变化趋势，且气速越大，增幅越大，而输送压力越大，发生堵塞所需的临界气速越小。

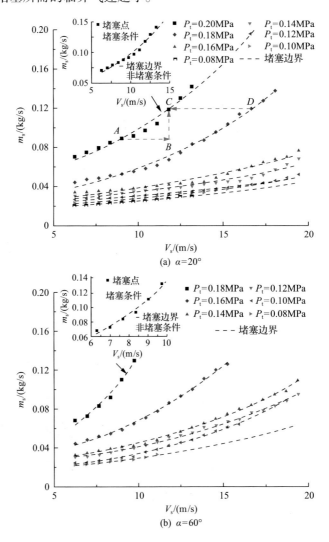

(a) $\alpha=20°$

(b) $\alpha=60°$

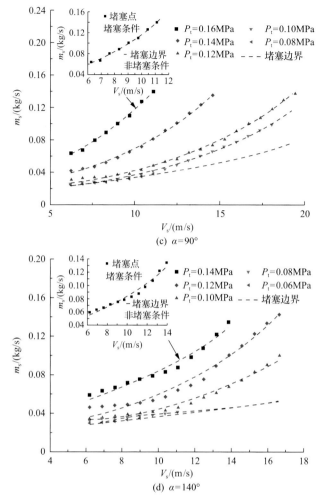

图 4-89　不同弯折裂隙堵塞发生的临界气速与粉料质量流量关系

　　在气力输送过程中，输送物料所需的能量是通过空气压力的损失来给予的，通常称之为压力损失。以折线角度为 20°为例：对于密相气力输送，气速越大，压力损失越小，如图 4-89(a)所示，当气速由发生堵塞的点 A 增大至点 B 时，随气速增大，颗粒与颗粒及颗粒与裂隙壁面间的碰撞与摩擦减小，压力损失减小，此时点 B 的总压力损失小于堵塞点 A 对应的输送压力 0.20MPa，难以发生堵塞。而颗粒质量流量越大，压力损失越大。当颗粒质量流量由点 B 增大至点 C 时，颗粒与颗粒及颗粒与裂隙壁面间的碰撞与摩擦加剧，压力损失增大，总压力损失再次增大至 0.20MPa，此时会导致输送动力不足而发生堵塞；当输送压力由堵塞点 D 所对应的输送压力 0.18MPa 增大至点 C 所对应的输送压力 0.20MPa 时，输送压力增大，所提供的能量虽然增大，但气速减小，所消耗的能量也增大，则由堵塞

点 $D$ 变化至点 $C$ 时，也会发生堵塞。

3）气速与固气比

裂隙宽度 $D$ 及固气比 $m^*$ 是影响堵塞的关键因素。裂隙堵塞边界条件的表达式为[38]

$$f\left(Fr=\frac{V_\mathrm{s}}{\sqrt{gD}},m^*\right)=0 \tag{4-102}$$

式中，$Fr$ 为弗劳德数；$D$ 为裂隙宽度；$g$ 为重力加速度。

本书中的弗劳德数表征驱动一定量的粉料所需的惯性力相对大小的无因次数。式（4-102）可表达为[38]

$$Fr=K(m^*)^\beta \tag{4-103}$$

由式（4-102）和式（4-103）可得

$$V_\mathrm{s}=K(m^*)^\beta\sqrt{gD}=K^*(m^*)^\beta=f(m^*) \tag{4-104}$$

式中，$K$、$K^*$ 和 $\beta$ 为常数，可由试验获得。

由于 $m^*=\dfrac{m_\mathrm{s}}{V_\mathrm{s}\cdot S\cdot\rho_\mathrm{f}}$，其中 $S$ 为裂隙横截面积，$\rho_\mathrm{f}$ 为发生堵塞时的气体密度，则由图 4-89 中的气速与粉料质量流量关系即可确定气速与固气比的关系，如图 4-90 所示。

由图 4-90 可知，在输送压力和弯折角度恒定时，随气速增大，发生堵塞的临界固气比先减小后增大；发生堵塞的固气比存在最低值，而只要固气比低于该值，则不会发生堵塞。图 4-90（a）所示的输送压力为 0.08MPa 及图 4-90（d）所示的输送

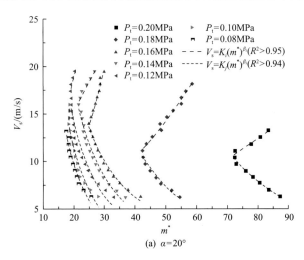

(a) $\alpha=20°$

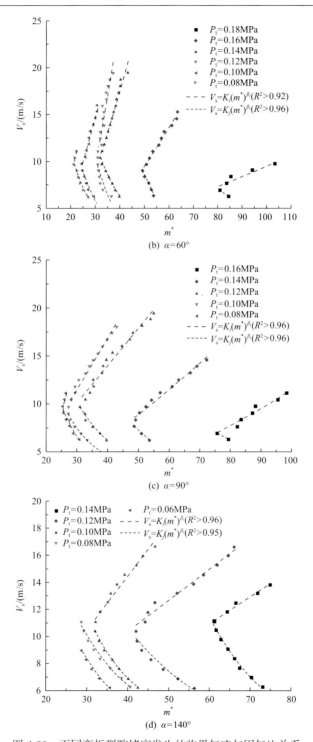

图 4-90　不同弯折裂隙堵塞发生的临界气速与固气比关系

压力为 0.08MPa 和 0.06MPa 时，随气速增大，固气比并未出现增大的趋势，这主要是因为当系统输送压力设置过低时，所能达到的最大气速也较低，难以观测到相对较高气速时发生堵塞的临界固气比。

图 4-90 所示的堵塞发生的气速与固气比呈现式(4-104)所示的幂函数关系，但不同的是其为分段函数。

当 $V_s \geqslant f(m^*_{min})$ 时：

$$V_s = K_i (m^*)^{\beta_i} = K^* (m^*)^{\beta} \quad \beta_i > 0 \qquad (4-105)$$

当 $V_s < f(m^*_{min})$ 时：

$$V_s = K_j (m^*)^{\beta_j} = K^* (m^*)^{\beta} \quad \beta_j < 0 \qquad (4-106)$$

由式(4-105)和式(4-106)可知，当 $V_s \geqslant f(m^*_{min})$ 时，临界固气比与气速呈现幂指数单调递增的关系，而当 $V_s < f(m^*_{min})$ 时，临界固气比与气速呈现幂指数单调递减的关系。$K_i$、$K_j$、$b_i$ 和 $b_j$ 可由图 4-90 所示的试验数据获得。一旦这些参数确定，对于一定气压和弯折角度的裂隙的堵塞边界条件即可确定。此外，粉料颗粒堵塞裂隙存在最小固气比，当气速大于最小固气比对应的气速时，固气比反而随着气速的增大呈幂指数递增的变化趋势。

4) 气压与固气比

图 4-91 为气速恒定时发生堵塞的临界气压与固气比的关系。由图 4-91 可知，气压越大，发生堵塞所需的临界固气比越大。这主要是因为，固气比越大，颗粒浓度越大，消耗的输送动力越大，则发生堵塞的临界输送压力越大。由图 4-92 可知，对于一定角度的裂隙，气压越大，则对应的最小固气比也越大。在现场操作中，也需根据输送压力的不同，采用不同的最小固气比，才更经济、合理。

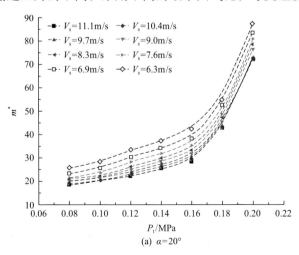

(a) $\alpha = 20°$

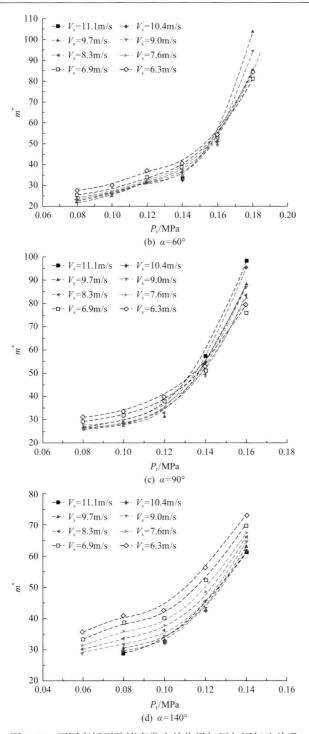

(b) $\alpha=60°$

(c) $\alpha=90°$

(d) $\alpha=140°$

图 4-91　不同弯折裂隙堵塞发生的临界气压与固气比关系

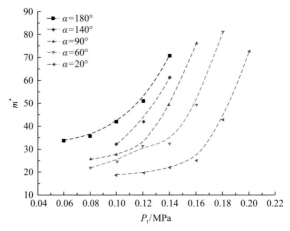

图 4-92　不同弯折裂隙堵塞发生的临界气压与最小固气比关系

气压过低易造成井下输送粉料进入裂隙前在输送管路中因气力不足而发生堵塞，而气压过高易造成管路连接处发生爆管事故。由图 4-92 可知，弯折裂隙弯折角度为 20°、60°、90°、140°时，发生堵塞的临界气压由缓慢增大到急剧增大的转折点分别为 0.16MPa、0.14MPa、0.12MPa、0.10MPa，采用转折点附近的气压便于在粉料难以堵塞裂隙时快速找到堵塞发生的临界气压。因此，不妨认为 0.10～0.12MPa 为最优气力输送压力。

5) 弯折角度与固气比

图 4-93 为不同输送压力下气速恒定时发生堵塞的临界固气比与弯折角度的关系。由图 4-93 可知，气速与气压恒定时，裂隙弯折角度越大，发生堵塞所需的临界固气比越大。这主要是因为，角度越大，裂隙弯折处风流及颗粒运动方向改变的幅度越小，颗粒与颗粒及颗粒与裂隙壁面的碰撞能量损失越小，越易被气流

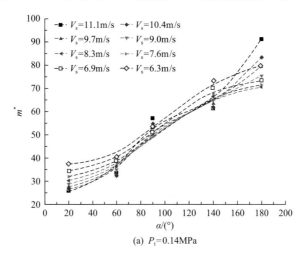

(a) $P_t$=0.14MPa

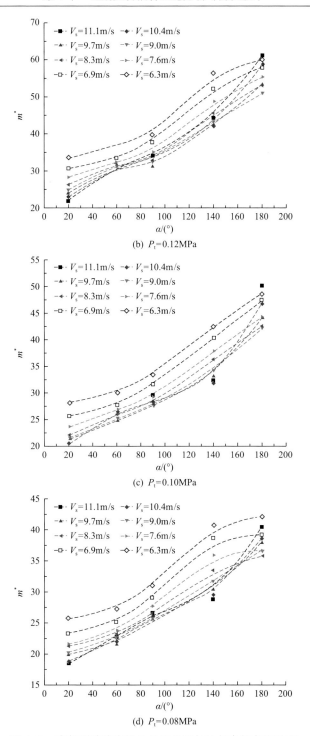

图 4-93　弯折裂隙堵塞发生的临界固气比与弯折角度关系

携带走，越难发生堵塞，而增大固气比，加剧了弯折处颗粒与颗粒及颗粒与裂隙壁面的碰撞，越易在弯折处附近发生栓塞，尤其是对于180°的直线裂隙，需要更大的固气比才会发生堵塞。

图 4-94 为弯折裂隙堵塞发生的最小固气比与弯折角度的关系。由图 4-94 可知，随角度增大，发生堵塞的最小固气比也增大。因此，需根据各裂隙的角度大小，采用相应的最小固气比，才能取得最经济的封堵效果。

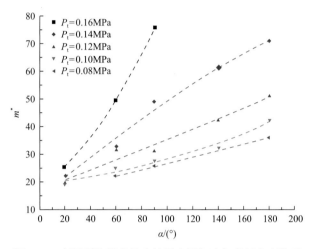

图 4-94　弯折裂隙堵塞发生的最小固气比与弯折角度关系

### 4.5.3　固相颗粒密封漏气裂隙装备与技术工艺

1. 粉料输送机

粉料输送机主要包括总进气管、控制阀门、减压阀和漏斗式料斗，气源采用压风管路中的高压气体，漏斗式料斗由装料筒、吹料室、辅助进气室、透气帆布、吹料进气管、辅助进气管和出料管组成，其结构如图 4-95 所示。

粉料输送机的工作原理为：高压气体经减压阀的减压作用，风压降低至 0.1～0.3MPa；气流经三通将气体分为两路：一路气体经辅助进气管进入辅助进气室中，在其倾斜角 45°底板的反射作用下向上吹过透气帆布进入吹料室，把料斗落下的微细膨胀粉料吹散成飘浮状态；另一路气流经出料管高速吹出，在其卷吸作用下把吹料室中处于飘浮状态的微细膨胀粉料吹进出料管中并送入钻孔。

粉料输送机实物见图 4-96，其操作方法如下：

(1)进气管与井下压风管路连通，中间连接进气口阀门；

(2)关闭进气管气体出口处的阀门，并打开进气口阀门，调节减压阀，将压力调至 0.15～0.2MPa；

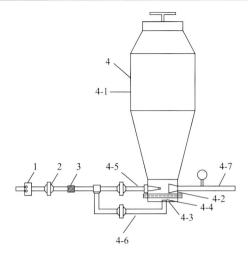

图 4-95 粉料输送机结构示意图

1-总进气管；2-控制阀门；3-减压阀；4-漏斗式料斗；4-1-装料筒；4-2-吹料室；4-3-辅助进气室；4-4-透气帆布；
4-5-吹料进气管；4-6-辅助进气管；4-7-出料管

(a) 主视图　　　　　　　　　　(b) 左视图

图 4-96 粉料输送机实物图

(3)将顶盖打开，加入适量粉料，盖上顶盖并拧紧；

(4)打开进气口阀门，气流经过气体流量计，流量计内的浮标会上浮，开始粉料输送；

(5)观察气体流量计的变化,若流量计的浮标下沉至底部,则关闭进气口阀门,并打开卸压阀。

2. 固相颗粒粉料

根据固相颗粒粉料封堵钻孔周边漏气裂隙的要求，从粉料的微细性质、流动性、膨胀性出发，优化并配比了最优的微细膨胀粉料；它由基料、增黏剂、助流剂、硬化剂和吸水剂组成。粒径分布为 60～80 目：140～150 目：150～160 目：160～180 目：180～200 目=7：7：3：2：2，微细膨胀粉料实物见图 4-97。

图 4-97　微细膨胀粉料

需考虑粉料在井下压风正压下及瓦斯抽采系统的负压下能够输送的更远，吸水后能够充分膨胀及硬化，湿润后黏性更强。粉料组分配比优化方案见表 4-21。对表 4-21 中各组微细膨胀粉料的密度、安息角和膨胀性进行了测定，结果见表 4-22。

表 4-21　粉料配比优化方案

| 组别 | 基料 | 增黏剂 | 助流剂 | 硬化剂 | 吸水剂 |
| --- | --- | --- | --- | --- | --- |
| 1 | 40 | 5 | 0 | 45 | 10 |
| 2 | 40 | 9 | 1 | 45 | 5 |
| 3 | 40 | 8 | 2 | 45 | 5 |
| 4 | 50 | 5 | 0 | 35 | 10 |
| 5 | 50 | 9 | 1 | 35 | 5 |
| 6 | 50 | 8 | 2 | 35 | 5 |
| 7 | 60 | 5 | 0 | 30 | 5 |
| 8 | 60 | 5 | 1 | 29 | 5 |
| 9 | 60 | 10 | 2 | 23 | 5 |

表 4-22　各种组分参数对比

| 组别 | 密度/(kg/m³) | 安息角/(°) | 膨胀率/% | 膨胀速率/% |
| --- | --- | --- | --- | --- |
| 1 | 951 | 40.5 | 100 | 41.90 |
| 2 | 933 | 37.5 | 100 | 43.33 |
| 3 | 904 | 39 | 150 | 63.57 |

续表

| 组别 | 密度/(kg/m³) | 安息角/(°) | 膨胀率/% | 膨胀速率/% |
|---|---|---|---|---|
| 4 | 987 | 40.9 | 100 | 41.79 |
| 5 | 950 | 39.5 | 83 | 32.86 |
| 6 | 940 | 42 | 100 | 40.96 |
| 7 | 970 | 41.4 | 100 | 38.10 |
| 8 | 962 | 36.6 | 41.67 | 18.10 |
| 9 | 966 | 38 | 60 | 24.57 |

对表 4-22 进行分析可得:

(1) 微细膨胀粉料密度越大, 则单位体积粉料所受重力越大, 粉料越不易输送至裂隙深部。由于第 4、7、8、9 组粉料的密度较大, 所以不选用。

(2) 安息角表征粉料的流动性, 安息角越大流动性越差。由于第 1、4、6、7 组粉料的安息角偏大, 所以不选用。

(3) 膨胀率反映微细膨胀粉料的最终膨胀结果, 直接影响到封堵裂隙的效果, 若膨胀率较低则可能导致封堵裂隙效果不佳, 因此第 5、8、9 组粉料不选用。

(4) 膨胀速率表征了粉料在单位时间内膨胀的效果, 膨胀速率越大, 一定时间漏风风流运移的阻力越大, 瓦斯浓度提高越快, 所以第 5、7、8、9 组粉料不选用。

由以上分析可知, 只有第 2、3 组粉料可以选用。由于第 3 组粉料的各项参数均优于第 2 组 (安息角除外)。因此, 将第 3 组粉料作为微细膨胀粉料的最优配比, 即基料 40%、增黏剂 8%、助流剂 2%、硬化剂 45%、吸水剂 5%。

3. 技术工艺

1) 固相颗粒密封顺层钻孔漏气裂隙工艺

如图 4-98 所示, 钻孔施工形成后, 送入抽采管和粉料输送管, 并对孔内和孔口进行密封, 中间留有粉料输送腔室; 然后采用井下高压空气将粉料经粉料输送管送入腔室内, 进而进入孔外裂隙内, 并在裂隙内形成堵塞; 粉料堵漏后将抽采管连接至抽采系统, 开始抽采瓦斯。

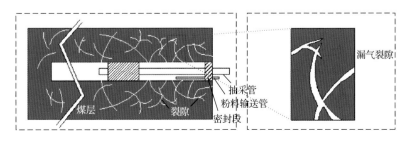

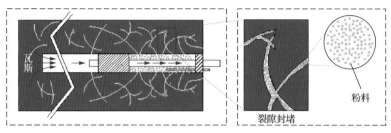

图 4-98 固相颗粒密封顺层钻孔漏气裂隙原理示意图

2) 固相颗粒密封穿层钻孔漏气裂隙工艺

当钻孔瓦斯抽采浓度降低到一定值后，在穿层钻孔孔群周围施工若干外围控制孔，在其内部施工至少一个内部控制孔；将粉料输送管装入外围控制孔和内部控制孔内，孔口用聚氨酯封孔剂密封；通过井下压风系统，将微细膨胀粉料经粉料输送管吹入控制孔内，此时微细膨胀粉料在井下压风系统的正压和瓦斯抽采的负压共同作用下，进入穿层钻孔周围的裂隙漏气通道，进而封堵该通道，阻隔巷道中风流进入穿层钻孔。穿层钻孔颗粒封堵原理如图 4-99 所示。

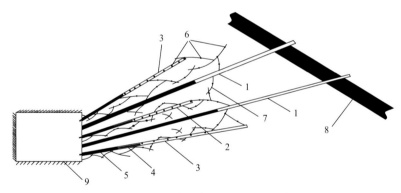

图 4-99 固相颗粒密封穿层钻孔漏气裂隙原理图

1-穿层钻孔；2-内部控制孔；3-外围控制孔；4-粉料输送管；5-聚氨酯封孔剂；6-微细膨胀粉料；
7-裂隙漏气通道；8-煤层；9-岩巷

### 4.5.4 固相颗粒密封钻孔漏气裂隙工程应用

固相颗粒密封钻孔漏气裂隙技术在淮北、盘江、石嘴山和晋城等矿区的 30 多座矿井成功应用，大幅度提高了钻孔的抽采浓度及流量，缩短了瓦斯抽采达标所用时间，降低了回采工作面的瓦斯涌出量，确保了矿井安全、顺利生产，取得了显著的效果。

#### 1. 固相颗粒密封顺层钻孔漏气裂隙技术工程应用及效果

化处煤矿隶属于原六枝工矿(集团)有限责任公司，是煤与瓦斯突出矿井。矿井为单一煤层开采，所采煤层为 7#煤层；7#煤层二水平瓦斯含量为 14.98m³/t，瓦斯压力为 1.3MPa，瓦斯含量梯度为 0.0575m³/(t·m)，瓦斯压力梯度为 0.006MPa/m。

工程应用地点位于 2371 机巷(图 4-100)。该工作面煤层平均厚度为 6.5m，煤层倾角平均为 25°，透气性系数为 0.3223m²/(MPa²·d)，$f$ 值一般在 0.1~0.5，$f$ 为煤的坚固性系数，属松软煤层。2371 机巷掘进放炮后有瓦斯超限现象。矿井采用聚氨酯封孔法，封孔段长度为 8m，封孔后初始瓦斯浓度在 16%~84%，经过 12~28d 抽采后，浓度降低到 30%以下，钻孔的有效抽采期偏短。

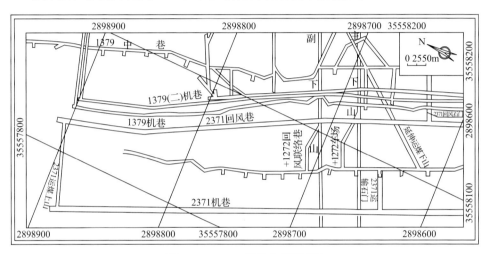

图 4-100　2371 机巷布置平面图

试验钻孔布置在 2371 机巷刚掘出的巷道区域，孔间距为 2.5m，共布置了 10 个钻孔，即 11#~20#钻孔，孔深为 61~65m，倾角为 20°~26°。采用聚氨酯封孔，封孔深度为 8m，孔口预留 3~4m 密闭腔室，抽采负压平均为 20kPa。待钻孔瓦斯浓度下降到 20%以下时，采用固相颗粒密封漏气裂隙技术封堵钻孔周边煤岩裂隙，考察采用该技术前后的钻孔瓦斯浓度变化情况，并使用独立支管接抽，以考察这 10 个钻孔的支管流量变化情况。

采用固相颗粒密封漏气裂隙技术前，各钻孔瓦斯抽采浓度低于 20%，甚至为 0，采用封堵技术后，钻孔瓦斯抽采浓度迅速提高到 17%~56%，绝对增量为 16%~49%，平均浓度提高到 32%~59%，平均浓度绝对增量为 21%~58%，最高浓度提高到 46%~85%，最高浓度绝对增量为 45%~84%；采用封堵技术后，钻孔瓦斯抽采浓度增幅为 1.1 倍以上，平均增幅为 1.2 倍以上，最高增幅为 2.5 倍以上。此外，在封堵技术实施前，10 个试验钻孔的整体支管纯瓦斯流量为 0.104m³/min，封堵技术实施后纯流量提高到 0.124m³/min，最高提高到 0.134m³/min，是封堵技术实施前的 1.3 倍。相比封堵技术实施前，平均纯流量增加 0.017m³/min。各孔采用封堵技术后，高浓度抽采期保持 45d 以上。

该技术在其他矿井也取得了良好的应用效果。采用固相颗粒密封漏气裂隙技术前，寺河煤矿钻孔瓦斯抽采浓度为 18%～57%，比德煤矿钻孔瓦斯抽采浓度为 12%～30%，山脚树煤矿钻孔瓦斯抽采浓度为 5%～40%，技术实施后，寺河煤矿钻孔瓦斯抽采浓度增幅为 0.4～1.4 倍，比德煤矿增幅为 1.2～3.8 倍，山脚树煤矿增幅为 0.9～9.5 倍。

**2. 固相颗粒密封穿层钻孔漏气裂隙技术工程应用及效果**

芦岭煤矿为双突矿井，建井以来瓦斯问题始终严重制约着矿井安全生产。矿井主采煤层 8#、9#煤层均为突出煤层，−400m 标高处（一水平下限标高）8#、9#煤层瓦斯压力为 2.59MPa，煤层瓦斯含量为 18.95m³/t；−590～−400m 标高范围（二水平）8#、9#煤层瓦斯压力为 2.59～4.43MPa，煤层瓦斯含量为 18.95～22.67m³/t；−800～−590m 标高范围（三水平）8#、9#煤层瓦斯压力为 4.43～6.47MPa，煤层瓦斯含量为 22.67～25.40m³/t。

底板巷穿层钻孔是芦岭煤矿主要的瓦斯抽采方法。选择已抽采近 6 年的 Ⅱ817 集中巷 17#钻场、14#钻场、13#钻场、12#钻场、11#钻场、7#钻场，已抽采近 3 年的 Ⅱ829 轨道巷 12#钻场，以及已抽采 6 年多的 Ⅱ818 轨道巷 11#钻场、14#钻场作为工程应用钻场。

采用固相颗粒密封漏气裂隙技术前，各底板巷钻场瓦斯抽采浓度低于 30%，多数低于 20%，甚至为 0。采用封堵技术后，钻场瓦斯抽采浓度迅速提高到 18%～68%，绝对增量为 9%～45%，平均浓度提高到 29%～67%，平均浓度绝对增量为 13%～54%，最高浓度提高到 36%～85%，最高浓度绝对增量为 19%～65%；采用封堵技术后，钻场瓦斯抽采浓度增幅为 0.6 倍以上，平均增幅为 0.8 倍以上，最高增幅为 1.1 倍以上。

此外，采用固相颗粒密封漏气裂隙技术前，各钻场纯瓦斯流量低于 0.040m³/min。采用封堵技术后，纯流量迅速提高到 0.040～0.046m³/min，绝对增量为 0.005～0.023m³/min，平均纯流量提高到 0.044～0.054m³/min，平均纯流量绝对增量为 0.017～0.026m³/min，最高纯流量提高到 0.053～0.056m³/min，最高纯流量绝对增量为 0.019～0.036m³/min；采用封堵技术后，纯流量增幅为 0.9 倍以上。

# 4.6 脉动气力压裂煤层增透技术

我国大部分煤层为松软低渗煤层，钻孔预抽煤层瓦斯时抽采流量及浓度衰减速度快、有效抽采时间短。为了实现煤层瓦斯高效抽采，对低渗透煤层进行压裂是常用的方法。长期以来，我国煤矿井下主要应用水力增透技术。然而，该技术在应用过程中存在一些问题，如消耗大量水资源、污染地下水以及液相滞留导致的水锁效应，其中水锁效应是造成该技术难以达到预期效果的主要因素[39]。此外，由于水力增透的压力较高（一般大于 30MPa），因此增大了煤层的煤与瓦斯突出风险。2009 年，我国某煤矿发生了一起煤与瓦斯突出事故，其重要原因之一就是水力压裂导致的应力集中[40]。

为解决水力增透存在的问题，无水压裂技术（压裂介质主要包括空气、氮气、二氧化碳和液氮等）被提出并逐渐得到重视[41-43]。与水基压裂液相比，气体具有极低的黏性和很高的渗透性，因此易于渗入微孔结构中，从而促进裂纹的生长和贯通，具有更好的压裂效果。此外，无水压裂介质（以超临界二氧化碳为例）还具有消除水锁效应、促进甲烷解吸和降低微地震风险等优点[41]。Gomaa 等的研究结果表明，压裂流体的黏度越小，破裂压力就越低，且压裂形成的裂纹越复杂[44]。气力压裂虽然降低了煤层的起裂压力，但注气压力基本也需在 20MPa 以上。在煤矿井下，由于对空气压缩机使用的限制，采用井下压风系统开展气力压裂是一个可行方案，但压风系统中的气体压力仅有 0.5MPa 左右；即使使用增压泵，注气压力也难以达到 10MPa 以上，因此气力压裂技术在煤矿井下应用是非常困难的。

为解决上述难题，作者提出了脉动气力压裂煤层增透技术[45]，即向煤体内循环注入高压气体（不大于 10MPa，远低于煤体破裂压力），使裂隙循环承受膨胀和收缩作用（交变应力），促使裂隙尖端局部断裂并向深部发育，从而提高煤体渗透率。工业性试验结果表明，该技术可显著提升钻孔瓦斯抽采流量，并延长钻孔高效抽采期。

### 4.6.1 脉动气力压裂参数对煤体孔隙结构的影响

煤的孔隙结构是瓦斯渗流的主要通道，因此煤的孔隙结构和裂隙网络，决定了煤体的渗透率。本节主要研究脉动气力压裂的脉动次数、注气压力对煤体孔隙结构和孔径分布的影响。实验思路如下：向来自同一地点的煤样中循环注入高压气体（气体压力远低于煤体的破裂压力），不同的煤样注入气体的压力和循环次数不同；脉动气力压裂后，测试各实验煤体和原始煤体的孔隙参数和表面形貌，以此分析煤体孔隙参数随脉动气力压裂参数的变化。所有煤样的实验都是在相同的轴压和围压条件下完成的。

#### 1. 煤样与实验系统

煤块取自平顶山天安煤业股份有限公司八矿的己 $_{15}$-14140 采煤工作面。己 $_{15}$ 煤层位于下二叠统山西组，煤种为半亮型焦煤。将煤块加工成实验所需的标准圆柱体煤样，煤样直径为 50mm，高度为 100mm（图 4-101）。为了便于向煤样中注入高压气体，运用磁力钻机在煤样一个端面的中心位置钻了一个直径为 10mm、深度为 50mm 的圆孔。

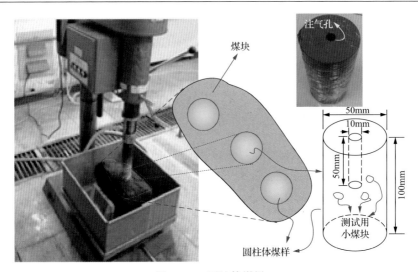

图 4-101　圆柱体煤样

实验系统由岩心夹持器、柱塞泵、注气单元、控制阀和数据采集系统组成，如图 4-102 所示。柱塞泵采用电液伺服控制，其向位于岩心夹持器中的圆柱体煤样加载的轴压和围压可分别高达 50MPa 和 40MPa。气源为高压气瓶中的高压气体（为降低气体吸附对实验结果的影响，本实验选用氦气），最高压力可达 16MPa。向煤样中注入的气体压力由连接在高压气瓶上的减压阀控制。气体注入流量不大于 50mL/min，精度为 0.001mL/min。此外，煤样的两端都设置有端头塞子，以固定煤样两个端面的位移边界。端面的塞子都设置有通道以流入和流出流体。循环压裂实验后，各煤样（包括原始煤体和实验后煤体）的孔径及分布采用压汞法测定。

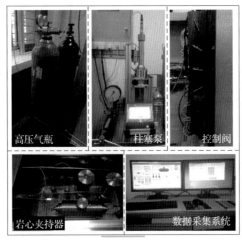

(a) 装备

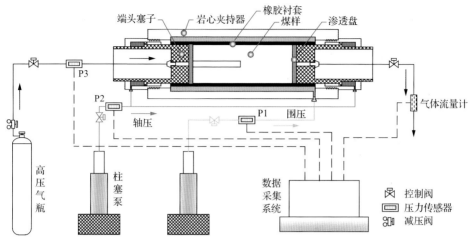

(b) 系统工作示意图

图 4-102 测试系统

2. 实验方案与步骤

实验采用的脉动气力压裂方案是注气-保压-卸压的循环过程。共对 7 个圆柱体煤样实施了脉动气力压裂实验，各煤样脉动气力压裂参数见表 4-23。此外，为了对比脉动气力压裂后的煤样和原始煤样(未压裂煤样)，将原始煤样视为注气循环为 0 次和注气压力为 0MPa。

表 4-23 各煤样脉动气力压裂参数

| 煤样编号 | 煤样名称 | 注气压力/MPa | 脉动次数/次 |
|---|---|---|---|
| 1# | S(2,25) | 2 | 25 |
| 2# | S(4,10) | 4 | 10 |
| 3# | S(4,25) | 4 | 25 |
| 4# | S(4,40) | 4 | 40 |
| 5# | S(4,55) | 4 | 55 |
| 6# | S(6,25) | 6 | 25 |
| 7# | S(8,25) | 8 | 25 |

气体在煤样内的流动符合达西定律，煤体的渗透率方程可表示为[46, 47]

$$k = \frac{2Q\mu L p_{a}}{(p_{1}^{2} - p_{2}^{2})A} \tag{4-107}$$

式中，$k$ 为气体渗透率，$m^2$；$Q$ 为瓦斯渗流流量，$m^3/s$；$\mu$ 为气体的绝对黏度，

Pa·s；$L$ 为煤样的长度，m；$p_a$ 为标准大气压，Pa；$p_1$ 为煤样进气端气体压力，Pa；$p_2$ 为煤样出气端气体压力，Pa；$A$ 为煤样的有效渗流面积，$m^2$。

对圆柱体煤样进行脉动气力压裂的实验过程如下：

(1) 检查实验系统各个单元是否正常，进行 24h 保压实验检验是否漏气；

(2) 将煤样放入岩心夹持器中，组装传感器并将传感器与数据采集系统连接；

(3) 利用柱塞泵将煤样的轴压和围压分别加载至 5MPa 和 9MPa；

(4) 利用高压气瓶，通过煤样的进气端向煤样内注气，待煤样内气压达到设定值时，停止注气并使煤样内气压保持大约 15min；

(5) 打开煤样出气端管路的阀门，使煤样内的气体流出，直至煤样内的相对气压为 0MPa；

(6) 重复步骤(4)和步骤(5)，如图 4-103 所示，直到完成设定的脉动次数；

(7) 保持出气端管路的阀门呈开启状态，向煤样内注入压力为 2MPa 的气体；当煤样出气端的气体流量稳定后，记录气体流量值；

(8) 卸载煤样的轴压和围压，并取出煤样；

(9) 将煤样破碎并从中取出小煤块，测试煤体的孔隙结构和表面形貌。

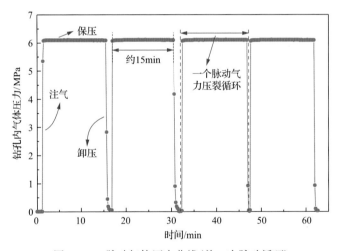

图 4-103　脉动气体压力曲线(前 4 次脉动循环)

为了降低煤体非均质性对实验结果的影响，从每一个圆柱体煤样的注气孔底部周围区域都取出 3 个小煤块(图 4-101)并进行压汞实验。这 3 个小煤块的孔隙参数的平均值，即代表了某一实验条件下圆柱体煤样的孔隙参数。

3. 实验结果与分析

1) 脉动气力压裂对煤样总孔容和渗透率的影响

脉动气力压裂实验开始后，高压气体依次进入各种孔隙和裂纹中，增大了煤的孔隙压力，从而造成孔隙结构改变和裂纹开度增加。孔隙数量、孔隙大小和孔隙连通性对煤体渗透率有重要影响，因此当孔隙结构发生较大变化时，煤样渗透率也随之发生变化。煤样总孔容和渗透率随脉动气力压裂参数的变化见图 4-104。从图 4-104 可以看出，与原始煤体相比，脉动气力压裂后的煤体总孔容和渗透率均明显增大，且二者随脉动气力压裂参数的变化非常相似。当脉动次数为 55 次（注气压力为 4MPa）和注气压力为 8MPa（脉动次数为 25 次）时，煤体的渗透率分别为 $2.14×10^{-17}m^2$ 和 $2.46×10^{-17}m^2$，分别是原始煤样渗透率（$0.86×10^{-17}m^2$）的 2.5 倍和 2.9 倍。在向煤体内脉动注入相同压力气体的条件下，随着脉动次数的增多，煤体的总孔容和渗透率逐渐增大；与此相似的是，当对煤体脉动气力压裂的脉动次数相同时，注入气体的压力越高，总孔容和渗透率越大。如图 4-104 所示，总

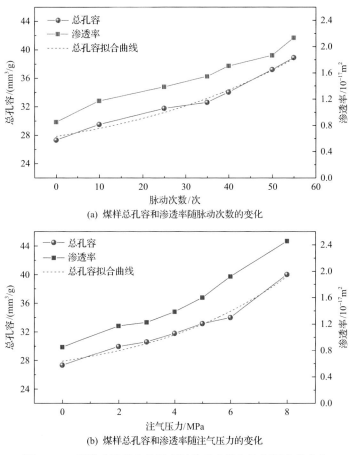

(a) 煤样总孔容和渗透率随脉动次数的变化

(b) 煤样总孔容和渗透率随注气压力的变化

图 4-104　煤样总孔容和渗透率随脉动次数和注气压力的变化

(a)注气压力为 4MPa；(b)脉动次数为 25 次

孔容随脉动次数和注气压力的变化均符合指数增大的规律，拟合方程分别为

$$v_{\text{sum}} = 20.808 + 6.970\exp(0.0172n) \ (R^2 = 0.978) \qquad 0 < n \leqslant 55 \qquad (4\text{-}108)$$

$$v_{\text{sum}} = 25.244 + 2.662\exp(0.2126p) \ (R^2 = 0.968) \qquad 0 < p \leqslant 8 \qquad (4\text{-}109)$$

式中，$v_{\text{sum}}$ 为煤样总孔容，$\text{mm}^3/\text{g}$；$p$ 为注气压力，MPa；$n$ 为脉动次数。

　　由上述分析可知，增加脉动次数和提高注气压力，都是提高脉动气力压裂效果的有效方法。因此，在现场应用脉动气力压裂时，当注气设备能够提供的注气压力达到最大值后，仍能够通过增加脉动次数的方法继续提高煤体的孔隙容积和渗透率。由此可知，采用脉动注气的压裂方法，可以以相对较低的气体压力对煤体进行改造。需要注意的是，煤体的残余应变随脉动次数增加呈衰减趋势[48]，且最终趋于稳定[48]，表明当脉动次数达到一定次数时，煤体中的疲劳损伤不再显著增加[46]。因此，当循环达到一定次数时，就无法继续增大煤体的孔隙容积和渗透率[46]。

　　2）脉动次数对孔隙结构的影响

　　在注气压力均为 4MPa 的条件下，对煤样进行脉动气力压裂后，各类孔隙的容积随脉动次数的变化见图 4-105。从图 4-105 可以看出，当煤样被脉动气力压裂后，微孔、过渡孔和中孔的孔隙容积基本呈现波动变化；与此不同的是，大孔的孔隙容积显著增大；随着脉动次数的增加，大孔孔隙容积的变化可分为三个阶段。在第三阶段（脉动次数大于 40 次），大孔容积的增大速率明显加快，当脉动次数达到 55 次时，大孔容积基本与微孔容积一样；此时，大孔容积是原始煤样大孔容积的 3.45 倍。

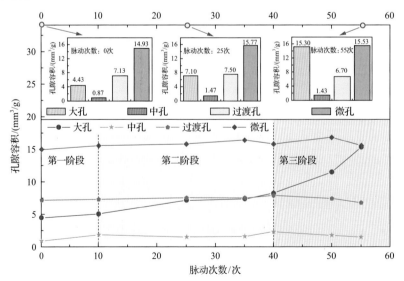

图 4-105　孔隙容积随脉动次数的变化

　　由上述分析可知，随着脉动次数的增大，煤样增大的总孔容由微孔、过渡孔、中孔和大孔分别增大的容积组成，见图 4-106。从图 4-106 可以看出，当脉动次数为 10 次时，除过渡孔，其他三类孔隙的容积增大值相差不大；而此后，大孔的容积增大成为总孔容增大的最主要组成部分，其在总孔容增大值中的占比高达 55% 以上，特别是当脉动次数为 55 次时，占比达到了 93.7%。上述分析说明，在脉动次数为 10 次以后的阶段，大孔容积增大是导致煤样总孔容增大的主要原因。同时也表明，脉动气力压裂主要使煤体产生更多的大孔。因此，对煤样进行脉动气力压裂中，大孔容积增大速率逐渐提高的"三阶段"变化(图 4-105)，导致煤样总孔容呈现指数增大的变化特征[图 4-104(a)]，同时也导致大孔容积在总孔容中的占比大幅度上升，由原始煤样的 16.2% 上升至 39.3%，占比增大了约 1.4 倍(图 4-107)。

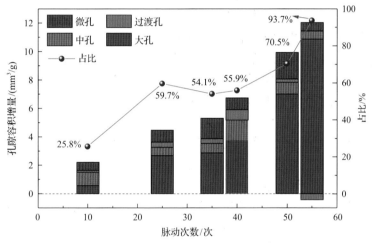

图 4-106　脉动次数增加过程中各类孔隙容积增大值和大孔容积增大值在总容积增大值中占比的变化

正值代表孔隙容积比原始煤样大，负值代表孔隙容积比原始煤样小

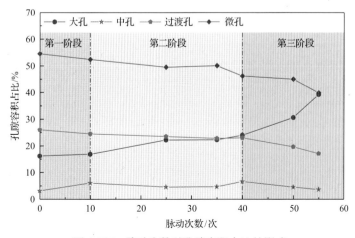

图 4-107　脉动次数对孔隙容积占比的影响

此外，在脉动气力压裂过程中，微孔和过渡孔的孔隙容积呈现波动变化(图4-105)。大孔容积持续增大导致总孔容快速增大，造成微孔和过渡孔在总孔容中的占比逐渐下降(图4-107)；例如，微孔在总孔容中的占比，由原始煤样的54.6%降低到了39.9%。此外，虽然中孔容积增大值较小，仅增大了0.56~1.40mm³/g，但由于原始煤样中孔容积非常小，仅为0.87mm³/g，因此脉动气力压裂后中孔容积占比也有较大幅度的提高,由原始煤样的3.2%提高到脉动气力压裂后的3.7%~6.6%(图4-107)，占比最大增大了约1.1倍。

上述结果表明，脉动气力压裂对大孔的增容效果最显著，同时也对中孔具有一定的增容效果。特别是随着脉动次数的增加，脉动气力压裂对大孔的增容效果逐渐增大。因此，脉动气力压裂可增大煤体渗透率，促进瓦斯在煤中的运移。

3) 注气压力对孔隙结构的影响

各类孔隙的容积在总容积中的占比随注气压力的变化见图4-108。从图4-108可以看出，随着注气压力的提高，大孔容积占比逐渐提高，由原始煤样的16.2%提高到了注气压力为8MPa时的40.2%；而微孔、过渡孔的孔隙容积占比逐渐降低；例如，微孔的孔隙容积占比，由原始煤样的54.6%下降到了注气压力为8MPa时的38.2%，低于大孔孔隙容积占比。对于中孔，其孔隙容积占比基本没有变化。因此，提高注气压力主要使大孔孔隙容积占比大幅度提高。此外，各类孔隙容积增量随注气压力的变化如图4-109所示。从图4-109可以看出，在注气压力不大于2MPa时，大孔容积增量仅占很小部分，而当注气压力大于2MPa时，大孔容积增大成为总孔容增大的最主要组成部分，特别是注气压力越高，大孔孔隙容积增量占比越高。当注气压力达到8MPa时(脉动次数为25次)，占比达到了91.9%。与大孔相比，其他三类孔隙的容积增大较小，可以忽略不计。

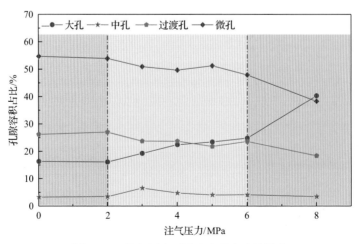

图4-108　注气压力对孔隙容积占比的影响

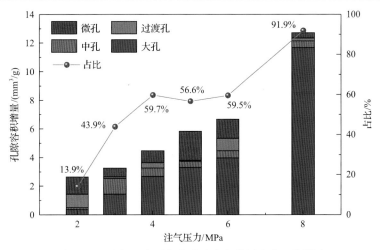

图 4-109　注气压力对各类孔隙容积增量和占比的影响

由上述分析可知,脉动次数为 25 次、注气压力不高于 8MPa 的脉动气力压裂,主要使煤体内产生了更多的大孔,而难以增大中孔、过渡孔和微孔的孔隙容积。提高注气压力和增加脉动次数均能大幅度增大大孔孔容,但二者不同的是,提高注气压力仅能增大大孔孔容,而增加脉动次数在增大大孔孔容的同时,还可以增大中孔孔容。

4. 脉动气力压裂机理

在煤体不同拉伸变形阶段,煤的损伤变量 $D$ 可定义为[42]

$$D = \begin{cases} 0 & \varepsilon \leqslant \varepsilon_{t0} \\ 1 - \left| \dfrac{\varepsilon_{t0}}{\varepsilon} \right|^n & \varepsilon_{t0} < \varepsilon \leqslant \varepsilon_{tr} \\ 1 - \left| \dfrac{\lambda_t \varepsilon_{t0}}{\varepsilon} \right| & \varepsilon_{tr} < \varepsilon \leqslant \varepsilon_{tu} \\ 1 & \varepsilon_{tu} < \varepsilon \end{cases} \tag{4-110}$$

式中,$\varepsilon_{t0}$ 为弹性变形极限时的拉伸应变;$\varepsilon_{tr}$ 为应力达到残余强度时的拉伸应变;$\varepsilon_{tu}$ 为极限拉应变;$\lambda_t$ 为残余强度系数,为残余抗拉强度 $f_{tr}$ 与岩石的初始抗拉强度 $f_{t0}$ 的比率;$n$ 为本构系数,本书中取值为 2.0。

当向煤体内注入高压气体后,煤体孔隙内的气体压力升高,并导致孔隙尖端产生拉应力集中区[48]。一旦拉应力集中区的拉应力达到煤体的初始抗拉强度 $f_{t0}$,则该区域的煤体将发生塑性变形和一定程度的拉伸破坏,表现为孔隙尖端向前扩展,因此导致孔隙容积增大。注入气体压力越大,孔隙尖端拉应力集中区的拉应力越大，则煤体孔隙尖端发生拉伸破坏的概率越高，且发生的拉伸应变和塑性变形越大。由式(4-110)可知，损伤变量 $D$ 随拉伸应变呈现幂函数增大，因此拉伸应变越大，孔隙尖端发生的损伤越大，孔隙容积增量越大。由上述分析可知，随着向煤体注气压力的提高，煤体损伤增量和孔隙扩展速度逐渐增大，导致孔隙容积增大速度逐渐提高。

　　在脉动气力压裂过程中，随着脉动次数的增加，煤的塑性变形和损伤逐渐累积，表现为孔隙尖端不断向前扩展，孔隙容积逐渐增大。根据弹性损伤原理，单元的弹性模量随着损伤的发展而单调下降[42]。因此，在脉动气力压裂过程中，随着损伤的不断累积，损伤煤体的弹性模量逐渐降低。由裂纹扩展准则可知，随着煤体弹性模量的降低和裂纹尺寸的增大，裂纹扩展的尖端应力临界值降低。故随着脉动气力压裂的进行，一方面损伤煤体的弹性模量持续降低，另一方面孔隙尺寸逐渐增大，导致孔隙扩展的尖端应力临界值逐渐降低，孔隙尖端更容易扩展且扩展速度增大。此外，随着脉动次数的增加，煤体的弹性模量降低，煤体更容易发生损伤，且损伤量更大，因此孔隙容积增大的速度也持续增大。这与图4-104(a)所表现的规律是一致的。

　　根据上述分析，脉动气力压裂的机理如下[49]：在向煤体脉动注入气体时，造成煤体孔隙中的气体压力增加。与常规气体压裂压力相比，该压力虽然较小，但也使煤体孔隙产生了一些不可恢复的变化，如煤体孔隙的塑性变形、煤体孔隙微裂纹的扩展等。当煤体内的气体卸载时，孔隙发生的弹性变形是可以恢复的，但前述的塑性变形、微裂纹扩展等将不会恢复。因此，对煤体实施脉动气力压裂过程中，煤体孔隙的不可逆变形将会逐步累积，从而造成总孔隙容积增大。但是，脉动次数和注气压力对煤体孔容的影响略有不同，前者主要增加不可逆变形的累积次数，后者主要增加单次不可逆变形量，这两个参数的增加均会增大脉动气力压裂后的总孔容。

　　与传统气力压裂相比，脉动气力压裂的注气压力非常小，因此难以在煤体产生宽度较大的主裂隙并使主裂隙持续扩展，直至造成可能的煤体破裂[50]；但是，脉动气力压裂能够使孔隙尖端扩展并产生大量微裂纹[51]，从而改善煤的孔隙结构，增加孔隙之间的连通性，最终增大煤的孔隙容积和渗透率。

### 4.6.2　脉动气力压裂煤层增透工业性试验

　　脉动气力压裂煤层增透技术在平顶山八矿14140中抽巷和戊$_{9、10}$-21050机巷高位巷开展了工业性试验，取得了显著的应用效果。

　　1. 工业性试验地点概况

　　己$_{15}$-14140工作面位于己二上山采区西翼，东起采区上山，西至十二矿北风井已组保护煤柱线，南邻已 $_{15}$-14120 采面，北部尚未开发。根据已 $_{15}$-14120 工作面揭露情况，已 $_{15}$-14140 工作面煤厚为 3.4～3.85m，平均 3.6m。煤层倾角一般为 17°～28°，平均 22°，呈西缓东陡趋势。该工作面瓦斯压力为 1.8MPa，瓦斯含量为 22.0m³/t。已 $_{15}$ 煤层为自燃煤层，煤尘爆炸指数为 25.47%～26.78%，自然发火期为 4～6 个月。

已 $_{15}$-14140 中抽巷钻孔布置如图 4-110 所示。穿层抽放钻孔每 4m 布置一组，一组为两列共计 6 个钻孔，孔径 94mm，分别控制到巷道中心线向上 30m 和向下 5.4m 的范围(共计 35.4m)。各钻孔参数见表 4-24。

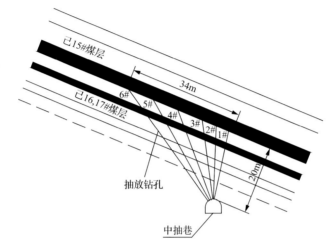

图 4-110　已 $_{15}$-14140 中抽巷钻孔布置图

**表 4-24　穿层抽放钻孔参数**

| 孔号 | 开孔位置 | 倾角/(°) | 钻孔深度/m | 穿煤长度/m |
| --- | --- | --- | --- | --- |
| 1# | 下帮顶板 | 78 | 24 | 3.6 |
| 2# | 巷道中心 | 88 | 25 | 3.8 |
| 3# | 上帮顶板 | 82 | 27.5 | 4 |
| 4# | 上帮顶板 | 69 | 33 | 4.9 |
| 5# | 上帮顶板 | 60 | 40 | 5.8 |
| 6# | 上帮顶板 | 54 | 47.5 | 8.4 |

戊 $_{9、10}$-21050 工作面位于戊一采区东翼，西起采区上山，东至国铁戊组保护煤柱，南邻已回采完毕的戊 $_{9、10}$-21030 工作面，北部尚未开发。工作面设计可采走向长 1260m，采长 165m，平均采高 2.9m，可采储量 80.2 万 t，根据戊 $_{9、10}$-21030 机巷外段及 13-14 钻孔揭露的资料分析，煤层赋存稳定，煤厚为 2.5～3.3m，平均

为 2.9m，煤层倾角为 6°～12°，平均为 9°。该煤层瓦斯压力为 1.7MPa，瓦斯含量为 10.66m³/t。

戊 $_{9、10}$-21050 机巷高位巷内布置下向穿层钻孔预抽戊 $_{9、10}$ 煤层瓦斯，如图 4-111 示，各钻孔的设计参数见表 4-25。脉动气力压裂煤层增透技术试验钻孔位于巷道 800～900m 区域，该区域在试验前未施工钻孔。

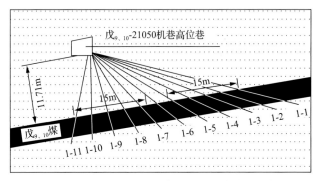

图 4-111　戊 $_{9、10}$-21050 机巷高位巷瓦斯抽采钻孔布置图

表 4-25　钻孔设计参数

| 孔号 | 倾角/(°) | 钻孔深度/m |
| --- | --- | --- |
| 1# | −13 | 41 |
| 2# | −16 | 37 |
| 3# | −19 | 33 |
| 4# | −23 | 29 |
| 5# | −28 | 25.5 |
| 6# | −36 | 22 |
| 7# | −45 | 19 |
| 8# | −58 | 17 |
| 9# | −73 | 15 |
| 10# | −90 | 16 |
| 11# | −76 | 17 |

2. 工业性试验系统与试验方案

脉动气力压裂工业性试验系统主要由气源、除水器、气动增压泵、高压储气瓶、卸压阀、高压软管和若干阀门组成，如图 4-112 所示。气源为井下压风系统，由于其压力仅为 0.3～0.5MPa，因此采用 4 台气动增压泵并联的方式进行增压供气；此外，4 个 50L 的高压储气瓶作为增压后气体的中转装置，可使气体压力增高至 10MPa 以上再注入钻孔，以进一步提高增压效果。

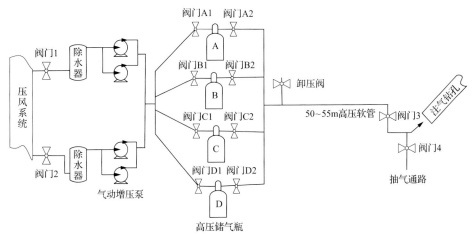

图 4-112 脉动气力压裂工业性试验系统示意图

此外，为考察脉动气力压裂技术的增透效果和影响范围，将试验过程中涉及的钻孔分为注气孔、考察孔和对比孔三类。

(1)注气孔。循环注入高压气体的钻孔。

(2)考察孔。注气孔周边一定范围内的抽采钻孔(与注气孔间距不大于 10m)，假设其受到脉动气力压裂增透的影响，用于考察脉动气力压裂技术的效果和影响范围。

(3)对比孔。距注气孔较远的抽采钻孔，假设其处于脉动气力压裂增透影响范围之外(与注气孔间距超过 20m)，代表钻孔的原始抽采状态。

为研究注气压力和注气循环次数对脉动气力压裂效果的影响，共开展了 3 组工业性试验，其中在己$_{15}$-14140 中抽巷和戊$_{9、10}$-21050 机巷高位巷分别进行了 2 组和 1 组试验。各组试验的基本参数见表 4-26。

表 4-26 脉动气力压裂工业性试验基本参数

| 试验组别 | 地点 | 注气循环次数/次 | 注气压力/MPa | 备注 |
| --- | --- | --- | --- | --- |
| 第一组 | 己$_{15}$-14140 中抽巷 | 54 | 2.2 | 未使用高压储气瓶 |
| 第二组 | 己$_{15}$-14140 中抽巷 | 104 | 2.9 | 未使用高压储气瓶 |
| 第三组 | 戊$_{9、10}$-21050 机巷高位巷 | 21 | 5.5 | |

对于每一组脉动气力压裂工业性试验，试验全过程主要分为 3 个阶段。其中，第一阶段主要测试各试验钻孔的原始抽采数据；第二阶段主要对注气孔开展脉动气力压裂试验，并测试各钻孔的瓦斯抽采数据；第三阶段主要测试脉动注气后各钻孔的瓦斯抽采数据。

第一阶段：试验钻孔封孔结束后，测定各钻孔的瓦斯抽采基础数据，主要包括瓦斯混合流量和浓度等参数；在该阶段每个工作日进行 2 次数据测量，共测试 3 个工作日。

第二阶段：利用脉动气力压裂试验系统对注气孔进行高压注气；每个工作日共进行 2 个班的注气作业(一般在 8:00 班和 16:00 班开展)，注气循环次数为 3～11 次(注气压力不同，单次注气时长不同)；分别在注气前、注气中和注气后测定考察孔和对比孔的瓦斯抽采参数，而注气孔的抽采参数仅在每个工作日第一次注气前进行测定。该阶段共开展 6～10d 的脉动气力压裂试验。

第三阶段：脉动气力压裂结束后，继续测量各试验孔的抽采参数。每个工作日(8:00 班或者 16:00 班)测量一次，测量参数包括混合瓦斯流量和瓦斯浓度。该阶段共测试 30d 左右。

在对注气孔进行高压注气过程中，当压力达到设定值时，保持该压力 20～50min，然后卸压至 0MPa；重复注气-保压-卸压过程，达到设定的注气循环次数。此外，各工作日循环注气结束后，注气孔连接抽采系统开始进行抽采瓦斯，直至下一工作日进行高压注气。

3. 瓦斯抽采参数变化特征

以第三组试验介绍脉动气力压裂技术实施过程中，各试验钻孔的瓦斯抽采参数变化情况。第三组试验从 2015 年 8 月 2 日正式开始，到 9 月 17 日结束，历经 45d，其中三个阶段分别历经 3d、7d 和 35d。

以戊$_{9,10}$-21050 巷道的 5#钻孔(图 4-110)开展脉动气力压裂工业性试验，其他钻孔暂不施工。注气孔、考察孔和对比孔的数量分别为 1 个、3 个和 2 个，各孔分别用 Z、K1、K2、K3、D1 和 D2 表示，位置关系见图 4-113。

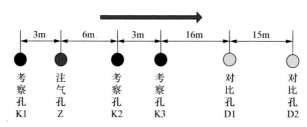

图 4-113　试验钻孔布置图

1) 第二阶段试验钻孔瓦斯抽采参数变化分析

在第二阶段中，每天测量瓦斯抽采流量 5 次(第 1、第 5 次参数代表注气前、后的瞬时流量；第 2、第 3、第 4 次参数代表 3 次注气循环的平均流量)。由考察孔和对比孔各工作日瓦斯抽采流量变化情况可知：①K1、K2 孔各工作日第 2～4 次测量的瓦斯流量上升，而第 5 次测量的瓦斯流量有所下降，但大于或者等于第

1 次测量的瓦斯流量,因此脉动气力压裂有利于 K1、K2 孔周围煤体裂隙发育;
②K3、D1、D2 孔各工作日瓦斯流量数据呈波动变化,表明脉动气力压裂对这些
钻孔的影响较小。

各工作日循环注气结束后,Z 孔连接抽采系统开始进行瓦斯抽采;由于此时
注气孔周围裂隙内还有一定量的空气,此时的抽采流量并不能代表 Z 孔真实的瓦
斯抽采情况;Z 孔的瓦斯抽采持续进行 8～10h,直至下一个工作日开始脉动气力
压裂试验。因此,下一个工作日 Z 孔的第 1 次抽采参数测量值(注气开始前)可代
表前一个工作日的瓦斯抽采流量。在第二阶段,不同工作日间各试验孔瓦斯抽采
流量变化见图 4-114。由图 4-114 可知,随着循环注气的进行,K1、K2 和 Z 孔的
抽采流量呈逐渐增大的变化趋势,各孔瓦斯抽采混合流量的最高值比最低值分别
增长 100%、33.3%和 30%,抽采纯流量的最高值比最低值分别增长 102.5%、44.4%
和 85.7%;但是,K3、D1 和 D2 孔的瓦斯抽采流量呈波动变化。

由上述分析可知,脉动气力压裂可显著提升 K1、K2 孔(与 Z 孔间距为 3～6m)
的瓦斯抽采效果,且间距越小提升效果越明显;而对 K3、D1 和 D2 孔(与 Z 孔间
距 9～40m)的抽采效果基本没有影响;因此,脉动气力压裂的作用范围为 6m,即
Z 孔周围 6m 区域的渗透率显著提高。

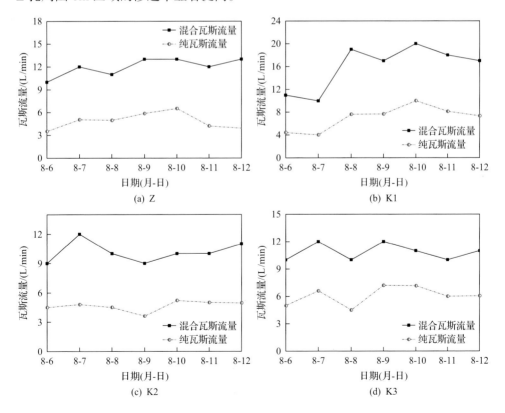

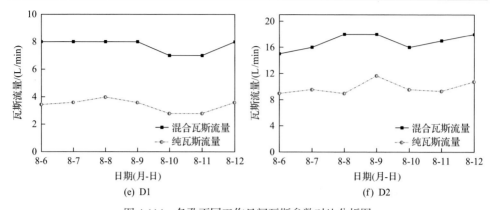

(e) D1　　　　　　　　　　　　　　　　　(f) D2

图 4-114　各孔不同工作日间瓦斯参数对比分析图

2) 脉动气力压裂提高瓦斯抽采流量的效果

在试验全过程中，各孔纯瓦斯抽采流量变化见图 4-115。由图 4-115 可知，考

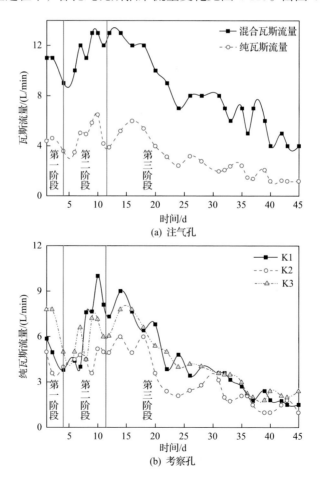

(a) 注气孔

(b) 考察孔

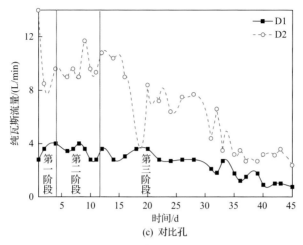

图 4-115　试验孔的瓦斯参数整体变化对比分析图

察孔纯瓦斯流量在第一阶段缓慢下降，在第二阶段大幅度上升（K1 孔尤为明显），在第三阶段前期 3～4d 持续增大，然后呈下降趋势；注气孔与考察孔变化规律相似，其纯瓦斯流量在第二阶段略有上升，而在第一、第三阶段均呈下降趋势；与注气孔和考察孔不同的是，对比孔纯瓦斯流量在试验全过程中呈整体下降趋势。

由于受封孔质量等各种工程因素影响，不同位置钻孔的初始瓦斯抽采流量不尽相同。为了统一对比不同钻孔瓦斯抽采流量的变化趋势，定义了相对流量 $q$，将瓦斯流量实测数据进行归一化处理，用式（4-111）表示：

$$q = \frac{Q - Q_0}{Q_0} \tag{4-111}$$

式中，$q$ 为相对流量，无量纲；$Q_0$ 为第一阶段最后一天纯瓦斯流量，L/min；$Q$ 为第二、第三阶段纯瓦斯流量，L/min。

根据式（4-111），可得到考察孔和对比孔的相对流量 $q$ 随时间的变化，见图 4-116。为进一步分析脉动气力压裂技术对钻孔瓦斯抽采效果的影响，定义考察孔相对流量大于零时所在时间段为显著效果抽采期（简称显效期，用 $T_x$ 表示），定义考察孔相对流量大于对比孔相对流量所在的时间段为高效抽采期（简称高效期，用 $T_y$ 表示）。根据上述定义和图 4-116，可得到各考察孔的 $T_x$ 和 $T_y$，见表 4-27。由表 4-27 可知，显效期是注气时间的 2～3 倍，由此可知，注气结束后仍对考察孔瓦斯抽采有 7～15d 的显著影响；而 K1、K2 孔的高效期为 40d，是注气时间的 5～6 倍，由此可知，脉动气力压裂对其作用范围内的考察孔有效影响达 40d 以上。

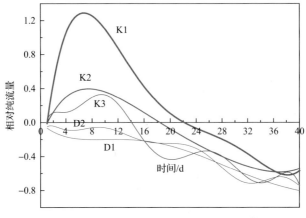

图 4-116　考察孔和对比孔的相对流量变化情况

表 4-27　考察孔显效期和高效期　　　　　　　（单位：d）

| 孔号 | $T_x$ | $T_y$ |
|------|-------|-------|
| K1 | 22 | 40 |
| K2 | 18 | 40 |
| K3 | 14 | 15 |

为得到考察孔的瓦斯抽采增量,绘制了各考察孔与对比孔的相对流量对比图,见图 4-117。由于 D1 和 D2 离注气孔较远,几乎不受脉动气力压裂的影响,因此图 4-117 中用两个对比孔相对流量的平均值代表对比孔的相对流量。$T_x$、$T_y$ 期间的瓦斯抽采增量分别用 $Q_x$、$Q_y$ 表示。$Q_x$、$Q_y$ 可用下式计算:

$$Q_x = S_{qx} \times Q_0' \times 10^{-3} \tag{4-112}$$

$$Q_y = S_{qy} \times Q_D' \times 10^{-3} \tag{4-113}$$

式中,$S_{qx}$ 为 $q_K$ 与 $X$ 轴所围面积;$S_{qy}$ 为 $q_K$ 与 $q_D$ 所围面积;$Q_0'$ 为 D1 和 D2 第一阶段最后一天纯瓦斯流量平均值,L/min;$Q_D'$ 为 $T_x$ 最后一天 D1 和 D2 纯瓦斯流量平均值,L/min。

根据试验数据和图 4-117,利用式(4-112)和式(4-113),可得考察孔 $Q_x$、$Q_y$,见表 4-28。

以 K1 孔为例分析考察孔 $T_x$、$T_y$ 期间的瓦斯抽采增加比例。在显效期内,若以 $Q_0''$(即 $T_x$ 期间 D1 和 D2 纯瓦斯流量的平均值,代表未受脉动气力压裂影响钻孔的抽采情况)为计算依据,$Q_0''$=5.9L/min,则钻孔日抽采纯瓦斯 8.496m³;而 K1 孔在显效期内平均每天多抽采纯瓦斯 8.0m³,由此可知,在脉动气力压裂煤层增透作用下,$T_x$ 期间钻孔的抽采效果提高了 93.6%。与此相似,在高效期内,

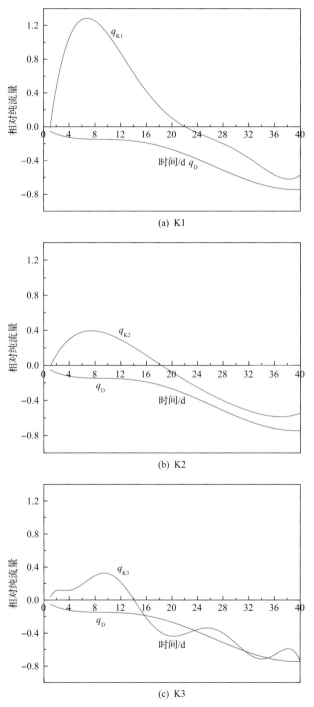

(a) K1

(b) K2

(c) K3

图 4-117　考察孔和对比孔的相对流量对比

表 4-28　考察孔 $T_x$、$T_y$ 期间的瓦斯抽采增量　　　　　（单位：$m^3$）

| 孔号 | $Q_x$ | $Q_y$ |
|------|-------|-------|
| K1 | 175 | 222.3 |
| K2 | 67.4 | 98.4 |
| K3 | 38.7 | 38.8 |

若以 $Q_D''$（即 $T_y$ 期间 D1 和 D2 纯瓦斯流量的平均值）为计算依据，$Q_D''$ =4.5L/min，则钻孔日抽采纯瓦斯 $6.48m^3$；而 K1 孔在高效期内平均每天多抽采纯瓦斯 $5.6m^3$，由此可知，在脉动气力压裂煤层增透作用下，$T_y$ 期间钻孔的抽采效果提高了 85.8%。同理可得 K2、K3 孔不同时期的瓦斯抽采增加比例，见表 4-29。

表 4-29　考察孔显效期和高效期的瓦斯抽采增加比例　　　　（单位：%）

| 孔号 | $T_x$ | $T_y$ |
|------|-------|-------|
| K1 | 93.6 | 85.8 |
| K2 | 42.6 | 29.0 |
| K3 | 154.8 | 359.3 |

4. 各组间考察孔瓦斯抽采效果对比

由上述分析可知，脉动气力压裂煤层增透作用范围为 6m，因此取三组试验中与注气孔间距分别为 3m 和 6m 的考察孔进行对比分析。

利用式(4-111)分别对各孔实测抽采流量数据进行归一化处理，各组距注气孔 3m 考察孔的相对流量 $q_K$ 和对比孔 $q_D$ 随时间的变化曲线见图 4-118。由图 4-118 可知，利用式(4-112)和式(4-113)可得各组试验中脉动气力压裂对与注气孔间距 3m 考察孔瓦斯抽采效果的影响，见表 4-30。

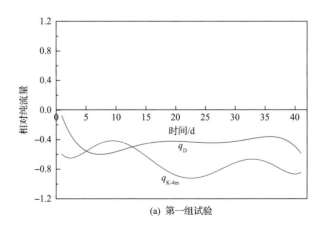

(a) 第一组试验

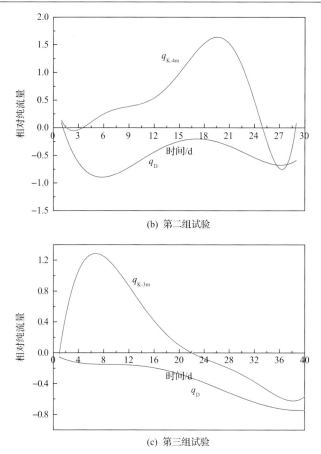

(b) 第二组试验

(c) 第三组试验

图 4-118　各组距注气孔 3m 的考察孔和对比孔的相对流量对比

**表 4-30　距注气孔间距 3m 考察孔瓦斯抽采效果**

| 组号 | 注气压力/MPa | 注气循环次数/次 | $T_x$/d | $T_y$/d | $Q_x$/m³ | $Q_y$/m³ | $T_x$抽采增加比例/% | $T_y$抽采增加比例/% |
|---|---|---|---|---|---|---|---|---|
| 第一组 | 2.2 | 54 | 0 | 0 | 0 | 0 | 0 | 0 |
| 第二组 | 2.9 | 104 | 25 | 26 | 351.4 | 356.5 | 194.0 | 193.2 |
| 第三组 | 6.1 | 21 | 22 | 40 | 175 | 222.3 | 93.6 | 85.8 |

利用式(4-111)分别对各孔实测数据进行归一化处理,各组距注气孔 6m 考察孔的相对流量 $q_K$ 和对比孔 $q_D$ 随时间的变化曲线,见图 4-119。由图 4-119 可知,利用式(4-112)和式(4-113)可得各组试验中脉动气力压裂对与注气孔间距 6m 考察孔瓦斯抽采效果的影响,见表 4-31。

综合分析图 4-118、图 4-119、表 4-30 和表 4-31 可知:

(1)增加注气循环次数,或提高注气压力,均可延长考察孔抽采瓦斯的显效期和高效期,并大幅度提高这两个时期内的瓦斯抽采量。

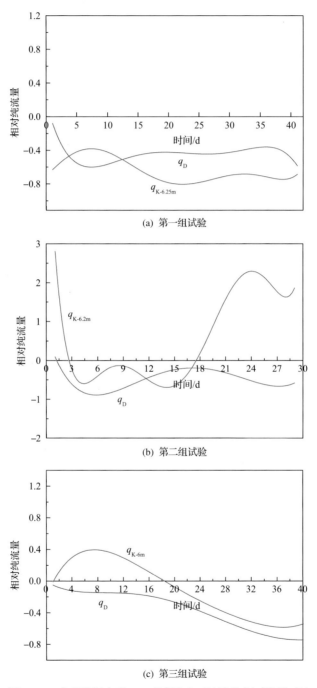

(a) 第一组试验

(b) 第二组试验

(c) 第三组试验

图 4-119　各组距注气孔 6m 考察孔和对比孔的相对流量对比

$q_{K\text{-}6.25m}$ 表示与注气孔间距为 6.25m 的考察孔的相对流量，其他类似

表 4-31　距注气孔间距 6m 考察孔瓦斯抽采效果

| 组号 | 注气压力/MPa | 注气循环次数/次 | $T_x$/d | $T_y$/d | $Q_x$/m³ | $Q_y$/m³ | $T_x$抽采增加比例/% | $T_y$抽采增加比例/% |
|------|------------|--------------|-----|-----|------|------|--------------|--------------|
| 第一组 | 2.2 | 54 | 0 | 0 | 0 | 0 | 0 | 0 |
| 第二组 | 2.9 | 104 | 3 | 11 | 32.7 | 91.0 | 132.8 | 183.1 |
| 第三组 | 5.5 | 21 | 14 | 15 | 67.4 | 98.4 | 42.6 | 29.0 |

(2) 与距注气孔 6m 考察孔相比，距注气孔 3m 考察孔的显效期和高效期均更长，且这两个时期内抽采的瓦斯量也更大，说明距注气孔越近，提高瓦斯抽采效果的程度越高。

(3) 在注气压力基本相同的情况下，当注气循环由 54 次增加到 104 次时，与注气孔相距 3m 考察孔的显效期和高效期分别增加 25d 和 26d，相应时期内的纯瓦斯抽采量增加比例分别为 194.0% 和 193.2%；瓦斯抽采效果提高的主要原因为：多次循环注气提高了煤体内微孔隙的沟通程度，使原来很多封闭微孔隙处于开放状态，因此增加了可向外扩散的瓦斯量和扩散流动通道。

(4) 在注气循环次数基本相同的情况下，当注气压力由 2.2MPa 提高到 5.5MPa 时，与注气孔相距 3m 考察孔的显效期和高效期分别增加 22d 和 40d，相应时期内的纯瓦斯抽采量增加比例分别为 93.6% 和 85.8%；瓦斯抽采效果提高的主要原因为：煤体裂隙在交变载荷作用下向深部逐渐发育，提高了煤体的透气性系数，因此提高了瓦斯抽采效果。

# 参 考 文 献

[1] 姜耀东, 宋红华, 马振乾, 等. 基于地应力反演的构造应力区沿空巷道窄煤柱宽度优化研究[J]. 煤炭学报, 2018, 43(2): 319-326.

[2] 钱鸣高, 李鸿昌. 采场上覆岩层活动规律及其对矿山压力的影响[J]. 煤炭学报, 1982(2): 1-12.

[3] 刘应科. 远距离下保护层开采卸压特性及钻井抽采消突研究[D]. 徐州: 中国矿业大学, 2012.

[4] 张睿卿, 唐明云, 戴广龙, 等. 基于非线性渗流模型采空区漏风流场数值模拟[J]. 中国安全生产科学技术, 2016, 12(1): 102-106.

[5] 丁洋, 宜艳, 林海飞, 等. 高强开采综放工作面瓦斯浓度空间分布规律研究[J]. 采矿与安全工程学报, 2022, 39(1): 206-214.

[6] 李晓飞. 煤层双重孔隙模型及采空区瓦斯运移的数值模拟研究[D]. 北京: 中国矿业大学(北京), 2017.

[7] 司俊鸿, 程根银, 朱建芳, 等. 采空区非均质多孔介质渗透特性三维建模及应用[J]. 煤炭科学技术, 2019, 47(5): 220-224.

[8] 钱济成, 周建方. 混凝土的两种损伤模型及其应用[J]. 河海大学学报, 1989(3): 40-47.

[9] Gao F, Liu X G, Ge C F, et al. Numerical simulation and damage analysis of fissure field evolution law in a single coal seam mining[J]. International Journal of Mining Science and Technology, 2012, 22(6): 853-856.

[10] 吴刚, 孙钧, 吴中如. 复杂应力状态下完整岩体卸荷破坏的损伤力学分析[J]. 河海大学学报, 1997(3): 46-51.

[11] Xia T Q, Zhou F B, Liu J S, et al. Evaluation of the pre-drained coal seam gas quality[J]. Fuel, 2014, 130: 296-305.

[12] Xia T Q, Zhou F B, Liu J S, et al. A fully coupled coal deformation and compositional flow model for the control of the pre-mining coal seam gas extraction[J]. International Journal of Rock Mechanics and Ming Sciences, 2014, 72: 138-148.

[13] Wu Y, Liu J S, Elsworth D, et al. Evolution of coal permeability: contribution of heterogeneous swelling processes[J]. International Journal of Coal Geology, 2011, 88(2-3): 152-162.

[14] Zhang H B, Liu J S, Elsworth D. How sorption-induced matrix deformation affects gas flow in coal seams: a new FE model[J]. International Journal of Rock Mechanics and Ming Sciences, 2008, 45(8): 1226-1236.

[15] Zhu W C, Wei C H, Liu J S, et al. A model of coal-gas interaction under variable temperatures[J]. International Journal of Coal Geology, 2011, 86(2-3): 213-221.

[16] Chen D, Pan Z J, Liu J S, et al. An improved relative permeability model for coal reservoirs[J]. International Journal of Coal Geology, 2013, 109: 45-57.

[17] Wu Y, Liu J S, Elsworth D, et al. Development of anisotropic permeability during coalbed methane production[J]. Journal of Natural Gas Science and Engineering, 2010, 2(4): 197-210.

[18] Wang J G, Kabir A, Liu J S, et al. Effects of non-Darcy flow on the performance of coal seam gas wells[J]. International Journal of Coal Geology, 2012, 93: 62-74.

[19] 侯朝炯, 马念杰. 煤层巷道两帮煤体应力和极限平衡区的探讨[J]. 煤炭学报, 1989(4): 21-29.

[20] 周福宝, 王鑫鑫, 夏同强. 瓦斯安全抽采及其建模[J]. 煤炭学报, 2014, 39(8): 1659-1666.

[21] 李宗翔, 衣刚, 武建国, 等. 基于"O"型冒落及耗氧非均匀采空区自燃分布特征[J]. 煤炭学报, 2012, 37(3): 484-489.

[22] Louis C. Rock Hydraulics in Rock Mechanics[M]. New York: Verlay Wien, 1974.

[23] 周世宁, 林柏泉. 煤层瓦斯赋存与流动理论[M]. 北京: 煤炭工业出版社, 1999.

[24] Liu Y K, Zhou F B, Liu L, et al. An investigation on the key factors influencing methane recovery by surface boreholes[J]. Journal of Mining Science, 2012, 48(2): 286-297.

[25] Liu Y K, Shao S H, Wang X X, et al. Gas flow analysis for the impact of gob gas ventholes on coalbed methane drainage from a longwall gob[J]. Journal of Natural Gas Science and Engineering, 2016, 36(SIB): 1312-1325.

[26] Liu Y K, Zhou F B, Liu L, et al. An experimental and numerical investigation on the deformation of overlying coal seams above double-seam extraction for controlling coal mine methane emissions[J]. International Journal of Coal Geology, 2011, 87(2): 139-149.

[27] 周福宝, 夏同强, 刘应科, 等. 地面钻井抽采卸压煤层及采空区瓦斯的流量计算模型[J]. 煤炭学报, 2010, 35(10): 1639-1643.

[28] 周福宝, 孙玉宁, 李海鉴, 等. 煤层瓦斯抽采钻孔密封理论模型与工程技术研究[J]. 中国矿业大学学报, 2016, 45(3): 433-439.

[29] 周鸿超. 煤层瓦斯抽采封孔段钻孔稳定性研究[D]. 焦作: 河南理工大学, 2007.

[30] 师同民, 秦海涛. 综采面瓦斯抽放与防灭火关系机理研究[J]. 煤炭科技, 2012(3): 115-117.

[31] 周福宝, 李金海, 戾玺, 等. 煤层瓦斯抽放钻孔的二次封孔方法研究[J]. 中国矿业大学学报, 2009, 38(6): 764-768.

[32] 袁文伯, 陈进. 软化岩层中巷道的塑性区与破碎区分析[J]. 煤炭学报, 1986(3): 77-86.

[33] 胡胜勇. 瓦斯抽采钻孔周边煤岩渗流特性及粉体堵漏机理[D]. 徐州: 中国矿业大学, 2014.

[34] Hu S Y, Zhou F B, Liu Y K, et al. Effective stress and permeability redistributions induced by successive roadway and borehole excavations[J]. Rock Mechanics and Rock Engineering, 2015, 48(1): 319-332.

[35] Hu S Y, Zhou F B, Geng F, et al. Investigation on blockage boundary condition of dense-phase pneumatic conveying in bending slits[J]. Powder Technology, 2014, 266: 96-105.

[36] Hu S Y, Zhou F B, Liu Y K, et al. Experimental study of the blockage boundary for dense-phase pneumatic conveying of powders through a horizontal slit[J]. Particuology, 2015, 21: 128-134.

[37] Zhang Y F, Zhou F B, Xia T Q, et al. Experimental investigation on blockage boundary for pneumatic conveying of powders in narrow bifurcation slits[J]. Drying Technology, 2016, 34（9）: 1052-1062.

[38] Setia G, Mallick S S, Wypych P W, et al. Validated scale-up procedure to predict blockage condition for fluidized dense-phase pneumatic conveying systems[J]. Particuology, 2013, 11（6）: 657-663.

[39] Osborn S G, Vengosh A, Warner N R, et al. Methane contamination of drinking water accompanying gas-well drilling and hydraulic fracturing[J]. Proceedings of The National Academy of Sciences of The United States of America, 2011, 108（20）: 8172-8176.

[40] 李全贵, 翟成, 林柏泉, 等. 定向水力压裂技术研究与应用[J]. 西安科技大学学报, 2011, 31（6）: 735-739.

[41] Middleton R S, Carey J W, Currier R P, et al. Shale gas and non-aqueous fracturing fluids: opportunities and challenges for supercritical $CO_2$[J]. Applied Energy, 2015, 147: 500-509.

[42] Wang J H, Elsworth D, Wu Y, et al. The influence of fracturing fluids on fracturing processes: a comparison between water, oil and SC-$CO_2$[J]. Rock Mechanics and Rock Engineering, 2018, 51（1）: 299-313.

[43] Wu Y, Liu J S, Chen Z W, et al. A dual poroelastic model for $CO_2$-enhanced coalbed methane recovery[J]. International Journal of Coal Geology, 2011, 86（2-3）: 177-189.

[44] Gomaa A M, Qu Q, Maharidge R, et al. New insights into hydraulic fracturing of shale formations[C]. International Petroleum Technology Conference. Texas: OnePetro, 2014.

[45] 周福宝, 刘应科, 刘春, 等. 一种抽压交替的瓦斯抽采方法及装备: 中国, ZL201110317591. 1[P]. 2013-09-11.

[46] Hou P, Gao F, Ju Y, et al. Changes in pore structure and permeability of low permeability coal under pulse gas fracturing[J]. Journal of Natural Gas Science and Engineering, 2016, 34: 1017-1026.

[47] Wang S G, Elsworth D, Liu J S. Permeability evolution during progressive deformation of intact coal and implications for instability in underground coal seams[J]. International Journal of Rock Mechanics and Ming Sciences, 2013, 58: 34-45.

[48] 许江, 杨红伟, 李树春, 等. 循环加、卸载孔隙水压力对砂岩变形特性影响实验研究[J]. 岩石力学与工程学报, 2009, 28（5）: 892-899.

[49] Liu Y K, Wen X J, Jiang M J, et al. Impact of pulsation frequency and pressure amplitude on the evolution of coal pore structures during gas fracturing[J]. Fuel, 2020, 268: 117324.

[50] Yang T H, Xu T, Liu H Y, et al. Stress-damage-flow coupling model and its application to pressure relief coal bed methane in deep coal seam[J]. International Journal of Coal Geology, 2011, 86（4）: 357-366.

[51] Zhu W C, Wei C H. Numerical simulation on mining-induced water inrushes related to geologic structures using a damage-based hydromechanical model[J]. Environmental Earth Sciences, 2011, 62（1）: 43-54.

# 第5章　自燃灾害耦合理论分析与防控技术

煤自燃灾害是混合气体和燃烧气体产物形成的渗流场、煤氧复合燃烧过程的化学场和煤岩体温度场共同耦合作用的结果[1]。本章重点介绍采空区煤自燃多场耦合理论、煤自燃与瓦斯共生灾害判定准则与防控机理以及低温液氮高效防灭火工程与应用。

## 5.1　自燃灾害多物理场特征

矿井开采过程中，空气渗入煤体内部的裂隙场中，煤表面对氧分子产生物理、化学吸附，发生氧化反应并放热升温。在合适的供氧与蓄热条件下，导致采空区遗留煤自然发火并形成高温热源，并释放一氧化碳、氢气、乙烯、乙烷等气体[2,3]。在工作面不断推进过程中，上覆岩层在重力作用下，采空区煤岩体的破碎程度时刻发生变化，采空区垮落煤岩在不断被压实过程中，使得采空区瓦斯的渗流路径动态变化，这些因素直接影响了采空区自燃的发展进程[4-7]。当开采高瓦斯易自燃煤层时，在工作面漏风、遗煤瓦斯涌出的共同作用下，采空区极易出现瓦斯浓度处于爆炸极限范围的危险区带。特别是在煤自燃环境下，含瓦斯混合气体的爆炸敏感性将表现出与煤自燃进程相关联的动态变化特征，即使煤自燃所释放的少量可燃气体的参与也会显著改变含瓦斯混合气体的点火能量和爆炸敏感性。高瓦斯矿井采空区煤自燃特性与物理过程如图5-1和图5-2所示。

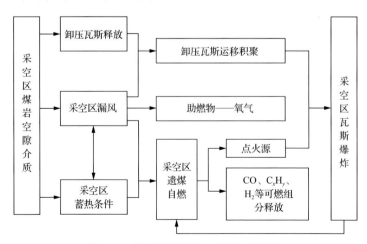

图5-1　高瓦斯矿井采空区煤自燃特性

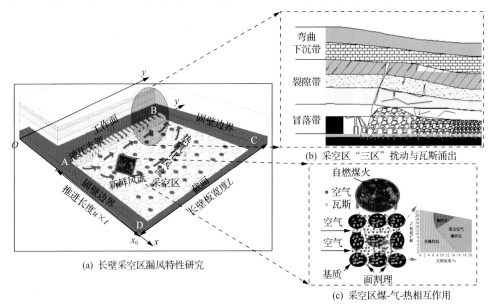

图 5-2　含瓦斯煤自燃物理过程示意图

综上，采空区煤自燃灾害的发生、发展与演化过程具有高度的复杂性和变化性。从灾害发生演化过程的角度看，采空区自燃是一个非线性的热力学和动力学耦合过程，任意一个物理过程或边界条件的改变都会影响其他物理过程或物理量的改变[8]。采空区自燃灾害耦合因素众多、致灾因素复杂多变，且各致灾因素相互耦合、相互转化。尤其在高瓦斯易自燃煤层开采时，采空区煤自燃与瓦斯多灾种耦合使得致灾复杂性增大。因此，需要从多元气体扩散场、渗流场和裂隙场，以及煤氧化生热的能量场出发，开展采空区煤自燃机理与防治技术研究。

# 5.2　自燃灾害耦合计算分析

## 5.2.1　采空区自燃灾害的多场耦合模型

在模型推导过程中，做如下假设：

(1)假设多元气体在采空区中的流动满足非达西福希海默(Forchheimer)方程，煤体的氧化消耗满足阿雷纽斯(Arrhenius)方程；

(2)忽略采空区温度对气体动力黏度的影响，并假设气体为理想气体；

(3)忽略煤自燃过程中产生的水蒸气、采空区的湿度，以及采空区内岩石与气体之间传热的热平衡条件；

(4)因一般情况下，煤层开挖引起的上覆煤岩层冒落高度远小于采空区长度和宽度，且采空区层间垂直漏风的分速度很小，这里将采空区视为二维非均质多孔介质流场。

1. 采空区渗透率动态演化

随着工作面推进，采场上覆岩层受采动影响应力重新分配，在垂直方向可形成冒落带、裂隙带和弯曲下沉带[9]，如图 5-3 所示。受开采条件、重力和煤岩物理特性的影响，自由冒落带的岩块、矸石呈不规则松散垮落状态，其排列极不整齐，随着冒落时间的推移，在其自重和矿压作用下被逐渐压实，体积随之减小，冒落碎胀系数比初始破碎时相应地减小[10]。根据大量矿山岩层下沉量实测结果，采空区顶板岩层下沉规律近似服从负指数函数，则容易推断冒落带高度压缩量也近似满足负指数函数[11]。这里考虑采空区煤岩体冒落压实的"O"形圈效应，采空区冒落煤岩体的碎胀系数满足[12]：

$$K_P(x,y) = K_{P,min} + (K_{P,max} - K_{P,min}) \cdot \exp\left\{-a_1 d_1 \cdot \left[1 - \exp(\xi_1 \cdot a_0 d_0)\right]\right\} \quad (5\text{-}1)$$

式中，$K_P(x,y)$ 为采空区冒落煤岩体的碎胀系数；$K_{P,max}$ 为初始冒落煤岩体的碎胀系数；$K_{P,min}$ 为冒落煤岩体压实碎胀系数；$a_0$ 和 $a_1$ 分别为距离固壁和工作面冒落煤岩体碎胀系数衰减率，$\text{m}^{-1}$，它与冒落煤岩体的物理力学性质、岩层地质特征、矿压载荷及破碎后历时(工作面推进速度)有关，该值可通过矿压观测获得；$d_0$ 和 $d_1$ 分别为采空区任意点到固壁和工作面的距离，m；$\xi_1$ 为控制"O"形圈模型分布形态的调整系数。

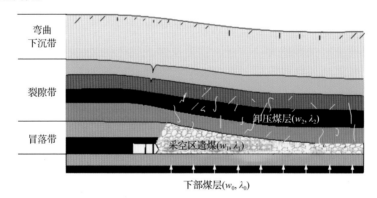

图 5-3　上覆岩层垮落变形分带及采空区瓦斯涌出一般示意图

$w_0$ 为采空区下部煤层均匀恒稳定瓦斯涌出强度，$\text{mol}/(\text{m}^2\cdot\text{h})$；$w_1$ 为本煤层采落遗煤瓦斯源的初始涌出强度，$\text{mol}/(\text{m}^2\cdot\text{h})$；$w_2$ 为上部卸压煤岩层瓦斯源的初始涌出强度，$\text{mol}/(\text{m}^2\cdot\text{h})$；$\lambda_i(i=0,1,2)$ 为对应煤层的瓦斯衰减系数，$\text{d}^{-1}$

图 5-4 为"U"形长壁工作面连续推进下采空区的动态变化示意图。图中原点取进风巷道的端口，工作面推进的逆方向为 $x$ 方向，$x_0$ 为开切眼位置的坐标，工作面倾向方向为 $y$ 方向。图中 $u$ 为工作面推进速度，$Q$ 为工作面供风量，$L$ 为工作面长度，$t$ 为推进时间，$q_L$ 和 $q_L'$ 分别为工作面漏入风量和漏出风量。

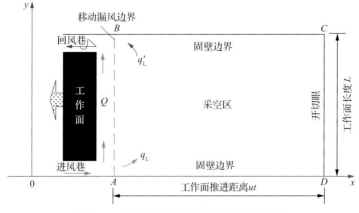

图 5-4　工作面推进下采空区动态变化过程

采空区任意点 $(x, y)$ 到固壁和工作面的距离 $d_0$ 和 $d_1$ 可以分别表示为

$$\begin{cases} d_0 = y - \left| y - \dfrac{1}{2}L \right| \\ d_1 = x - x_0 + ut \end{cases} \tag{5-2}$$

考虑到碎胀系数 $K_P(x, y)$ 与采空区冒落高度 $H$ 和孔隙率 $n$ 的关系，可以得到采空区冒落高度 $H$ 和孔隙率 $n$ 的表达式分别为[13]

$$H = \frac{M_1 \cdot K_P(x, y)}{K_{P,max} - 1} \tag{5-3}$$

$$n = 1 - \frac{1}{K_P(x, y)} \tag{5-4}$$

式中，$H$ 为采空区冒落高度，m；$n$ 为采空区孔隙率；$M_1$ 为工作面采高，m。

采空区渗透率与孔隙率的关系可以采用 Blake-Kozeny 方程表示[14]：

$$k = \frac{d_p^2 n^3}{150(1-n)^2} \tag{5-5}$$

式中，$d_p$ 为采空区多孔介质的颗粒直径，m。

综上，式 (5-1)～式 (5-5) 可以定量刻画工作面推进下采空区物理形态的时空演化过程，如冒落煤岩体的碎胀系数、冒落高度、采空区孔隙率和渗透率等。取参数 $a_0 = 0.0368\text{m}^{-1}$、$a_1 = 0.268\text{m}^{-1}$、$M_1 = 2.5\text{m}$、$d_p = 0.04\text{m}$、$L = 195\text{m}$、$u = 3.6\text{m/d}$，得工作面连续推进 100d 时冒落煤岩体的碎胀系数 $K_P(x, y)$、冒落高度 $H$、采空区孔隙率 $n$ 和渗透率 $k$ 的分布如图 5-5(a)～(d) 所示。

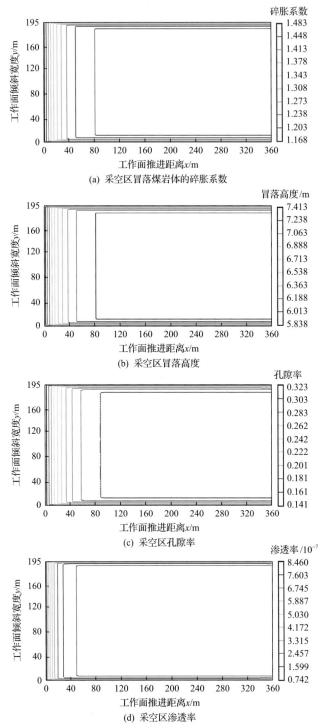

图 5-5　工作面推进 100d 时采空区冒落煤岩体的碎胀系数、冒落高度、孔隙率和渗透率分布

2. 气体流动控制方程

考虑到工作面推进下采空区冒落高度的动态变化对流场的重要约束，可以获得二维稳态下采空区气体流动的质量守恒方程：

$$\nabla \cdot (H \cdot v_{\mathrm{g}}) = Q_{\mathrm{s}} \tag{5-6}$$

式中，$v_{\mathrm{g}}$ 为采空区混合气体的速度矢量，m/s；$Q_{\mathrm{s}}$ 为气体的源(汇)项，m/s。

采用非达西 Forchheimer 方程描述气体在采空区多孔介质的流动形态[15]：

$$-\nabla p = \frac{\mu}{k} v_{\mathrm{g}} + \frac{c_{\mathrm{f}} \rho_{\mathrm{g}}}{\sqrt{k}} v_{\mathrm{g}} |v_{\mathrm{g}}| \tag{5-7}$$

式中，$p$ 为采空区混合气体压力，MPa；$\mu$ 为采空区混合气体的动力黏度，m/s 或 N·s/m$^2$；$|v_{\mathrm{g}}|$ 为速度模量，m/s；$\rho_{\mathrm{g}}$ 为采空区混合气体密度，kg/m$^3$；$c_{\mathrm{f}}$ 为无量纲形式的气体拖曳系数，可以定义为[16]

$$c_{\mathrm{f}} = \frac{1.75}{\sqrt{150n^3}} \tag{5-8}$$

将式(5-7)采用达西定律的形式表示为

$$v_{\mathrm{g}} = -\frac{k}{\mu} \delta \nabla p \tag{5-9}$$

式中，$\delta$ 为达西校正系数，通过式(5-7)和式(5-9)类比可得

$$\delta = \frac{1}{1 + \dfrac{\sqrt{k}}{\mu} c_{\mathrm{f}} \rho_{\mathrm{g}} |v_{\mathrm{g}}|} \tag{5-10}$$

将式(5-9)和式(5-10)代入式(5-6)，并联立式(5-7)可得采空区气体流动控制方程：

$$\begin{cases} \nabla \cdot \left[ -\dfrac{kH}{\mu + c_{\mathrm{f}} \rho_{\mathrm{g}} \sqrt{k} |v_{\mathrm{g}}|} \nabla p \right] = Q_{\mathrm{s}} \\[3mm] -\nabla p = \dfrac{\mu}{k} v_{\mathrm{g}} + \dfrac{c_{\mathrm{f}} \rho_{\mathrm{g}}}{\sqrt{k}} v_{\mathrm{g}} |v_{\mathrm{g}}| \end{cases} \tag{5-11}$$

### 3. 多元气体组分质量守恒方程

任意气体组分在采空区多孔介质的质量传输满足：

$$\frac{n\partial c_\Theta}{\partial t} + \nabla \cdot (-nD_\Theta \cdot \nabla c_\Theta) + v_g \nabla c_\Theta = \frac{c - c_\Theta}{c} W_\Theta \tag{5-12}$$

式中，$\Theta$ 为采空区中各气体的组分，如甲烷、氧气、一氧化碳和二氧化碳等；$c_\Theta$ 为气体组分 $\Theta$ 的浓度，$mol/m^3$；$W_\Theta$ 为采空区中气体组分 $\Theta$ 的源(汇)项，$mol/(m^3 \cdot s)$；$c$ 为混合气体组分的浓度，$c = p / RT_g$，$mol/m^3$，$R$ 为普适气体常数，$J/(mol \cdot K)$，$T_g$ 为采空区气体温度，K；$t$ 为时间，s；$D_\Theta$ 为气体组分 $\Theta$ 的扩散系数张量，$m^2/s$，可以表示为

$$D_\Theta = \left( \alpha_T |v_g| + \tau_1 \cdot D_{\Theta a} \right) \delta_{ij} + (\alpha_L - \alpha_T) v_{gx} v_{gy} / |v_g| \tag{5-13}$$

式中，$\delta_{ij}$ 为 Kronecker 符号；$v_{gx}$、$v_{gy}$ 分别为 $x$ 和 $y$ 方向气体流动速度分量，m/s；$\alpha_L$、$\alpha_T$ 分别为气体纵向和横向弥散度，m；$\tau_1$ 为多孔介质曲折度；$D_{\Theta a}$ 为气体组分 $\Theta$ 的分子扩散系数，$m^2/s$。

采空区氧化耗氧 $W_{O_2}$ 可以采用常用的 Arrhenius 方程来表示[17]：

$$W_{O_2} = -\frac{H_1}{H} A c_{O_2} \exp\left( -\frac{E_a}{RT_s} \right) \tag{5-14}$$

式中，$A$ 为煤氧化指前因子，$s^{-1}$；$E_a$ 为活化能，kJ/mol；$T_s$ 为采空区煤岩体温度，K；$H_1$ 为采空区遗煤厚度，m。

单位体积单位时间的瓦斯涌出量 $W_{CH_4}$ 可以表示为

$$W_{CH_4} = \frac{w_{CH_4}}{H} \tag{5-15}$$

式中，$w_{CH_4}$ 为累计采空区单位面积瓦斯的释放强度，$mol/(m^2 \cdot h)$。根据采空区瓦斯源释放特点，采空区瓦斯涌出主要来自采空区浮煤瓦斯解吸，受采动影响的上下邻近卸压煤岩层所释放出的瓦斯，以及采空区瓦斯沿某一局部通道涌出，采空区瓦斯源释放示意图如图 5-3 所示。则工作面推进下采空区任意点处累计单位面积瓦斯的释放强度 $w_{CH_4}$ 可以表示为[18]

$$w_{CH_4}(x, y) = w_0' + w_0 + \sum_{\kappa=1}^{2} w_\kappa \exp\left( -\lambda_i \cdot \frac{x - x_0 + ut}{u} \right) \tag{5-16}$$

式中，$w_0'$ 为采空区局部通道点瓦斯涌出强度，$\mathrm{mol/(m^2 \cdot h)}$。

**4. 能量守恒方程**

氧气与采空区浮煤发生氧化反应释放热量，在温度梯度和风压的共同作用下，采空区岩石与空气之间发生热交换。则采空区固-气两相热量传输守恒方程分别表示为[19]

$$(1-n)\rho_s c_{ps}\frac{\partial T_s}{\partial t} - (1-n)\nabla \cdot (\kappa_s \nabla T_s) = (1-n)Q_{Ts} - h_{sg}a_{sg}(T_s - T_g) \tag{5-17}$$

$$n\rho_g c_{pg}\frac{\partial T_g}{\partial t} + \rho_g c_{pg}v_g \cdot \nabla T_g - n\nabla \cdot (\kappa_g \nabla T_g) = h_{sg}a_{sg}(T_s - T_g) \tag{5-18}$$

式中，下标 s 和 g 分别为采空区的固相和气相；$c_p$ 为比热容，$\mathrm{J/(kg \cdot K)}$；$\kappa$ 为热传导系数，$\mathrm{J/(m \cdot s \cdot K)}$；$T$ 为温度，K；$Q_T$ 为采空区热的源(汇)项，$\mathrm{J/(m^3 \cdot s)}$；$\rho_g$ 为采空区岩石的密度，$\mathrm{kg/m^3}$；$a_{sg}$ 为采空区岩石比表面积，$\mathrm{m^{-1}}$；$h_{sg}$ 为固-气两相界面间的传热系数，$\mathrm{J/(m^2 \cdot s \cdot K)}$。

综合考虑采空区中遗煤氧化和采空区顶底板的热量散失，随工作面的连续推进，采空区中热量生成可以表示为[8]

$$Q_{Ts} = -\frac{H_1}{H}Q_1 W_{O_2} - 2(T_s - T_w)\sqrt{\frac{u}{x-x_0+ut}\frac{\kappa_s \rho_s c_{ps}}{\pi}} \tag{5-19}$$

式中，$Q_1$ 为煤的氧化反应热，$\mathrm{J/mol}$；$T_w$ 为采空区的顶板或底板温度，K。式(5-19)右边第一项表示遗煤氧化释放热，第二项表示通过顶底板采空区的散热量。

根据 Alazmi 和 Vafai 的研究，采空区岩石比表面积 $a_{sg}$ 和固-气两相界面间的传热系数 $h_{sg}$ 分别表示为[20]

$$a_{sg} = 6(1-\varepsilon)/d_p \tag{5-20}$$

$$h_{sg} = \kappa_g \frac{\left[2 + 1.1\left(\frac{\mu c_{pg}}{\kappa_g}\right)^{1/3}\left(\frac{\rho_g |v_g| d_p}{\mu}\right)^{0.6}\right]}{d_p} \tag{5-21}$$

**5. 交叉耦合关系**

式(5-11)可以用来确定采空区非达西流场的分布，式(5-12)用来描述多组分气体的传输过程，式(5-17)和式(5-18)联合确定采空区固-气两相能量传输。它们之间的耦合作用关系通过工作面推进下采空区孔隙率和渗透率演化模型(5-1)~(5-5)、采空区浮煤综合氧化方程(5-14)以及采空区瓦斯涌出控制方程(5-15)和(5-16)进行紧密联系。采空区瓦斯与煤自燃耦合关系如图5-6所示。同样，将该模型结合必要的计算边界和参数置入数值模拟软件中进行求解，求解过程如图 5-7所示。

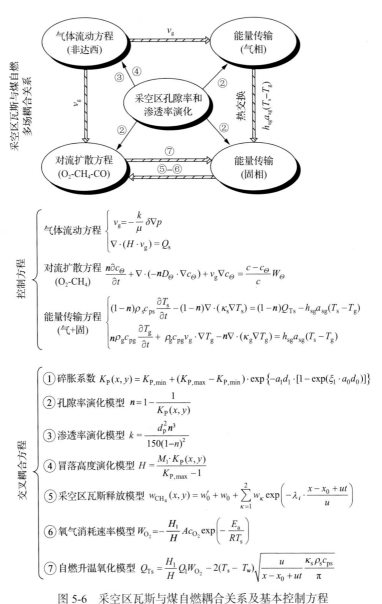

图 5-6　采空区瓦斯与煤自燃耦合关系及基本控制方程

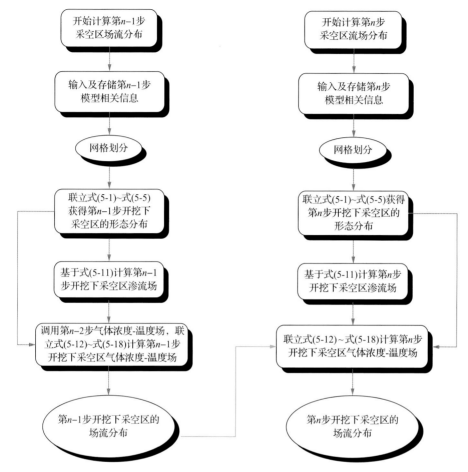

图 5-7　采空区瓦斯与煤自燃耦合作用计算过程

## 5.2.2　采空区煤自燃多场耦合模型的验证

崔家寨矿位于河北省蔚县矿区的北部，为开滦集团蔚州矿业有限责任公司下属生产矿井。煤层埋藏深度约 300m，有 1#、5#、6#三个主采煤层，目前主要开采 5#、6#两个煤层，煤种以褐煤、长焰煤为主。矿井为低瓦斯易自燃矿井，煤层自然发火等级为Ⅱ级，煤层自然发火期为 3 个月，矿井相对瓦斯涌出量为 $0.37m^3/t$，计算过程中瓦斯涌出被忽略。E12604 工作面走向长度为 570m，倾斜平均长度为135m，东邻已回采的 E12606 工作面，西邻 E12602 工作面回风巷，采煤方法为综采倾斜长壁、一次采全高，煤层厚度为 3～3.2m，采高为 2.8～3m。采空区流场初始边界条件和数值模拟参数见表 5-1 和表 5-2，表中 $p$ 为工作面压力，$p_0$ 为工作面下隅角压力，$R$ 为巷道通风风阻。

表 5-1  初始边界条件

| 条件界定 | | 气体流动 | 氧气传输 | 热量传输 | |
|---|---|---|---|---|---|
| | | | | 气相 | 固相 |
| 初始条件 | | $p(0) = p_0$ | $c_{O_2}(0) = 0$ | $T_g = 17℃$ | $T_s = 17℃$ |
| 边界条件 | $AB$ | $p = p_0 + (L-y) \cdot R \cdot Q^2$ | $c_{O_2} = c_{O_2}^0$ | $T_g = 17℃$ | $T_s = 17℃$ |
| | $BC$ | $n \cdot \dfrac{k}{\mu} \nabla p = 0$ | $n \cdot (-D\nabla c_{O_2} + v_g c_{O_2}) = 0$ | $-n \cdot (-\kappa_g \nabla T_g) = 0$ | $-n \cdot (-\kappa_s \nabla T_s) = 0$ |
| | $CD$ | $n \cdot \dfrac{k}{\mu} \nabla p = 0$ | $n \cdot (-D\nabla c_{O_2} + v_g c_{O_2}) = 0$ | $-n \cdot (-\kappa_g \nabla T_g) = 0$ | $-n \cdot (-\kappa_s \nabla T_s) = 0$ |
| | $DA$ | $n \cdot \dfrac{k}{\mu} \nabla p = 0$ | $n \cdot (-D\nabla c_{O_2} + v_g c_{O_2}) = 0$ | $-n \cdot (-\kappa_g \nabla T_g) = 0$ | $-n \cdot (-\kappa_s \nabla T_s) = 0$ |

表 5-2  数值模拟参数

| 参数 | $K_{P,max}$ | $K_{P,min}$ | $a_0$ | $a_1$ | $\xi_1$ | $\mu$ | $H_1$ |
|---|---|---|---|---|---|---|---|
| 数值 | 1.5 | 1.15 | 0.268 | 0.0368 | 0.233 | $1.84 \times 10^{-5}$ | 3 |
| 单位 | — | — | $m^{-1}$ | $m^{-1}$ | — | $N \cdot s/m^2$ | m |

| 参数 | $D_a$ | $Q_s$ | $Q_1$ | $c_{O_2}^0$ | $R$ | $Q$ | $L$ |
|---|---|---|---|---|---|---|---|
| 数值 | $2 \times 10^{-5}$ | 0 | 400 | 9.375 | 0.013 | 600 | 145 |
| 单位 | $m^2/s$ | $kg/(m^3 \cdot s)$ | kJ/mol | $mol/m^3$ | $N \cdot s^2/m^8$ | $m^3/min$ | m |

| 参数 | $A$ | $E_a$ | $n$ | $p_0$ | $\rho_s$ | $\rho_g$ | $d_p$ |
|---|---|---|---|---|---|---|---|
| 数值 | 0.424 | 21.89 | 1 | 0.1 | 1300 | 1.1 | 0.04 |
| 单位 | $s^{-1}$ | kJ/mol | — | MPa | $kg/m^3$ | $kg/m^3$ | m |

| 参数 | $\kappa_s$ | $\kappa_g$ | $c_{ps}$ | $c_{pg}$ | $\alpha_L$ | $\alpha_T$ | $u$ |
|---|---|---|---|---|---|---|---|
| 数值 | 0.2 | 0.026 | 1003.2 | 1012 | 5 | 1.5 | 6 |
| 单位 | $J/(m \cdot s \cdot K)$ | $J/(m \cdot s \cdot K)$ | $J/(kg \cdot K)$ | $J/(kg \cdot K)$ | m | m | m/d |

图 5-8 为不同工作面推进距离下冒落煤岩体的碎胀系数、氧气浓度和氧化升温温度。从图中可以看出：①采空区流场分布是一个动态的演化过程，采空区的碎胀系数、氧气浓度和氧化升温温度随工作面推进发生动态演化；②由于氧气的沿程消耗，氧气浓度沿着采空区的进回风巷呈现非对称分布，这与现场观察相吻合；③从图 5-8(c)的计算模拟结果可以看出，采空区从外至内呈现明显的"三带"

分布，它们分别是冷却带、氧化升温带和窒息带。而且图 5-8(b) 和(c) 对比结果表明，采空区的氧化升温带主要分布在氧气浓度 10%～18%，这也与现场观测结果相吻合[5]。

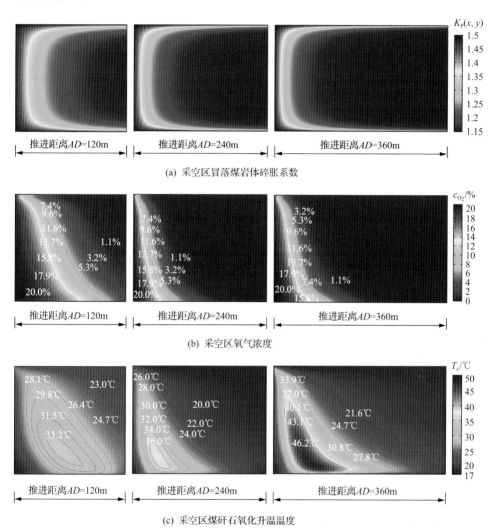

(a) 采空区冒落煤岩体碎胀系数

(b) 采空区氧气浓度

(c) 采空区煤矸石氧化升温温度

图 5-8  不同工作面推进距离下冒落煤岩体的碎胀系数、氧气浓度和煤矸石氧化升温温度演化

为了进一步验证高瓦斯矿井采空区煤自燃多场耦合模型，将数值模拟得到的气体温度和氧气浓度结果与现场实测数据进行对比验证(图 5-9)。监测点数据是已掘 E12602 回风巷向 E12604 回风巷的打钻观测的气体浓度和温度，监测距离开切眼 CD 处 120m 和固壁边界 AD 2.5m 处。从图 5-9 可以看出，模拟结果能够很好地匹配现场测定数据。

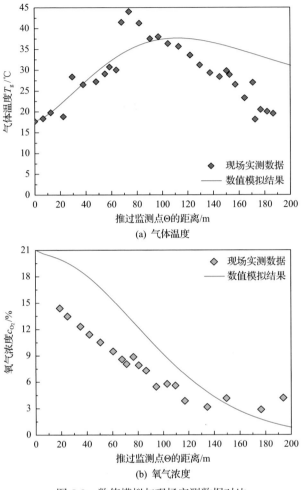

(a) 气体温度

(b) 氧气浓度

图 5-9　数值模拟与现场实测数据对比

### 5.2.3　采空区自燃与瓦斯共生灾害多场耦合计算

某矿综放工作面长度 $L$=200m，煤厚 $M$=5.8～8.8m，平均取 7m，工作面回采率取 0.85，综放顶煤开采的放煤回收率取 0.7，采高 $M_1$=2.8m，推进速度 $u$=3m/d，遗煤厚度 $H_1$=4.14m，工作面风量 $Q$=900m³/min，工作面两端总压 70Pa，风阻系数 $R$=0.001556N·s²/m⁸，实测煤的最短自然发火期为 37d。取采空区碎胀系数 $K_P$=1.15～1.5；$x$ 轴和 $y$ 轴方向采空区衰减率分别为 $a_1$=0.0367m⁻¹ 和 $a_0$=0.268m⁻¹；控制"O"形圈模型分布形态的调整系数 $\xi_1$=0.12；采空区冒落岩石的直径 $d_p$=0.04m；采空区气体的纵横弥散度分别为 $\alpha_L$=5m 和 $\alpha_T$=1.5m；浮煤的活化能和指前因子分别取 $E_a$=40kJ/mol 和 $A$=300s⁻¹；衰减型瓦斯源涌出强度 $w_1$=2.513mol/(m²·h)，瓦斯涌出衰减系数 $\lambda$=0.076d⁻¹；底板恒定瓦斯涌出强度 $w_0$=0.535mol/(m²·h)。其他参数及边界设置参考表 5-1 和表 5-2。

图 5-10 为工作面推进 60m、180m 和 300m 时，采空区碎胀系数、瓦斯浓度、

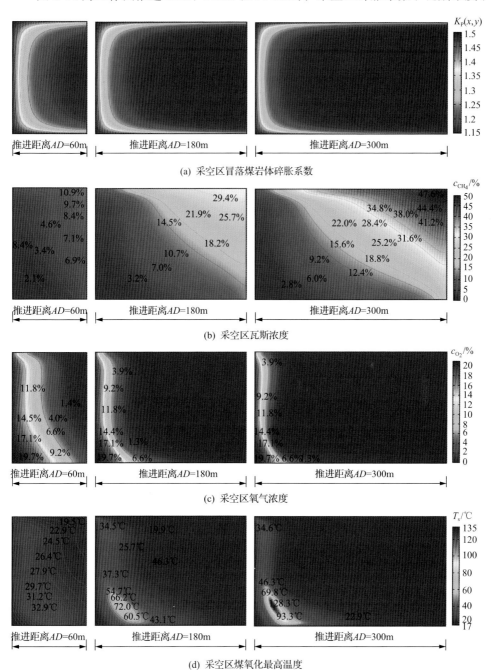

(a) 采空区冒落煤岩体碎胀系数

(b) 采空区瓦斯浓度

(c) 采空区氧气浓度

(d) 采空区煤氧化最高温度

图 5-10　不同推进距离下采空区碎胀系数、瓦斯浓度、氧气浓度和煤氧化最高温度演化

氧气浓度及煤氧化最高温度演化。从图中可以看出，随着工作面的动态推进，采空区流场分布也相应发生动态演化，采空区瓦斯涌出量和煤氧化最高温度逐渐增大，如推进 20d 时对应的最高瓦斯浓度为 11%，煤氧化最高温度为 33℃，而推进 100d 时所对应的最高瓦斯浓度和煤氧化最高温度分别为 50% 和 135℃，且瓦斯浓度与氧气浓度均呈现非对称分布。

为深入研究工作面连续推进下采空区松散体煤自燃与瓦斯共生致灾机制，讨论分析工作面风量、工作面风阻、工作面推进速度、工作面长度、煤氧化反应热和煤-氧反应速度等参数对采空区煤自燃与瓦斯耦合作用的影响。

图 5-11 为不同通风量下采空区漏风量、回风巷瓦斯浓度、采空区自燃升温最高温度和氧化带宽度演化。氧化带宽度定义为采空区进风巷边界氧气浓度 10%～18% 的距离。从图 5-11 可以看出，通风量 $Q$ 越大，漏风量越大、回风巷瓦斯浓度

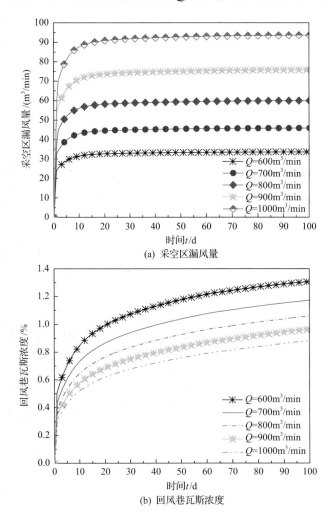

(a) 采空区漏风量

(b) 回风巷瓦斯浓度

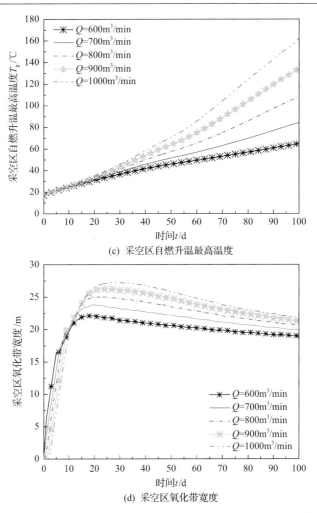

(c) 采空区自燃升温最高温度

(d) 采空区氧化带宽度

图 5-11 通风量改变下采空区漏风量、回风巷瓦斯浓度、采空区自燃升温
最高温度和氧化带宽度演化

越小、采空区自燃升温温度越高、采空区氧化带宽度越大。例如,当通风量 $Q=$ 600m³/min 和 800m³/min 时,回风巷瓦斯浓度大于 1%(瓦斯超限) 的推进时间分别为 20d 和 70d,而当 $Q=$900m³/min 时,在计算时间内回风巷瓦斯浓度低于 1%;当 $Q=$600m³/min 和 900m³/min 时,采空区自燃升温最高温度分别为 64.7℃ 和 162.0℃、采空区氧化带宽度最高分别为 22.1m 和 27.2m。

图 5-12 为不同通风风阻下采空区漏风量、回风巷瓦斯浓度、采空区自燃升温最高温度和氧化带宽度的演化。从图 5-12 可以看出,通风风阻 $R$ 越大,漏风量越大、回风巷瓦斯浓度越大、采空区自燃升温温度越高、采空区氧化带宽度越大。例如,当通风量 $R=0.001\text{N}\cdot\text{s}^2/\text{m}^8$ 和 $0.002\text{N}\cdot\text{s}^2/\text{m}^8$ 时,在工作面连续推进 100d 时所

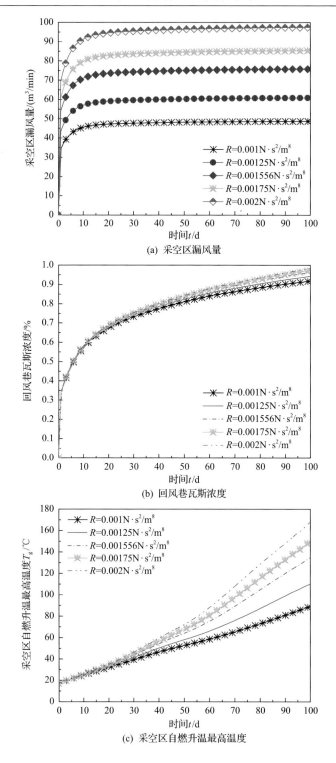

(a) 采空区漏风量

(b) 回风巷瓦斯浓度

(c) 采空区自燃升温最高温度

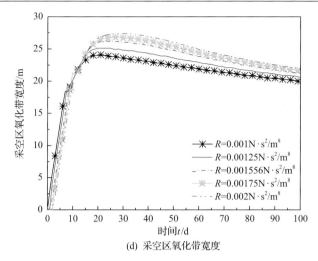

(d) 采空区氧化带宽度

图 5-12 风阻改变下采空区漏风量、回风巷瓦斯浓度、采空区自燃升温
最高温度和氧化带宽度演化

对应的采空区漏风量分别占总通风量的 5.4% 和 10.8%，回风巷瓦斯浓度分别为 0.92% 和 0.98%，采空区自燃升温最高温度分别为 89.0℃ 和 167.6℃，采空区氧化带宽度最高分别为 24.4m 和 27.4m。

图 5-13 为不同工作面推进速度下采空区漏风量、回风巷瓦斯浓度、采空区自燃升温最高温度和氧化带宽度演化。从图 5-13 可以看出，推进速度 $u$ 越大，漏风量越大、回风巷瓦斯浓度越大、采空区自燃升温温度越小、采空区氧化带宽度越大。例如，当推进速度 $u$=2m/d 和 6m/d 时，在工作面连续推进 100d 时所对应的采空区漏风量分别占总通风量的 8.37% 和 8.40%，回风巷瓦斯浓度分别为 0.78% 和 1.27%，采空区自燃升温最高温度分别为 218.5℃ 和 57.1℃，采空区氧化带宽度最高分别为 22.4m 和 33.2m。

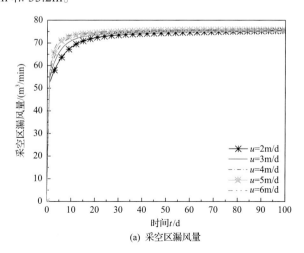

(a) 采空区漏风量

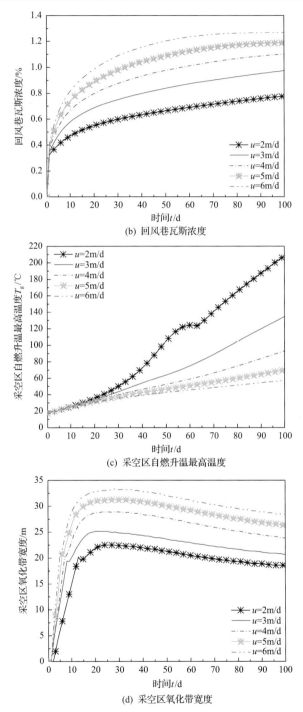

图 5-13　动态推进下采空区漏风量、回风巷瓦斯浓度、采空区自燃升温
最高温度和氧化带宽度演化

图 5-14 为不同工作面长度下采空区漏风量、回风巷瓦斯浓度、采空区自燃升

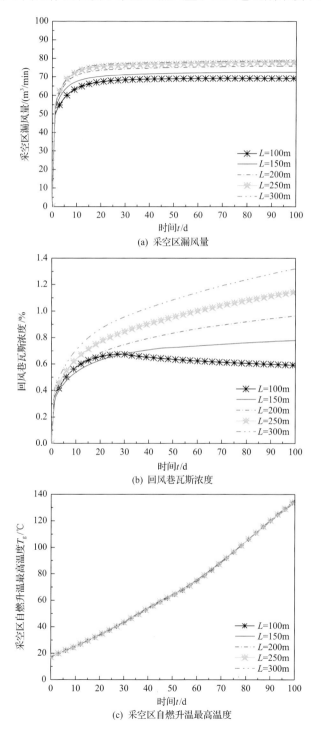

(a) 采空区漏风量

(b) 回风巷瓦斯浓度

(c) 采空区自燃升温最高温度

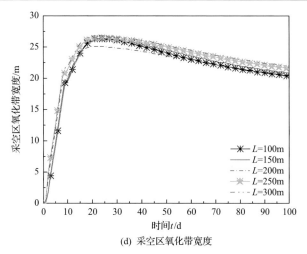

(d) 采空区氧化带宽度

图 5-14　工作面长度改变下采空区漏风量、回风巷瓦斯浓度、采空区
自燃升温最高温度和氧化带宽度演化

温最高温度和氧化带宽度演化。从图 5-14 可以看出，工作面长度 $L$ 越长，采空区漏风量和回风巷瓦斯浓度越大，而采空区自燃升温最高温度和氧化带宽度受工作面长度影响较小。例如，当 $L$=100m 和 300m 时，在工作面连续推进 100d 时对应的采空区漏风量分别占总通风量的 7.7%和 8.7%，回风巷瓦斯浓度分别为 0.59%和 1.3%，采空区自燃升温最高温度分别为 116.9℃和 118.6℃，采空区氧化带宽度最高分别为 26.4m 和 26.9m。

图 5-15 为不同煤氧化反应热下采空区自燃升温最高温度和氧化带宽度演化。从图 5-15 可以看出，煤氧化反应热 $Q_1$ 越大，单位时间内采空区遗煤自燃释放的热量越大，耗氧速度越大，导致采空区自燃升温最高温度越高、采空区氧

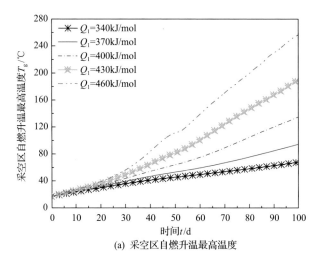

(a) 采空区自燃升温最高温度

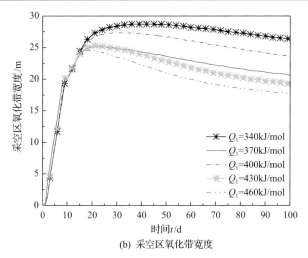

(b) 采空区氧化带宽度

图 5-15　煤氧化反应热改变下采空区自燃升温最高温度和氧化带宽度演化

化带宽度越小。例如，$Q_1$=340kJ/mol 和 460kJ/mol，在工作面推进 100d 时所对应的采空区自燃升温最高温度分别为 50.7℃ 和 239.0℃，采空区氧化带宽度最高分别为 28.7m 和 24.6m。

图 5-16 为消耗单位摩尔质量氧气时，五组不同煤自燃活化能和指前因子构成的煤-氧反应速度随温度的变化。从图中可以看出，活化能 $E_a$=40kJ/mol 和指前因子 $A$=300$s^{-1}$ 时对应的煤-氧反应速度最大，其次为 $E_a$=40kJ/mol 和 $A$=200$s^{-1}$ 对应的煤-氧反应速度，最小为 $E_a$=22kJ/mol 和 $A$=0.2$s^{-1}$ 时对应的煤-氧反应速度。

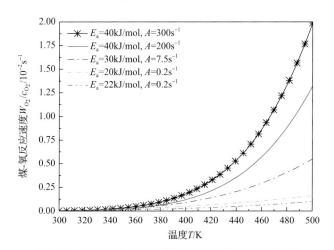

图 5-16　不同活化能和指前因子下煤-氧反应速度演化

图 5-17 为不同煤-氧反应速度下采空区自燃升温最高温度和氧化带宽度演化。

从图中可以看出，采空区自燃升温最高温度受煤活化能和指前因子共同决定，活化能越小、指前因子越大，对应煤自燃氧化越迅速，采空区自燃升温最高温度越高，相应的氧化带宽度越小；相同活化能下，指前因子越大，采空区自燃升温最高温度越高，如活化能 $E_a$=40kJ/mol，指前因子 $A$=200s$^{-1}$ 和 300s$^{-1}$ 时，工作面推进 100d 对应的采空区自燃升温最高温度分别为 50.1℃ 和 134.4℃，相应的氧化带宽度最高分别为 36.8m 和 27.2m；相同指前因子下，活化能越大，采空区自燃升温最高温度越小，如指前因子 $A$=0.2s$^{-1}$，活化能 $E_a$=20kJ/mol 和 22kJ/mol 时，工作面推进 100d 采空区自燃升温最高温度分别为 110.6℃ 和 50.5℃，相应的氧化带宽度最高分别为 19.6m 和 34.1m。

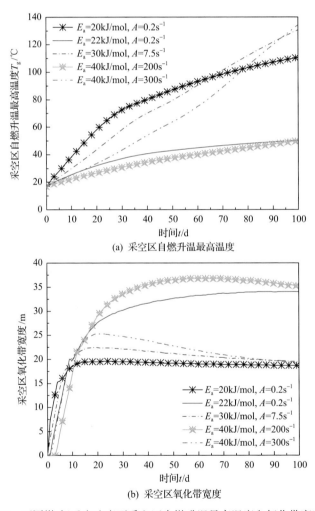

(a) 采空区自燃升温最高温度

(b) 采空区氧化带宽度

图 5-17　不同煤-氧反应速度下采空区自燃升温最高温度和氧化带宽度演化

## 5.3　煤自燃与瓦斯耦合致灾的判定准则

### 5.3.1　煤自燃与瓦斯共生致灾判定准则

煤岩体内部存在大量微小孔隙、原生裂隙,受采动影响,许多次生大裂隙出现,煤岩空间形成了不同尺度范围的裂隙场。煤矿开采下煤自然发火主要集中发生在破碎煤岩体和采空区等跨尺度裂隙场中。这里所谓的跨尺度裂隙场是指在煤矿开采中不同尺度裂隙组合的统称,包括煤层尺度裂隙、采空区尺度裂隙和巷道空间的超大尺度裂隙。从整体看,井下巷道网络为灾害发生及传播提供了空间,其几何特征量可看作广义的空间尺度。因此,矿井整体可抽象为跨尺度煤岩体裂隙场的集合。同时,在煤岩裂隙场中还存在以多元气体流动、热交换为基础的甲烷浓度场、氧气浓度场和氧化温度场,四场耦合关系如图 5-18 所示。其中,裂隙场、氧气浓度场和氧化温度场交汇区是煤自燃危险区。煤层采动裂隙、甲烷浓度场、氧气浓度场和氧化温度场的交汇区(阴影区)是煤自燃引发瓦斯燃烧或爆炸的危险区。

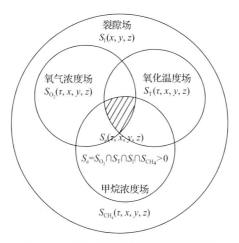

图 5-18　多场交汇致灾模型及判定准则

跨尺度裂隙场中,发生自燃与瓦斯共生致灾的条件为

$$S_e(\tau,x,y,z) = S_{O_2}(\tau,x,y,z)\bigcap S_T(\tau,x,y,z)\bigcap S_l(x,y,z)\bigcap S_{CH_4}(\tau,x,y,z) > 0 \qquad (5\text{-}22)$$

其中:

$$S_{O_2}(\tau,x,y,z) = \left\{S_{(c_{O_2})}(\tau,x,y,z)\middle|c_{O_2} \geqslant c'_{O_2}\right\}, \quad S_T(\tau,x,y,z) = \left\{S_{(T)}(\tau,x,y,z)\middle|T \geqslant T'\right\},$$

$$S_1(x,y,z) = \left\{ S_{(l)}(x,y,z) \middle| l_a \leqslant l \leqslant l_b \right\}, \quad S_{CH_4}(\tau,x,y,z) = \left\{ S_{(c_{CH_4})}(\tau,x,y,z) \middle| c'_{CH_4} \leqslant c_{CH_4} \leqslant c''_{CH_4} \right\}.$$

式中，$S_e$ 为煤自燃与瓦斯共生致灾区；$S_{O_2}$ 为满足瓦斯燃烧（爆炸）的氧气浓度分布区；$S_T$ 为瓦斯可燃或可爆温度区；$S_{CH_4}$ 为可燃或可爆瓦斯浓度分布区；$S_1$ 为满足灾害发生的裂隙尺度场区域；0 表示跨尺度裂隙场中不存在共生致灾区域；$c_{O_2}$ 为氧气浓度；$c'_{O_2}$ 为瓦斯燃烧（爆炸）的氧气浓度下限，注氮条件下 $c'_{O_2}$ 取值为 12.1%，注二氧化碳条件下为 14.3%；$T$ 为裂隙场温度；$T'$ 为自燃或瓦斯燃烧（爆炸）的临界温度；$l$ 为裂隙场尺度；$l_b$、$l_a$ 为可满足自燃引发瓦斯灾害要求的裂隙场尺度上、下限，其受流体扩散、渗流介质传热等作用影响；$c_{CH_4}$ 为瓦斯浓度；$c''_{CH_4}$、$c'_{CH_4}$ 为灾害发生时瓦斯浓度上、下限。

式(5-22)所描述的跨尺度裂隙场中自燃与瓦斯共生致灾条件等价于

$$S_e(\tau,x,y,z) = \left\{ S_e(\tau,x,y,z) \middle\| c_{O_2} \geqslant c'_{O_2}, T \geqslant T', l_a \leqslant l \leqslant l_b, c'_{CH_4} \leqslant c_{CH_4} \leqslant c''_{CH_4} \right\} > 0$$

(5-23)

式(5-22)和式(5-23)表明，当且仅当跨尺度裂隙场中，氧气浓度场、氧化温度场、瓦斯浓度场和裂隙场发生危险时空交汇时，才会发生煤自燃与瓦斯共生灾害。因此，消除煤自燃与瓦斯共生灾害的途径就是合理改变跨尺度裂隙场中的场流状态分布，使得 $S_e = 0$。基于此，作者提出固相介质输运改变煤层裂隙漏气场尺度，来消除由煤层瓦斯抽采引起的煤体自燃危险性。同时，提出低温液态惰气改变采空区温度场及气体浓度场的防治共生灾害方法。

### 5.3.2  采空区瓦斯抽采流场及安全度演化

某矿 4302 综放工作面长度 $L$=180m，采高 $M_1$=2.8m，推进速度 $u$=3.6m/d，遗煤厚度 $H_1$=4m，工作面风量 $Q$=1000m³/min，工作面风阻系数 $R$=0.0013N·s²/m⁸。取采空区碎胀系数 $K_P$=1.15～1.5；$x$ 轴和 $y$ 轴方向采空区衰减率分别为 $a_1$=0.0368m⁻¹ 和 $a_0$=0.268m⁻¹；控制"O"形圈模型分布形态的调整系数 $\xi_1$=0.12；采空区冒落岩石直径 $d_p$=0.04m；采空区气体的纵横弥散度分别为 $\alpha_L$=5m 和 $\alpha_T$=1.5m；浮煤活化能和指前因子分别取 $E_a$=40kJ/mol 和 $A$=320s⁻¹；采空区浮煤氧化反应热 $Q_1$=380kJ/mol；衰减瓦斯涌出强度 $w_1$=6.813mol/(m²·h)，瓦斯涌出衰减系数 $\lambda$=0.076d⁻¹；底板恒定瓦斯涌出强度 $w_0$= 2.435mol/(m²·h)。其他参数参考表 5-3。该矿 4302 综放工作面开采过程中，采空区瓦斯异常涌出时常导致工作面上隅角瓦斯超限，拟采用尾巷瓦斯抽采技术治理 4302 工作面采空区的瓦斯，如图 5-19 所示。

1. 瓦斯安全抽采参数优化

采用 4.3 节的安全准则计算模型[式(4-45)～式(4-60)]对不同抽采联络巷布置

表 5-3　模型初始及边界条件

| 条件界定 | 气体流动 | 多组分气体 Θ 输运 | | 热量传输 | |
| --- | --- | --- | --- | --- | --- |
| | | 瓦斯 | 氧气 | 气相 | 固相 |
| 初始条件 | $p(0) = p_0$ | $c_{CH_4}(0) = 0$ | $c_{O_2}(0) = 0$ | $T_g=17℃$ | $T_s=17℃$ |
| AB | $p = p_0 + (L-y)\cdot R\cdot Q^2$ | $n\cdot(-D\nabla c_{CH_4}) = 0$ | $c_{O_2} = c_{O_2}^0$ | $T_g=17℃$ | $T_s=17℃$ |
| BC | $n\cdot\dfrac{k}{\mu}\nabla p = 0$ | $n\cdot(-D\nabla c_\Theta + v_g c_\Theta) = 0$ | | $n\cdot(\kappa_g\nabla T_g)=0$ | $n\cdot(\kappa_s\nabla T_s)=0$ |
| CD | $n\cdot\dfrac{k}{\mu}\nabla p = -\dfrac{Q_c}{S}$ | $n\cdot(-D\nabla c_\Theta) = 0$ | | $n\cdot(\kappa_g\nabla T_g)=0$ | $n\cdot(\kappa_s\nabla T_s)=0$ |
| DE | $n\cdot\dfrac{k}{\mu}\nabla p = 0$ | $n\cdot(-D\nabla c_\Theta + v_g c_\Theta) = 0$ | | $n\cdot(\kappa_g\nabla T_g)=0$ | $n\cdot(\kappa_s\nabla T_s)=0$ |
| EF | $n\cdot\dfrac{k}{\mu}\nabla p = 0$ | $n\cdot(-D\nabla c_\Theta + v_g c_\Theta) = 0$ | | $n\cdot(\kappa_g\nabla T_g)=0$ | $n\cdot(\kappa_s\nabla T_s)=0$ |
| FA | $n\cdot\dfrac{k}{\mu}\nabla p = 0$ | $n\cdot(-D\nabla c_\Theta + v_g c_\Theta) = 0$ | | $n\cdot(\kappa_g\nabla T_g)=0$ | $n\cdot(\kappa_s\nabla T_s)=0$ |

注：$S$ 为抽采巷道断面面积；$Q_c$ 为混合抽采流量；Θ 代表甲烷或氧气

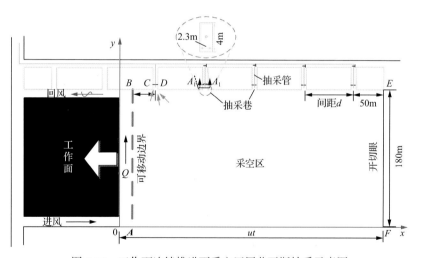

图 5-19　工作面连续推进下采空区尾巷瓦斯抽采示意图

和瓦斯抽采量下采空区流场及其安全度演化进行定量评价，以优化抽采巷的间距和抽采量。这里拟选择尾巷混合抽采流量 $Q_c$=70m³/min、100m³/min 和 150m³/min 和联络巷间距 $d$=30m、50m 和 70m 进行两两组合，共 9 种抽采方案。模拟不同方案下工作面回风巷瓦斯浓度、尾巷瓦斯抽采纯流量、采空区煤氧化最高温度、采空区氧化带宽度和采空区最高温度点处安全度随工作面推进的变化，进而通过不同模拟方案的对比优选出最佳抽采方案。

图 5-20 为尾巷间距 $d$=70m，尾巷混合抽采流量 $Q_c$=100m³/min，工作面推进

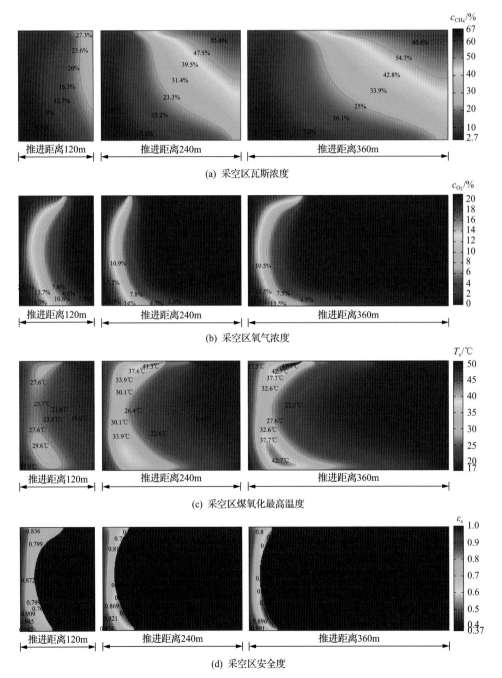

(a) 采空区瓦斯浓度

(b) 采空区氧气浓度

(c) 采空区煤氧化最高温度

(d) 采空区安全度

图 5-20　不同推进距离下采空区瓦斯浓度、氧气浓度、煤氧化最高温度和安全度的动态演化

120m、240m 和 360m 时所对应的采空区瓦斯浓度、氧气浓度、煤氧化最高温度和安全度的分布。从图中可以看出，随着工作面的动态推进，采空区流场和安全度也相应发生动态演化，采空区瓦斯和氧气流场呈现非均匀分布，采空区高浓度瓦斯主要富集于采空区回风侧深部，氧气受煤氧化消耗、采空区漏风流、尾巷抽采作用，采空区氧气分布与无抽采情况有很大的差别。随着工作面的推进，采空区瓦斯涌出量和煤氧化最高温度逐渐增大，采空区安全度越来越低。例如，工作面推进 120m 时对应的最高瓦斯浓度为 28.3%、煤氧化最高温度为 30.2℃、氧化带宽度为 32.0m、最小安全度为 0.75；而当推进 360m 时对应的最高瓦斯浓度为 67%、煤氧化最高温度为 51℃、氧化带宽度为 31.4m、最小安全度为 0.6。

图 5-21(a) 和 (b) 分别为不同抽采方案下回风巷瓦斯浓度与瓦斯抽采纯流量随工作面推进时间的演化。从图中可以看出，当工作面连续推进 53d(累计推进距离

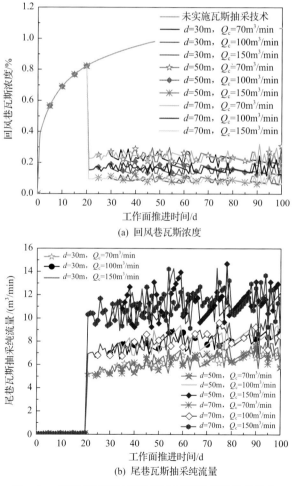

(a) 回风巷瓦斯浓度

(b) 尾巷瓦斯抽采纯流量

图 5-21　回风巷瓦斯浓度和尾巷瓦斯抽采流量演化

190.8m)时，未实施瓦斯抽采技术时，工作面回风巷瓦斯浓度达到《煤矿安全规程》规定的上限 1%。当对采空区涌出瓦斯实施尾巷抽采治理时，工作面回风巷涌出瓦斯量得到显著的遏制，并维持在某一水平；抽采间距相同时，尾巷瓦斯抽采流量越大，工作面回风巷瓦斯浓度越低、瓦斯抽采纯流量越大、抽采浓度越小。例如，当抽采间距 $d=30$m，抽采流量 $Q_c=70$m$^3$/min、100m$^3$/min 和 150m$^3$/min 对应的回风巷平均浓度分别为 0.23%、0.15%和 0.098%，对应的瓦斯抽采平均纯流量分别为 6.21m$^3$/min、7.91m$^3$/min 和 11.08m$^3$/min，瓦斯抽采浓度分别为 8.9%、7.9%和 7.4%。而当尾巷瓦斯抽采流量相同时，尾巷间距对回风巷瓦斯浓度和瓦斯抽采纯流量影响不大，但瓦斯抽采混合流量越大，对应的回风巷瓦斯浓度越小、瓦斯抽采纯流量越大。

图 5-22(a)和(b)分别为不同抽采方案下，采空区尾巷附近与进风侧区域煤氧化最高温度随推进时间演化。从图中可以看出，实施瓦斯抽采后，在采空区尾巷

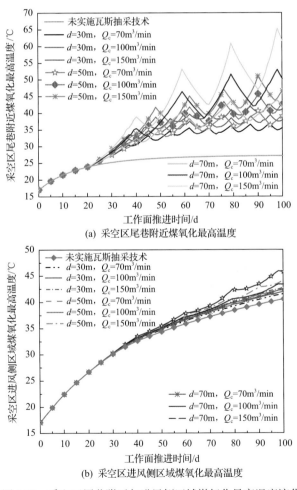

(a) 采空区尾巷附近煤氧化最高温度

(b) 采空区进风侧区域煤氧化最高温度

图 5-22  采空区尾巷附近与进风侧区域煤氧化最高温度演化

附近煤氧化最高温度有很大程度的提高。相同抽采间距下，尾巷瓦斯抽采混合流量越大，煤氧化最高温度越高，如尾巷间距 $d$=70m，瓦斯抽采量 $Q_c$=70m³/min、100m³/min 和 150m³/min 时，推进 100d 时对应的采空区尾巷附近煤氧化最高温度分别为 41.8℃、50.2℃和 61.7℃，采空区进风侧区域煤氧化最高温度分别为 42.3℃、43.3℃和 45.7℃，而不抽采瓦斯时对应的煤氧化最高温度仅为 27.1℃；尾巷瓦斯抽采混合流量相同时，抽采间距越大，采空区尾巷附近煤氧化最高温度越高，但对进风侧区域煤氧化最高温度影响不大，如尾巷瓦斯抽采混合流量 $Q_c$=100m³/min，尾巷间距 $d$=30m、50m 和 70m 时，推进 100d 时对应采空区尾巷附近煤氧化最高温度分别为 37.8℃、42.6℃和 50.2℃，采空区进风侧区域煤氧化最高温度分别为 42.0℃、42.4℃和 43.3℃。

采空区氧化带宽度和安全度随采空区瓦斯-氧气-温度场流的动态演化而变化。图 5-23(a)和(b)分别为不同抽采方案下，采空区氧化带宽度和最高温度点处安全度随推进时间的演化。从图中可以看出，当尾巷间距相同时，瓦斯抽采量越大，采空区氧化带宽度和最高温度点处风险度均越大。例如，尾巷间距 $d$=70m，瓦斯抽采量 $Q_c$=70m³/min、100m³/min 和 150m³/min 时，工作面推进 100d 时对应的采空区氧化带宽度分别为 33.3m、34.1m 和 35.3m，最高温度点处安全度最小值分别为 0.50、0.34 和 0.09，而不抽采瓦斯时对应的采空区氧化带宽度和最高温度点处安全度最小值分别为 31.7m 和 0.86，由此说明，采空区瓦斯抽采增加了采空区的风险度；尾巷瓦斯抽采混合流量相同时，抽采间距越小，采空区氧化带宽度越大，采空区最高温度点处安全度先增大后减小，如尾巷混合瓦斯抽采量 $Q_c$=150m³/min，尾巷间距 $d$=30m、50m 和 70m 时，推进 100d 时采空区氧化带宽度分别为 42.0m、38.0m 和 35.3m，采空区最高温度点处安全度分别为 0.23、0.59

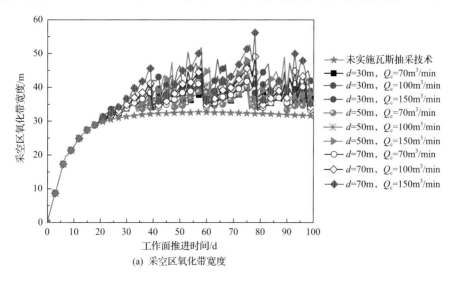

(a) 采空区氧化带宽度

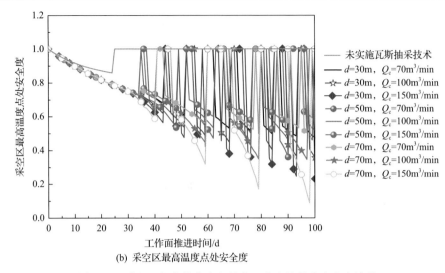

(b) 采空区最高温度点处安全度

图 5-23　采空区氧化带宽度和最高温度点处最小安全度演化

和 0.09。且抽采间距 $d=50\text{m}$ 时，安全度衰减最慢，$d=30\text{m}$ 对应的安全度衰减速度次之，$d=70\text{m}$ 对应的安全度衰减速度最快。

综上，对易自燃高瓦斯采空区实施尾巷瓦斯抽采技术虽然能抑制采空区瓦斯向工作面的异常涌出，但也会改变采空区场流分布，引起采空区浮煤自燃，进而降低采空区流场的安全度。通过对不同抽采方案下工作面回风巷瓦斯浓度、采空区瓦斯抽采效果、煤氧化最高温度、氧化带宽度和最高温度点处安全度的分析，并结合现场施工和经济安全性条件，优选尾巷间距 $d=70\text{m}$ 和瓦斯抽采量 $Q_\text{c}=100\text{m}^3/\text{min}$ 的方案。

**2. 安全抽采参数敏感性分析**

为有效保障高瓦斯易自燃采空区尾巷瓦斯抽采治理效果的高效性和安全性，以尾巷间距 $d=70\text{m}$，进一步研究不同尾巷抽采流量下，不同工作面风量、长度和推进速度等对采空区煤自燃与瓦斯耦合作用的影响。

**1) 尾巷瓦斯抽采和工作面风量对煤自燃与瓦斯耦合作用的影响**

图 5-24(a) 和 (b) 分别为不同尾巷瓦斯抽采和工作面风量组合下，回风巷瓦斯浓度与瓦斯抽采纯流量随工作面推进时间的演化。从图中可以看出，工作面风量相同时，回风巷瓦斯浓度越小，尾巷瓦斯抽采量和瓦斯抽采纯流量越大，如工作面风量 $Q=1200\text{m}^3/\text{min}$，尾巷瓦斯抽采量 $Q_\text{c}=70\text{m}^3/\text{min}$、$100\text{m}^3/\text{min}$ 和 $150\text{m}^3/\text{min}$ 时对应的回风巷平均瓦斯浓度分别为 0.27%、0.2% 和 0.13%，平均瓦斯抽采纯流量分别为 $5.43\text{m}^3/\text{min}$、$6.13\text{m}^3/\text{min}$ 和 $8.59\text{m}^3/\text{min}$；尾巷瓦斯抽采量相同时，工作面风量越大，回风巷瓦斯浓度越大、瓦斯抽采纯流量越小，如抽采量 $Q_\text{c}=$

150m³/min，工作面风量 $Q$=1000m³/min、1200m³/min 和 1400m³/min 时对应的回风巷平均瓦斯浓度分别为 0.095%、0.13% 和 0.28%，平均瓦斯抽采纯流量分别为 11.17m³/min、8.59m³/min 和 7.18m³/min。由此说明，在实施瓦斯抽采中，工作面通风虽能稀释采空区向工作面涌出的瓦斯，但若提高工作面风量，也会导致大量的采空区瓦斯随漏风流涌向工作面，同时影响瓦斯抽采效果，造成瓦斯抽采纯流量减少、回风巷瓦斯浓度过高。

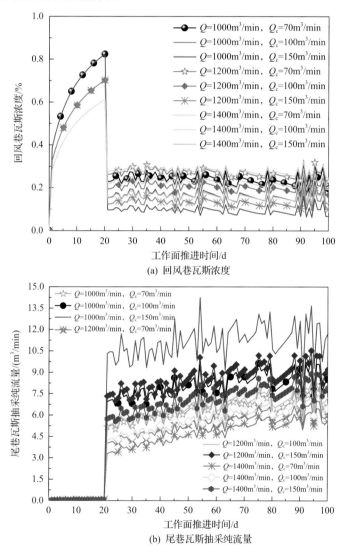

(a) 回风巷瓦斯浓度

(b) 尾巷瓦斯抽采纯流量

图 5-24　不同尾巷瓦斯抽采和工作面风量组合下回风巷瓦斯浓度和尾巷瓦斯抽采纯流量演化

图 5-25(a) 和(b) 分别为不同尾巷瓦斯抽采和工作面风量组合下，采空区尾巷附近和进风侧区域煤氧化最高温度随推进时间的演化。从图中可以看出，工作面

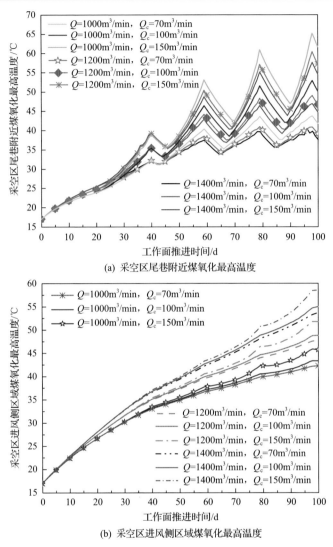

(a) 采空区尾巷附近煤氧化最高温度

(b) 采空区进风侧区域煤氧化最高温度

图 5-25  不同尾巷瓦斯抽采和工作面风量组合下采空区尾巷附近和
进风侧区域煤氧化最高温度演化

风量相同时，尾巷瓦斯抽采量越大，采空区尾巷附近和进风侧区域煤氧化最高温度越高，如工作面推进 100d 时，工作面风量 $Q=1400\text{m}^3/\text{min}$，尾巷瓦斯抽采量 $Q_c=70\text{m}^3/\text{min}$、$100\text{m}^3/\text{min}$ 和 $150\text{m}^3/\text{min}$ 时，对应的采空区尾巷附近煤氧化最高温度分别为 41.8℃、50.2℃和 61.7℃，进风侧区域煤氧化最高温度分别为 42.3℃、43.3℃和 45.7℃；当尾巷瓦斯抽采量相同时，工作面风量越大，采空区尾巷附近煤氧化最高温度越小、进风侧区域煤氧化最高温度越高，如工作面推进 100d 时，抽采量 $Q_c=150\text{m}^3/\text{min}$，工作面风量 $Q=1000\text{m}^3/\text{min}$、$1200\text{m}^3/\text{min}$ 和 $1400\text{m}^3/\text{min}$ 时，对应的采空区尾巷附近煤氧化最高温度分别为 61.7℃、57.2℃ 和 54.6℃，进风侧区域煤氧化最高温度分别为 58.6℃、51.7℃ 和 45.7℃。

图 5-26(a) 和 (b) 分别为不同尾巷瓦斯抽采和工作面风量组合下，采空区氧化带宽度和最高温度点处安全度随推进时间的演化。从图中可以看出，工作面风量相同时，尾巷瓦斯抽采量越大，采空区氧化带宽度越大、最高温度点处安全度越小，如工作面推进 100d 时，工作面风量 $Q=1400\text{m}^3/\text{min}$，瓦斯抽采量 $Q_c=70\text{m}^3/\text{min}$、$100\text{m}^3/\text{min}$ 和 $150\text{m}^3/\text{min}$ 时，对应的采空区氧化带宽度分别为 39.4m、39.8m 和 40.7m，最高温度点处安全度分别为 0.59、0.44 和 0.23；当瓦斯抽采量相同时，工

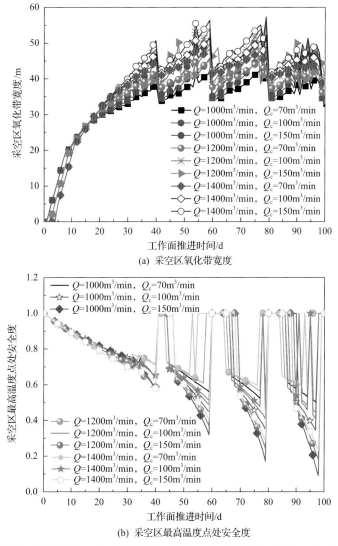

(a)　采空区氧化带宽度

(b)　采空区最高温度点处安全度

图 5-26　不同尾巷瓦斯抽采和工作面风量组合下采空区氧化带宽度和最高温度点处安全度演化

作面风量越大，采空区氧化带宽度和最高温度点处安全度越大，如工作面推进100d 内，尾巷瓦斯抽采量 $Q_c$=150m³/min，工作面风量 $Q$=1000m³/min、1200m³/min和 1400m³/min 时，对应的采空区氧化带宽度分别为 35.3m、38.2m 和 40.7m，最高温度点处安全度分别为 0.09、0.18 和 0.23。

2）尾巷瓦斯抽采和工作面推进速度对煤自燃与瓦斯耦合作用的影响

图 5-27（a）和（b）分别为不同尾巷瓦斯抽采和工作面推进速度组合下，回风巷瓦斯浓度与尾巷抽采瓦斯纯流量随推进时间的演化。从图中可以看出，工作面推进速度相同时，尾巷瓦斯抽采量越大，回风巷瓦斯浓度越小、瓦斯抽采纯流量越大，如工作面推进速度 $u$=3.6m/d，瓦斯抽采量 $Q_c$=70m³/min、100m³/min 和

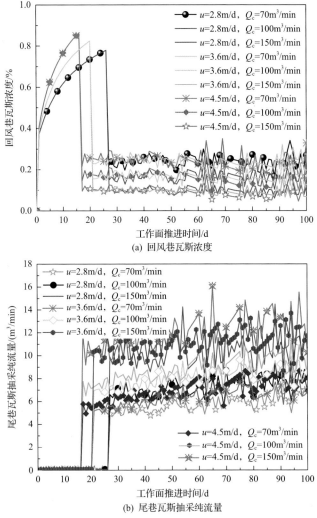

(a) 回风巷瓦斯浓度

(b) 尾巷瓦斯抽采纯流量

图 5-27　不同尾巷瓦斯抽采和工作面推进速度组合下回风巷瓦斯浓度与尾巷瓦斯抽采纯流量演化

150m³/min 时，对应的回风巷瓦斯平均浓度分别为 0.23%、0.16%和 0.095%，平均
瓦斯抽采纯流量分别为 6.40m³/min、8.10m³/min 和 11.17m³/min；尾巷瓦斯抽采量
相同时，工作面推进速度越大，瓦斯抽采纯流量越小，而对回风巷瓦斯浓度影响
较小，如尾巷瓦斯抽采量 $Q_c$=150m³/min，推进速度 $u$=2.8m/d、3.6m/d 和 4.5m/d
时，对应的回风巷平均瓦斯浓度分别为 0.098%、0.095%和 0.095%，平均瓦斯抽
采纯流量分别为 10.33m³/min、11.17m³/min 和 11.95m³/min。

图 5-28(a) 和(b) 分别为不同尾巷瓦斯抽采和工作面推进速度组合下，采空区
尾巷附近和进风侧区域煤氧化最高温度随推进时间的演化。从图中可以看出，工

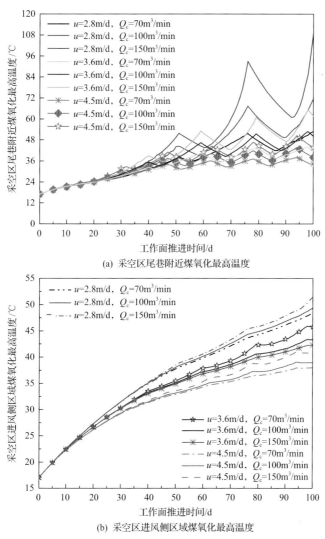

(a) 采空区尾巷附近煤氧化最高温度

(b) 采空区进风侧区域煤氧化最高温度

图 5-28　不同尾巷瓦斯抽采和工作面推进速度组合下采空区尾巷附近和
进风侧区域煤氧化最高温度演化

作面推进速度相同时，尾巷瓦斯抽采量越大，采空区尾巷附近和进风侧区域煤氧化最高温度越高，如工作面推进 100d 时，推进速度 $u$=3.6m/d，尾巷瓦斯抽采量 $Q_c$=70m³/min、100m³/min 和 150m³/min 时，对应的采空区尾巷附近煤氧化最高温度分别为 41.8℃、50.2℃和 61.7℃，进风侧区域煤氧化最高温度分别为 42.3℃、43.3℃和 45.7℃；当尾巷瓦斯抽采量相同时，工作面推进速度越大，采空区尾巷附近和进风侧区域煤氧化最高温度越小，如工作面推进 100d 时，尾巷瓦斯抽采量 $Q_c$=150m³/min，工作面推进速度 $u$=2.8m/d、3.6m/d 和 4.5m/d 时，对应的采空区尾巷附近煤氧化最高温度分别为 109.9℃、61.7℃和 43.5℃，进风侧区域煤氧化最高温度分别为 51.4℃、45.7℃和 40.7℃。

图 5-29（a）和（b）分别为不同尾巷瓦斯抽采和工作面推进速度组合下，采空区

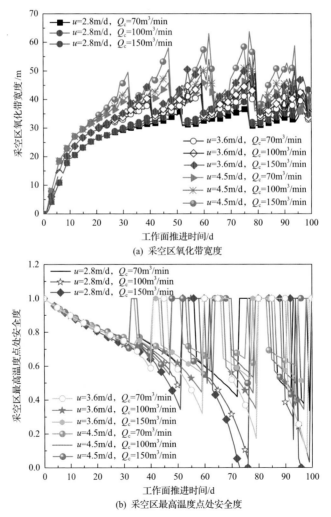

(a) 采空区氧化带宽度

(b) 采空区最高温度点处安全度

图 5-29　不同尾巷瓦斯抽采和工作面推进速度组合下采空区氧化带宽度和最高温度点处安全度演化

氧化带宽度和最高温度点处安全度随推进时间的演化。从图中可以看出，工作面推进速度相同时，尾巷抽采瓦斯量越大，采空区氧化带宽度越大、最高温度点处安全度越小。例如，工作面推进 100d 时，推进速度 $u$=3.6m/d，尾巷抽采瓦斯量 $Q_c$=70m³/min、100m³/min 和 150m³/min 时，对应的采空区氧化带宽度分别为 33.3m、34.1m 和 35.3m，最高温度点处安全度分别为 0.50、0.34 和 0.09；当尾巷瓦斯抽采量相同时，随工作面推进速度的增大，采空区氧化带宽度先减小后增大，而最高温度点处安全度增大。例如，工作面推进 100d 时，尾巷瓦斯抽采量 $Q_c$=70m³/min，工作面推进速度 $u$=2.8m/d、3.6m/d 和 4.5m/d 时，对应的采空区氧化带宽度分别为 34.8m、33.3m 和 36.0m，最高温度点处安全度分别为 0.34、0.50 和 0.60。

3) 尾巷瓦斯抽采和工作面长度对煤自燃与瓦斯耦合作用的影响

图 5-30(a) 和(b) 分别为不同尾巷瓦斯抽采和工作面长度组合下，回风巷瓦斯浓度与尾巷瓦斯抽采纯流量随推进时间的演化。从图中可以看出，工作面长度相同时，尾巷瓦斯抽采量越大，回风巷瓦斯浓度越小、瓦斯抽采纯流量越大，如工作面长度 $L$=180m，尾巷瓦斯抽采量 $Q_c$=70m³/min、100m³/min 和 150m³/min 时对应的回风巷平均瓦斯浓度分别为 0.23%、0.16%和 0.095%，对应的平均瓦斯抽采纯流量分别为 6.40m³/min、8.10m³/min 和 11.17m³/min；尾巷瓦斯抽采量相同时，工作面长度越大，回风巷瓦斯浓度和瓦斯抽采纯流量越高，如尾巷瓦斯抽采量 $Q_c$=150m³/min，工作面长度 $L$=140m、180m 和 220m 时对应的回风巷瓦斯平均浓度分别为 0.084%、0.095%和 0.13%，平均瓦斯抽采纯流量分别为 10.39m³/min、11.17m³/min 和 12.40m³/min。

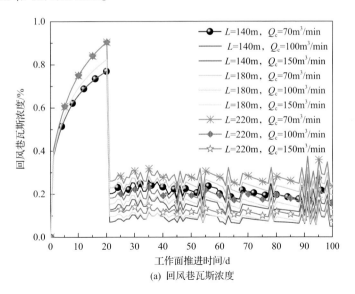

(a) 回风巷瓦斯浓度

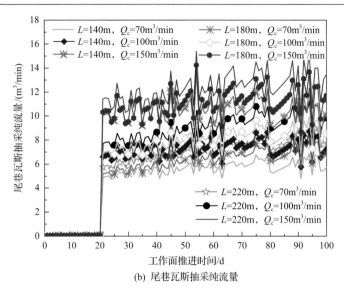

(b) 尾巷瓦斯抽采纯流量

图 5-30　不同尾巷瓦斯抽采和工作面长度组合下回风巷瓦斯浓度与尾巷瓦斯抽采纯流量演化

　　图 5-31(a)和(b)分别为不同尾巷瓦斯抽采和工作面长度组合下，采空区尾巷附近和进风侧区域煤氧化最高温度随推进时间的演化。从图中可以看出，工作面长度相同时，尾巷瓦斯抽采量越大，采空区尾巷附近和进风侧区域煤氧化最高温度越高。例如，工作面推进 100d 时，工作面长度 $L=220m$，尾巷瓦斯抽采量 $Q_c=70m^3/min$、$100m^3/min$ 和 $150m^3/min$ 时对应的采空区尾巷附近煤氧化最高温度分别为 42.0℃、50.6℃和62.4℃，采空区进风侧区域煤氧化最高温度分别为41.7℃、42.1℃和43.6℃。当尾巷瓦斯抽采量相同时，采空区尾巷附近煤氧化最高温度变化

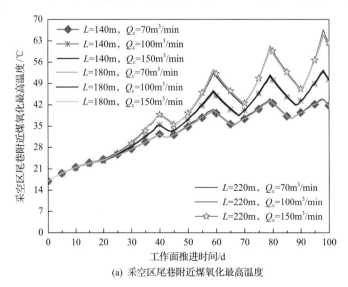

(a) 采空区尾巷附近煤氧化最高温度

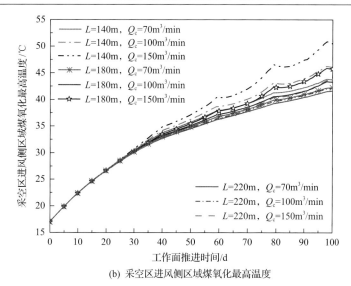

(b) 采空区进风侧区域煤氧化最高温度

图 5-31　不同尾巷瓦斯抽采和工作面长度组合下采空区尾巷附近和进风侧区域煤氧化最高温度演化

甚微,而工作面长度越长对应采空区进风侧区域煤氧化最高温度越小,如工作面推进 100d 时,尾巷瓦斯抽采量 $Q_c=150m^3/min$,工作面长度 $L=140m$、180m 和 220m 时对应的采空区进风侧区域煤氧化最高温度分别为 50.5℃、43.7℃和 41.6℃。

图 5-32(a)和(b)分别为不同尾巷瓦斯抽采和工作面长度组合下,采空区氧化带宽度和最高温度点处安全度随推进时间的演化。从图中可以看出,工作面长度相同时,采空区氧化带宽度越大、最高温度点处安全度越小,如工作面推进 100d 时,工作面长度 $L=220m$,尾巷瓦斯抽采量 $Q_c=70m^3/min$、100m$^3$/min 和 150m$^3$/min

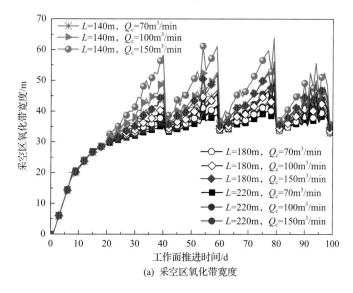

(a) 采空区氧化带宽度

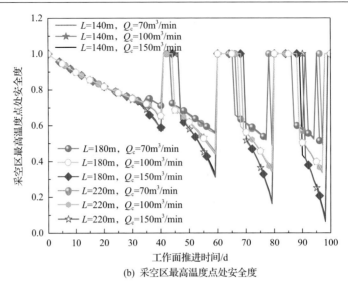

(b) 采空区最高温度点处安全度

图 5-32　不同尾巷瓦斯抽采和工作面长度组合下氧化带宽度和最高温度点处安全度演化

时对应的采空区氧化带宽度分别为 33.6m、34.2m 和 34.9m，最高温度点处安全度分别为 0.49、0.33 和 0.06。当尾巷瓦斯抽采量相同时，工作面长度越大，采空区氧化带宽度越小、最高温度点处安全度越高，如工作面推进 100d 时，瓦斯抽采量 $Q_c$=150m³/min，工作面长度 $L$=140m、180m 和 220m 时对应的采空区氧化带宽度分别为 36.8m、35.3m 和 34.9m，最高温度点处安全度分别为 0.094、0.091 和 0.06。

# 5.4　煤自燃灾害防控的液氮技术

常规的煤自燃灾害防控技术包括黄泥灌浆、阻化剂、凝胶、泡沫等，对处在半干旱地区的矿区，受缺水、少土等条件制约，整体实施困难，只能在局部实施。另外，由于火源的位置很难判断，灌注泥浆或者胶体的覆盖范围小，扩散范围有限，不易到达火源位置，且容易造成火区环境污染。常温氮气作为一种有效的惰性气体防灭火技术，具有抑制瓦斯爆炸、扩散范围广的特点，近二十年来推广应用较为普遍，但是其比热很小，换热能力较差，降温效果差，灭火期间常需要配合其他辅助灭火措施，灭火周期长，有时甚至实施效果也并不理想。

液氮作为一种防灭火技术具有灭火迅速、效果显著、安全可靠、操作简单等优点，如液氮注入温度低，汽化后吸收大量的热，可以迅速降低火区温度；由于注入的液氮有一定的压力，液氮汽化后使火区压力增加，减少了向火区的漏风，并使高氧含量气体经可控漏风通道排出，使火区内氧含量大大降低。封闭火区注入氮气，使得火区气体惰化，兼有抑制瓦斯爆炸的作用。低温液氮汽化为气体时，体积迅速膨胀(1t 的液氮汽化后约合 $800m^3$ 的氮气),可充满封闭范围空间内,形成立体隔绝带。所以,液氮防灭火技术以其独特的优势,一直以来备受国内外的广泛关注。为此,针对灾变条件下的应急救援,作者在国家"十二五"科技支撑计划项目、国家杰出青年科学基金、教育部创新团队发展计划等项目支持下,创新了瓦斯与煤火灾害的应急处置技术体系,在国际上率先开拓了液氮高效抑爆规模化应用的新方向,对于实现极复杂条件矿井大型火灾快速治理、煤层自然发火、瓦斯燃爆的有效防治具有重要意义。

### 5.4.1　液氮防灭火概述

液氮是惰性的,稳定性好,不与任何物质起化合反应,无色,无嗅,无腐蚀性,不可燃,是一种高效、易得而且清洁的低温制冷剂,其主要物理性质如表 5-4 所示。液氮现已应用于生物、医疗、畜牧、食品、冶金、电子、航空航天等低温工业领域。液氮亦可作为一种防灭火介质,具有灭火迅速、效果显著、相对安全可靠、操作简单等优点。以往的研究表明,液氮能快速、有效地扑灭钠火,这是水和二氧化碳介质均达不到的灭火效果。液氮亦可以用作扑灭异丙醇、乙醇、丙醇和柴油等油池火,以及建筑火灾,从而避免了消防用水造成的财产损失[21]。

#### 表 5-4　液氮的主要物理性质

| 物性 | 属性 |
| --- | --- |
| 沸点 $T_b$,1atm 时 | $-195.8°C$ |
| 临界温度 $T_c$ | $-147.05°C$ |
| 液体密度 $\rho_l$,$-180°C$时 | $0.729g/cm^3$ |
| 气体密度 $\rho_g$,1atm 和 21.1°C时 | $1.160kg/m^3$ |
| 汽化热 $H$,沸点下 | $202.76kJ/kg$ |
| 气体比定压热容 $c_p$,25°C时 | $1.038kJ/(kg·K)$ |
| 气体比定容热容 $c_v$,25°C时 | $0.741kJ/(kg·K)$ |
| 液体黏度 $\mu_L$,$-150°C$时 | $0.038mPa·s$ |
| 气体黏度 $\mu_G$,25°C时 | $175.44×10^{-7}Pa·s$ |
| 液体热导率 $k_L$,$-150°C$时 | $0.0646W/(m·K)$ |
| 气体热导率 $k_G$,25°C时 | $0.02475W/(m·K)$ |

液氮防灭火机理可以用如下 Damkohler 准则($Da$)进行定性分析[22]:

$$Da = (l/u)c_F c_0 A e^{-E/RT} \tag{5-24}$$

式中，$c_F$ 为燃料浓度，$g/cm^3$；$c_0$ 为氧气浓度，$g/cm^3$；$E$ 为反应的活化能，cal/mol；$R$ 为理想气体常数，$cal/mol \cdot K$；$l$ 为特征长度，m；$u$ 为特征速度，m/s；$A$ 为动力学参数；$T$ 为温度，K。

(1)隔氧作用。注入的液氮升温汽化膨胀后(常压下，−195.8℃的 $1m^3$ 液氮可膨胀为 21℃下的纯气态氮 $696m^3$)，氧气浓度相对减少，氮气部分代替氧气而进入到煤体裂隙的表面，这样煤表面对氧气的吸附量降低，在很大程度上抑制或者减缓了煤氧化进程火区压力增加；此外，注入的氮气提高了静压，高氧气体经由漏风通道排出，减少了向火区的漏风，使火区内氧含量大大降低，$c_0$ 减小，$Da$ 降低。

(2)降温作用。液氮沸点低，注入火区的液氮可冷却燃料，冷凝环境中的水蒸气与采空区隐蔽热源产生的热风压发生热交换，降低热源温度至着火点以下，即通过降低 $T$，达到减小 $Da$ 的目的。

(3)惰化抑爆作用。流向火区环境的大量惰性气体，使火区气体的氧含量降到很低，同时也稀释了可燃气体的浓度 $c_F$，消除了燃烧爆炸的危险性。此外，注入火区的液氮对火焰的吹熄作用增加了式(5-24)中的 $u$，将会对 $Da$ 数产生较大的影响。

因此，液氮是兼具降温和惰化抑爆的优良清洁灭火剂和制冷剂，环境效益显著，对臭氧层没有任何耗损；没有合成物，来源于大气，返回大气；不含二氧化碳，没有温室效应；当矿井启封，恢复通风，"通风排氮"后，不会对井下环境造成二次污染，灭火后没有任何痕迹及残渣，无腐蚀，不破坏综采设备。

### 5.4.2 跨尺度裂隙场内液氮传热传质特性

#### 1. 多孔介质内液氮传热传质特性

为考察采空区尺度液氮防灭火特性，搭建了如图 5-33 所示的液氮灭火特性模拟平台[23]，其主要由自增压液氮罐、流量计、数据采集系统、有机玻璃容器及松散堆积煤体组成。模拟的松散堆积煤体高度 h=40cm，煤块当量直径范围为 0.5～1.0cm，测点布置坐标为 1#(0，−8)、2#(0，0)、3#(8，0)、4#(0，16)、5#(0，16)、6#(16，0)。受相似模拟实验的限制，考虑到煤体温度场变化，较流量变化的滞后效应，当测煤体温度场变化时，液氮罐出口流量调定为 1.0L/min，测定时间为 30min 左右，时间间隔为 60s；当测煤体氧气浓度场变化时，液氮罐出口流量调定为 0.5L/min，测定时间为 1min 左右，时间间隔为 15s。

各测点温度场和氧气浓度场的变化曲线图如图 5-34 和图 5-35 所示。图 5-34 表明，液氮蒸汽在松散介质中的扩散行为属于"重气云团"扩散，且随着不断吸收周围环境中的热量，其密度逐渐接近于空气，扩散行为由"重气云团"扩散转变为"非重气云团"扩散，因此液氮蒸汽在松散堆积煤体内运移大致由注氮口呈

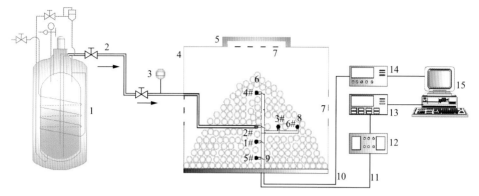

图 5-33　液氮在多孔介质中传热传质

1-自增压液氮罐；2-低温软管；3-流量计；4-有机玻璃容器；5-密封盖；6-松散堆积煤体；7-小孔；8-测点；9-支架；
10-温度监控线路；11-气体监控线路；12-气体进样系统；13-气相色谱仪；14-数据采集系统；15-计算机

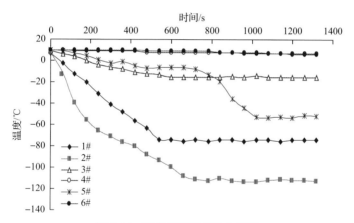

图 5-34　测点温度场变化曲线图

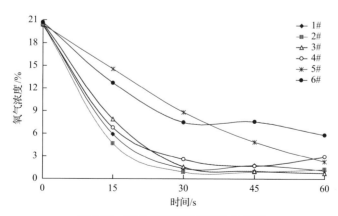

图 5-35　测点氧气浓度场变化曲线图

不规则椭球状向四周扩散，且其扩散周围的平均温度下降率表现为下高上低，能够主动大区域吞噬热(火)源。图 5-35 表明，由于液氮吸热汽化膨胀率高，汽化氮气使采空区或火区压力增加，形成立体隔离带，排出采空区和火区的氧气，减少外界向采空区或火区的漏风，致使模拟火区附近的测点氧气浓度迅速降低至 10%以下，有的甚至低于 5%，惰化效果显著。试验表明，低温液氮兼有降温和惰化的双重作用，注入采空区能同时改变采空区尺度裂隙场的温度场和气体浓度场，使得在采空区尺度防灭火过程中不致引起瓦斯爆炸事故，液氮蒸汽运移扩散区域能完全消除瓦斯与煤自燃可能共生致灾区。

## 2. 巷道空间尺度内液氮传热传质特性

为了分析封闭巷道注入液氮的液氮防灭火特性，构建受限空间注入液氮实验系统[21]，如图 5-36 所示，主要包括受限空间试验平台、注液氮系统和数据采集模块。受限空间试验平台由 3m×2m×2m 的长方体钢铁框架和包裹的塑料薄膜组成；注液氮系统由液氮自增压缓冲罐(有效工作压力≥0.1MPa)、质量流量计(刻度流量 0～3000kg/h，精度等级±0.1%FS)、耐低温钢管组成；数据采集模块由 T 型热电偶、氧气浓度传感器(测量范围：0～25vol.%，误差小于 0.6vol.%)、数据采集器和计算机组成。试验过程中液氮从液氮自增压缓冲罐经耐低温钢管注入受限空

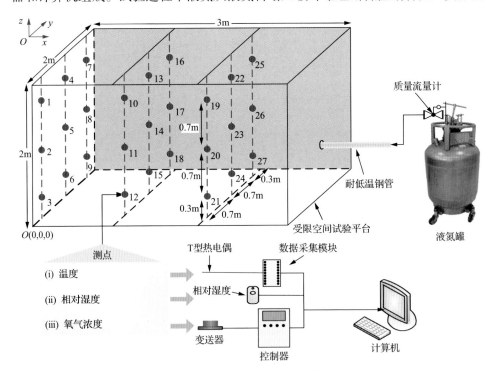

图 5-36　巷道空间尺度液氮扩散试验

间内，图 5-36 所示以 $O$ 点为坐标原点，建立三维坐标体系，则注氮口位置限制在 $x=3$m，$y=1$m，0m$<z<$2m 线段上，受限空间内有规律地布置 27 个测点，各测点装有热电偶、相对湿度传感器和氧气浓度传感器，可同时监测温度、相对湿度及氧气浓度，经过数据采集模块上传到计算机上存储和显示。

以质量流量为 0.019kg/s、注氮管管径为 28mm、注氮管高度为 0.8m 水平注入试验结果为例，分别对时间 $t=0$s、90s、180s、360s、720s、1440s 受限空间内 27 个测点温度值和氧气浓度值进行三维插值处理，得出注入液氮前后受限空间内温度场和氧气浓度场三维分布随时间变化情况，选取 $x=0$m、1m、2m，$y=1$m，$z=0.3$m、1m 六组切片上数据值，如图 5-37 所示。

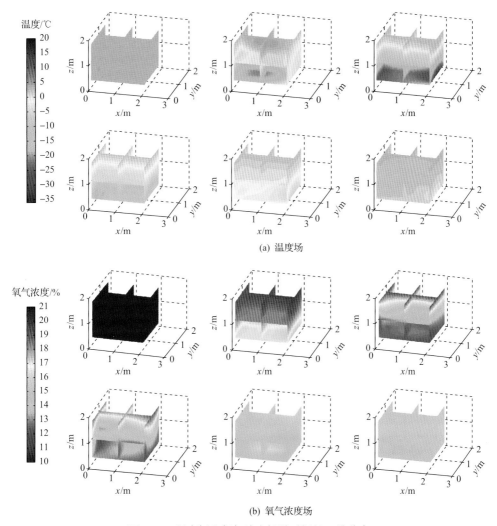

图 5-37　温度场和氧气浓度场随时间的三维分布

当 $t$=0s 时，受限空间内温度分布均匀，平均温度 $\overline{T}=3.15℃$。注入液氮前期，由于耐低温钢管处于室温，液氮在管道输送过程中吸热蒸发，注入液氮气-液比较大，低温氮气占主要部分，初动能较大，空气中的水蒸气冷凝呈现"雾状"。在 $t$=90s 时，在 $z$=0.3m 的水平面上垂直距离液氮注入孔 2m 处位置温度低于–15℃，其变化较为明显，热对流和热扩散使得周围各处温度也逐渐降低，而 $z>1$m 的空间位置温度保持在 0℃以上。随着耐低温钢管内壁温度降低，液氮注入管内气-液比减小，液态氮气沿抛物线沉降到地面上，因此在 $t$=180s 时，垂直距离液氮注入孔 1m 的 $z$=0.3m 处温度达到–30℃，且沿着横向温度平均低于–20℃，而纵向温度随着高度的增加逐渐升高，在 $z>1.7$m 的空间位置基本保持初始温度。停止注入液氮后，低温出现在 $z<1$m 的空间位置，且随时间逐渐升高直至初始温度，而 $z>1$m 的空间位置温度变化较小。由于液氮的"重气沉降"现象，液氮注入受限空间过程中，低温区域集中在低位处，缓慢向高位处扩展，降温存在一定的局部性。液氮注入过程中低位处氧气浓度首先降低，且同一水平面上氧气浓度基本相同。随着注入液氮时间的增加，氧气浓度小于 15%的空间位置逐渐增大。当 $t$=180s 时，低位处氧气浓度降低程度较为明显，高位处氧气浓度也逐渐降低，在 $z<1$m 的空间位置内氧气浓度基本都小于 14%，且高度越小，氧气浓度越低。停止注液氮后，由于气体扩散，在 $t$=720s 时，受限空间内氧气浓度基本保持一致。从停止注液氮到氧气浓度均匀分布大约用时 540s，说明氮气在受限空间内的均匀扩散较为容易。

通过构建大空间巷道尺度液氮重气云扩散系统，揭示了液氮注入大空间环境的温度-氧气浓度变化规律，揭示了液氮兼具"重气沉降，膨胀驱氧，蒸汽雾化"等多种扩散和防灭火作用。在实际灭火工程中，灌注液氮应结合点火源的位置，对于低位点火源，可采用低位注氮；对于未知或者高位点火源，注氮口位置应高于点火源上方，以使液氮汽化实现空间覆盖。

### 3. 液氮高效率灭火实验

液氮在多孔介质内的传热传质，无法直接观察与火焰的作用过程。基于此，用消防油池火来近似模拟煤矿火灾的扑灭过程[24]。整个实验按照垂直和水平两种灌注方式分别模拟地面钻孔注氮与井下水平钻孔注氮。垂直灌注液氮的出口设置在油池的正上方高出 20cm 处，根据实验结果计算得出本实验稳定燃烧的油池火的火焰高度为 38.5cm，所以液氮出口位置为油盘上方 58.5cm 处，水平距离油池火的中心位置也为 58.5cm，如图 5-38 所示。此外，两组对比实验保持相同的液氮流量(2.0L/min)、液氮出口压力 (0.17MPa)和管路保温条件，注氮管直径(管径 $D$ = 0.02m)也相同。

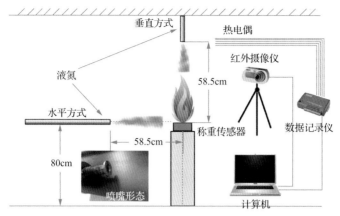

图 5-38 垂直和水平方式灌注液氮灭火实验系统布置

由于不可避免的漏热，注氮管路刚出口的液氮相态先为气态，之后为气液两相流的状态。从图 5-39 可以看出，当气态氮注出时，火焰有一个横向膨胀的过程[图 5-39(e)]，之后油池火焰被压制、高度降低；当液态氮出来时，火焰在横向和纵向上都发生了明显膨胀[图 5-39(h)~(k)]，之后火焰根部逐渐脱离油池表面，随后火焰被马上扑灭。发生上述现象的原因可能是低温气态氮云较冷，比空气重。由于火焰的辐射和传导热，液氮蒸汽被加热，在室温下发生了相变膨胀。燃料被稀释，导致火焰尺寸减小。当液氮从垂直管路喷出后，它穿过火焰冲击油池燃料表面，造成的燃料飞溅增加了燃烧区域面积。另外，低温的液氮也达到了快速

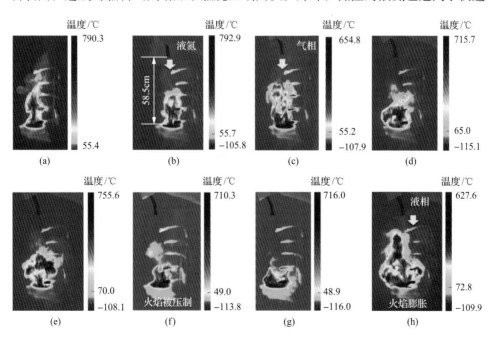

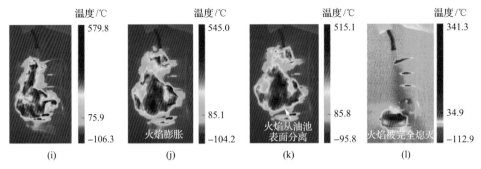

图 5-39　垂直灌注液氮时的火焰温度分布图

冷却燃料表面的目的。因此，液氮的灭火机理可以归结为首先是稀释燃料蒸汽/氧气浓度(稀释效应)，然后表面冷却(热效应)。

　　图 5-40 为相同条件下，水平灌注液氮期间油池火火焰的温度分布图。从图中可以看出，火焰的形态与垂直灌注液氮时的差别很大。火焰在注氮初期首先被吹到右侧(偏离油池火的中心轴线)，一部分火焰根部与油池表面分离。之后，火焰形状非常不稳定，并呈现垂直和扁平两种形态。最后由于液态氮的作用，火焰被抬高熄灭，最终完全熄灭[图 5-40(b)～(e)]。并且之后也没有复燃现象发生，图 5-40(g)～(l)为液氮灭火期间高速摄像机拍摄的火焰图片。

　　图 5-41 为水平灌注液氮灭火期间热电偶温度及油池质量随时间的变化。液氮灭火期间可分为四个阶段(Ⅰ～Ⅳ)，水平液氮射流冲击比垂直液氮射流冲击弱。

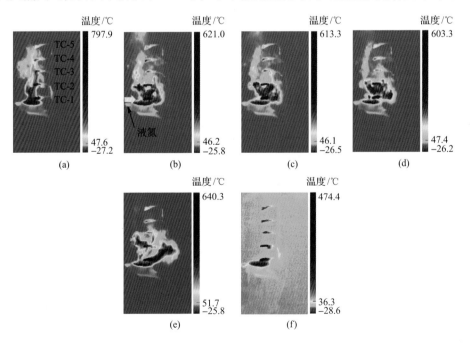

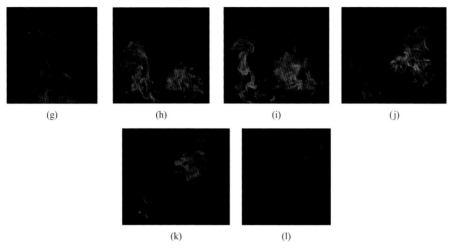

(g)          (h)          (i)          (j)

(k)          (l)

图 5-40  水平灌注液氮时的火焰温度分布图

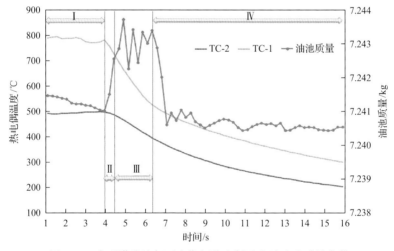

图 5-41  水平灌注液氮灭火期间热电偶温度及油池质量变化

灭火的主要机理可以归结为火焰冷却。射流的强烈冲击使得燃料浓度减小。火焰被抑制，火焰尺寸减小，波动，直至最后熄灭。

图 5-42 为垂直灌注液氮灭火和水平灌注液氮灭火期间各热电偶温度的变化。图中 V-TC-1 代表的是垂直灌注液氮灭火期间，TC-1 热电偶的温度变化；H-TC-1 代表的是水平灌注液氮灭火期间，TC-1 热电偶的温度变化，其他依次类推。从图中可以看出，火焰温度首先随时间增加到一个稳定值。火焰温度在稳定连续燃烧区、间歇火焰区和浮力羽流区依次减小，在连续燃烧区的温度达 800℃。在液氮注入期间，各热电偶温度骤减，TC-1、TC-2 热电偶的温度减小速度最快，分别为 113.2℃/min、61.3℃/min，火焰熄灭后均为 200℃，这是因为这两个热电偶位置距

离液氮出口最近。随后火焰被扑灭，各热电偶温度降低并逐渐恢复到室温。图 5-42中局部图表示的是液氮灭火期间的温度变化。

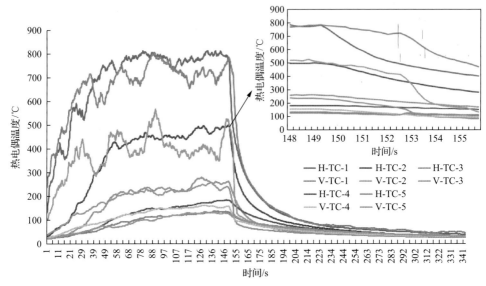

图 5-42　垂直灌注液氮和水平灌注液氮灭火期间各热电偶温度的变化

为了详细对比分析两种灭火方式的不同，定义如下灭火期间的温降速率：

$$\sigma' = \frac{T_i - T_0}{t_i - t_0} \times 100\% \tag{5-25}$$

式中，$T_0$ 为在 $t_0$ 时刻的温度值（在液氮注入前火焰稳定燃烧的温度），℃；$T_i$ 为在 $t_i$ 时刻的温度值，℃。

从图 5-43 可以看出，在垂直灌注液氮的情况下，温降速率从大到小依次为 $\sigma_2 > \sigma_1 > \sigma_3 > \sigma_4 > \sigma_5$，虽然液氮出口在 TC-5 的上方，但是上方的降温是最小的。水平灌注液氮的情况下，温降速率的大小依次为 $\sigma_1 > \sigma_2 > \sigma_3 > \sigma_4 > \sigma_5$，这两种液氮出口的情况，火焰上方 TC-4 和 TC-5 的温降速率都非常小。以 TC-1 热电偶温度为例，水平灌注液氮时温降速率达到了 65.28℃/s，而垂直灌注液氮时温降速率为 40.15℃/s；再以 TC-2 热电偶的温度为例，水平灌注液氮时温降速率达到了 52.71℃/s，而垂直灌注液氮时温降速率为 28.29℃/s。无论水平还是垂直灌注液氮，液氮都达到了较好的灭火效果。但是就热电偶的温降速率和灭火时间来说，水平方式比垂直方式的灭火效果更为明显，水平灌注液氮灭火时间仅为 1s 多（用量 33mL 液氮），而垂直灌注液氮灭火时间为 6s 左右（用量 150mL 液氮）可以扑灭 0.018m² 的 7kW 的油池火。这是因为穿过燃烧区到达燃料表面的射流速度与动量和燃烧区火焰速度与动量的相互作用不同。

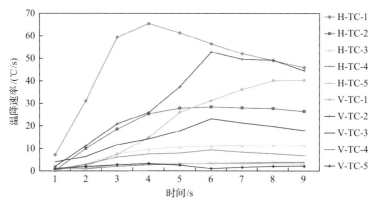

图 5-43　垂直灌注液氮灭火和水平灌注液氮灭火期间的温降速率

垂直液体氮气射流的灭火机理是燃料蒸汽浓度(稀释效应)的稀释,然后表面冷却(热效应)。液氮水平射流比垂直喷射在灭火时间和所需液氮量方面更高效。水平灌注液氮灭火时间仅为 1s 多(用量 33mL 液氮),而垂直灌注液氮灭火时间为 6s 左右(用量 150mL 液氮)可以扑灭 0.018m² 的 7kW 的油池火。液氮扑灭油火的主要机理:火焰冷却、冷冲击表面冷却、吹熄与置换 $O_2$;次要机理:隔离衰减热辐射、降低燃料-$O_2$ 体系的混合浓度比和火灾动力学影响等。此外,当液氮从管路喷射而出到达燃烧区域时,很快汽化相变,在油池火区域形成氮气蒸汽云,这些蒸汽云不仅阻断了向油池火的供氧、供热通道;低温的液氮还会冷凝空气中的水蒸气,这些混合的液氮蒸汽和冷凝的水蒸气覆盖在油池火源的上方共同作用,最终达到冷却窒息火源的目的。

### 5.4.3　液氮防灭火关键技术及装备

按照液氮出口形态及灌注方式的不同(图 5-44),液氮防灭火技术可分为汽化式和直注式两种[25]。液氮直注式防灭火技术是直接将大冷量的液氮输送至防灭火区域;地面液氮汽化式防灭火技术与井下液氮汽化式防灭火技术均为汽化式,前者为将液氮高效汽化为大流量的低温氮气惰化火区,后者是结合直注和汽化两种方式,将液氮的大冷量用于矿井降温,将汽化后的低温氮气用于防灭火。

#### 1. 液氮直注式防灭火

液氮直注式防灭火技术的主要特点是当采空区自燃隐患形成高温氧化区或井下出现明火,向防灭火区直接灌注液氮(图 5-45)。液氮直注式防灭火技术的应用条件如下:①若发火区域在地表附近,在地面直接布置钻孔,通过钻孔向高温氧化区注入液氮;②通过地面钻孔和巷道内专用管线连接,将液氮输送至高温氧化区;③在地面将液氮换装入液氮槽车中,运至火区附近地表,通过地面管路将液氮槽车与钻孔连接，将槽车中液氮注入高温氧化区。

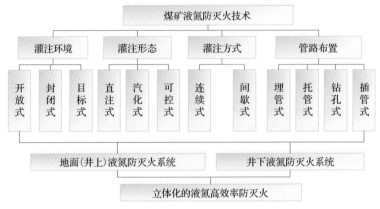

图 5-44　煤矿液氮防灭火技术分类

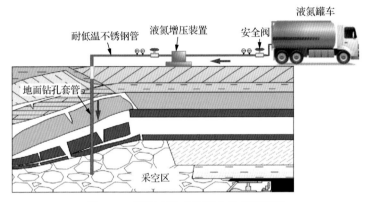

图 5-45　液氮直注式防灭火技术及装置

采用液氮直注式防灭火工艺，可以达到三个方面的效果：一是液氮汽化过程中，短时间内吸收大量热量，快速降低采空区积聚的热量；二是高浓度氮气扩散能够增大采空区内气体静压，减小采空区漏风；三是使采空区内氧气浓度分布范围明显回缩，惰化采空区。特别适用于已封闭的采空区火区或高温区，实现大流量 10～20t/h、快速惰化、降温灭火，对正常开采工作面采空区灌注液氮也有一定的防火效果(图 5-45)。

1) 地面钻孔液氮直注工艺

地面钻孔液氮直注工艺主要装备液氮罐车、地面耐低温不锈钢管、地面钻孔套管，可实现连续灌注。注氮工艺如下：液氮储罐车→储罐出液口→储罐增压装置(低温液体泵)→耐低温不锈钢管→地面钻孔套管→采空区。为了保障液氮的输送效果，在原有低温低压液氮储罐中增加增压装置，克服了原有储罐压力不断降低的问题。实践证明,液氮在输送过程中极易汽化,虽然管路实施保冷绝热措施,实际到达采空区深部的为液氮与液氮蒸汽的混合两相流。总体相对常温氮气而言,此工艺提高了液氮的灌注效率,实现了液氮的高效率、大冷量输送。

2) 地面钻孔连专用管网液氮直注工艺

地面钻孔连专用管网液氮直注防灭火系统主要由低温低压真空液氮储罐、液氮增压装置、地面钻孔套管、流量控制与监测装置和输送管道(耐低温不锈钢管 DN50-60mm 和伸缩节)构成,其中地面钻孔约 500m,水平距离约 1500m,全程铺设低温不锈钢管,输送管道中装置伸缩节,防止液氮输送过程中管道因过冷收缩引起钢管断裂,可实现连续灌注。

地面钻孔连专用管网液氮直注工艺如下:低温低压真空液氮储罐→液氮增压装置→地面钻井套管→井下专用管网→注氮处,其流程中采取全封闭式操作,且使用流量控制与监测装置控制流量输出,各系统保护装置齐全,操作简单,安全可靠;注氮强度远大于其他常规制氮装置,降温效果明显。这种液氮防灭火方法不仅可保障煤矿安全开采,避免发生高瓦斯矿井火灾治理过程中的人员伤亡事故,而且对丰富和完善高瓦斯矿井火灾治理和易自燃矿井防灭火技术保障体系具有较大的促进作用。

3) 井下巷道移动式液氮直注工艺

井下巷道移动式液氮直注系统主要由液氮槽车(胶轮化运输)或罐装平板车(轨道运输)、液氮增压装置、参数监测仪表(流量、压力)和输送管道等构成。

井下巷道移动式液氮直注工艺如下:液氮槽车或矿车→液氮增压装置→输送管路→注氮处,该工艺需要将液氮槽车驶入井下,减少了液氮长距离输送造成的能量损失,且不需要进行地面钻孔的施工,适用于距离液氮灌注点较近的情况,通过密闭墙或者钻孔灌注液氮,可实现间断性灌注,主要对局部高温区域进行处理。当矿井尚未封闭,矿井具备无轨胶轮运输条件或者轨道运输条件,可通过液氮罐车或者分装后专用的储槽矿车,将液氮输运到井下使用地点直接灌注。综上,井下巷道移动式液氮直注防灭火技术可以有效地提高液氮的灌注速率,有效保存液氮的冷量,显著提高防灭火效果。

4) 直注式工艺问题分析

地面钻孔液氮直注工艺一般用于煤矿工作面采空区,井下巷道移动式液氮直注工艺适用于距离液氮灌注点较近的情况。地面钻孔液氮直注工艺在实际应用中应注意以下问题。

(1)地下水的影响。钻孔套管直线距离较长,导致大量地下水沿套管外壁累积并向下流淌,致使套管内空气湿度很大,加速了液氮在输送过程中的汽化。氮气在-196℃以下时为液态，当温度超过-196℃时，液氮即开始汽化，此时就会出现热胀冷缩现象。

(2)管道保温。通过地面钻孔方式注氮进行采空区防灭火，液氮需经过远距离的管道输送至井下用氮地点，由于液氮本身温度极低且极易汽化的特性，管道输送过程必须进行全面的保温保冷措施，否则输送至井下的液氮也将为气体形态(或气液混合形态)，不能充分发挥液氮的降温特性。

(3)管道应力。在液氮进行管道输送过程中，液氮本身会发生热胀冷缩，相应的液氮管道会产生应力。液氮直注式系统运行中共产生两处管路应力，分别为液氮输送竖管产生的应力和煤矿井底中管道产生的应力。管道应力集中区会出现管道局部过热，磨损加剧，严重时会引起管道爆管，影响正常生产。

2. 液氮汽化式防灭火工艺

液氮汽化后氮气温度比环境温度低10℃左右，依然起到一定的降温作用。

适用条件：适用于已封闭的采空区火区或高温区，实现大流量、快速惰化灭火，大范围应用于开采工作面采空区开放式注氮气防火。其中小型系统利用液氮槽车，连接井下灌浆、注氮、压风等普通钢管即可实现，维护使用方便(图5-46)。

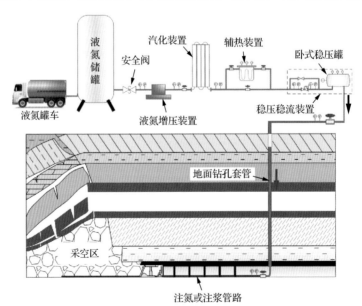

图 5-46　小型液氮汽化式防灭火工艺

1)地面固定式大型液氮汽化防灭火系统[26]

地面固定式大型液氮汽化防灭火系统由液氮储罐、液氮增压装置、储罐增压装置、液氮汽化装置、对空放散加热装置等组成(图5-47)。

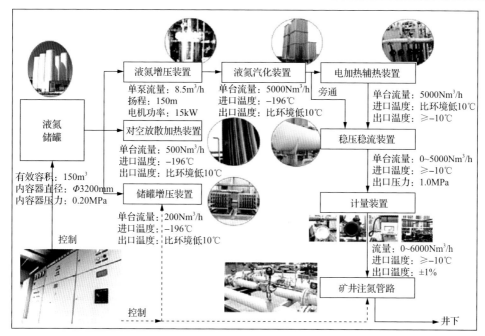

图 5-47　地面固定式液氮汽化防灭火系统

（1）液氮储罐。有效容积为 150m³，总容积为 900m³，设计压力为 0.22MPa，内容器压力为 0.20MPa，内容器直径为 Φ3200mm，材质为 304 不锈钢，外壳直径为 Φ3700mm，材质为 Q235-B 不锈钢，总高度为 23m（图 5-48），内外壳之间填充绝热材料珠光砂，同时抽真空保温。低温低压真空液氮储罐内胆设置了由安全阀和爆破片组合而成的双安全系统装置，在正常使用状态下，一套处于工作状态，另一套处于备用状态，若处于工作状态的安全阀或爆破片起跳，应立即打开手动泄压阀泄压至储罐的最高工作压力以下，同时通过手动柄迅速将安全装置切换至备用系统，从而有效地保证储罐的安全。每个低温低压真空液氮储罐设 1 个远传工作压力检测点、1 个远传液位检测点及 1 个储罐高压力报警点，所有信号进入分散控制系统（distributed control system，DCS）并被传输到煤矿中控室内，同时储罐上还设现场压力表及液位计各 1 只，就地指示低温低压真空储罐内的压力和液位。低温低压真空液氮储罐出液口设手动切断阀及电动阀，电动阀设远程启闭按钮，同时在中控室内显示其阀位开、关状态。

（2）液氮增压装置。为保证矿井中所需氮气源压力，必须对液氮进行加压，使用液氮增压装置 1 套，主要包括 2 台潜液式液氮增压泵，1 用 1 备，单泵流量为 8.5m³/h，扬程为 150m，同时配低压变频控制柜 1 台。每台液氮增压泵进液管上依次设手动切断阀、过滤器、安全阀、低温金属软管；出液管上依次设低温金属软管、止回阀、安全阀、手动切断阀。进、出液管上设现场及远传压力表各 1 只。

出液管上的远传压力表与变频器联锁，实现了液氮泵的变频调速运行，同时在中控室内显示液氮泵出液管压力。

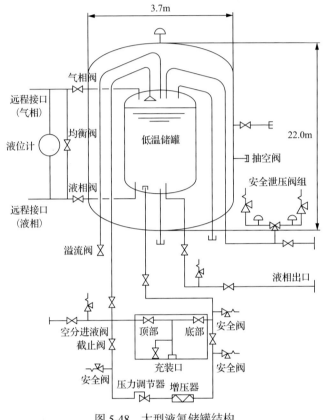

图 5-48　大型液氮储罐结构

(3)储罐增压装置。低温低压真空液氮储罐在使用过程中，罐内压力会有所降低，为确保液氮的汽化效果，设计使用储罐增压装置 1 套，主要包括 2 台增压汽化器，单台流量为 200Nm³/h。每台增压汽化器进液管上设现场压力表、手动切断阀；出气管上设安全阀、压力调节阀、手动切断阀；每台增压汽化器进、出气管道上均设现场压力表 1 只。

(4)液氮汽化装置。为保证矿井中所需氮气源流量，必须对液氮进行汽化，设计使用液氮汽化装置 2 套，主要包括 2 台空浴式汽化器，1 用 1 备，单台流量为 5000Nm³/h。每台空浴式汽化器进液管上依次设手动切断阀、压力表、温度计、电动阀；出气管上设安全阀、压力表、温度计、远传温度计、手动切断阀。将每台汽化器出气管上的远传温度计与进液管上的电动阀实行联锁，同时在中控室内显示汽化后氮气温度值。

(5)对空放散加热装置。为确保安全及防止人员在操作时被冻伤，设计对空放散加热装置 1 套，主要包括 1 台汽化器，流量为 500Nm³/h。对空放散加热装置汽化器进、出口管道上均设手动切断阀、现场温度计，汽化后的氮气直接排入大气中。

(6)电加热辅热装置。考虑到该地区冬季温度一般较低，气温达到零下 25℃左右，为确保液氮汽化效果及汽化后所采用管道的安全可靠(汽化后及井下氮气输送管采用 20#碳钢管道)，必须对汽化后的氮气进行辅助加热，设计使用电加热辅热装置 1 套，主要包括 2 台电加热器，1 用 1 备，单台流量为 5000Nm³/h。每台电加热器的加热介质采用脱盐水，内设电加热棒，设电加热控制器，确保加热后氮气温度为 1～3℃。每台电加热器进气管上依次设低温球阀、电动阀，出气管上依次设现场压力表、远传温度计、安全阀、低温球阀。出气管上的温度传感器与进气管上的电动阀实行联锁，同时在中控室内可以观测到氮气被辅助加热后的温度。汽化器与电加热辅热装置之间设旁通管，在除冬季外的其他季节或者氮气温度高于–10℃时，氮气可不经过电加热辅热装置，直接经旁通管通过。

(7)稳压稳流装置。为保证矿井中氮气源压力的稳定和安全，在系统主管道上设计稳压稳流装置 1 套，主要包括工作压力为 1.2MPa、有效容积为 50m³ 的稳压缓冲罐 1 个，调压装置 1 套，稳压罐上设有安全阀、排净阀、现场及远传温度计、压力表等。将调压装置及稳压罐串联安装在系统主管道上，另外再设旁通管，在进、出稳压罐上均设手动切断阀。

(8)计量装置。为核算生产成本，在界区氮气供气总管上设涡街流量计 1 只，将流量计串联安装在主管道上，另设旁通管，在进、出流量计上均设手动切断阀、现场温度计、压力表，流量计读数远传到中控室，并可显示瞬间流量和累计流量。

构建的地面固定式大型液氮汽化防灭火系统，能实现大流量(>5000m³/h)、高纯度(>99.99%)、高强度(一次性可提供氮气>58 万 m³)地将汽化后液氮注入井下防灭火区域，实现了矿井液氮防火及灭火的常态化作业。经汽化器后的低温氮气的出口温度可比矿井环境温度低 15～25℃。

2)技术及工艺实施

地面液氮汽化管网注入系统即把地面液氮经过加压和汽化后，通过氮气输送管送至煤矿地下工作面采空区，该系统主要包括：

(1)液氮增压汽化系统。液氮罐车→低温低压真空液氮储罐→液氮增压装置→液氮汽化装置→电加热辅热装置→稳压稳流装置→计量装置→切断阀→采空区和回风巷。低温低压真空液氮储罐出液管口接液氮输送总管，与液氮增压装置相连，通过液氮增压装置提高液氮的输送压力至 1.5MPa；液氮流经液氮汽化装置，通过空气对流进行热交换将–196℃液氮加热汽化后进入稳压稳流装置，稳压稳流装置入口处装有自力式调节阀，将入口氮气压力稳定在 1.0MPa 后流入到卧式氮气缓冲储罐中。氮气从稳压稳流装置出口至计量装置，经计量后将低于环境温度10℃、浓度99.99%、压力 1.0MPa 的氮气送入井下氮气输送管路，输送最大流量达 5000m³/h。

(2)储罐增压系统。低温低压真空液氮储罐出液口→储罐增压装置→低温低压真空液氮储罐增压管接口。

(3)对空放散系统。安全阀及排空排净阀排液→对空放散加热装置→排入大气。

液氮汽化式方法即将液氮在地面汽化成常温氮气，然后通过管路将氮气注入火区。该方法的缺点是，氮气对火区的冷却作用小，维护管路困难，难以做到不漏损。该方法的优点是，系统设备安装在地面上，安全可靠，沿管路输送氮气比往井下输送液氮方便，同时液氮管路布置不影响矿井中物料运输和人员通行，适用于埋深较浅的煤层且采空区距离地表液氮汽化系统很远的情况，包括已封闭的采空区火区或高温区，实现大流量(5000m$^3$/h)、高效率惰化灭火，同时液氮汽化后氮气温度比环境温度低 10℃左右，依然起到一定的降温作用，大范围应用于开采工作面采空区开放式注氮气防火。汽化注氮工艺可利用井下灌浆、注氮、压风等管路系统将汽化后的氮气输入井下任何需要的区域，管路维护简单。

3)工艺技术问题及分析

液氮汽化氮气系统一般用在煤矿工作面采空区距离地面垂直距离大于 400m或将制氮机系统改造的场所，需注意以下问题：

(1)管道保温。该系统从液氮储罐出液口开始至汽化装置进液口之间管道输送的是液态氮，尤其是液氮加压装置前后管道，确保管道中是液氮对系统运行非常重要。要确保管道中是液氮，必须将管道进行保温或者采用真空管。管道保温既要选用合适的保温材料，又要采用合适的施工方法，否则即使管道进行了保温，也会达不到如期的效果。采用真空管是一种好的选择，但必须选用专业厂家的产品，要具有产品合格证书、完善的管道检验及试压报告等。

(2)液氮泵的选择。液氮输送不同于其他的介质，所以液氮泵的选择至关重要；基于液氮的性质，当温度超过−196℃时即开始汽化，所以要对液氮泵的选型进行研究和分析。由于该系统为不连续运行，当系统停止运行时，管道中的液氮会不可避免地发生汽化，同时在运行初期随着管道环境温度的变化，液氮的相态也会发生变化。运行初期或者随着周围大气环境温度的变化，液氮泵进口会是液氮和氮气的混合物，此时对液氮泵的运行影响很大，会造成气蚀，严重时液氮泵将无法启动。考虑到项目实际情况，设计选用潜液式液氮增压泵，即液氮泵安装在泵池内，液氮全部淹没泵体。液氮泵选型时要尽量选用气蚀余量小的泵，同时在系统布置和配管时要尽量加大液氮泵的有效气蚀余量，做到液氮泵能够安全运行。

(3)液氮储罐的安装。基于液氮的性质和液氮泵运行的要求，液氮储罐安装时要尽量加高其底部液位的安装高度，减小液氮泵的进口阻力，加大液氮泵的有效气蚀余量。

(4)安全阀的设计。液氮增压汽化装置虽然露天安装，但安全阀的设计和安装还是要严格按照有关规范执行，因为系统调试或者系统运行中，难免会发生安全阀起跳现象，规范设计和施工是安全的保障。

3. 大流量、快速、定向防控火灾技术及工艺

作者研制了煤矿井下运输型自增压液氮缓冲罐，装配缓冲防撞击材料、液位仪、气体传感器和报警装置、快速连接固定装置。提出了井下移动液氮目标灌注式技术(图 5-49)，具有操作简单、单位时间注氮量大(>3000Nm³/h)、降温效果显著等优势。此外，对于不适合液氮罐入井的情况，可采取地面固定式液氮储罐与钻孔直接灌注液氮相结合的方式(图 5-49)。

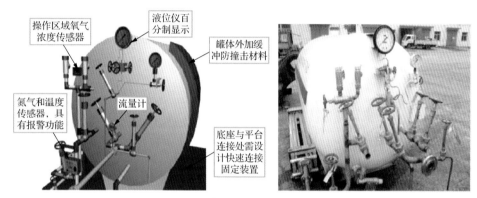

(a) 目标移动式液氮缓冲罐

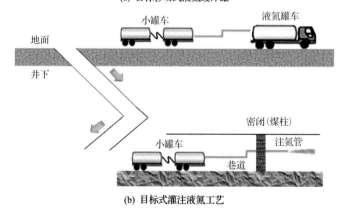

(b) 目标式灌注液氮工艺

图 5-49 井下移动液氮目标式灌注装备及技术

采用直注式液氮防灭火技术时，应注意：①由于非稳态热力学效应，新构建的系统要求"全流程预冷"，待预冷结束后要及时检查并优化系统中的管道、阀门、法兰、支架等；②为了增强直注式防灭火技术的实施效果，管壁外要增加保温套，起到保冷作用；③要注意管路上压力表的读数，当通向采空区的管道上压力表读数增高，要注意排除可能的采空区压力过高情况，换用其他钻孔继续灌注液氮；

④工作面、上下隅角、近巷道底板地面处等设置氧气浓度传感器,如果监测到氧气浓度低于18%,应立即停止灌注液氮。

### 5.4.4 复杂煤矿特大瓦斯燃爆事故处置

1. 汝箕沟煤矿综采工作面"6·4"瓦斯燃烧[22]

汝箕沟煤矿具有180多年的开采历史,是国家能源集团宁夏煤业有限责任公司生产优质太西无烟煤的主力矿井之一。矿井位于宁夏北端、贺兰山腹地汝箕沟勘探区的最南端,井田面积11.4km²。所产优质无烟煤以其优良的特性,被誉为"煤中之王",并被确定为"国际标准煤样"。矿井设计生产能力150万t/a,可采及局部可采煤层7层,主采二$_2^1$层煤,煤层总厚34m,开采深度240~350m。该矿井属煤与瓦斯突出矿井,2010年矿井绝对瓦斯涌出量153.82m³/min,相对瓦斯涌出量67.7m³/t。

截至2011年6月4日,32₂13₍₁₎工作面机巷推进222m、风巷推进238m,距32₂13₍₁₎综采面2010年11月25日一氧化碳超限位置,机巷又推进了171m,风巷推进了164m。2011年6月4日6时20分,32₂13₍₁₎综采面在采煤机返机至62#支架处,工作面76#支架后尾梁上方发现明火,火势迅速向其他支架蔓延,全矿井立即停止生产,撤出人员,切断采掘工作面电源,并在各井口设置警戒,严禁人员入内。该次发火原因认定为:顶板岩石垮落过程中摩擦起火花,引起瓦斯燃烧,进而造成大范围火区(图5-50)。2011年6月4日23时,对全矿井进行封闭。在工作面封闭后,同时采用地面钻孔直注式液氮和可控温式汽化灌注液氮两种工艺。

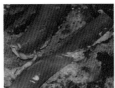
(a) 注浆管被烧毁

(b) 由于过火造成的龟裂纹

(c) 由于过火造成的冒顶

图 5-50 受灾最严重的 32₂13₍₁₎工作面

2. 地面钻孔直注式液氮防灭火技术

将液氮罐车连接绝热缓冲罐,罐体管路出口连接地面 8#、4#、补 3#等钻孔,向 32₂13₍₁₎采空区灌注大量液氮,实现高效率灭火的目的,钻孔布置如图 5-51 所示。

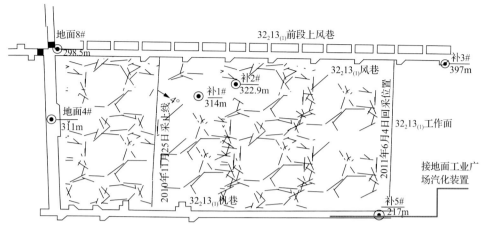

图 5-51　"6·4"事故地面钻孔注液氮布置图

截至 2011 年 6 月 12 日，累计向工作面灌注液氮 1827.98t，其中，利用地面补 3#钻孔灌注液氮 767.6t；利用补 1#孔灌注液氮 128.92t；利用地面 8#钻孔灌注液氮 166.0t；在工业广场通过注氮设备灌注液氮 378.66t；同时，通过发火后新施工的地面 4#钻孔灌注液氮 28.0t(对应工作面 157#支架后尾梁附近)和补 5#钻孔灌注液氮 358.8t(对应工作面 89#支架后尾梁附近)，加快矿井防灭火进度，如图 5-52 所示。

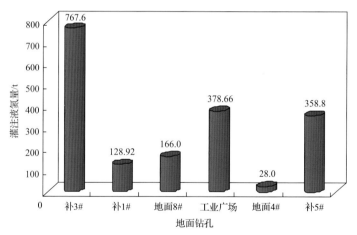

图 5-52　地面钻孔灌注液氮统计量

### 3. 可控温式液氮防灭火技术

将工业广场备用的 2 台可控温式汽化装置与工作面机巷、风巷注浆和压风管路连接好后(图 5-53)，向工作面封闭区域大量灌注液氮。截至 2011 年 6 月 12 日，利用工业广场的 2 台可控温式汽化装置通过注浆和压风管路向工作面封闭区域灌注液氮 378.66t。

图 5-53  井口密闭可控温式灌注液氮

截至 2011 年 6 月 14 日矿井封闭区域内气体情况稳定，矿井封闭区域内及 $32_213_{(1)}$综采面区域氧气浓度均稳定在 5%以下，一氧化碳浓度持续下降，乙烯、乙炔浓度降为 0。各井口密闭内外压差为 30～100Pa。符合火区侦察条件（具体参数见表 5-5 和表 5-6），2011 年 6 月 16 日 9 时入井侦察。

**表 5-5  $32_213_{(1)}$综采面重点监测点束管分析表（2011 年 6 月 14 日 1 时）**    （单位：%）

| 监测地点 | $N_2$ | $O_2$ | $CO$ | $CO_2$ | $CH_4$ | $C_2H_6$ | $C_2H_4$ | $C_2H_2$ |
|---|---|---|---|---|---|---|---|---|
| $32_213$ 回风流 | 81.47 | 2.17 | 0.0006 | 0.64 | 15.72 | 0.0020 | 0 | 0 |
| $32_213$ 上风巷内 | 79.87 | 2.55 | 0.0003 | 0.73 | 16.84 | 0.0028 | 0 | 0 |
| $32_213$ 上隅角采空区 | 79.42 | 2.37 | 0.0009 | 0.88 | 17.32 | 0.0003 | 0 | 0 |
| $32_213$ 安装通道闭内 | 76.32 | 2.38 | 0.0009 | 1.50 | 19.08 | 0.0010 | 0 | 0 |
| $32_213$ 上风巷 21#联巷闭内 | 79.47 | 3.83 | 0.0006 | 0.77 | 15.93 | 0.0005 | 0 | 0 |
| $32_213$ 上风巷 24#联巷闭内 | 73.26 | 1.72 | 0.0008 | 1.08 | 23.94 | 0.0004 | 0 | 0 |
| $32_212$ 风巷 | 80.06 | 2.86 | 0.0005 | 0.73 | 16.34 | 0.0015 | 0 | 0 |

**表 5-6  矿井各井口密闭内监测点束管分析表（2011 年 6 月 14 日 2 时）**

| 监测地点 | $N_2$/% | $O_2$/% | $CO$/% | $CO_2$/% | $CH_4$/% | $C_2H_6$/% | $C_2H_4$/% | $C_2H_2$/% | 密闭内外压差/Pa |
|---|---|---|---|---|---|---|---|---|---|
| 主皮带井密闭内 | 81.84 | 1.85 | 0.0005 | 0.54 | 15.77 | 0.0025 | 0 | 0 | 100 |
| 行人井密闭内 | 80.56 | 3.15 | 0 | 0.35 | 15.94 | 0.0025 | 0 | 0 | 70 |
| 副斜井密闭内 | 80.22 | 5.40 | 0 | 0.29 | 14.08 | 0.0070 | 0 | 0 | 30 |
| 中央风井密闭内 | 86.40 | 7.59 | 0 | 0.33 | 5.69 | 0.0006 | 0 | 0 | 30 |

汝箕沟煤矿综采面"6·4"瓦斯燃烧事故于 2011 年 6 月 4 日 23 时封闭火区，6 月 16 日 19 时进行了火区启封，仅用时 12d 就成功启封了矿井及工作面。而与之火区规模接近的白芨沟煤矿（2003 年"10·24"火灾）用了 11 个月时间启封火区，且由于灌注的泥浆淹没工作面中下部，启封后耗时 2 个月才完成清淤工作。液氮防灭火成套技术及工艺在复杂大型煤矿防灭火工程应用中起到了关键作用，创国内外煤矿大型火灾爆炸抢险救灾新纪录。

### 5.4.5　千万吨级矿井极易自燃煤层液氮防灭火

国家能源集团宁夏煤业有限责任公司羊场湾煤矿位于灵武市宁东镇境内，资源区划属宁东煤田灵武矿区碎石井勘探区。矿井设计生产能力 1500 万 t/a。Ⅰ、Ⅱ级热害区域存在于开采井田，平均地温梯度为 3～4.5℃/100m，各生产水平的岩温见表 5-7。所采 2#煤的自燃等级为易自燃，自然发火期为 1～3 个月，最短自然发火期仅为 23d，煤的着火点为 305℃。因此，在矿井热害与煤自燃灾害双重威胁下，矿井的防灭火问题突出、防治难度较大。

表 5-7　羊场湾煤矿深部岩温预测

| 序号 | 煤矿生产水平/m | 开采深度/m | 围岩温度/℃ |
|---|---|---|---|
| 1 | 940 | 400 | 23.6～28.9 |
| 2 | 840 | 500 | 26.6～33.4 |
| 3 | 740 | 600 | 29.6～37.9 |
| 4 | 640 | 700 | 32.6～42.4 |

Ⅱ020206 综放工作面位于羊场湾煤矿二号井南翼，采用多水平斜井开拓。所采煤层为井田内 2#煤层，工作面走向 1538m×倾向 195.8m×煤厚 8.5m，煤层倾角 12°。Ⅱ020206 工作面采用综采放顶煤工艺，采高、放顶煤厚度分别为 3.5m、5.0m。Ⅱ020206 综放工作面采取全风压"U"形通风方式，机巷为进风巷，风巷为回风巷，绝对瓦斯涌出量 3.69m³/min，煤尘爆炸性指数 34.38%。同时，Ⅱ020206 采空区与上区段的Ⅱ020204、Ⅱ020202、Ⅱ020104、Ⅱ020102 及下区段的Ⅱ020208 等多个综放工作面采空区相贯通，采空区自然发火防治难度较大。

另外，矿井回撤速度缓慢，造成工作面采空区长期处于漏风缓慢氧化状态，最终Ⅱ020206 工作面一氧化碳气体严重超限，最高达 1000ppm，导致工作面被迫封闭。矿井于 2012 年 3 月 16 日起实施封闭直注式液氮技术。

#### 1. 井下直注式液氮防灭火技术工艺

通过对该矿发火历史的调查，初步确定了高温点范围和支架后方 20m 采空区内为自燃危险区域范围。通过以下两种方法灌注液氮：在地面施工垂直注液氮钻孔（钻孔施工长度 456m，注液氮套管直径 DN60mm，注氮管材质为 304 不锈钢无缝钢管，液氮槽车的最大注氮压力 1.5MPa），与二煤回风下山处液氮硐室贯通，通过液氮管路连接Ⅱ020206 防灭火措施巷与Ⅱ020208 风巷施工注液氮钻孔，由地面液氮储槽/罐车向Ⅱ020206 采空区压注液氮。这种方法省略了井下液氮槽车运输环节，能够保障液氮注入的连续性，大大降低了运输液氮期间的风险。此外，在工作面启封后的正常回撤期间，通过目标移动式液氮罐，由Ⅱ020208 风巷注液氮钻孔向采空区内灌注液氮，流量控制在 2.5t/h（图 5-54）。这种方法可大流量、近距离、快速、定向防控火灾，最大限度地避免了液氮的汽化损失。具体措施如下：

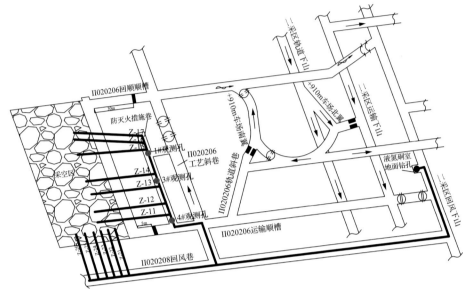

(a) II020206工作面注液氮钻孔布置示意图

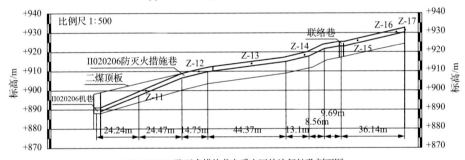

(b) II020206防灭火措施巷向采空区的注氮钻孔剖面图

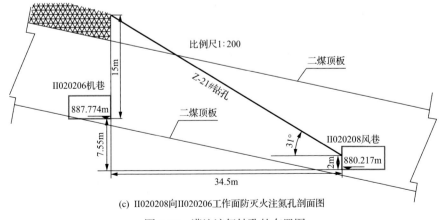

(c) II020208向II020206工作面防灭火注氮孔剖面图

图 5-54　灌注液氮钻孔的布置图

（1）Ⅱ020206 防灭火措施巷内施工 7 个注液氮钻孔，其终孔位置分别位于 21#支架、41#支架、58#支架、79#支架、104#支架、125#支架与 130#支架架后 20m处，参数见表 5-8。

（2）从Ⅱ020208 风巷距Ⅱ020208 工艺斜巷 100m 范围内向Ⅱ020206 工作面采空区设置灌注液氮钻孔 6 个。钻孔平行布置，分别距Ⅱ020206 工作面下端头架后10m、20m、30m、40m、50m 与 60m，间距分别为 10m。

表 5-8　灌注液氮钻孔的参数明细

| 钻孔 | 倾角/(°) | 与巷道夹角/(°) | 长度/m | 开口位置距巷道底板高度/m |
|---|---|---|---|---|
| Z-11 | 2 | 90 | 43 | 1.5 |
| Z-12 | 1 | 90 | 43 | 1.5 |
| Z-13 | 1 | 90 | 43 | 1.0 |
| Z-14 | 0 | 90 | 43 | 1.0 |
| Z-15 | −5 | 90 | 43 | 1.0 |
| Z-16 | −5 | 69 | 47.8 | 0.5 |
| Z-17 | −5 | 66 | 49 | 0.5 |
| Z-21 | 25 | 90 | 39.6 | 1.3 |
| Z-22 | 25 | 90 | 39.6 | 1.3 |
| Z-23 | 25 | 90 | 39.6 | 1.3 |
| Z-24 | 25 | 90 | 39.6 | 1.3 |
| Z-25 | 25 | 90 | 39.6 | 1.3 |
| Z-26 | 25 | 90 | 39.6 | 1.3 |

2. 注氮参数确定

1）液氮流量

理论上说，注氮流量越大越好，实际上注氮流量取决于供氮、注氮设备的性能，往往因为注氮能力的限制而达不到要求，但必须保障注氮流量大于漏风量，在灭火初期注氮流量需要更大些，力求尽快惰化火区，当火势已经被控制或者熄灭，则应降低注氮流量，以保持火区长时间惰化性和彻底冷却熄灭火区。

$$q_{\text{fire}}^* = \frac{60Q_0(C_1 - C_2)}{C_{N_2} + C_2 - 100} \tag{5-26}$$

式中，$q_{\text{fire}}^*$ 为灭火惰化所需的注氮量，$m^3/h$；$Q_0$ 为采空区氧化带漏风量，$m^3/h$；$C_1$为自燃危险区域平均氧含量，%；$C_2$ 为采空区惰化指标，%；$C_{N_2}$ 为注入氮气的浓度，%；计算得出注氮流量≥10t/h，液氮灌注量的统计如图 5-55 所示。

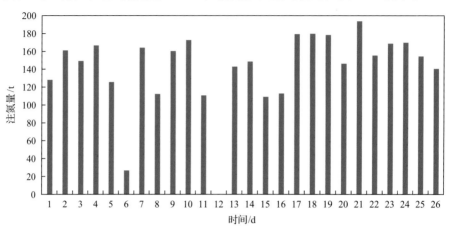

图 5-55　灭火期间的液氮灌注量统计

2) 注氮地点

氮气顺风流方向移动，分布较为均匀，逆风流移动则不易均匀分布。因此，注氮口位置一般应设在进风侧，最好使得氮气能通过火源点。

3) 堵漏措施

液氮在防灭火中的主要作用之一是使得火区惰性化，降低氧含量，窒息火区。因此，要取得较好的防灭火效果，理想的火区内压力状态应是：注入火区的氮气不流出火区，"滞留"在火区内，外部的新鲜空气不流进火区，实际上这是很难做到的。工程应用中，可采取加强密闭墙的封闭效果，增加铺设风筒布等堵漏措施；调节矿井的总负压，克服因巷道围岩破坏而造成的较大漏风；采用均压限流等措施调节密闭墙内外压差，使火区内外压差大致平衡或使得密闭区内部压力略低于外部压力，只能造成微小的漏入状态，这样有利于火区惰化，又能避免大量氮气外流。

3. 监测与注氮效果评价

结合图 5-56 和图 5-57，灌注液氮期间，密闭内外压差为正值，并呈现较大的波动，说明密闭内呈现正压状态，最高达 480Pa，并随着液氮的注入一般可保持 3~8h(保持时间与注氮量、堵漏及封闭严实等情况有关)，正压状态可以有效地阻隔外界或者相邻采空区向Ⅱ020206 采空区的漏风。从图中可以看出，在开始灌注液氮后的第 6~7d 和第 12~13d，即在灌注液氮量少或者没有灌注液氮期间，密闭内外压差几乎为 0，液氮汽化膨胀后的正压效应显著。从图 5-57(b)可以看出，温度变化和压差变化趋势存在一致性，在灌注液氮期间，由于液氮相变，汽化膨胀，采空区内压力升高，液氮注入也是采空区环境温度降低的主要原因，温降为 3～6℃。

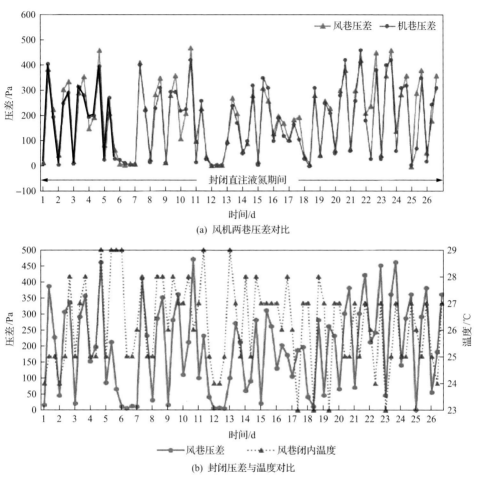

(a) 风机两巷压差对比

(b) 封闭压差与温度对比

图 5-56  灌注液氮期间密闭内外压差

从图 5-57 可以看出，Ⅱ020206 工作面灌注液氮过程中，密闭内温度变化波动较大。风巷密闭内温度出现了下降趋势，温度由注液氮前最高 29℃下降至 25℃，且后期稳定在 25～26℃。最开始温度的升高可能是由于液氮的汽化膨胀，将高温气体挤压在观测孔处。而机巷密闭观测孔处的出气温度基本保持平稳，并无明显变化，其温度维持在 23℃左右，机巷的整体温度比风巷的温度低。通过人工采样，发现机巷密闭的出水温度在灌注液氮期间为 21℃。

图 5-58 为观测孔处烷烃类气体浓度的变化规律。在灌注液氮前，密闭内均存在烷烃类气体，乙烷浓度、乙炔浓度、乙烯浓度分别达到了 40ppm、20ppm 和

19ppm，1#观测孔出口气体中的乙炔浓度呈现明显的上升趋势，由最初的 5ppm 上升至 20ppm，而 3#与 4#观测孔处未检测到乙炔。1#观测孔处所在的位置正好对应的是 30#支架，说明该测点周围可能存在高温发火点。在灌注液氮后，观测孔中的乙烷、乙炔、乙烯浓度开始明显降低，并且经过 20d 的时间，乙烷、乙炔浓度逐渐降为 0 并最终稳定。

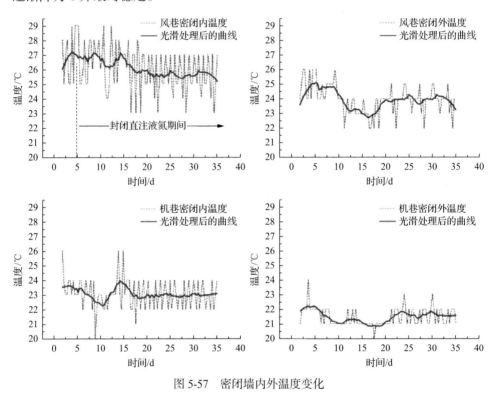

图 5-57 密闭墙内外温度变化

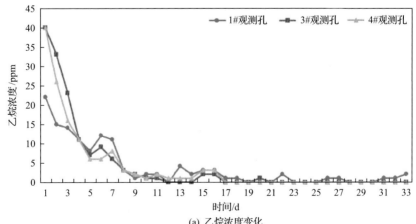

(a) 乙烷浓度变化

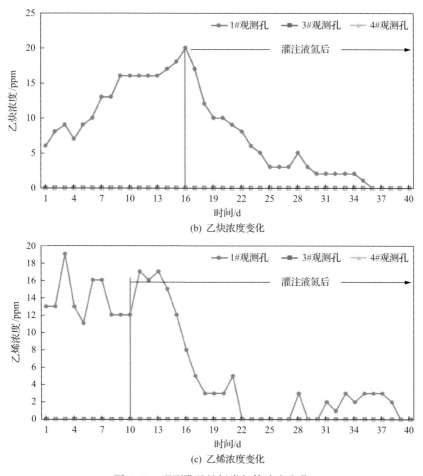

图 5-58  观测孔处烷烃类气体浓度变化

图 5-59 显示的是观测孔处一氧化碳浓度的变化趋势。从图中可以看出，在灌注液氮前，Ⅱ020206 防灭火措施巷的 1#、3#观测孔一氧化碳浓度较高，达到 80ppm，最小值为 21ppm。在向Ⅱ020206 工作面采空区灌注液氮期间，各观测孔处的一氧化碳浓度迅速下降，并逐渐稳定在 0 附近。此外，据人工采样的数据分析，在液氮灌注期间，密闭内氧气浓度也一直稳定在 0.5%～1.5%，说明液氮的惰化和降温效果都比较显著。

Ⅱ020206 回撤工作面自 2012 年 3 月 16 日开始实施液氮防灭火关键技术，至 4 月 10 日共向Ⅱ020206 工作面采空区内灌注液氮 3645t。液氮汽化后总氮气量约为本工作面采空区体积的 1.1 倍。Ⅱ020206 综放工作面采取的地面钻孔和井下钻孔注液氮相结合的方式直接灌注液氮，有效防治了多采空区贯通情况下的煤炭自燃，消除了自然发火危险与高温隐患区域。

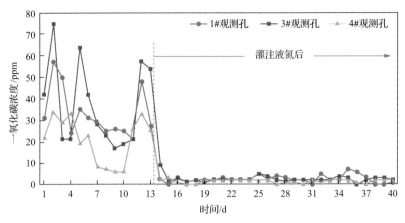

图 5-59　观测孔处一氧化碳浓度变化

### 4. 启封后回撤阶段的防灭火

自 2012 年 4 月 12 日起，Ⅱ020206 工作面启封并开始回撤，其间采取了大流量、快速、定向防控火灾技术(图 5-60)。在此期间内，无超限、气体异常报警等情况出现，工作面各监测点处的一氧化碳浓度维持在 3ppm 左右，工作面温度保持在 25℃左右。

图 5-60　井下现场注氮钻孔图及堵漏措施

### 5.4.6　煤矿空冷式液氮防灭火、降温技术及工程应用

羊场湾煤矿 Y120205 工作面位于一号井中部，工作面配风量 1300m³/min，现场实测进风流温度 27℃，工作面上口温度 32℃，工作面回风流温度 35℃。相对湿度 95%。对于采高为 6.2m 的大型矿井工作面，仅靠通风无法达到降温的目的。而且如果风量过大，容易给煤自燃氧化提供供氧条件，加速煤自燃氧化进程；风量过小，又达不到降温的目的。因此，工程应用中协同考虑热害和煤自燃的双重影响，对 Y120205 工作面实施液氮防灭火与降温一体化试验。

图 5-61 介绍了液氮防灭火与降温一体化技术的原理及系统构建[27]，在矿井降温方面，矿用空冷式液氮降温装置安装于矿井进风巷口，利用进风巷或者局部通风机的通风能力，将冷能带入工作面，从而达到给矿井作业面降温消除热害的目的。其流程如下：地面液氮储罐→地面液氮钻孔→井下液氮硐室→液氮输送管路→空冷式汽化器→降低作业环境温度。在矿井防灭火方面，为确保矿井的安全生产，经换热汽化后的低温氮气一部分通往采空区，另一部分多余的氮气通往矿井的总回风巷。另外，从安全的角度考虑，过剩的氮气会通过空冷式汽化器上的旁通管连接回风巷排气系统，此部分氮气经回风巷管路排入井上大气环境中。

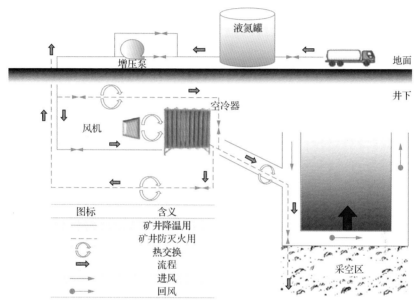

图 5-61    液氮防灭火与降温一体化系统构建

### 1. 液氮空冷式汽化器的地面试验

在设备入井前，首先进行了液氮空冷式汽化器的地面试验(图 5-62)。选取一空旷厂房作为试验空间，由液氮槽车提供液氮源，通过液氮槽车自带卸车软管将液氮引入液氮空冷式交换器中，液氮通过液氮空冷式交换器后将冷能传递给室内环境，并将发生相变的氮气通过管道直接排放到室外。试验中采取星形翅片管作为换热单元(图 5-63)，采用防锈铝翅片内衬不锈钢管形式，以提高设备强度，运行时无须额外的能源或动力消耗。

试验具体步骤如下：

(1)缓慢开启液氮槽车的卸液口及液氮降温装置的进液口，完成管道及设备预冷；

(2)开启液氮降温装置出气阀，液氮降温装置开始供冷；

(3)液氮降温装置自然供冷 20min 后，开启局部通风机强制通风 90min；

(4)关闭局部通风机，液氮降温装置继续工作，观察降温效果。

(a) 液氮槽车　　　　　　　　　　　　　(b) 风筒

图 5-62　液氮空冷式汽化器的地面试验系统

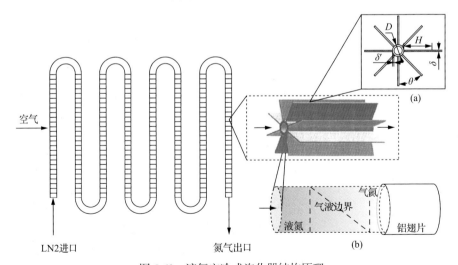

图 5-63　液氮空冷式汽化器结构原理

$D$ 为翅片管内径，mm；$\delta'$ 为翅片管壁厚，mm；$H$ 为翅片高，mm；$\delta$ 为翅片厚，mm；$\theta$ 为相邻两翅片夹角，(°)

试验的技术参数：空冷式汽化器的液氮汽化能力为 1300Nm³/h；局部通风机功率为 2×15kW，风量为 250m³/min；液氮槽车为 25t，供液氮压力为 0.4MPa；试验液氮实际耗量为 4t；试验环境温度为 17.5℃；通过液氮空冷式汽化器的地面试验，试验空间降温效果明显，本敞开空间温度下降了 9.5℃（表 5-9），降温过程安全，降温达到一定程度后，温度稳定在一个恒定值。空气水分雾化后约在空间的 30m 外消散（图 5-64）。

表 5-9　试验空间温度变化情况

| 时间 | 降温前 | 20min | 局部通风机开启 5min | 40min | 90min | 试验结束 |
|---|---|---|---|---|---|---|
| 车间温度/℃ | 17.5 | 12 | 10 | 9 | 8 | 8 |

图 5-64　液氮系统运行期间空间的形态

## 2. 安全注氮与系统布置

为了计算注氮参数，做以下假设：到达空冷式液氮降温装置前为 –196℃液氮（理想状态下），此时液氮的冷负荷包括潜热 $H_{latent}$ 和显热 $H_{sensible}$ 两部分，当气液混合物时，冷量会有所降低。工作面内机电设备散热等忽略不计。则 Y120205 工作面冷量设计按照式(5-27)的计算方法，得到液氮的灌注流量为

$$q_{cool}^{*} = \frac{Q}{H}\xi = \frac{\rho \cdot V \cdot H_{air}}{H_{latent} + H_{sensible}}\xi = \frac{\rho \cdot V \cdot H_{air}}{H_{latent} + c_p \Delta t}\xi \qquad (5\text{-}27)$$

式中，$Q$ 为矿井所需的冷量，kJ/h；$\rho$ 为空气的密度，kg/m³；$V$ 为矿井的通风量，m³/h；$H_{air}$ 为设计的空气焓值变化值，kJ/kg；$\xi$ 为液氮冷量损耗系数；$H$ 为对应温度 $\Delta t$ 下液氮的焓值变化，kJ/kg；$c_p$ 为氮气的定压比热容，kJ/(kg·℃)；$\Delta t$ 为设计的液氮变化温度，℃。

氮气温度由 $-196$ ℃升温至 $0$ ℃，$H=H_{latent}+H_{sensible}=394.82$kJ/kg。风量为 1300m³/min。Y120205 工作面温度为 34℃，要求采取降温技术后降至 26℃，工作面降温设计参数见表 5-10，则需用冷量计算为 $Q=4200549.6$kJ/h，按液氮冷量损耗 $\xi$ 为 20%计算，最大允许液氮量为 13t/h，汽化后最大氮气量为 10400Nm³/h。

**表 5-10　工作面降温设计参数**

| 项目 | 干球温度/℃ | 湿球温度/℃ | 大气压力/Pa | 相对湿度/% | 密度/(kg/m³) | 焓/(kJ/kg) |
| --- | --- | --- | --- | --- | --- | --- |
| 降温前 | 34 | 33.23 | 90917 | 95 | 1.01 | 127.89 |
| 降温后 | 26 | 23.27 | 90917 | 80 | 1.02 | 74.57 |

最终的液氮用量按照式(5-28)得到：

$$q^* = \max(q^*_{cool}, q^*_{fire}) \tag{5-28}$$

经式(5-27)计算正常情况下 Y120205 工作面防火注氮强度为 7800m³/h，最终按照式(5-28)计算的液氮用量为 10400m³/h。因此，需要 8 台汽化流量为 1300m³/h 的空冷式液氮汽化器，具体参数见表 5-11。其尺寸约为 5m×1.4m×2.4m，总换热面积 330m²，制冷能力 4276197kJ/h。热交换后的低温空气经过 2×45kW 局部通风机送至 120205 巷并输送到工作面，通过矿井负压实现工作面降温。由于 $q^*_{cool} > q^*_{fire}$，所以液氮经空冷式液氮降温装置后汽化，一部分汽化后的氮气经管路沿工作面进风巷输送至工作面采空区，对送入的空气做进一步的降温处理，提高冷量的有效利用，并对采空区起到降温、惰化双重作用，防止采空区自然发火；另一部分汽化后的氮气通过管路经矿井机械制氮系统排至地面，防止过剩的氮气溢到工作面造成人员窒息，以满足矿井安全需要。

**表 5-11　空冷式液氮汽化器的技术参数**

| 介质 | 汽化流量/(m³/h) | 设计温度/℃ | 进口温度/℃ | 出口温度/℃ | 设计压力/MPa | 工作压力/MPa | 连接方式 |
| --- | --- | --- | --- | --- | --- | --- | --- |
| 液氮 | 1300 | −196 | −196 | 0 | 2.0 | 1.6 | 法兰 |

在本设计中，井下液氮钻孔硐室设计长度为 8.5m，高为 2.0m，宽为 2.0m，液氮槽车的卸车及储槽设置在地面上，由地面钻孔将液氮经保冷管道送至−480m 的硐室内，该硐室的主要作用是支撑消除加固该管线的垂直重力和压力。该段管

线由上至下约为 500m，自身质量约为 17t，充液质为 2.5t，共计质量为 19.5t，由上至下无法支撑加固，故其质量均作用在该硐室支撑处。液氮降温系统运行期间，在 Y120205 工作面共布置 3 个测点，测点位置分别为工作面进风流(1#测点)、工作面(2#测点)、回风流(3#测点)，如图 5-65 所示。

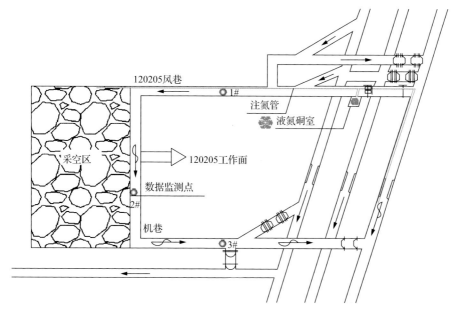

图 5-65　羊场湾煤矿 Y120205 工作面系统布置

3. 工作面温湿度变化

2012 年 11 月通过液氮降温系统灌注液氮 1782t，注液氮期间系统运行安全可靠。图 5-66 为 2012 年 11 月 1 日 16 时开始灌注液氮时，工作面的温度和相对湿度变化情况。Y120205 工作面的温度和相对湿度均有所下降，工作面的温度由 32℃下降为 25℃，相对湿度由 93%下降为 83%，温度和相对湿度的下降幅度高达 21.9% 和 10.8%。综合图 5-67 可知，在工业试验期间，工作面温度和相对湿度的变化趋势平稳，但是在之前未灌注液氮期间，工作面的温度和相对湿度都比较高，说明该系统运行期间对矿井的降温效果明显。

液氮降温系统运行期间，通过现场温度实测，当液氮流量控制在 3～5t/h，Y120205 工作面进风巷温度可由 30℃降至 24℃，降温达到一定程度后，温度稳定在 24℃左右，回风流温度可由 35℃降至 31℃，工作面平均降温 4℃左右，降温以后工作环境得到了明显改善。当液氮流量达到 13t/h 时，Y120205 进风巷温度可降至 7℃左右，由此说明降温效果与液氮流量成正比。

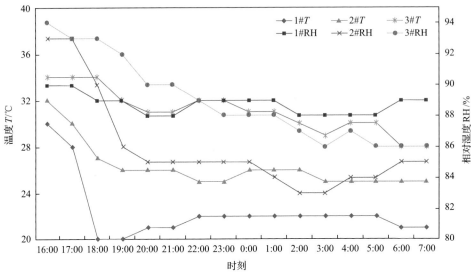

图 5-66　2012 年 11 月 1 日工作面温度和相对湿度变化趋势

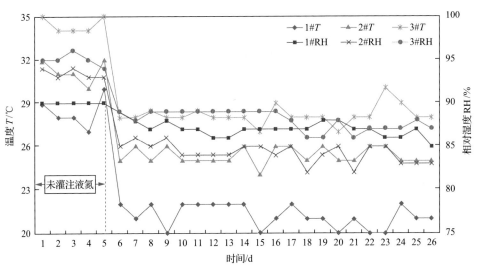

图 5-67　工业试验期间工作面温度和相对湿度的变化趋势

**4. 采空区防灭火效果**

经过空冷装置汽化后的氮气温度在 0~8℃、氮气浓度可达到 100%，与机械制氮相比具有温度低、浓度高的优点。低温氮气注入工作面采空区后可在短时间内吸收大量热量，大流量的氮气会增大采空区内气体静压，从而减少向采空区的漏风，延缓煤的自燃氧化进程。根据采空区束管采样分析结果可以得出，采空区注入低温氮气后，采空区"三带"范围明显缩短，见表 5-12。

表 5-12　采空区自燃危险区域的变化

| 划分地段 | 散热带 | | 氧化带 | | 窒息带 | |
|---|---|---|---|---|---|---|
| | 注氮前/m | 注氮后/m | 注氮前/m | 注氮后/m | 注氮前/m | 注氮后/m |
| 进风巷采空区 | 0～22 | 0～15 | 22～130 | 15～125 | >130 | >110 |
| 综采面采空区 | 0～35 | 0～30 | 20～100 | 15～90 | >100 | >90 |
| 回风巷采空区 | 0～10 | 0～6 | 10～100 | 6～90 | >100 | >90 |

从图 5-68 可以看出，采空区注入低温氮气前（16 时），工作面下隅角一氧化碳浓度一般在 35～60ppm，系统运行期间工作面下隅角一氧化碳浓度始终保持在 20ppm 以下。在 18 时左右，一氧化碳浓度反而上升。液氮降温系统运行期间，通过工作面下隅角氧气传感器监测，下隅角氧气浓度呈总体下降趋势，最低时达 18.3%，2#测点的氧气浓度最低达 19.5%，开放式注氮时工作面撤人以避免窒息事故的发生。液氮降温系统运行后，采空区注入低温氮气，工作面下隅角一氧化碳浓度呈现先上升后下降的趋势，主要原因是前期注入氮气后，高浓度氮气使采空区静压增大，采空区一氧化碳等有害气体溢出，造成上隅角一氧化碳浓度升高。

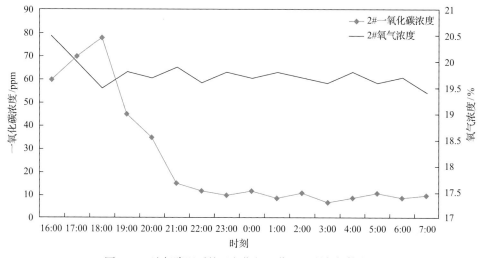

图 5-68　液氮降温系统运行期间工作面下隅角气体变化

综上所述，依托大型能源化工基地的液氮副产品或废弃物，开展液氮灌注技术进行矿井"主动"防灭火工作。提出了液氮直注式或汽化式进行矿井防灭火的新方法：①研制了煤矿井下运输型自增压液氮缓冲罐，构建了大流量、快速、定向防控火灾技术及工艺，具有操作简单、单位时间注氮量大（>3000Nm³/h，≤0.8MPa）、降温效果显著等优势。②构建了地面固定式大型液氮汽化防灭火系统，能实现大流量（>5000m³/h）、高纯度（>99.99%）、高强度（一次性可提供氮气>58 万 m³）地将汽化后液氮注入井下防灭火区域，实现了矿井液氮防火及灭火的常态化作业。③集成创新了液氮高效率防灭火与降温一体化技术，均取得了成功实际工程经验和良好的降温惰化效果。

研究成果已在国家能源集团宁夏煤业有限责任公司下属多个煤矿进行应用并建成了示范工程。还在甘肃华亭煤业集团、贵州六枝工矿集团、山西潞安化工集团、甘肃窑街煤电集团等煤矿进行推广应用（表5-13），经济和社会效益显著。地面大型常态化液氮防灭火成套系统及技术目前已在羊场湾煤矿、金凤煤矿、灵新煤矿、麦垛山煤矿、石炭井焦煤分公司、双马煤矿等大规模应用，并建成了地面固定式液氮汽化防灭火示范矿井。此外，我国内蒙古乌海和东胜、甘肃华亭和窑街、陕西铜川、河南义马等矿区自然发火严重，总体上也具有类似的条件，可以推广应用该项技术，从而为我国煤矿安全生产做出贡献。液氮防灭火以其独特的优势，具有深入的开发前景和推广应用价值。

表 5-13 液氮防灭火技术在国家能源集团宁夏煤业有限责任公司的应用

| 序号 | 煤矿名称 | 年产量/万 t | 应用工作面 | 液氮灌注方式 | 防灭火方式 | 备注 |
|---|---|---|---|---|---|---|
| 1 | 红柳煤矿 | 650 | I010204 | 液氮井下(罐车)直注式 | 灭火 | 封闭高冒区域注液氮 |
| 2 | 金凤煤矿 | 400 | 011803 011805 011203 | 地面固定式液氮汽化防灭火示范工程 | 防火 | 回撤期间防火 |
| 3 | 乌兰煤矿 | 240 | II020703 | 地面钻孔直注式 | 防火 | 采空区灌注 |
| 4 | 汝箕沟煤矿 | 150 | 32₂213₍₁₎ | 地面钻孔直注式 | 灭火 | 全矿井灌注 |
| 5 | 灵新煤矿 | 320 | 051601 | 地面钻孔直注式 地面固定式液氮汽化防灭火示范工程 | 防火/灭火 | 采空区灌注 |
| 6 | 羊场湾煤矿一区 | 1200 | 120204 120205 120206 120207 130201 120209 | 地面钻孔直注式 地面钻孔汽化式 井下钻孔直注式 地面固定式液氮汽化防灭火示范工程 | 防火/灭火降温 | 开放式、封闭式采空区灌注 回撤期间灌注 |
| 7 | 羊场湾煤矿二区 | 520 | Y272 Y222 Y242 Y292 Y252Y | 地面钻孔直注式 | 灭火降温 | 封闭式灌注 回撤期间灌注 |
| 8 | 枣泉煤矿 | 500 | 110203 110205 110207 | 地面钻孔汽化式 | 防火 | 采空区灌注 |

# 参 考 文 献

[1] 林柏泉, 李庆钊, 周延. 煤矿采空区瓦斯与煤自燃复合热动力灾害多场演化研究进展[J]. 煤炭学报, 2021, 46(6): 1715-1726.

[2] Song Y W, Yang S Q, Hu X C, et al. Prediction of gas and coal spontaneous combustion coexisting disaster through the chaotic characteristic analysis of gas indexes in goaf gas extraction[J]. Process Safety and Environmental Protection, 2019, 129: 8-16.

[3] 罗振敏, 苏彬, 王涛, 等. $C_2H_6/C_3H_8$ 影响 $CH_4$ 爆炸极限参数及动力学特性研究[J]. 化工学报, 2019, 70(9): 3601-3610.

[4] 王连聪, 梁运涛, 罗海珠. 我国矿井热动力灾害理论研究进展与展望[J]. 煤炭科学技术, 2018, 46(7): 1-9.

[5] 夏同强. 瓦斯与煤自燃多场耦合致灾机理研究[D]. 徐州: 中国矿业大学, 2015.

[6] 李宗翔. 高瓦斯易自燃采空区瓦斯与自燃耦合研究[D]. 阜新: 辽宁工程技术大学, 2007.

[7] 周福宝. 瓦斯与煤自燃共存研究(I): 致灾机理[J]. 煤炭学报, 2012, 37(5): 843-849.

[8] Xia T Q, Wang X X, Zhou F B, et al. Evolution of coal self-heating processes in longwall gob areas[J]. International Journal of Heat and Mass Transfer, 2015, 86: 861-868.

[9] Karacan C, Esterhuizen G S, Schatzel S J, et al. Reservoir simulation-based modeling for characterizing longwall methane emissions and gob gas venthole production[J]. International Journal of Coal Geology, 2007, 71(2-3): 225-245.

[10] Karacan C O. Prediction of porosity and permeability of caved zone in Longwall Gobs[J]. Transport in Porous Media, 2010, 82(2): 413-439.

[11] 李宗翔, 韦涌清, 孙世军. 非均质采空区气-固耦合温度场迎风有限元求解[J]. 昆明理工大学学报(理工版), 2004, 29(2): 5-9.

[12] 李宗翔, 衣刚, 武建国, 等. 基于"O"型冒落及耗氧非均匀采空区自燃分布特征[J]. 煤炭学报, 2012, 37(3): 484-489

[13] 李宗翔, 吴强, 王志清. 自燃采空区耗氧-升温的区域分布特征[J]. 煤炭学报, 2009, 34(5): 667-672.

[14] Yuan L, Smith A C. Numerical study on effects of coal properties on spontaneous heating in longwall gob areas[J]. Fuel, 2008, 87(15-16): 3409-3419.

[15] Bear J. Hydraulics of Groundwater[M]. Department of Civil Engineering, Technion-Israel Institute of Technology: Haifa, Israel, 1979.

[16] Sidiropoulou M G, Moutsopoulos K N, Tsihrintzis V A. Determination of Forchheimer equation coefficients a and b[J]. Hydrological Processes, 2007, 21: 534-554.

[17] Taraba B, Michalec Z. Effect of longwall face advance rate on spontaneous heating process in the gob area—CFD modelling[J]. Fuel, 2011, 90(8): 2790-2797.

[18] 李宗翔, 题正义, 赵国忧. 回采工作面采空区瓦斯涌出规律的数值模拟研究[J]. 中国地质灾害与防治学报, 2005, 16(0): 46-50.

[19] Ejlali A, Mee D J, Hooman K, et al. Numerical modelling of the self-heating process of a wet porous medium[J]. International Journal of Heat and Mass Transfer, 2011, 54(25-26): 5200-5206.

[20] Alazmi B, Vafai K. Analysis of variants within the porous media transport models[J]. Journal of Heat Transfer, 2000, 122(2): 303-326.

[21] 史波波. 地下空间液氮防灭火理论与工程实践[M]. 徐州: 中国矿业大学出版社, 2018.

[22] Zhou F B, Shi B B, Cheng J W, et al. A new approach to control a serious mine fire with using liquid nitrogen as extinguishing media[J]. Fire Technology, 2015(51): 325-334.

[23] 周福宝, 夏同强, 史波波. 瓦斯与煤自燃共存研究(Ⅱ): 防治新技术[J]. 煤炭学报, 2013, 38(3): 353-360.

[24] Shi B B, Zhou F B. Application of a liquid nitrogen direct jet system to the extinguishment of oil pool fires in open space[J]. Process Safety Progress, 2017(36): 165-177.

[25] 史波波. 煤矿液氮防灭火技术应用及发展趋势[J]. 煤矿安全, 2014, 45(10): 154-157.

[26] Shi B B, Zhou G H, Ma L J. Normalizing fire prevention technology and a ground fixed station for underground mine fires using liquid nitrogen: a case study[J]. Fire Technology, 2018, 54: 1887-1893.

[27] Shi B B, Ma L J, Dong W. et al. Application of a novel liquid nitrogen control technique for heat stress and fire prevention in underground mines[J]. Journal of Occupational and Environmental Hygiene, 2015, 12(8): 168-177.

# 第6章 粉尘灾害耦合理论分析与防控技术

我国井下受限作业空间的规模化采掘会产生大量粉尘，由此引发的以煤工尘肺为主的职业安全健康问题不仅限制了煤炭行业的可持续发展，还严重制约了"健康中国"发展[1, 2]。特别是随着矿井智能化、机械化水平的提高，作业产尘量成倍增加，井下粉尘浓度已大幅超出国家规定的上限值[3-5]。有效抑制粉尘、降低粉尘浓度，不仅可以改善工作环境，而且可以避免粉尘事故，是煤矿安全生产的一个重要环节[6]。

本章从粉尘灾害多物理场特征出发，重点阐述颗粒受力机理、颗粒追踪与其耦合计算，同时介绍粉尘分布可视化计算技术与巷道干式过滤除尘技术。

## 6.1 粉尘灾害多物理场特征

煤炭生产的主要环节，如掘进、运输、提升等，几乎所有作业工序都不同程度地产生粉尘。煤岩的物理性质、环境温湿度、作业地点的通风状况、开采强度等都是影响粉尘产生与扩散的主要因素[7]。粉尘在扩散过程中呈现出多态性和复杂性，含尘气流涉及湍流理论、颗粒动力学、多相流体动力学和统计力学等多个方面，特别是气、固运动及相间传递相互制约，形成了粉尘灾害气固耦合作用下的多物理场，其中含尘流场不断发展，直接决定着粉尘的扩散运动，最终影响粉尘浓度场的变化。因此，探索粉尘灾害的多物理场特征是研究粉尘有效防控的基本前提。

### 6.1.1 流场

矿井通风系统通过机械或自然风压的动力作用，不断将新鲜的空气供给到生产作业区域，同时排出有毒有害气体和粉尘。采掘过程中，截割煤层产生的粉尘之所以能够迅速地扩散和弥漫整个巷道空间，主要是由于风速较大的气流带动粉尘，使得粉尘随着风流运移和扩散，由此可见流场对粉尘的扩散和运移起着推动作用。

流场是气流速度在空间各点的分布状态。在矿井通风作用下，受固相粉尘的影响，含尘流场主要分布在综掘、综采工作面附近。综合机械化掘进面压入式通风利用局部通风机作为动力，通过风筒导风。常用的通风方式有压入式、抽出式和混合式，其中混合式通风布置方式一般有长抽短压和长压短抽两种。

不同通风方式对应的流场分布也不同，以压入式为例，压入式通风布置如图 6-1 所示，局部通风机及其附属装置安装在离掘进巷道口 10m 以外的进风侧，工作面流场分布特性如下：①新风流出风筒形成的射流属末端封闭的有限贴壁射流；②气流贴着巷壁射出风筒后，由于卷吸作用，射流断面逐渐扩张，直至射流的断面达到最大值，此段称为扩张段，然后，射流断面逐渐减少，直到为零，此段称为收缩段；③在收缩段，射流一部分经巷道排走，另一部分又被扩张段射流所卷吸；④从风筒出口至射流反向的最远距离(即扩张段和收缩段总长)称为射流的有效射程，在有效射程以外的工作面中会出现涡流区[6]。

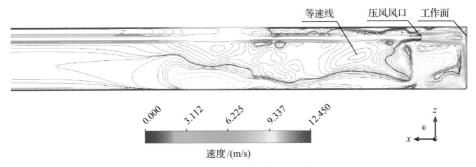

图 6-1　压入式通风时巷道内流场分布图

### 6.1.2　粉尘浓度场

粉尘浓度的大小和作业点的风场密切相关，包括通风方式、风速及风量。当井下实行分区通风，风量充足，且风速适宜时，粉尘浓度就会降低；反之，采用串联通风，含尘污风再次进入下一个作业地点或风量不足、风速偏低，粉尘浓度就会逐渐升高。保持产尘点良好通风状况的关键在于选择既能使粉尘稀释并排出，又能避免落尘重新飞扬的最佳风速[6]。

粉尘在巷道内的分布具有时空不均匀性，以综合机械化掘进面(综掘面)压入式通风为例，工作面的浓度场主要呈如下分布特性：①巷道回风侧的风速较小，粉尘浓度普遍高于巷道送风侧的粉尘浓度，从巷道底部至巷道顶部，粉尘浓度逐渐降低；综掘面附近粉尘浓度较高，且沿着巷道长度方向主要呈降低趋势。②巷道前部区域，由于壁面、综掘机的影响，送风风流转向流动、卷吸周围气流，产生漩涡区；气流卷吸粉尘形成粉尘漩涡，粉尘在漩涡区停留时间较长，局部粉尘浓度较高。③粉尘随风运移的过程中分流现象明显，大粒径粉尘主要在重力作用下沉积于回风侧巷道底部；小粒径粉尘主要悬浮于巷道中，随风流向后流动，后移过程中不同粒径粉尘呈现出分层悬浮的状态。④送风参数一定时，增大产尘量后，巷道内整体粉尘浓度明显升高，且局部对应位置的粉尘浓度也升高。增大送风速度，粉尘平均停留时间变短，巷道内的粉尘浓度明显降低；但风速较大易造成二次扬尘，因此需确定合理风速。

# 6.2　粉尘灾害耦合计算分析

粉尘的扩散运动属于典型的气固两相流研究范畴。气固两相流与单相流不同。气固两相流中存在着一定浓度的固体颗粒，其运动复杂多变，且两相之间存在着耦合作用，即两相间的相互作用。这种相互作用包括质量、动量、能量和湍流间的相互交换与传递。

## 6.2.1　气固两相流建模

气固两相流的研究方法主要分为三大类：理论研究方法、实验研究方法和数值模拟研究方法。由于气固两相流复杂多变，模化实验过程中，现有的测试技术很难了解其全部流动特性。相比之下，数值模拟可以获得两相流动的详细信息，但是数值模拟结果可靠性又需要实验验证[8-10]。数值模拟和实验研究紧密联系，相辅相成，共同推动气固两相流研究的进步[11]。

### 1. 气相湍流场

对气相湍流场的描述有两种方法，即拉格朗日法和欧拉法。欧拉法以空间内的每一位置为描述对象，描述固定位置上流体的物理参数随着时间的变化，在直角坐标系中，流体中任意一点 $(x, y, z)$ 处的某一物理量参数 $B$ 与时间 $t$ 的关系可以表示为

$$B = B(x, y, z, t) \tag{6-1}$$

当采用欧拉法时，若给定此空间中任意位置处的坐标，就可以判定此处的物理参数。

与欧拉法不同，拉格朗日法则是关注流场中的每一个质点，描绘流场中每一个颗粒对应的物理量随着时间的变化。若以 $(a, b, c)$ 表示质点在某一时刻的空间位置 $(x, y, z)$，则该质点在 $t$ 时刻的物理量可以表示为

$$B = B(a, b, c, t) \tag{6-2}$$

当采用拉格朗日法时，若给定任意质点，就可以知道 $t$ 时刻该质点对应的各种物理量参数。

拉格朗日法能给出每个湍流脉动的微团在每瞬时的运动轨迹和状态，却不能描述出整个流场的情况。而工程应用中所关心的是整个流场中的流动分布，

这是拉格朗日法无法实现的。但欧拉法则能够克服这些困难，可以从整体上描述流体的运动。所以在实际的数值模拟中，人们更多的是采用欧拉法来研究气相湍流运动[12]。

2. 固相颗粒

气固两相流动中的颗粒运动有多种模型。最早的单颗粒动力学模型是假设颗粒对流场没有影响，仅考察已知流场中颗粒的时均速度或对流运动的轨道以及颗粒的速度和温度沿轨道的变化。20世纪70年代中期以后，人们逐渐发展了更为完善的两相流模型，即完整地考虑相间速度与温度滑移、颗粒扩散及相间质量、动量和能量的耦合，特别是颗粒对流体的反作用等，具体分为颗粒轨道模型和颗粒拟流体模型两大类。其中，颗粒轨道模型的核心思想是流体相采用基于欧拉网格的体积平均的动量方程求解，颗粒相则在拉格朗日坐标系下依据牛顿运动定律求解每个颗粒的运动，其中颗粒相与流体相的相互作用通过在各自动量方程中添加作用力模型实现。颗粒轨道模型需要对颗粒与颗粒间的碰撞进行描述，目前常用硬球模型和软球模型两种[12, 13]。

### 6.2.2　巷道粉尘颗粒受力机理

粉尘随风运移过程中，所受的力主要有重力、浮力、曳力、附加质量力、倍瑟特力、马格努斯力、萨夫曼升力和压力梯度力等[9, 14]。

根据经典的牛顿第二定律，颗粒相的作用力平衡方程为

$$m_p \frac{\mathrm{d}u_p}{\mathrm{d}t} = \sum F \tag{6-3}$$

式中，$m_p$为粉尘颗粒质量，kg；$u_p$为粉尘颗粒的运动速度，m/s；$\sum F$为粉尘颗粒所受的各种力的合力，N，其表达式为

$$\sum F = F_g + F_f + F_D + F_m + F_B + F_p + F_M + F_S + \cdots \tag{6-4}$$

式中，$F_g$为粉尘颗粒本身所具有的重力，N；$F_f$为粉尘颗粒所受到的气流作用的浮力，N；$F_D$为粉尘颗粒所受到的阻力作用，N；$F_m$为附加质量力，N；$F_B$为倍瑟特力，N；$F_M$为马格努斯力，N；$F_p$为压力梯度力，N；$F_S$为萨夫曼升力，N。对于仅对超细或亚细颗粒才有显著作用的热泳力、电泳力以及影响很小的静电力等，实际模拟中往往忽略。

1. 重力

粉尘颗粒具有重力，密度越大、粒径越大则重力越大，越易沉降。通常情况

下，粉尘颗粒的形状是不规则的，但为了方便研究，将粉尘颗粒简化为球体，粉尘所受重力表示为

$$F_g = \frac{1}{6}\pi d_p^3 \rho_p g \tag{6-5}$$

式中，$d_p$ 为粉尘粒径，m；$\rho_p$ 为粉尘密度，$kg/m^3$；$g$ 为重力加速度，$m/s^2$。

2. 浮力

运动于气流中的粉尘颗粒受到空气对它作用的浮力，方向垂直向上，其表达式为

$$F_f = \frac{\pi}{6} d_p^3 \rho_f g \tag{6-6}$$

式中，$\rho_f$ 为流体密度，$kg/m^3$。对于气固系统，因气体密度较小而使得浮力常被忽略。

3. 曳力

当粉尘颗粒速度不同于流体速度时，颗粒与流体之间会产生相互作用力。对速度高的一方，将受到速度低的一方的阻力；对速度低的一方，将受到速度高的一方的曳力。阻力与曳力大小相等，方向相反。颗粒运动时，静止的流体对其也产生力的作用。井下通风环境中，通常流体速度大于颗粒速度，以至于颗粒受到的是流体的曳力，但有时对阻力与曳力并不区分，都称为斯托克斯阻力。颗粒在流体中的曳力(阻力)是颗粒与流体间相互作用的最基本形式。其他形式的相间作用还可在一定条件下予以忽略，但在任何情况下都不能不考虑相间曳力的影响。

粉尘颗粒表面流体黏性的存在，导致其产生不对称分布的表面压强和剪应力，两力合力均与来流方向一致，它们分别是压差阻力和表面的摩擦剪应力(摩擦阻力)。粉尘颗粒在流体中受到的斯托克斯阻力是颗粒与流体间相互作用的基本形式：

$$F_D = \frac{1}{8}\pi C_d d_p^2 \rho_f \left| u_f - u_p \right| (u_f - u_p) \tag{6-7}$$

式中，$u_f$ 为流体的速度；$u_p$ 为粉尘颗粒的速度；$C_d$ 为粉尘颗粒的阻力系数。

4. 附加质量力

当颗粒在流体中做加速运动时，会带动周围流体一起做加速运动。由于流体有惯性，表现为流体对颗粒产生一个相反方向的作用力。这时，推动颗粒运动的力将大于颗粒本身的惯性力，就好像颗粒质量增加了一样。因此，这部分大于颗

粒本身惯性力的力称附加质量力(或称虚假质量力)。颗粒所受的附加质量力 $F_{\mathrm{m}}$ 为

$$F_{\mathrm{m}} = \frac{1}{2}\left(\frac{1}{6}\pi d_{\mathrm{p}}^{3}\right)\rho_{\mathrm{f}}\frac{\mathrm{d}}{\mathrm{d}t}(u_{\mathrm{p}} - u_{\mathrm{f}}) = \frac{1}{12}\pi d_{\mathrm{p}}^{3}\rho_{\mathrm{f}}\frac{\mathrm{d}(u_{\mathrm{p}} - u_{\mathrm{f}})}{\mathrm{d}t} \tag{6-8}$$

式中，$t$ 为时间变量，s。由式(6-8)可见，附加质量力等于与颗粒同体积的流体质量附在颗粒上做加速运动时惯性力的一半。

### 5. 倍瑟特力

当颗粒在黏性流体中做变速直线运动时，颗粒附面层将带着一部分流体运动。由于气流具有惯性，当颗粒突然加速或减速运动时，附带的流体不能立即与颗粒运动保持一致，这使得颗粒表面的附面层不稳定，导致颗粒受到一个随时间变化的流体作用力，该力称为倍瑟特力。它与颗粒的加速历程有关，其表达式为

$$F_{\mathrm{B}} = \frac{3}{2}d_{\mathrm{p}}^{2}(\pi\rho_{\mathrm{f}}\mu_{\mathrm{f}})^{1/2}\int_{t_{0}}^{t}(t - \tau)^{-1/2}\frac{\mathrm{d}}{\mathrm{d}t}(u_{\mathrm{f}} - u_{\mathrm{p}})\mathrm{d}\tau \tag{6-9}$$

式中，$\mu_{\mathrm{f}}$ 为流体动力黏度，Pa·s；$t_{0}$ 为颗粒开始加速的时刻；$\tau$ 为一个时间变量。倍瑟特力只发生在黏性流体中，其方向与颗粒加速的方向相反。

### 6. 马格努斯力

颗粒在运动过程中会发生旋转，造成颗粒旋转的原因可能有：①流场中有速度梯度存在时，使冲刷颗粒的力量不均匀；②颗粒之间相互碰撞、摩擦，或与管壁有碰撞、摩擦；③颗粒形状不规则，使得各点所受的阻力不同，从而产生使颗粒旋转的力矩。

在低雷诺数时，颗粒的旋转将带动液体运动，使颗粒相对速度较高的一边其流体速度增加，压强减小；而另一边的流体速度减小，压强增加。结果是，颗粒向流体速度较高的一边运动，从而使颗粒趋于移向管道中心，这种现象称为马格努斯现象。由于颗粒旋转产生的垂直于相对速度方向的横向力，称为马格努斯力。它就是使颗粒向管道中心移动的作用力，其表达式为

$$F_{\mathrm{M}} = \pi r_{\mathrm{p}}^{3}\rho_{\mathrm{f}}\omega\times(u_{\mathrm{p}} - u_{\mathrm{f}}) \tag{6-10}$$

式中，$r_{\mathrm{p}}$ 为粉尘颗粒半径，m；$\omega$ 为颗粒旋转的角速度。

### 7. 萨夫曼升力

当流场中有速度梯度，固体颗粒在其中运动时，在颗粒两侧流体速度不相同的情况下，即使它没有旋转，也会产生一个由低速侧指向高速侧的升力，即受到

一个附加的横向力, 该力称为萨夫曼升力。处理亚观尺寸(1~10μm)颗粒问题时考虑萨夫曼升力。在二维水平管道的流动中, 萨夫曼升力的大小为

$$F_S = 1.61 d_p^2 (\rho_f \mu_f)^{1/2} (u_f - u_p) |du_f / dy|^{1/2} \qquad (6-11)$$

式中, $\rho_f$ 为流体密度, kg/m$^3$; $du_f / dy$ 为 $y$ 方向的速度梯度。

当粉尘颗粒速度小于流体速度时, 其方向指向轴线; 当粉尘颗粒速度大于流体速度时, 其方向离开轴线。萨夫曼升力和速度梯度相关联。一般在速度梯度很大的区域(如邻近壁面处), 萨夫曼升力的作用变得很明显。马格努斯力与萨夫曼升力同属侧向力, 但相对于马格努斯力, 通常萨夫曼升力比较大。

8. 压力梯度力

当流体中存在压力梯度, 那么粉尘颗粒在有压力梯度的流场中运动时, 会受到由压力梯度引起的作用力, 这个力即压力梯度力, 可表示为

$$F_p = -\frac{4}{3}\pi r_p^3 \frac{\partial p}{\partial x} \qquad (6-12)$$

式中, $p$ 为颗粒表面由压力梯度引起的压力分布; 负号表示压力梯度力的方向与流场中压力梯度的方向相反。由式(6-12)可见, 该力的大小等于压力梯度与颗粒体积大小的乘积, 方向与压力梯度的方向是相反的。

### 6.2.3　巷道粉尘运移追踪模型

为了描述粉尘颗粒运动细节, 需要追踪实际流动中的每一个颗粒, 即采用确定性轨道模型。颗粒轨道模型是将流体视为连续介质, 而将颗粒视为离散体系模型。该模型在欧拉坐标系下考察连续流体相的运动, 在拉格朗日坐标系下研究离散颗粒的运动[15,16]。

1. 软硬球模型

在颗粒轨道模型中, 要模拟气固两相流动, 目前经常使用的是从研究岩石变形发展起来的可以考虑粒子流中多个颗粒间相互作用的离散元法。特别是稠密颗粒情况时, 必须考虑颗粒与颗粒之间的作用, 即颗粒之间的相互碰撞, 因为颗粒的碰撞对气固两相流有非常重要的影响。根据颗粒间相互作用的处理方式和计算方法的不同, 现阶段计算机模拟主要采用两种模型, 即硬球模型和软球模型[9,14]。硬球模型认为颗粒间碰撞是瞬时二元碰撞, 而且在碰撞过程中颗粒本身不会发生变形, 碰撞时主要考虑冲力, 忽略其他的力, 且碰撞按照一定的顺序进行。该模型将一系列的颗粒碰撞过程视为每次只发生一次碰撞过程, 并根据牛顿第二定律直接求解颗粒

的运动方程。软球模型认为颗粒是一种具有弹性的球，假设颗粒碰撞可以持续一定的时间并允许颗粒在碰撞过程中发生轻微的重叠现象，同时也允许一个颗粒与多个颗粒碰撞，通过计算变形等受力分析来求解颗粒间的接触力，最后结合悬浮过程一并考虑颗粒的位移和速度的计算。

2. 颗粒间碰撞判断

确定颗粒碰撞有两种方法：确定性方法（deterministic）和随机性方法（stochastic）。确定性方法的基本思想是：当两个运动颗粒间的距离小于一定值时将发生碰撞，碰撞后颗粒运动速度按经典力学的规律计算得到。这种方法的优点在于只要颗粒的初始状态给定，就能够计算出所有颗粒的运动，但是采用这种方法模拟任意一个颗粒的运动时，都要考虑到所有其他颗粒的运动以发现是否有可能与其发生碰撞，故模拟所需的计算耗时正比于仿真分子数的平方，所以通常确定性方法所用的颗粒数都不能太大，因此确定性方法的应用范围受到了限制。随机性方法的基本思想是：将颗粒间的相互碰撞和稀薄气体的分子运动论中分子间的碰撞相类比，认为颗粒的碰撞具有随机性。用于颗粒碰撞处理的随机性方法目前一般采用直接模拟蒙特卡洛方法（DSMC 方法）。该算法用相对少量的仿真颗粒代替大量的真实颗粒进行模拟，其中模拟时间参数与真实颗粒时间参数相同，所有问题的模拟都在时间进程中实现[9, 14]。

3. 直接模拟蒙特卡洛方法

蒙特卡洛方法是一种采用统计抽样来近似求解问题的方法，也称为随机模拟或统计抽样方法。其基本思路是，用随机抽取的样本来描述总体样本的概率分布，通过调节粒子权重的大小和抽取样本的位置，进而来近似目标样本实际的概率分布，以便得到系统的估计值。蒙特卡洛采样是用粒子分布表示后验概率分布，将积分运算变成有限样本点的求和运算。

在含有大量粉尘颗粒物的气固两相系统中，在颗粒运动过程中相互碰撞是不可避免的。为了准确地描述流场中粉尘颗粒物的运动，理想的方法是跟踪到每一个颗粒，但遇到的困难是当颗粒量很大时，若通过颗粒运动轨道来判断颗粒间是否发生相互碰撞，计算量将是非常惊人的。由于粉尘颗粒物数目庞大，利用颗粒轨道判断碰撞的方法难以胜任。解决这一问题的一个行之有效的途径是采用直接模拟蒙特卡洛方法来判定颗粒间的碰撞。直接模拟蒙特卡洛方法就是在硬球模型的基础上，采用蒙特卡洛方法来判断颗粒间的碰撞情况。直接模拟蒙特卡洛方法立足于气体分子运动论，将所计算的实际颗粒场用取样颗粒场进行置换，每一个取样颗粒代表一定数量的真实颗粒，跟踪取样颗粒运动轨迹，见图 6-2，通过概率判断碰撞是否发生[9, 14]。

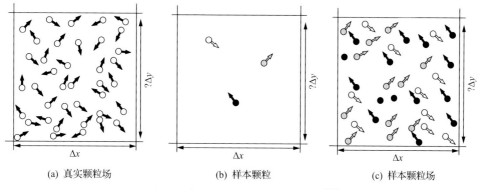

(a) 真实颗粒场　　　　(b) 样本颗粒　　　　(c) 样本颗粒场

图 6-2　真实颗粒与样本颗粒示意图[14]

关于确定颗粒碰撞概率的方法，即在某一网格内，取样颗粒 $i$ 和取样颗粒 $j$ 所代表的真实颗粒发生碰撞的概率 $P_{ij}$ 可表达为

$$P_{ij} = \frac{w_j}{V_i} \pi \left( \frac{d_{pi} + d_{pj}}{2} \right)^2 G_{ij} \Delta t \qquad (6\text{-}13)$$

式中，$w_j$ 为取样颗粒 $j$ 的数目权重；$V_i$ 为取样颗粒 $i$ 所在网格的体积，$m^3$；$d_{pi}$ 为颗粒 $i$ 的直径，m；$d_{pj}$ 为颗粒 $j$ 的直径，m；$G_{ij}$ 为颗粒 $i$ 和 $j$ 的相对速度，m/s；$\Delta t$ 为时间步长。

取样颗粒 $i$ 和同一网格内其他所有颗粒的碰撞概率 $P_i$ 为

$$P_i = \sum_{j=1}^{N} P_{ij} = \sum_{j=1}^{N} \frac{w_j}{V_i} \pi \left( \frac{d_{pi} + d_{pj}}{2} \right)^2 G_{ij} \Delta t \qquad (6\text{-}14)$$

式中，$N$ 为取样颗粒 $i$ 所在网格的取样颗粒总数。

根据修正的南布方法（modified Nanbu method），在取样颗粒 $i$ 与同一网格内其他所有颗粒的总碰撞概率 $P_i < 1$ 的前提下，利用 $0 \sim 1$ 统一分布的随机数 $R$，按式（6-14）选取同一网格内取样颗粒 $j$，作为候选被碰颗粒。如果满足式（6-15）则认为颗粒 $i$ 和 $j$ 在 $\Delta t$ 时间内发生碰撞[9, 15]。

$$j = \text{int}[R \times N] + 1 \qquad (6\text{-}15)$$

$$R > \frac{j}{N} - P_{ij} \qquad (6\text{-}16)$$

式中，$\text{int}[R \times N]$ 为 $R \times N$ 的整数部分。

### 6.2.4　巷道粉尘运移的多场耦合计算

在考虑颗粒间相互作用时，颗粒流体两相间的耦合作用，通常采用牛顿第三定律来处理，即在各个控制微元体中，流体对该微元中颗粒的作用力等于该微元中所有颗粒对该微元内流体的反作用力，该作用力和反作用力总是大小相等、方向相反、作用在同一条直线上。

1. 气固两相耦合子模型

1) 流体曳力计算模型

当颗粒与周围流体做相对运动时，颗粒与流体之间存在因为速度差而造成的曳力。其中，速度高的一方将会对速度低的一方产生拖曳作用；而速度低的一方将会对速度高的一方产生阻碍作用，气固之间曳力的大小与颗粒和流体之间的速度差成正比。特别对于密相流动中的单个颗粒，周围颗粒的存在减小了流体流动的空间，使得流体从颗粒之间流过时速度增大。因此，对稠密气固两相流动中气固间曳力的计算，还需要考虑运动颗粒周围空隙率的数值[17-19]。对流场内单个运动颗粒受到的曳力 $F_d$ 的计算，常采用如下形式进行：

$$F_d = \frac{v_p \beta_{gs}}{\varepsilon_p}(u_f - u_p) \tag{6-17}$$

式中，$\varepsilon_p = (1-\varepsilon_f)$ 为当前计算网格内的固相浓度；$u_f$ 为当前网格内流体的速度；$v_p$ 为颗粒的速度；$u_p$ 为粉尘颗粒的速度；$\beta_{gs}$ 为曳力系数。

2) 空隙率计算模型

在稠密气固两相流动的计算中，两相之间动量和能量的耦合均需要考虑周围颗粒的存在，这主要是通过在计算求解模型中引入空隙率项来实现。因此，在气固两相耦合计算中，对空隙率项的计算准确与否将显著影响到耦合过程中两相间曳力和对流换热通量的精确解。在对空隙率的计算中，广泛采用的计算方法为中心探测法。对存在于系统中的颗粒，根据每个颗粒的质心得到其所在网格单元的标号。对每一个计算网格，通过减去位于该网格内所有颗粒的体积后再除以整体网格的体积，从而得到其内空隙率。其计算公式为

$$\varepsilon_f = 1 - \frac{\sum_{i=1}^{n} V_{pi}}{\Delta V} \tag{6-18}$$

式中，$V_{pi}$ 和 $\Delta V$ 分别为颗粒 $i$ 的体积和当前流体网格的体积；$n$ 为当前网格内所含颗粒的总数。显然，该计算方法相对粗糙，当某个颗粒同时占据几个计算网格时（即颗粒位于相邻网格边界时），该方法不能较为准确地表征颗粒在每个网格的体积份额，从而造成了计算网格内空隙率存在一定的偏差。在实际计算过程中，为减弱该方法对空隙率计算的影响，常需要计算网格尺度较颗粒直径大几倍甚至十倍左

右的量级。此时，对某一特定网格，其内可以含有几十甚至几百个颗粒。其中数量极少的颗粒同时占据了相邻的几个计算网格，但此时忽略这些位于网格边界处颗粒的影响而造成空隙率计算的误差不大。

但在实际计算研究中，为了对流场内进行更为精细的计算，需要在较小分辨率的网格系统上进行。同时，在流化设备内的颗粒，其尺寸常在毫米量级，这在一定程度上限制了所能采用的网格尺寸。在流场网格较小而颗粒直径较大的情况下，采用该方法计算得到的空隙率常会出现特定网格内空隙率较小甚至为负的失真情况，使得相邻网格区域内空隙率存在较大梯度的同时，也会导致计算程序迭代收敛较慢甚至发散。为解决该问题，对空隙率计算需要采用更为精细的网格无关数值方法。对这方面的处理，常采用颗粒放大法和颗粒切割法[20]。

颗粒放大法的主要思想是将单个球型颗粒视为具有孔隙的立方块。该立方块的体积 $V_{cube}$ 大于或等于颗粒的体积 $V_p$，两者之间的体积比即颗粒的放大因子 $a$。

若立方体边长为 $L$、颗粒直径为 $d_p$，则有

$$V_{cube} \geqslant V_p \rightarrow a \geqslant \left(\frac{\pi}{6}\right)^3 \tag{6-19}$$

故用于表征颗粒立方体的空隙率为

$$\zeta_{cube} = \frac{V_p}{V_{cube}} = \frac{\pi}{6a^{1/3}} \tag{6-20}$$

此时，在对流场网格内空隙率计算时，分别根据该立方体内每一小块所在的位置探测其所在的流体网格，并得到其在该网格内的体积份额。采用该方法的好处是：在求解过程中，空隙率的计算和网格尺寸无关，使得流场计算的网格尺寸可以选取的尽可能得小，从而能够较为精确地捕捉到流化系统内流场的流动特征。

颗粒切割法的主要思想是按照一定的数值算法将单个颗粒分为许多个颗粒元，根据每个颗粒元的位置探测其所在的计算网格，得到该颗粒在该网格内的体积份额，以此来计算整个流场网格内的空隙率。假定在计算过程中将单个颗粒分割为 $m$ 个部分，分别根据每个部分的质心得到其所在计算网格 $l$。对计算网格 $l$，其内的空隙率计算为

$$\varepsilon_f = 1 - \frac{\sum_{i=1}^{n} V_{pi,t}}{\Delta V} \tag{6-21}$$

式中，$V_{pi,t}$ 为颗粒 $i$ 在当前计算网格内所有颗粒元的体积之和；$n$ 为当前网格内所含颗粒的总数；$\Delta V$ 为颗粒 $i$ 当前流体网格的体积[20]。

该计算方法可以较为精确地计算得到流体空隙率场。同时，随着颗粒划分份数的增多，计算中可以采用更为精细的网格分辨率来对流场流动进行求解。但较小的计算网格和较多的颗粒分割会造成更多的网格探测，从而显著增大了计算耗时。故在求解过程中，应该根据实际计算工况（如颗粒直径、入流气体速度等），选择较为适当的颗粒分割份额，达到计算精度和计算时间两者的折中，从而提升整个计算过程的性能。

3）颗粒间碰撞

判断颗粒间碰撞的办法主要有两种，一种是随机性方法，另一种是确定性方法。确定性方法主要是根据颗粒间的距离来决定两个颗粒间是否碰撞，当两个颗粒之间的距离小于一个定值后，就会判断这两个颗粒一定会发生碰撞。但是，这种方法会使每个颗粒都会判断与其他任意颗粒间是否会发生碰撞，这样会导致计算量增大。为了提高计算效率，只能减少计算的颗粒数量。随机性方法是将颗粒间的碰撞与气体分子运动作类比，认为颗粒间的碰撞具有随机性，采用直接模拟蒙特卡洛方法，将"样本颗粒"代替系统内大量真实颗粒，这样就会较大地提高模拟计算效率。

4）硬球模型

硬球模型基于冲量守恒定律，认为颗粒的碰撞是瞬时的，且颗粒间发生碰撞不会引起颗粒的形变，颗粒之间的碰撞作用仅发生在两个颗粒的接触点上，并且认为颗粒间的相互作用仅仅是瞬时冲力，忽略颗粒间的其他作用力。不计颗粒的转动，将颗粒作为刚性球体，对于发生碰撞的两个颗粒 $i$ 和 $j$，根据冲量定理得

$$m_a(\vec{v}_a - \vec{v}_a^0) = \vec{J} \tag{6-22}$$

$$m_b(\vec{v}_b - \vec{v}_b^0) = \vec{J} \tag{6-23}$$

$$\vec{I}_a(\vec{\omega}_a - \vec{\omega}_a^0) = r_a \vec{n} \times \vec{J} \tag{6-24}$$

$$\vec{I}_b(\vec{\omega}_b - \vec{\omega}_b^0) = r_b \vec{n} \times \vec{J} \tag{6-25}$$

式中，$m_a$、$m_b$ 为颗粒 $a$、$b$ 的质量；$\vec{v}_a$、$\vec{v}_b$ 为碰撞后颗粒 $a$、$b$ 的线速度；$\vec{v}_a^0$、$\vec{v}_b^0$ 为碰撞前颗粒 $a$、$b$ 的线速度；$\vec{I}_a$、$\vec{I}_b$ 为颗粒 $a$、$b$ 的转动惯量；$\vec{\omega}_a$、$\vec{\omega}_b$ 为碰撞后颗粒 $a$、$b$ 的角速度；$\vec{\omega}_a^0$、$\vec{\omega}_b^0$ 为碰撞前颗粒 $a$、$b$ 的角速度；$r_a$、$r_b$ 为颗粒 $a$、$b$ 的转动半径；$\vec{n}$ 为碰撞时颗粒 $a$ 的质心指向 $b$ 的质心的单位法向量；$\vec{J}$ 为施加在颗粒上的冲量。

为了计算 $a$、$b$ 两个颗粒碰撞后的线速度与角速度，假设颗粒摩擦遵循库仑定律，颗粒 $a$ 经过碰撞后停止滑移后，颗粒 $b$ 也停止滑移。

当颗粒间碰撞后仍在继续滑移，即

$$J_t > -\frac{2}{7}\frac{m_a m_b}{m_a + m_b}\left|G_{ct}^{(0)}\right| \tag{6-26}$$

碰撞后速度公式为

$$\vec{v}_a = \vec{v}_a^0 - (\vec{n} + f\vec{t})(\vec{n} \cdot \vec{G}^{(0)})(1+e)\frac{m_b}{m_a + m_b} \tag{6-27}$$

$$\vec{v}_b = \vec{v}_b^0 - (\vec{n} + f\vec{t})(\vec{n} \cdot \vec{G}^{(0)})(1+e)\frac{m_a}{m_a + m_b} \tag{6-28}$$

$$\vec{\omega}_a = \vec{\omega}_a^0 - \left(\frac{5}{2r_a}\right)(\vec{n} \times \vec{t})(\vec{n} \cdot \vec{G}^{(0)})(1+e)\frac{m_b}{m_a + m_b} \tag{6-29}$$

$$\vec{\omega}_b = \vec{\omega}_b^0 - \left(\frac{5}{2r_b}\right)(\vec{n} \times \vec{t})(\vec{n} \cdot \vec{G}^{(0)})(1+e)\frac{m_a}{m_a + m_b} \tag{6-30}$$

当颗粒间碰撞后停止滑移：

$$J_t = -\frac{2}{7}\frac{m_a m_b}{m_a + m_b}\left|G_{ct}^{(0)}\right| \tag{6-31}$$

碰撞后速度公式为

$$\vec{v}_a = \vec{v}_a^0 - \left\{\frac{2}{7}\left|G_{ct}^{(0)}\right|\vec{t} + (\vec{n} \cdot \vec{G}^{(0)})(1+e)\right\}\frac{m_b}{m_a + m_b} \tag{6-32}$$

$$\vec{v}_b = \vec{v}_b^0 - \left\{\frac{2}{7}\left|G_{ct}^{(0)}\right|\vec{t} + (\vec{n} \cdot \vec{G}^{(0)})(1+e)\right\}\frac{m_a}{m_a + m_b} \tag{6-33}$$

$$\vec{\omega}_a = \vec{\omega}_a^0 - \left(\frac{5}{7r_a}\right)(\vec{n} \times \vec{t})\left|G_{ct}^{(0)}\right|\frac{m_b}{m_a + m_b} \tag{6-34}$$

$$\vec{\omega}_b = \vec{\omega}_b^0 - \left(\frac{5}{7r_b}\right)(\vec{n} \times \vec{t})\left|G_{ct}^{(0)}\right|\frac{m_a}{m_a + m_b} \tag{6-35}$$

$$\vec{G}_{ct} = \vec{G} - (\vec{G} \cdot \vec{n})\vec{n} + r_a\vec{\omega}_a \times \vec{n} + r_b\vec{\omega}_b \times \vec{n} \tag{6-36}$$

式中，$\vec{G}^{(0)}$ 为颗粒 $a$ 相对于颗粒 $b$ 碰撞前的相对速度；$\vec{G}$ 为颗粒 $a$、$b$ 碰撞后的相对速度；$f$ 为摩擦系数；$\vec{t}$ 为颗粒相对速度的切向单位向量；$G_{ct}^{(0)}$ 为颗粒碰撞前相对速度的切向分量；$e$ 为颗粒间的恢复系数。

### 2. 气固两相耦合数值算法

图 6-3 给出了 CFD-DEM 耦合计算过程的示意图。从图中可以看出，在采用 CFD-DEM 耦合方法对气固两相运动的求解过程中，鉴于对气相和固相的跟踪分别在计算网格和颗粒尺度层面上进行，故需要对两相的运动依次进行求解后再进行动量和能量之间的耦合，从而完成单步耦合计算[21,22]。

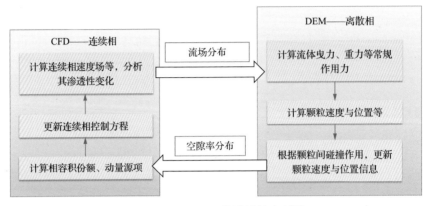

图 6-3　CFD-DEM 耦合计算宏观图

在耦合的过程中，根据颗粒所在的网格，得到流场对颗粒的作用力，同时针对每个计算网格，获得固相对当前网格的动量源相，通过 DEM 求解进行固相运动颗粒尺度的跟踪；与此同时，在得到固相对流场的动量源相后，通过 CFD 求解流场细节，从而完成 CFD 方法和 DEM 方法的耦合。在计算中常采用单个流场时间步内完成多个固相运动时间步的计算(保证多个固相运动时间步的时间总和等于流场运动时间步)，再进行两相运动的耦合。

### 6.2.5　掘进工作面全粒径粉尘分布可视化技术

以某煤矿一个典型综掘巷道 N1105 为例，建立了综掘巷物理模型，具体如图 6-4 所示。在巷道中，分别采用欧拉法和拉格朗日法研究了气流场和粉尘。假设粉尘是均匀的球形粉尘，在尘源处随机生成，粒径分布较宽。

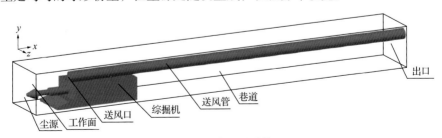

图 6-4　某煤矿巷道模型

在此基础上，建立了全粒径粉尘蒙特卡洛追踪模型，研发了巷/隧道粉尘时空分布专用计算软件，见图 6-5，实现了掘进工作面全粒径粉尘时空分布的可视化，如图 6-6 所示，用于精准追踪全粒径粉尘，为干式除尘系统布设和工况优化提供了理论基础。

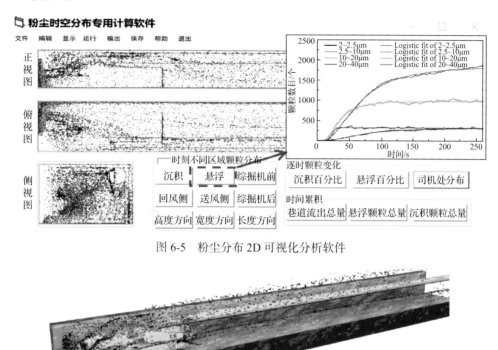

图 6-5　粉尘分布 2D 可视化分析软件

图 6-6　粉尘分布 3D 可视化展示

## 1. 粉尘的时空扩散规律

1）粉尘的时空分布可视化分析

在煤炭开采过程中，综掘工作面会不断产生粉尘，随着气流运动迅速在巷道内扩散，如图 6-7 所示。在扩散过程中出现了粉尘分离现象，如图 6-7(e)和(h)所示。细微粉尘（粒径<10μm）和较细粉尘（粒径 10~20μm）由于质量较小，易受风流影响，从粉尘主流中分离出来，悬浮在气流中，在综掘机上方区域扩散。由于机械化程度高，产尘量大，悬浮的细微粉尘增多，形成尘流或尘云。这些粉尘的扩散不仅发生在送风侧，还发生在回风侧，特别是细微粉尘。在向出口扩散的过程中，一些细微粉尘也会扩散至地面附近，因此细微粉尘的扩散能力强、分布范围大。

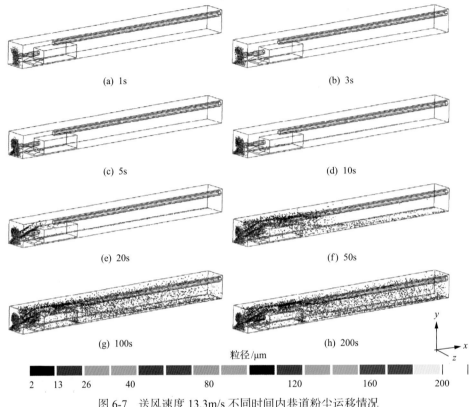

(a) 1s

(b) 3s

(c) 5s

(d) 10s

(e) 20s

(f) 50s

(g) 100s

(h) 200s

粒径/μm

2　13　26　40　80　120　160　200

图 6-7　送风速度 13.3m/s 不同时间内巷道粉尘运移情况

　　较粗粉尘(粒径 20~40μm)也可以随着气流悬浮,向后扩散,整体悬浮高度低于细微粉尘,如图 6-7(a)、(e)、(f)所示。由于较粗粉尘质量较大,不能在空气中停留较长时间,它们会在悬浮过程中逐渐沉降下来,一部分会落在综掘机的顶面,并在风流作用下继续向后滑移,最终由综掘机末端降落,形成尘幕,如图 6-7(a)、(g)、(h)所示。质量较大的粗粉尘(粒径>40μm)产生后主要沉降到地面,并随着气流流向回风侧。回风侧粗粉尘的浓度明显较高,如图 6-7(d)和(e)所示。

　　2)粉尘回流及漩涡现象

　　粉尘与气流的耦合运动过程中也存在回流现象,见图 6-8。送风管射流在综掘工作面和巷道周围壁面及综掘机的影响下,在工作面附近形成回流。产生的粉尘在风流的携带作用下流向回风侧,在流动过程中,从主流中分离出较细的粉尘(粒径<20μm),见图 6-8(a),其中一些较细粉尘迅速被卷入回流,见图 6-8(b),在工作面与综掘机之间形成较小范围的回流,另有一部分较细粉尘被卷吸气流携带至送风侧。在流向送风侧的过程中,部分较细粉尘(粒径 10~20μm)受送风管射流的影响大,随射流流向工作面并转向流至回风侧,在送风管与工作面之间形成较大范围的回流,见图 6-8(b)。

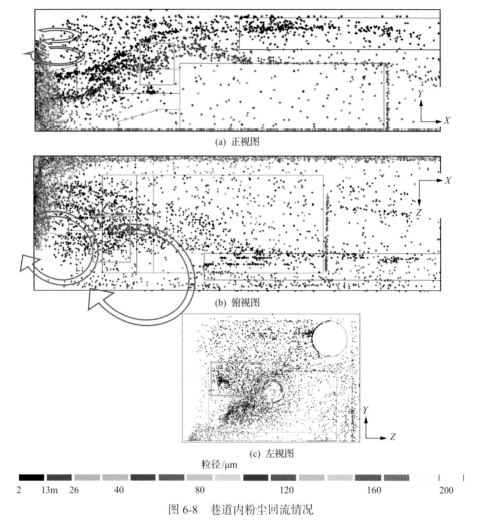

(a) 正视图

(b) 俯视图

(c) 左视图

粒径/μm

2　13m　26　　40　　　　80　　　　120　　　　160　　　　200

图 6-8　巷道内粉尘回流情况

　　由上述粉尘分流现象及其分析可知，较细粉尘尤其是细微粉尘，对流场的变化十分敏感。为了高效控尘，控制好流场至关重要。送风管的位置、初始风速、通风方式、风幕和除尘装置都可以改变流场，进而影响除尘效率。可视化模拟与分析方法可有效弥补现场试验不便与周期长等缺点，为现场通风、优化控尘提供合理的方案。

　　3) 粉尘在空间内各方向上的分布

　　A　粉尘在空间内各方向的粒度分布

　　为了获得粉尘分布的细节信息以优化控尘方案，分析粉尘分散度在不同方向上的变化。以粉尘的数量浓度为基准，将指定区域中不同粒径范围的粉尘量与该区域总粉尘量进行比较。如图 6-9(a) 所示，宽度方向上，粗粉尘(粒径>40μm)和较粗粉尘(粒径 20～40μm)随送风流向回风侧并逐渐沉积,其分散度回风侧最高。回风侧细微粉尘($PM_{10}$)和较细粉尘($PM_{20}$)较少。在送风侧区域,粗粉尘几乎没有,而细微粉尘($PM_{10}$)和细粉尘($PM_{20}$)分散度较大,分布较多。细微粉尘($PM_{10}$)的分散度由左至右波动变化,在送风管附近约 3.3m 处达到峰值,这是由于这些粉尘碰到送风管时会在其表面积聚并沿管道向后移动。

　　如图 6-9(b)所示,从下到上,粗粉尘(粒径>40μm)多在底部堆积,细微粉尘和较细粉尘较少。在 0.75m 高度以上几乎没有粗粉尘,而细微粉尘主要悬浮在 0.75m 左右的高度以上,其分散度从 0.75m 位置开始主要随高度的增加而增加,在悬浮粉尘中占据主导地位。较细粉尘的分散度主要随高度的增加而减小。较粗粉尘(粒径 20～40μm)也有少量悬浮,主要悬浮在 2.0m 以下。由以上悬浮高度可知粉尘分层分布。为了有效地控制细尘和微尘,带除尘器的抽气管布置高度可相对较高。

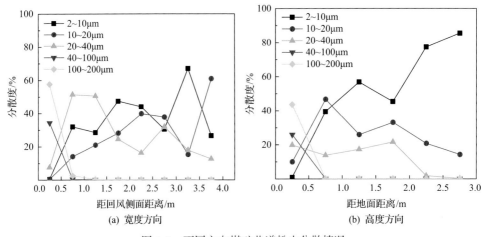

图 6-9　不同方向煤矿巷道粉尘分散情况

　　B　粉尘在空间内各典型区域的粒度分布

　　为了定量描述粉尘分布,将粉尘分为 12 组,即细粉尘(粒径 2.0～2.5μm 和 2.5～10μm),较细粉尘(粒径 10～20μm),较粗粉尘(粒径 20～40μm),粗粉尘(粒径 40～60μm、60～80μm 和 80～100μm)和更大粒径的粉尘(粒径 100～120μm、120～140μm、140～160μm、160～180μm 和 180～200μm),如图 6-10 所示。对于图 6-10(a)中的沉积粉尘,沉积粉尘主要研究沉积在巷道地面上的粉尘,在 100s 后,较细粉尘($PM_{10}$)会少量沉降并趋于恒定。细粉尘($PM_{10-20}$)的数量不断增加并趋于恒定值,较粗粉尘($PM_{20-40}$)的数量也遵循这一规律,其数量明显多于细粉尘。这说明在 30s 以内,沉积粉尘中几乎没有细、较细的粉尘,随着时间的推移,这些粉尘逐渐沉降。而粒径>40μm 的粉尘数量的变化则有所不同,开始时粉尘数量都急剧增加，然后在各自的定值附近波动。

根据粉尘量随时间变化的模拟结果分析得到细粉尘（$PM_{10-20}$）、较粗粉尘（$PM_{20-40}$）和粗粉尘（$PM_{40-60}$）的平滑拟合曲线。粉尘数量的拟合曲线都遵循如下逻辑函数：

$$y = A_2 + (A_1 - A_2) / \left[ 1 + (x / x_0)^p \right] \tag{6-37}$$

式中，$y$ 为纵坐标参数；$x$ 为横坐标参数；$A_1$、$A_2$、$x_0$、$p$ 分别为拟合函数的系数与指数参数。

悬浮粉尘的分布主要研究了 1.5m 以上的区域，如图 6-10(b) 所示。最初的 10s

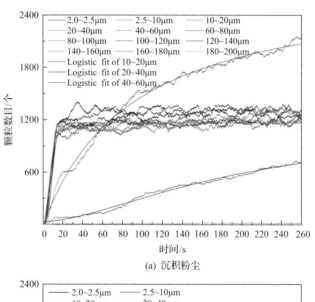

(a) 沉积粉尘

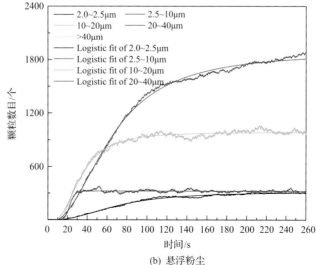

(b) 悬浮粉尘

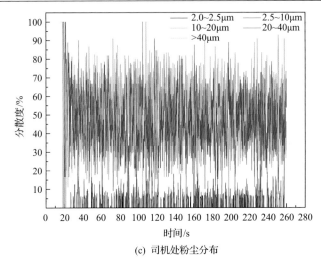

（c）司机处粉尘分布

图 6-10　送风速度 13.3m/s 时典型区域的粉尘粒度分布

内几乎没有悬浮粉尘，随后一些较小的粉尘（粒径＜40μm）开始在巷道上部区域扩散。$PM_{2.5}$ 数量先快速增长，然后缓慢地波动增长，最终趋于某个定值。$PM_{2.5-10}$、$PM_{10-20}$ 和 $PM_{20-40}$ 也呈类似规律变化。$PM_{10}$ 数量急剧增加，在悬浮粉尘中占很大比例；而细粉尘、较细粉尘和较粗粉尘的数量依次减少，即悬浮尘的比例随着粒径的减小而增大。在 200s 后，超过 60% 的悬浮粉尘粒径小于 10μm。$PM_{2.5}$ 和 $PM_{2.5-10}$ 的数量浓度均遵循上述 Logistic 函数，$PM_{10-20}$ 和 $PM_{20-40}$ 的数量浓度也遵循上述 Logistic 函数。该拟合函数可为预测井下粉尘分布，特别是可吸入颗粒物的时间累积提供理论依据。

综掘机的司机长期暴露在粉尘环境中。如图 6-10（c）所示，司机处在掘进初始时刻并无粉尘，当司机处出现粉尘时，这些粉尘主要是粒径相对较小的粉尘（粒径＜40μm），包括 $PM_{10}$、$PM_{10-20}$、$PM_{20-40}$，其中 $PM_{10-20}$ 的数量浓度相对较高，其次是 $PM_{20-40}$。尽管在所模拟时间内 $PM_{10}$ 所占比例较小，但对于长期在地下工作的矿工来说，$PM_{10}$ 的含量及其在体内的积累将对身体造成重大影响。为了减少粉尘暴露的危害，有必要进一步探索粉尘的运动特性、粉尘分布及其变化规律。

2. 速度对粉尘扩散的影响

1）粉尘分布情况

在其他参数不变的情况下，改变送风速度研究其对粉尘分布的影响，得到不同送风速度下巷道内粉尘的瞬态分布。

从图 6-11 可以看出，不同送风速度下粉尘分布不同，送风速度对粉尘扩散有直接影响。一方面，送风速度较低时，粉尘运移缓慢，粉尘在巷道内的平均停留时间随着送风速度的增大而减小。当初始送风速度为 20m/s 时，粉尘运移较快，在距离综掘工作面较远处粉尘相对较多。如图 6-11(c)所示，大量的粉尘几乎充满了整个巷道空间。另一方面，当送风速度为 20m/s 时，粉尘分离更为明显，更多的细尘从粉尘主流中分离出，分离出的粉尘粒径范围更宽，不仅有细微的、较细的粉尘，还有一些较粗的粉尘也被悬浮起来。而当送风速度为 10m/s 时可以从主流中分离出仅为细微粉尘和少量较细粉尘。

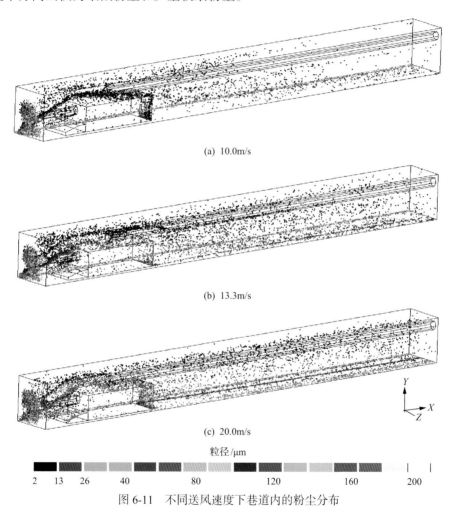

(a) 10.0m/s

(b) 13.3m/s

(c) 20.0m/s

粒径/μm

| 2 | 13 | 26 | 40 | 80 | 120 | 160 | 200 |

图 6-11　不同送风速度下巷道内的粉尘分布

如图 6-11(c)所示，粗粉尘与沉降粉尘明显分离，落在综掘机顶部表面后形成尘幕，堆积在综掘机后方的底部。粉尘分层明显，综掘机掘进后，当送风速度为 20m/s 时，细微粉尘主要悬浮在较细的粉尘之上，粗粉尘主要沉降在地面上。但当送风速度为 10m/s 时，只有较细粉尘可以在综掘机后悬浮，且粉尘量较少，分层分布不明显。以上分析表明，送风速度对粉尘分布影响显著，送风速度越高，从沉降粉尘中分离出的粉尘越多、越大，分层分布越明显；较细粉尘一般悬浮在较高的高度。因此，煤粉粒径也是影响煤粉运移和巷道粉尘分布的主要因素。

2)粉尘在各个方向上的分布情况

A 长度方向

由图 6-12 可见，不同粒径的粉尘沿长度方向的分布不同。粗粉尘(粒径 100～200μm)的分散度较高，主要是由于粗粉尘沿着巷道长度方向上逐渐沉积。在综掘工作面附近，粉尘浓度随粒径的减小而减小。送风速度对粉尘沿长度方向的分布有明显影响。当送风速度较大时，不同粒径粉尘的分散度在综掘机后围绕各自的定值波动。当送风速度较小时，$PM_{10}$ 的分散度在 25m 左右下降至 5%以下。这是由于悬浮的较细粉尘的分散度较小，在送风速度较小时，能够到达出口的较细粉尘相对较少。

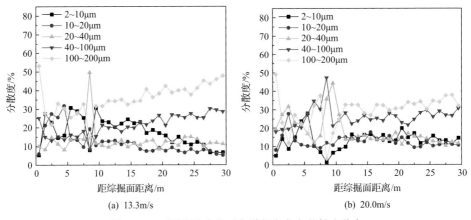

(a) 13.3m/s     (b) 20.0m/s

图 6-12 不同送风速度下巷道长度方向的粉尘分布

B 高度方向

如图 6-13 所示，送风速度的增加主要对粒径在 100μm 以下的粉尘影响大；而这部分粉尘正是巷道内威胁工人身体健康及机械设备精度的重要因素。粗粉尘($PM_{40-100}$)在较大的风速作用下也可以被悬浮起来，而在送风速度较小时，在距地面 0.5m 以上区域内，不存在 $PM_{40-100}$ 这类粗粉尘；同时，$PM_{20-40}$ 分散度在送风速度较大时增大。说明较大的送风速度可悬浮更多、更大的粉尘，从而一定程度上使得 $PM_{2-10}$ 分散度有所下降。另外，送风速度的增加也会使得粉尘的平均停留时间减少，导致巷道内粉尘总量减少。

3. 风幕对巷道内粉尘分布的影响

1)长度方向

基于上述物理模型，考虑在综掘机前端加装风幕装置，如图 6-14 所示，风幕速度分别为 5m/s、10m/s、15m/s、20m/s。

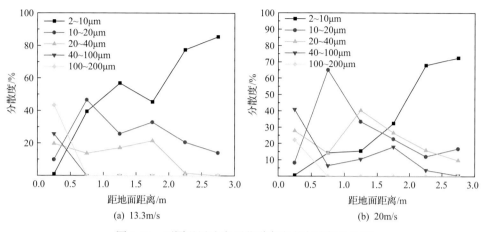

(a) 13.3m/s

(b) 20m/s

图 6-13　不同送风速度下巷道高度方向的粉尘分布

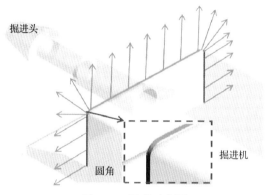

图 6-14　风幕示意图

如图 6-15 所示,当风幕速度从 5m/s 增加至 10m/s 时,距综掘面 4～10m $PM_{10-20}$ 分散度从 10%下降至 5%,并在距综掘面 12～17m 的区域分散度增加;同时,风幕装置前的 $PM_{2-10}$ 分散度从 10%下降至 5%,说明此时风幕覆盖能力增强,风幕前端区域内的 $PM_{2-10}$ 及 $PM_{10-20}$ 分散度均有下降。当风幕速度继续增加后,如图 6-15(d)所示,由于风幕装置卷吸能力的增加,底部风幕未覆盖区域风速增大,导致风幕装置附近区域内的 $PM_{10}$、$PM_{10-20}$ 和 $PM_{20-40}$ 分散度都大幅度升高,这说明风幕速度过大不利于小粒径粉尘的扩散。

此外,随着风幕速度的增加,$PM_{100-200}$ 这类大粒径粉尘的数量占比几乎没有变化,说明大粒径粉尘对风场的变化不敏感。当风幕速度从 5m/s 增加 10m/s,距综掘面 1.0～3.0m 区域内的 $PM_{20}$ 产生较为明显的下降,分散度从 70%降至 60%;当风幕速度继续增加至 15m/s 后,风幕抗扩散能力增强,$PM_{20-40}$ 等大粒径粉尘在巷道上部遇到阻力继续增大，其数量分散度将开始下降，导致巷道顶端 $PM_{20}$ 分散度将增加至 75%～80%。当风幕速度增加至 20m/s 后，风幕卷吸能力继续加强，将巷道底部的 $PM_{40\text{-}100}$ 卷吸进入巷道中上部区域内，导致其分散度升高。

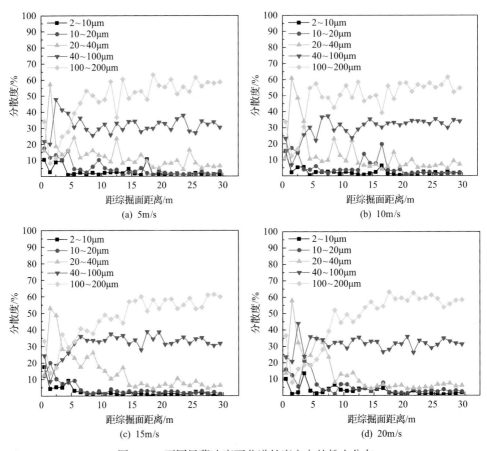

图 6-15　不同风幕速度下巷道长度方向的粉尘分布

2) 高度方向

如图 6-16 所示，风幕风速的增加对 $PM_{100\text{-}200}$ 这类大粒径粉尘影响不大。在距地面 1.5m 以上区域内不存在粒径大于 100μm 的粉尘，再次印证了大粒径粉尘对风场的变化不敏感。当风幕速度为 5m/s 时，在巷道顶部依然有粒径 40～100μm 的大粉尘，说明风幕对大粉尘的阻隔作用较小，当风幕速度增加至 10m/s 后，风幕对 $PM_{40\text{-}100}$ 的阻隔作用增加，$PM_{40\text{-}100}$ 分散度开始下降；当风幕速度增加至 20m/s 后，风幕的卷吸能力增加，$PM_{40\text{-}100}$ 分散度开始增加，粉尘在巷道顶部区间内分散较其他风幕速度条件下较为均匀。

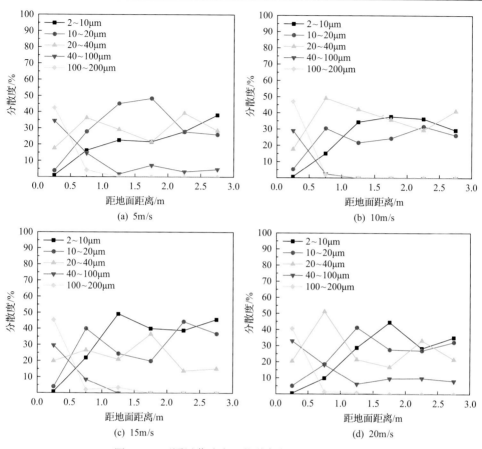

图 6-16　不同风幕速度下巷道高度方向的粉尘分布

当风幕速度从 5m/s 增加至 10m/s 时，距地面 1.0～3.0m 区域内的 $PM_{20}$ 发生较为明显的下降，分散度从 70%降至 60%；当风幕速度继续增加至 15m/s 后，风幕抗扩散能力增强，$PM_{20-40}$ 等大粒径粉尘在巷道上部遇到阻力继续增大，其数量分散度将开始下降，导致巷道顶端 $PM_{20}$ 分散度增加至 75%～80%。当风幕速度增加至 20m/s 后，风幕卷吸能力继续加强，将巷道底部的 $PM_{40-100}$ 卷吸进入巷道中上部区域内，导致其分散度升高。

3）宽度方向

如图 6-17 所示，直径大于 100μm 的粉尘全都集中在回风侧区域内，在宽度方向上的分布几乎不受风幕速度的影响；随着风幕速度的增加，$PM_{40-100}$ 在送风侧分散度先减小再增加，说明随着风幕速度的增加，巷道前端的气流湍流强度和风幕卷吸能力的增加，使得巷道内大粒径粉尘向巷道两侧运动能力增加，造成较大粒径粉尘（$PM_{40-100}$）在送风侧区域分散度升高。当风幕速度上升至 20m/s 时，回风

侧 $PM_{40-100}$ 分散度也开始升高。当风幕速度增加后，送风侧较粗粉尘($PM_{20-40}$)分散度从 70%降低至 50%。

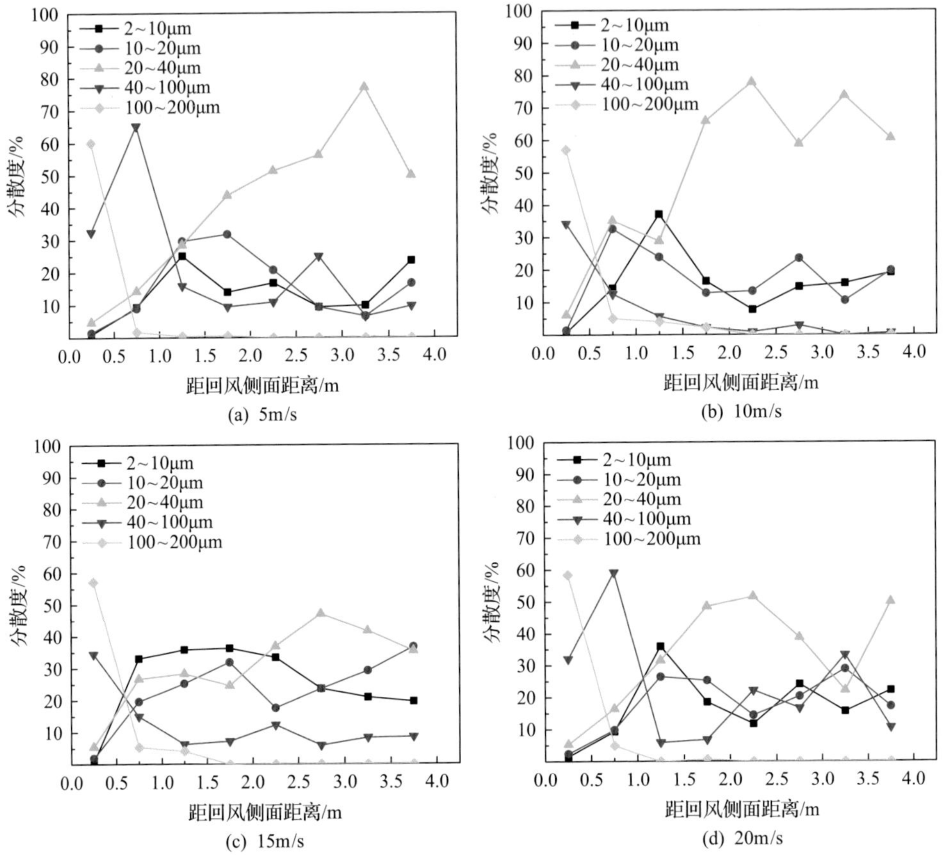


图 6-17　不同风幕速度下巷道宽度方向的粉尘分布

# 6.3　粉尘灾害防控技术

为了进一步改善井下作业环境，确保矿井生产安全和矿工职业健康，我国日益重视煤矿井下开采粉尘的防治工作，采用了一系列粉尘灾害防控措施，井下作业场所粉尘治理成效显著，下面对这些技术进行介绍。

## 6.3.1　粉尘灾害防控常用技术

巷道内的生产环境十分复杂：巷道内风流多变、粉尘浓度高、湿度大，空气 pH 一般维持在 7~9。为了降低粉尘浓度，煤矿井下都会采用控除尘措施，一般可归纳为煤层注水、通风排尘、喷雾除尘、泡沫除尘、除尘器除尘、个体呼吸防护等[6]。

1. 煤层注水

煤层注水是回采工作面最重要的防尘措施，可分为短孔注水和长孔注水，其示意图如图 6-18 所示，在回采前预先在煤层中打若干钻孔，通过钻孔注入压力水，使其渗入煤体内部，增加煤的水分和尘粒间的黏着力，并降低煤的强度和脆性，增加塑性，减少采煤时煤尘的生成量。具体来说，煤层注水的减尘作用主要有 3 个方面：①煤体裂隙中存在着原生煤尘，水进入后可将原生煤尘湿润并黏结，使其在破碎时失去飞扬能力，从而有效地消除这一尘源。②水进入煤体各级孔、裂隙，甚至 1μm 以下的孔隙中也充满了毛细作用渗入的水，使煤体均匀湿润。当煤体在开采过程中被破碎时，绝大多数破碎面均有水存在，从而抑制了煤尘的产生。③水进入煤体使其塑性增强，脆性减弱，改变了煤的物理力学性质，当煤体因开采而破碎时，脆性破坏变为塑性变形，减少了煤尘的产生量。为了减弱水的张力，很多煤矿在水中加入添加剂，其降尘效率较纯水可提高 20%～30%[23-25]。但煤层注水工程量较大，对于难注水煤层效果不佳。

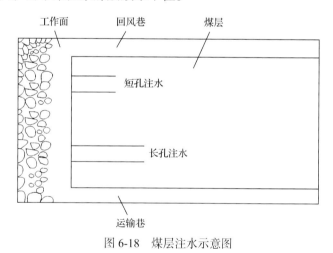

图 6-18　煤层注水示意图

2. 通风排尘

通风排尘是煤矿井下综合防尘措施中的一个重要方面。通风排尘是将风流压入煤矿井下采煤工作面、掘进巷道、进回风巷、胶运巷等场所，使产生的粉尘随风流运动，风流裹挟粉尘从产尘场所排出，从而达到降低产尘场所粉尘浓度的目的。决定通风除尘效果的主要因素是风速。此外，通风排尘能将工作面涌出的瓦斯稀释，防止瓦斯灾害的发生。然而通风排尘主要的不足为降尘力度弱，存在二次扬尘现象，且含尘气流向巷道后方流动时虽然能带走部分粉尘，但也会造成整条巷道的污染。

3. 喷雾除尘

喷雾除尘是目前煤炭生产过程中最常用的降尘方法，如图 6-19 所示，是将水在作业场所内雾化，利用水滴和粉尘之间的相互作用截留粉尘，即利用雾滴捕捉粉尘，从而达到降低粉尘浓度的目的。喷雾除尘的除尘效率主要与喷嘴的数量、形状、布置方式以及水的压力大小、理化性质等有关，可将空气中的粉尘含量减少 50%～60%。我国煤矿井下大规模采用喷雾除尘的方法，如采煤机内外喷雾、掘进机内外喷雾、回风巷捕尘水幕、进回风巷全断面喷雾、液压支架跟踪喷雾、皮带运输感应喷雾、转载点喷雾等。喷雾除尘技术比较成熟，已经由低压向高压发展，由直射雾化向多种雾化形式发展，喷雾介质从单一液相向气固两相发展。但是，在巷道内喷水雾增加了巷道内的空气湿度，喷水雾过多时还会恶化作业环境。

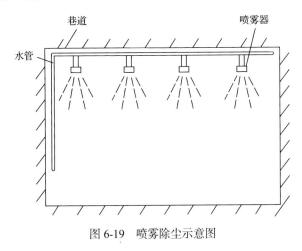

图 6-19　喷雾除尘示意图

4. 泡沫除尘

泡沫除尘系统示意图如图 6-20 所示，其原理是利用井下的除尘水管和压风管路，在水管中加入一定量添加剂后，通过专用的发泡装置，引入压风产生高倍数泡沫，并通过喷嘴喷洒至尘源，泡沫通过良好的覆盖、湿润和黏附等方式作用于粉尘，从根本上防止粉尘的扩散，有效降低空气中的粉尘浓度。泡沫除尘需要矿用泡沫抑尘设备和矿用泡沫抑尘专用液二者配合使用。影响起泡的因素不仅与起泡剂的物理化学性质有关，还与起泡的方法、系统的几何特征及起泡过程本身的动力特性有关，如液膜表面张力的大小、发泡气压的高低、风流速度、网格孔的大小及材质种类、喷射体雾粒大小及喷雾状态等。泡沫除尘与其他湿式抑尘相比，用水量可减少 30%～80%，抑尘效率比喷雾洒水高 3～5 倍。但是，泡沫除尘在使用过程中要不断添加泡沫抑尘专用液，持续性投入较大。此外，在大风量巷道中泡沫难以有效覆盖尘源，进而影响除尘效果。

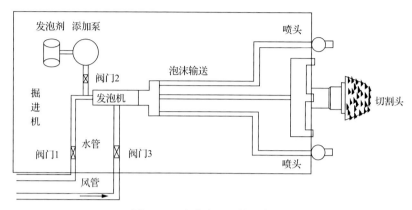

图 6-20 泡沫除尘系统示意图

5. 除尘器除尘

除尘器除尘是利用动力设备产生的负压，将巷道内带有粉尘的空气集中收集到除尘器内，然后将净化后的清洁空气排出，粉尘则留在除尘器中，主要分为湿式除尘器和干式过滤除尘器两大类[3]。湿式除尘器结构如图 6-21 所示，其除尘原理是使含尘气体与液体(一般为水)密切接触，利用水滴和粉尘颗粒的惯性碰撞、混合等作用捕集粉尘，并将粉尘留于固定容器内以达到水和粉尘分离的效果；干式过滤除尘器结构如图 6-22 所示，其除尘原理是利用滤料对粉尘的拦截实现过滤除尘，干式过滤除尘器具有无耗水、除尘效率高、性能稳定和安全可靠的优点，但其体积较大，难以在小断面巷道中使用。

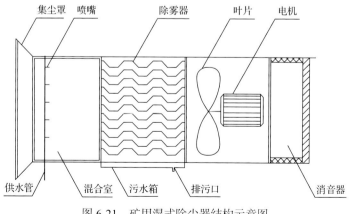

图 6-21 矿用湿式除尘器结构示意图

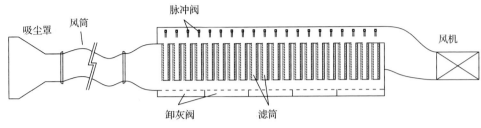

图 6-22　矿用干式过滤除尘器结构示意图

6. 个体呼吸防护

个体呼吸防护是指通过佩戴各种呼吸防护用品以减少人体吸入粉尘，是粉尘灾害防控的最后一道防线，个体呼吸防护用品主要有防尘面罩、防尘风罩、防尘帽、防尘呼吸器等，能够使佩戴者呼吸净化后的清洁空气而不影响正常工作。个体呼吸防护用品性能不仅与阻尘效率有关，还受密合程度、佩戴舒适性等的影响。

## 6.3.2　巷道干式过滤除尘技术

作者团队重点开展了煤矿巷道干式过滤除尘技术的相关研究，研发的矿用干式过滤除尘器能够有效降低掘进工作面粉尘浓度，下面重点介绍巷道干式过滤除尘技术。

20 世纪 70 年代，滤袋除尘器在德国和美国等煤矿巷道掘进中使用，90 年代中后期，随着脉冲喷吹袋式除尘器及其配套技术的引进，脉冲喷吹袋式除尘器在我国才得以重新发展[23,24,26,27]。之后我国通过引进、消化和创新，利用除尘器结构优化和预容尘技术，也成功研发了可用于大断面隧道施工的袋式除尘器，实现了高达 95% 的除尘效率，能在短时间内处理施工现场产尘，但是袋式除尘器体积较大，难以在巷道施工中应用。褶式滤筒除尘器具有有效过滤面积大、使用寿命长、过滤效率高、除尘器压差小、除尘器主箱体小等特点，已经在化工、食品、烟草、粮储、电力、钢铁、水泥等行业广泛应用。从滤料特性、除尘效率、过滤阻力、漏风率、清灰效果、除尘器尺寸方面考虑，滤筒除尘器综合性能都优于袋式除尘器[25,28-30]，但一直未见其在煤矿巷道中应用。

作者团队研发了矿用褶式滤筒除尘器，设计了干式除尘系统皮带机骑跨式和单轨吊吊挂式两种安装方式，并成功应用于煤矿井下掘进工作面，在不妨碍煤矿井下正常掘进的情况下有效治理了掘进工作面的粉尘污染问题[31-39]。

1. 干式过滤除尘理论

1) 滤料过滤机理

含尘气体进入干式过滤除尘器后，在布朗运动、惯性碰撞、拦截静电力、重力和热泳力等综合效应下，粉尘颗粒被捕集在滤料的外壁。在干式过滤除尘器运行初期，新的滤料外表面无粉尘沉积，运转数分钟后在滤料外壁形成很薄的尘膜被称为粉尘初层，在粉尘初层上再次堆积的粉尘称为二次粉尘层。滤料的过滤作用主要是依靠粉尘层进行的。因此含尘气体通过滤料时，气流中的粉尘颗粒被滤料分离出来有两个步骤：一是滤料本身对粉尘颗粒的捕集；二是粉尘层对粉尘颗粒的捕集，滤料过滤捕尘机理示意图如图 6-23 所示[40]。

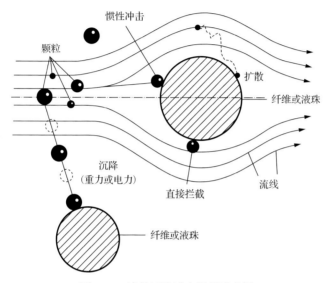

图 6-23　滤料过滤捕尘机理示意图

滤料对含尘气体中粉尘颗粒的捕集主要依靠扩散、惯性碰撞、直接拦截、筛分、静电吸引和重力沉降等效应。

(1)扩散效应。粉尘颗粒因不规则运动被滤料纤维或粉尘层所捕获的现象。

(2)惯性碰撞效应：开始时粉尘颗粒沿流线运动，遇到纤维时流线弯曲绕过纤维流动，但粉尘颗粒由于惯性作用而偏离流线，与纤维相撞而被捕集。

(3)直接拦截效应。当粉尘颗粒沿气流流线随风流直接向滤料纤维运动时，若气流流线与滤料纤维表面的距离小于粉尘颗粒半径时，粉尘颗粒将会与滤料纤维发生接触而被捕集。

(4)筛分效应。当粉尘颗粒的直径大于滤料间的空隙时，粉尘被滤料阻挡下来，称为筛分效应。

(5)静电吸引效应。粉尘颗粒和滤料纤维通常都带有电荷，但自然状态下这种带电量极少，此时的静电力可以忽略，如果人为使粉尘颗粒或滤料纤维带电以增强净化效果，静电力作用将非常显著，粉尘颗粒与滤料纤维因为电荷作用产生吸引而提高净化效率的现象称为静电吸引效应。

（6）重力沉降效应。粉尘颗粒因受重力作用脱离原始风流流动轨迹发生沉降的现象称为重力沉降效应。

扩散、惯性碰撞、直接拦截、筛分、静电吸引和重力沉降等效应的捕尘效率受多种因素的影响，如颗粒粒径、过滤速度、粉尘密度和纤维直径等。扩散和静电吸引对小颗粒的作用更强，惯性碰撞、直接拦截和筛分效应对大粒径颗粒的净化效率高；过滤风速越小，扩散、静电吸引和重力沉降效应的捕尘效率越高，惯性碰撞效应的捕尘效率越低；惯性碰撞和重力沉降效应的净化效率随着粉尘密度的减小而减小，而扩散和静电吸引效应的净化效率随着粉尘密度的减小而增加。

2）脉冲喷吹清灰

在干式过滤除尘器过滤过程中，不断有粉尘黏附在滤料表面且不掉落，为使黏附的粉尘脱落，需要进行清灰操作。过滤和清灰交替进行，才能实现除尘器的高效、低阻运行。脉冲喷吹清灰主要是利用高压气体在极短的时间内射入滤筒内部，同时诱导数倍于原始喷射气体的空气一起射入滤筒内部使得滤料产生膨胀、振动，滤筒外表面沉积粉尘受到反作用力而从滤料外壁掉落。在进行喷冲喷吹清灰时，主要是利用脉冲射流气体作用到滤料表面克服粉尘与滤料、粉尘与粉尘之间的黏附力，使粉尘脱离滤料表面进而发生沉降。值得注意的是，脉冲喷吹清灰需要充足的压缩空气，当气包内的压缩空气压力小于喷吹压力要求时清灰效果将大大降低。

## 2. 干式过滤除尘器设计

巷道施工空间相对狭小、环境恶劣，因此巷道用干式过滤除尘器与地面上常用除尘器有区别。为与巷道施工相匹配，需要对常规干式过滤除尘器做改进。完整的除尘系统包括除尘器、风机、吸尘罩和风筒四个部分，四部分设计相互匹配才能发挥系统最大效率。由于掘进工作面粉尘浓度大、安全防爆要求高，同时作业空间狭小、设备集中、工序繁杂，因此除尘系统参数的设计尤其重要。

除尘器作为除尘系统的主体，其参数设计直接关系整个系统的净化效率；抽出式风机是除尘系统的负压动力来源，风机选型的合理与否直接影响除尘系统的控风能力和经济性；吸尘罩是除尘系统的入口，其空间位置直接关系对作业面粉尘的实际抽吸情况；风筒主要用于连接吸尘罩和除尘器、除尘器和风机，其管路较长，需要合理布置以不干扰生产工序。巷道干式过滤除尘系统皮带机骑跨式安装总体设计思路如图 6-24 所示，巷道用干式过滤除尘器各部件设计原则如下。

1）除尘系统风量设计

目前，国内煤矿掘进工作面普遍采用压入式通风方式，干式过滤除尘系统要求将含尘气流吸入系统内部以达到净化的目的。因此，干式除尘系统的安装，需

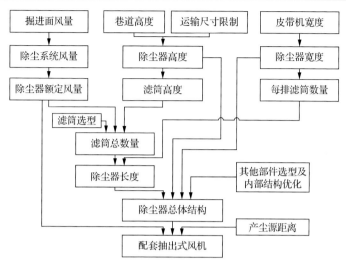

图 6-24　巷道干式过滤除尘系统皮带机骑跨式安装总体设计思路

要将掘进工作面的通风方式由压入式通风变为长压短抽式(前抽后压式)。对于除尘系统而言,在不考虑能耗的情况下,吸风量越大越有利于控制作业面的粉尘。根据矿井掘进面混合式通风原则,抽出式风筒的吸风口与工作面的距离应小于有效吸程,并且压入式风机的风量应大于抽出式风机的风量。因此,干式过滤除尘系统的设计,首先要考虑的是除尘系统的吸风量,吸风量要小于作业面的供风量。综合考虑,除尘系统抽风量可设计为作业面供风量的80%～90%。

2)除尘系统安装方式设计

根据掘进工作面各设备单元的空间位置、工序和移动方式,通常可选择干式过滤除尘系统皮带机支撑式和单轨吊吊挂式两种安装方式,从而避免对掘进工作面正常作业造成干扰。集气吸尘罩位置的布置以越接近产尘源越好,但考虑到掘进机摇臂活动范围,吸尘罩安装在掘进机摇臂后方的箱体上方为宜。由于除尘系统内部为负压,连接吸尘罩和除尘器的风筒需采用负压风筒,同时掘进机与皮带机之间的距离随着掘进进尺或后退随时发生变化,因此风筒应采用可伸缩式负压骨架风筒。

3)除尘器尺寸设计

以干式过滤除尘系统皮带机骑跨式安装为例,除尘器主体骑跨在皮带输送机上方的安装方式决定了除尘器宽度以皮带机宽度为准,也决定了除尘器高度必须小于巷道高度减去皮带机高度。同时,除尘器主体必须满足矿井运输尺寸限制。

除尘过滤元件以褶式滤筒占用空间最小,为矿用除尘器首选过滤元件。褶式滤筒的选型以单位空间实现最大过滤面积为准则,同时要控制滤筒数量以便于制作、安装与维修。按照中华人民共和国机械行业标准《滤筒式除尘器》(JB/T10341—2014)及相关设计规范，除尘器内过滤风速以 0.6～1.2m/min 为宜。因此，除尘系统设计净化风量决定了除尘器过滤面积，再根据已确定的除尘器高度和宽度以及已选定滤筒型号的单位面积，即可计算除尘器总长度。至此，除尘器主体尺寸已基本确定，再加上配套在箱体上的脉冲反吹清灰控制装置，并对局部结构优化以降低风流阻力，即完成了除尘器总体结构设计。

4) 风机选型

风机是除尘系统的动力，在除尘作业中不停运转且功率较大，因此能耗很高。合理地选择和使用风机，不仅关系到除尘作业的有效性，而且对除尘系统的主要技术经济指标具有直接影响。值得注意的是，过滤时粉尘在滤料上逐渐沉积，过滤阻力变大，在相同的风机功率条件下，除尘系统的工作风量必然降低。清灰过后，捕集在滤料上的粉尘落入灰斗中，过滤阻力瞬间下降。因此，风机功率的设计不仅需要考虑最大阻力时的风量需求，而且要考虑阻力的变化范围，以保证除尘系统有效除尘的同时风机运行能耗较小。

5) 滤料过滤材质

滤料的选择一般遵循：满足过滤精度需求；在特殊环境中，考虑影响滤料工作的主要因素，如高温、潮湿、易燃易爆粉尘等；使用寿命长。对于矿井而言，普遍要求安全防爆等级高、粉尘粒度范围广，因此必须采用阻燃且防静电材质，其过滤精度不小于 2μm，使用寿命至少 1 年为宜。针对具体掘进工作面环境，如同时采用喷雾除尘导致环境潮湿，需要采取特殊的滤料防水处理以防止粉尘糊住滤料；针对粉尘粒度分布极小的特点，需要对滤料覆膜处理以增加过滤精度。

6) 集气吸尘罩

集气吸尘罩的使用可以提高吸尘口抑制粉尘扩散的效果，增强除尘系统对产尘源的控制能力。选用吸尘罩时要防止吸尘罩周围的紊流。吸尘罩设计布置在掘进机上方，同时掘进断面一般采用矩形或半圆拱形，因此可初步设计吸尘罩为矩形，其高度与吸风筒直径相同，宽度为高度的 2～3 倍。

7) 脉冲阀

清灰是稳定除尘器压力损失的措施之一，其中脉冲反吹清灰工艺简单、效果好、安全可靠，在工业除尘器中应用最为广泛。喷吹压力一般为 0.4～0.5MPa，喷吹时间一般取经验值 0.10～0.25s。

8) 气包

脉冲喷吹能量主要由气包大小、气包压力和管路阻力决定，气包的大小设计基于喷吹时压缩空气的耗气量，一般为耗气量的 3 倍。

9) 卸灰装置

卸灰是除尘系统的最后一个环节，卸灰装置选择不当会使外界空气经卸灰口吸入，破坏除尘器内气流的运动，甚至造成回收粉尘的再次飞扬。各种卸灰装置各具优缺点，对于矿用除尘器来说，综合考虑选用原理简单、操作可靠、经济实用的抽屉式和插板式卸灰装置。

3. 干式过滤除尘器性能参数

干式过滤除尘器性能参数主要包括处理风量、除尘效率、排放浓度、压降(即运行阻力)、漏风率等，其检测方法如表 6-1 所示，若想对干式过滤除尘器进行更加全面的评价，除了上述几个指标外，还要包括干式过滤除尘器安装、操作、检修等的难易程度和运行所需费用等指标[40]。

表 6-1　除尘器技术性能和检测方法

| 序号 | 参数 | 检测方法 |
|---|---|---|
| 1 | 处理风量($m^3$/h) | 皮托管法、风速表法 |
| 2 | 漏风率(%) | 风量平衡法 |
| 3 | 压降(Pa) | 压差法 |
| 4 | 除尘效率(%) | 称重法、浓度法 |
| 5 | 排放浓度($mg/m^3$) | 在线检测法、称重法 |

1) 处理风量

处理风量是干式过滤除尘器在单位时间内所能处理的流量，一般用体积流量(单位为 $m^3$/min 或 $m^3$/h)表示。抽出式干式过滤除尘器的处理风量为其入口风量，压入式除尘器的处理风量则为其出口风量。但在实际运行过程中除尘器往往存在漏风现象，使得出口和入口风量不同，因此部分设计人员采用两者的平均值作为设计除尘器的处理风量。

2) 压降

除尘器运行阻力实质上是气流通过除尘器时所消耗的机械能，它与风机所耗功率成正比，运行阻力越大风机耗能越大，因此在取得相同效果时除尘器运行阻力越小越好。除尘器的运行阻力属于局部阻力，但除尘器具体结构参数相差较大，其局部阻力系数不易确定，一般采用压降表征除尘器运行能耗大小的技术指标，由于矿用除尘器进出口高度差很小，进出口风流的位压变化可忽略，常通过测定干式过滤除尘器入口和出口的全压差代表除尘器的运行阻力。如果除尘器进出口处测定截面的流速及其分布大致一致时，可用静压差代替总压差来求出压力损失。

3) 除尘效率

除尘效率是指在同一时间内被除尘器滤筒所捕集的粉尘量与进入除尘器的粉尘量之比。若干式过滤除尘器进口的气体流量为 $Q_{in}$、粉尘浓度为 $C_{in}$，除尘器出口的气体流量和粉尘浓度分别为 $Q_{out}$ 和 $C_{out}$，除尘器漏风率为 $\Omega$，则总除尘效率为

$$\eta = \left(1 - \frac{Q_{out}C_{out}}{Q_{in}C_{in}}\right) \times 100\% = \frac{C_{in} - C_{out}(1+\Omega)}{C_{in}} \times 100\% \qquad (6\text{-}38)$$

若除尘器本身的漏风率 $\Omega$ 为零，即 $Q_{in}=Q_{out}$，则式 (6-38) 可简化为

$$\eta = \left(1 - \frac{C_{out}}{C_{in}}\right) \times 100\% \qquad (6\text{-}39)$$

在实际测量过程中，同时测出除尘器入口前和出口后的粉尘浓度，再利用式 (6-39) 求解总除尘效率，即为浓度法。有时由于除尘器进口含尘浓度高或其他原因，可以在干式过滤除尘器前增设预除尘器。根据除尘效率的定义，两台除尘器串联时的总除尘效率为

$$\eta = \eta_1 + \eta_2(1-\eta_1) = 1 - (1-\eta_1)(1-\eta_2) \qquad (6\text{-}40)$$

式中，$\eta_1$ 为第一级除尘器的除尘效率；$\eta_2$ 为第二级除尘器的除尘效率。

4) 排放浓度

当干式过滤除尘器只有一个出口时，测量除尘器出口粉尘浓度即除尘器排放浓度。当干式过滤除尘器有多个出口时，排放浓度按下式计算：

$$C_{out} = \frac{\sum_{i=1}^{n}(C_i Q_i)}{\sum_{i=1}^{n} Q_i} \qquad (6\text{-}41)$$

式中，$C_i$ 为单个出口实测粉尘浓度，$mg/m^3$；$Q_i$ 为单个出口实测风量，$m^3/h$。

除尘效率是从干式过滤除尘器捕集粉尘的角度来评价其性能，在中华人民共和国国家标准《大气污染物综合排放标准》(GB16297—1996) 中指出，采用未被捕集的粉尘量(即 1h 排出的粉尘质量)来表示干式过滤除尘器的除尘效果。未被滤筒捕集的粉尘量占入口粉尘量的比例称为穿透率 $P_\eta$，其计算公式如下：

$$P_\eta = (1-\eta) \times 100\% \qquad (6\text{-}42)$$

由式 (6-42) 可知，除尘效率和穿透率是从不同的角度表征相同的问题，但对于

高效除尘器，采用穿透率表征更方便。

5)漏风率

漏风率是评价干式过滤除尘器严密性的一个指标，漏风率因风机抽风量的大小不同而有所变化，对于干式过滤除尘器，通常选定在实际运行工况下进行测试。

6)脉冲喷吹参数

脉冲喷吹三要素包括脉冲能量、喷吹周期及喷吹时间。在脉冲喷吹系统中脉冲阀直径、喷吹孔直径及数量、滤筒直径及长度已定的条件下，脉冲喷吹三要素是影响干式过滤除尘器清灰性能优劣的主要因素。

(1)脉冲能量是指完成清灰操作所需要的最小能量，脉冲能量与脉冲喷吹气量、脉冲喷吹压力有关，要使干式过滤除尘器的清灰达到理想效果，必须要满足最低脉冲能量的要求：当达不到要求时，如脉冲喷吹压力太低或脉冲喷吹气量太小，除尘器清灰效果将变差。因此，在脉冲喷吹压力一定时，存在一个最小的脉冲喷吹气量满足清灰要求；在脉冲喷吹气量一定的条件下，则存在一个最小的脉冲喷吹压力满足清灰要求。

(2)喷吹周期是干式过滤除尘器脉冲喷吹清灰的间隔时间。喷吹周期时间长短与喷吹所消耗的压缩空气量、滤袋寿命、易损件的消耗量有关。

(3)喷吹时间即脉冲宽度，是干式过滤除尘器脉冲喷吹的持续时间，表征从脉冲阀开启到喷吹结束所用时间。脉冲宽度大小对干式过滤除尘器清灰效果有一定的影响，清灰效果与瞬间喷射到滤筒内喷吹气量的多少和喷吹压力的大小有关。相同时间内喷吹气量越多产生的反吹风速和喷吹压力就越大，清灰效果就越好。

7)压缩空气耗量

干式过滤除尘器的压缩空气消耗量与气包压力、喷吹周期、脉冲宽度、脉冲阀结构等因素有关。脉冲阀型号确定时，脉冲阀每次脉冲喷吹的气量由清灰系统的结构参数决定，这些参数包括气包压力、喷吹管长度和管径、脉冲阀出口到喷吹管之间的弯头数量、脉冲宽度、喷吹管上喷嘴数量和喷嘴直径、所用滤筒尺寸、过滤风速、滤料种类、清灰方式(在线清灰和离线清灰)、粉尘特性(黏度和粒径大小等)、操作环境(温度和空气湿度等)、气包容量、气包补气流量和时间等。以上参数如果有一个发生变化，都会改变脉冲阀每次喷吹的气量。

4. 巷道干式过滤除尘系统现场应用

干式过滤除尘作为矿井除尘的实用新技术，能有效控制粉尘浓度，抑制尘肺病，避免煤尘爆炸，具有除尘高效、零耗水、低耗能等优点。同时，干式除尘装备安全、环保，耗材更换周期长，一次性投入，长期使用，应用前景十分广阔。截至 2021 年，干式过滤除尘器已在 150 余座煤矿累计 600 余个工作面应用，取得了显著的经济和社会效益。下面介绍葛泉煤矿 1292 掘进工作面干式过滤除尘系统的现场应用。

1) 矿井和掘进工作面概述

葛泉煤矿隶属冀中能源集团有限责任公司，位于邢台市十里亭镇，由葛泉井和东井两对子矿井组成。其中，东井位于下解村附近，井田走向长约 2200m，倾斜宽约 1900m，面积约 3.8km²。矿井沉积岩系地层分为掩盖层和基岩两大部分，掩盖层为第四系松散含水层，厚度为 50.10～221.01m，主要由黏土砂、砾石等组成，其顶部和底部各有一砾石层，中部为黏土和中粗细砂互层，基岩部分为石炭二叠系近海型海陆交替相煤系地层。井田共含煤 16 层，煤层总厚为 16.8m。7#、9#煤地质储量为 2885.4 万 t，工业储量为 1479.26 万 t，可采储量为 832.47 万 t，2007年建成投产，设计生产能力为 30 万 t。

葛泉煤矿粉尘危害严重，掘进面迎头粉尘浓度平均为 300～400mg/m³，严重时达 1000mg/m³ 以上。矿各级领导曾组织通风科、机掘队等大量人员进行过 7～8 次粉尘专项整治行动，先后使用了喷雾洒水、巷道水帘、湿式除尘风机、泡沫降尘等多种除尘工艺，并进行了一系列的除尘装备现场改装和探索，但一直未取得满意效果。粉尘浓度大的问题一直困扰着广大矿工。最终，葛泉煤矿采用作者团队研发的 KCG-200D 矿用干式过滤除尘装备，成功治理了掘进工作面粉尘问题，取得了满意成效。

KCG-200D 矿用干式过滤除尘装备应用于葛泉煤矿东井 1292 工作面运输巷掘进作业。1292 工作面位于东二运输上山右侧，东北至补 53 钻孔附近，工作面左侧为东一采区 11914 工作面采空区。1292 工作面走向为 523m，平均煤厚为 5.0m，煤层倾角为 18°～22°，设计可采储量为 27.9 万 t；设计掘进总工程量为 1255m，其中 1292 运输巷掘进工程量为 536m，巷道规格为 4.2m×2.6m（宽×中高），截面为矩形；采用 EBZ-100 型掘进机及 SGB630/40T 和 SDJ-150 可伸缩皮带沿巷道底板掘进，一次成巷；采用锚网、锚索梁联合支护；掘进面实际供风量为 180m³/min。葛泉煤矿东井 1292 掘进面运输巷与运料巷主要位置分布如图 6-25 所示。

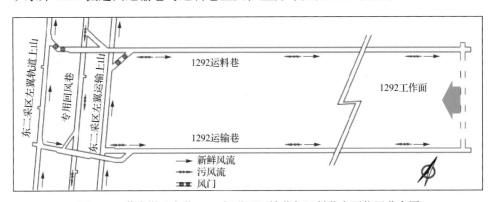

图 6-25　葛泉煤矿东井 1292 掘进面运输巷与运料巷主要位置分布图

2)矿用干式过滤除尘技术及装备

按照 6.3.2 节中"干式过滤除尘器设计"方法,首先根据掘进面实际风量 180m³/min,可设计净化风量 160m³/min 除尘系统。1292 运输巷掘进面断面高 2.6m,皮带输送机高度 0.5m,顶部锚杆凸出长度 0.4m,剩余除尘器可以用高度 1.7m;皮带输送机宽度 1.3m,可设计除尘器与其同宽度。同时,考虑到葛泉煤矿东井罐笼限制尺寸为 2.6m×1.3m×1.0m(略有富余),因此确定除尘器宽度为 1.3m,高度为 1.0m。

由于除尘器顶部需安装喷吹管和脉冲阀,底部需安装卸灰装置,剩余过滤空间高度为0.6~0.7m。在此高度条件下,$\Phi$145mm×$\Phi$80mm×660mm 标准规格滤筒褶数多,单位空间过滤面积大,应用普遍。单个滤筒过滤面积为 2.5m²。根据净化风量 160m³/min,可计算出所需过滤面积范围为 130~260m²,并进一步计算所需滤筒数量约 100 个。根据除尘器宽度限制和滤筒并排占用空间,设计 100 个滤筒分 5 列 20 排布置,因此除尘器主体长度确定为 3.6m。由于运输限制,除尘器需设计为分 2 体拆装式,各 1.8m 长。

根据 1292 掘进工作面各设备单元空间位置、工序和移动方式,除尘器及配套风机设计骑跨式安装在皮带输送机上方,并与皮带机机尾固定为一体,如图 6-26 所示,可实现除尘器和配套风机与机尾同步移动。考虑到掘进机摇臂活动范围,吸尘罩最近可安装在掘进机摇臂后方的箱体上方,此处最接近尘源且不影响生产。同时,考虑掘进机随掘进进尺周期性移动,吸尘罩与除尘器之间采用可伸缩式柔性骨架风筒连接,风筒通过单轨吊悬挂在锚杆上。

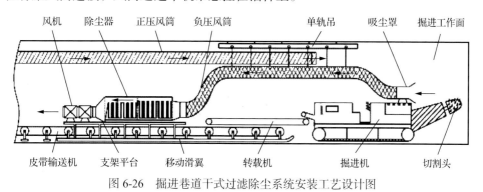

图 6-26　掘进巷道干式过滤除尘系统安装工艺设计图

除尘系统存在 5%的漏风率,要实现除尘系统净化风流 160m³/min,应选用功率为 2×7.5kW 的 FBCD No.5.0 矿用抽出式对旋轴流风机。设计用于葛泉煤矿 1292 掘进工作面的 KCG-200D 矿用干式过滤除尘器实物如图 6-27 所示,主要参数见表 6-2。KCG-200D 采用 2~10μm 高精度过滤材料、褶式滤筒结构、气控脉冲喷吹技术、组合式箱体结构,除尘效率高、技术实用、操作方便。

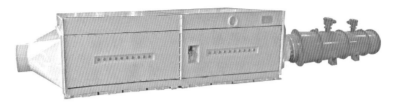

图 6-27　KCG-200D 矿用干式过滤除尘器外观图

**表 6-2　干式过滤除尘系统主要技术参数**

| 参数 | 净化风量 /(m³/min) | 运行阻力 /Pa | 过滤精度 /μm | 过滤面积 /m² | 滤筒尺寸 /(mm×mm×mm) | 全尘效率 /% | 呼尘效率 /% |
|---|---|---|---|---|---|---|---|
| 数值 | 160~200 | 200~1000 | 2~10 | 250 | $\Phi145×\Phi80×660$ | ≥99.9 | ≥99 |

| 参数 | 吸尘口尺寸 /(mm×mm) | 风筒直径 /mm | 气源压力 /MPa | 风机型号 | 主体外形尺寸 /(mm×mm×mm) | 总质量 /kg | 额定功率 /kW |
|---|---|---|---|---|---|---|---|
| 数值 | 400×1000 | 500 | 0.5~0.7 | FBCD No.5.0 | 3600×1300×1000 | 800 | 15 |

3) 现场应用

葛泉煤矿东井 1292 运输巷掘进面 KCG-200D 干式过滤除尘器及系统布置如图 6-28 所示。集气吸尘罩安装在摇臂后端的掘进机顶部，通过 $\Phi500mm$ 柔性骨架风筒连接除尘器过滤室，风筒通过单轨吊悬挂在巷道顶部的锚杆上；除尘器的净化室连接 FBCD No.5.0/2×7.5 抽出式对旋轴流风机；除尘器主箱体和风机通过支架平台骑跨在皮带输送机上方；掘进机牵引皮带输送机机尾时，带动整个除尘系统一起移动。

图 6-28　干式过滤除尘系统在葛泉煤矿 1292 掘进工作面布置示意图

干式过滤除尘系统安装前，掘进作业工序为：掘进机割煤→掘进机退后→延伸压入式风筒→打锚杆、支护→掘进机牵引皮带机尾→掘进机割煤。

干式过滤除尘系统安装后，掘进作业工序为：掘进机割煤→掘进机退后→延伸压入式风筒→打锚杆、支护→掘进机牵引皮带机尾(与干式过滤除尘系统)→续接单轨吊→掘进机割煤。

从干式过滤除尘系统安装前后工序的对比可以看出，干式过滤除尘系统的移动依附于原有工序，增加的工序仅为单轨吊的续接，通过现场多个生产班的跟踪考察，各设备均正常运转、配合协调。因此，可以认为干式过滤除尘系统操作方便、与生产工序配合良好。采用 CCF-7000 直读式粉尘仪对干式过滤除尘系统现场除尘效果进行测试，并对比除尘器关闭和开启条件下的粉尘浓度。设定粉尘仪单次测试时长为 5min，并按照工作场所空气中粉尘测定标准，测试时保持粉尘仪位于人体呼吸带高度 1.5m 位置。司机位置(距迎头 5m 处)粉尘浓度测试结果如表 6-3 所示，转载机位置(距迎头 10m 处)粉尘浓度测试结果如表 6-4 所示。

表 6-3 司机位置(距迎头 5m 处)粉尘浓度测试结果

| 测试日期 | | 2015-12-17 | | 2015-12-18 | | 2015-12-20 | | 2015-12-23 | | 总平均值 | |
| --- | --- | --- | --- | --- | --- | --- | --- | --- | --- | --- | --- |
| 除尘器状态 | | 关闭 | 开启 | 关闭 | 开启 | 关闭 | 开启 | 关闭 | 开启 | 关闭 | 开启 |
| 第 1 次测试/(mg/m³) | 全尘 | 244.33 | 9.46 | 239.47 | 8.03 | 222.57 | 11.37 | 317.84 | 8.64 | | |
| | 呼尘 | 147.03 | 5.59 | 141.52 | 7.14 | 106.08 | 7.9 | 177.09 | 4.94 | | |
| 第 2 次测试/(mg/m³) | 全尘 | 168.58 | 6.57 | 375.43 | 11.16 | 271.64 | 7.25 | 341.73 | 8.95 | | |
| | 呼尘 | 163.03 | 3.12 | 154.14 | 4.36 | 222.25 | 5.23 | 118.76 | 6.15 | | |
| 第 3 次测试/(mg/m³) | 全尘 | 1160.14 | 7.65 | — | — | 353.62 | 6.68 | 318.59 | 12.37 | | |
| | 呼尘 | 278.37 | 4.89 | — | — | 235.76 | 4.68 | 281.79 | 15.65 | | |
| 第 4 次测试/(mg/m³) | 全尘 | 260.00 | — | | | | | | | | |
| | 呼尘 | 96.48 | | | | | | | | | |
| 平均值/(mg/m³) | 全尘 | 458.26 | 7.89 | 307.45 | 9.6 | 282.61 | 8.43 | 326.05 | 9.99 | 343.59 | 8.98 |
| | 呼尘 | 171.23 | 4.53 | 147.83 | 5.75 | 188.03 | 5.94 | 192.55 | 8.91 | 174.91 | 6.28 |
| 除尘效率/% | 全尘 | 98.28 | | 96.88 | | 97.02 | | 96.94 | | 97.28 | |
| | 呼尘 | 97.35 | | 96.11 | | 96.84 | | 95.37 | | 96.42 | |

表 6-4 转载机位置(距迎头 10m 处)粉尘浓度测试结果

| 测试日期 | | 2015-12-17 | | 2015-12-18 | | 2015-12-20 | | 2015-12-23 | | 总平均值 | |
| --- | --- | --- | --- | --- | --- | --- | --- | --- | --- | --- | --- |
| 除尘器状态 | | 关闭 | 开启 | 关闭 | 开启 | 关闭 | 开启 | 关闭 | 开启 | 关闭 | 开启 |
| 第 1 次测试/(mg/m³) | 全尘 | 108.56 | 2.33 | 117.43 | 3.05 | 119.33 | 3.03 | 84.26 | 5.81 | | |
| | 呼尘 | 57.23 | 1.39 | 59.4 | 1.41 | 68.74 | 1.87 | 41.77 | 4.73 | | |
| 第 2 次测试/(mg/m³) | 全尘 | 94.86 | 3.94 | 92.66 | 3.2 | 87.85 | 4.87 | 129.27 | 6.97 | | |
| | 呼尘 | 53.04 | 1.89 | 64.56 | 1.9 | 46.27 | 2.37 | 71.26 | 3.53 | | |
| 第 3 次测试/(mg/m³) | 全尘 | — | — | — | — | 417.67 | 3.22 | 94.65 | 4.28 | | |
| | 呼尘 | — | — | — | — | 230.21 | 1.81 | 67.02 | 4.18 | | |
| 第 4 次测试/(mg/m³) | 全尘 | | | | | 93.26 | | | | | |
| | 呼尘 | | | | | 50.12 | | | | | |
| 平均值/(mg/m³) | 全尘 | 101.71 | 3.14 | 105.05 | 3.13 | 179.53 | 3.71 | 102.73 | 5.69 | 122.26 | 3.92 |
| | 呼尘 | 55.14 | 1.64 | 61.98 | 1.66 | 98.84 | 2.02 | 60.02 | 4.15 | 69.00 | 2.37 |
| 除尘效率/% | 全尘 | 96.92 | | 97.03 | | 97.94 | | 94.46 | | 96.59 | |
| | 呼尘 | 97.03 | | 97.33 | | 97.96 | | 93.09 | | 96.35 | |

图6-29为启动干式过滤除尘系统前后掘进机司机位置和转载机位置粉尘浓度的对比。现场粉尘浓度测试结果表明，在未使用干式除尘前，掘进机司机位置全尘浓度最高达 1160.14mg/m³，平均为 343.59mg/m³，呼尘浓度最高达281.79mg/m³，平均为 174.91mg/m³。使用干式过滤除尘装备后，掘进机司机位置平均全尘浓度降至 8.98mg/m³，呼尘浓度降至 6.28mg/m³，平均除尘效率分别为 97.28%和 96.42%。

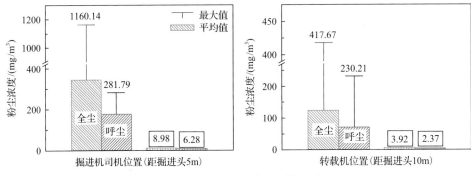

图6-29　现场粉尘浓度测试结果对比

转载机位置平均全尘和呼尘浓度则由 122.26mg/m³、69.00mg/m³ 分别降低至3.92mg/m³、2.37mg/m³，平均除尘效率分别为 96.59%和 96.35%。距掘进头 30m处，粉尘浓度为 0.48mg/m³，视线良好，无粉尘感；除尘系统出风口粉尘浓度为0～0.01mg/m³，实现了粉尘浓度近零排放。矿工一致认为，掘进面后巷无粉尘。应用现场如图6-30所示。

(a) 干式过滤除尘系统布置　　(b) 距掘进头30m视线清晰

图6-30　干式过滤除尘系统在掘进工作面应用现场

## 参 考 文 献

[1] 袁亮. 煤矿粉尘防控与职业安全健康科学构想[J]. 煤炭学报, 2020, 45(1): 1-7.

[2] 顾大钊, 李全生. 基于井下生态保护的煤矿职业健康防护理论与技术体系[J]. 煤炭学报, 2021, 46(3): 950-958.

[3] 周福宝, 李建龙, 李世航, 等. 综掘工作面干式过滤除尘技术实验研究及实践[J]. 煤炭学报, 2017, 42(3): 26-29.

[4] 程卫民, 周刚, 陈连军, 等. 我国煤矿粉尘防治理论与技术 20 年研究进展及展望[J]. 煤炭科学技术, 2020, 48(2): 1-20.

[5] 李德文, 隋金君, 刘国庆, 等. 中国煤矿粉尘危害防治技术现状及发展方向[J]. 矿业安全与环保, 2019, 46(6): 1-13.

[6] 王德明. 矿井通风与安全[M]. 徐州: 中国矿业大学出版社, 2012.

[7] 田伟宁, 张世悦, 贾宝山, 等. 煤矿粉尘防治技术的研究及应用[J]. 现代矿业, 2020, 36(4): 175-178.

[8] 郭烈锦. 两相与多相流动力学[M]. 西安: 西安交通大学出版社, 2002.

[9] 袁竹林, 朱立平, 耿凡, 等. 气固两相流动与数值模拟[M]. 南京: 东南大学出版社, 2012.

[10] 陶文铨. 数值传热学[M]. 西安: 西安交通大学出版社, 2001.

[11] 耿凡, 周福宝, 罗刚. 煤矿综掘工作面粉尘防治研究现状及方法进展[J]. 矿业安全与环保, 2014, 41(5): 85-89.

[12] 罗坤. 气固两相自由剪切流动的直接数值模拟和实验研究[D]. 杭州: 浙江大学, 2005.

[13] 赵海波. 颗粒群平衡模拟的随机模型与燃煤可吸入颗粒物高效脱除的研究[D]. 武汉: 华中科技大学, 2007.

[14] 李静海, 欧阳洁, 高士秋, 等. 颗粒流体复杂系统的多尺度模拟[M]. 北京: 科学出版社, 2005.

[15] Geng F, Gui C G, Teng H X, et al. Dispersion characteristics of dust pollutant in a typical coal roadway under an auxiliary ventilation system[J]. Journal of Cleaner Production, 2020, 275: 12289.

[16] Geng F, Luo G, Zhou F B, et al. Numerical investigation of dust dispersion in a coal roadway with hybrid ventilation system[J]. Powder Technology, 2017, 313: 260-271.

[17] Sun S S, Yuan Z L, Peng Z B, et al. Computational investigation of particle flow characteristics in pressurised dense phase pneumatic conveying systems[J]. Powder Technology, 2018, 29: 241-251.

[18] Peng Z B, Moghtaderi B, Doroodchi E. A simple model for predicting solid concentration distribution in binary-solid liquid fluidized beds[J]. AIChE Journal, 2017, 63(2): 469-484.

[19] Feng X Y, Geng F, Teng H X, et al. Field measurement and numerical simulation of dust migration in a high-rise building of the mine hoisting system[J]. Environmental Science and Pollution Research, 2022, 29: 38038-38053.

[20] 杨世亮. 流化床内稠密气固两相流动机理的 CFD-DEM 耦合研究[D]. 杭州: 浙江大学, 2014.

[21] Geng F, Gui C G, Tang J H, et al. Spatial and temporal distribution of dust pollutants from a fully mechanized mining face under the improved air-curtain system[J]. Powder Technology, 2022, 396: 467-476.

[22] Geng F, Gui C G, Wang Y C, et al. Dust distribution and control in a coal roadway driven by an air curtain system: a numerical study[J]. Process Safety and Environment Protection, 2019, 121: 32-42.

[23] 赵玉报, 陈寿根, 谭信荣. 长大隧道施工中干式除尘机理及应用[J]. 现代隧道技术, 2014, 51(3): 200-205.

[24] 赵德刚. 袋式洗滤除尘器在狭长隧道施工中的应用[J]. 铁道建筑技术, 2000(3): 43-45.

[25] 梅谦, 杨振坤, 杨国亮, 等. 滤筒除尘器将更新换代袋式除尘器[C]. 2010 中国环境科学学会学术年会论文集 (第四卷), 2010: 99-103.

[26] 张崇栋. 铁路隧道除尘技术及标准的研究与应用[J]. 现代隧道技术, 2016, 53(5): 1-5.

[27] 罗方武. 长大隧道施工中干式除尘机理及应用[J]. 冶金丛刊, 2018(1): 23-25.

[28] 李天明, 苏庆勇. 小型振动式滤筒除尘器结构设计[J]. 煤矿机械, 2008(9): 118-119.

[29] 巨敏, 陈海焱, 张明星, 等. 标准规格滤筒除尘器运行阻力及脉冲清灰实验研究[J]. 暖通空调, 2013(5): 123-127.

[30] 姜艳艳, 陈海焱. 滤筒除尘器在矿井除尘中的应用与研究[J]. 矿山机械, 2009, 37(6): 42-45.

[31] Xie B, Li S H, Jin H, et al. Analysis of the performance of a novel dust collector combining cyclone separator and cartridge filter[J]. Powder Technology, 2018, 339: 695-701.

[32] Li S H, Song S L, Wang F, et al. Effects of cleaning mode on the performances of pulse-jet cartridge filter under varying particle sizes[J]. Advanced Powder Technology, 2019, 30(9): 1835-1841.

[33] Li S H, Jin H, Hu S D, et al. Effect of novel built-in rotator on the performance of pleated cartridge filter[J]. Powder Technology, 2019, 356: 1001-1007.

[34] Li S H, Xie B, Hu S D, et al. Removal of dust produced in the roadway of coal mine using a mining dust filtration system[J]. Advanced Powder Technology, 2019, 30(5): 911-919.

[35] Li S H, Xin J, Xie B, et al. Experimental investigation of the optimization of nozzles under an injection pipe in a pulse-jet cartridge filter[J]. Powder Technology, 2019, 345: 363-369.

[36] Li S H, Zhou F B, Wang F, et al. Application and research of dry-type filtration dust collection technology in large tunnel construction[J]. Advanced Powder Technology, 2017, 28(12): 3213-3221.

[37] Hu S D, Li S H, Jin H, et al. Study of a new type slit injection pipe on pulse cleaning performance to the rectangular flat pleated filter[J]. Powder Technology, 2021, 394: 459-467.

[38] Li J L, Zhou F B, Li S H. Experimental study on the dust filtration performance with participation of water mist[J]. Process Safety and Environmental Protection, 2017, 109: 357-364.

[39] Li S H, Jin H, Hu S D, et al. Experimental investigation and field application of pulse-jet cartridge filter in TBM tunneling construction of Qingdao Metro Line 8 subsea tunnel[J]. Tunnelling and Underground Space Technology, 2021, 108: 103690.

[40] 张殿印, 王纯. 脉冲袋式除尘器手册[M]. 北京: 化学工业出版社, 2010.

# 第7章 矿井灾害多物理量监测与预测

## 7.1 多物理量监测概述

矿井瓦斯、火灾与粉尘灾害的及时监测是后期防控的必要保障。本章将介绍这三种灾害的主要监测手段及其进展。矿井瓦斯、火灾与粉尘灾害具有多场耦合的特征且这三种灾害之间存在着密切关联，常导致复合灾害的发生。例如，瓦斯涌出结合火灾会导致爆炸，粉尘的存在会使爆炸的危害程度加倍，因此需对多个物理量进行监测。典型的监测物理量包括温度、压力、气体种类和浓度、粉尘种类和浓度、地质条件等。矿井通常使用安全监测系统实现对相关多物理量的监测与灾害预测预警，如图7-1所示。

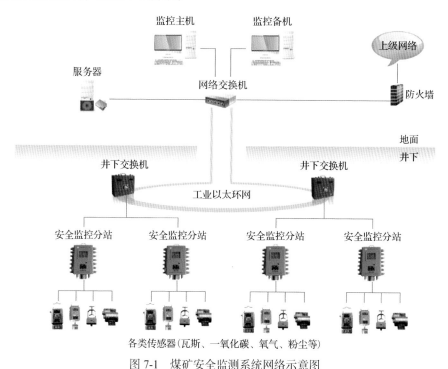

图 7-1 煤矿安全监测系统网络示意图

煤矿安全监测系统是主要用来监测甲烷浓度、一氧化碳浓度、二氧化碳浓度、氧气浓度、硫化氢浓度、矿尘浓度、风速、风压、湿度、温度、馈电状态、风门状态、风筒状态、局部通风机开停和主要风机开停等，并实现甲烷超限声光报警、断电和甲烷风电闭锁控制等功能的系统。

煤矿安全监测系统一般由传感器、执行机构、分站、电源箱(或电控箱)、主站(或传输接口)、主机(含显示器)、系统软件、服务器、打印机、大屏幕、UPS电源、远程终端、网络接口电缆和接线盒等组成。

(1)传感器。将被测物理量转换为电信号，并具有显示和声光报警功能(部分传感器无此功能)。

(2)执行机构。含声光报警及显示设备，将控制信号转换为被控物理量。

(3)分站。接收来自传感器的信号，并按预先约定的复用方式远距离传送给主站(或传输接口)，同时接收来自主站(或传输接口)多路复用信号。分站还具有线性校正、超限判别、逻辑运算等简单的数据处理能力，对传感器输入的信号和主站(或传输接口)传输来的信号进行处理，控制执行机构工作。

(4)电源箱。将交流电网电源转换为系统所需的本质安全型直流电源，并具有维持电网停电后正常供电不小于 2h 的蓄电池。

(5)传输接口。接收分站远距离发送的信号，并送至主机处理；接收主机信号，并送至相应分站；传输接口还具有控制分站的发送与接收、多路复用信号的调制与解调、系统自检等功能。

(6)主机。一般选用工控微型计算机或普通微型计算机、双机或多机备份。主机主要用来接收监测信号、校正、报警判别、数据统计、磁盘存储、显示、声光报警、人机对话、输出控制、控制打印输出和联网等。

煤炭安全监测系统是通过对多传感器数据进行融合，来实现数据分析和灾害预警的。多传感器数据融合中的"传感器"是一个更为广泛的定义，既可以是物理意义上的传感器，也可以是对物理传感器输出信号的某种处理方法或结果。多传感器融合通过模仿专家的综合信息处理能力，智能化处理来自多传感器或多源的信息和数据，从而获得更为准确可信的结论。单一传感器只能获得环境特征的部分信息并描述对象和环境特征的某个侧面，而融合多个传感器的信息可以在较短的时间内以较小的代价得到使用单个传感器所不可能得到的精确特征信息。

煤炭安全监测系统多传感器数据融合的主要过程如下[1]：

(1)信号的获取。由于煤矿井下环境极其复杂，被测对象大多为具有不同特征的非电量，如压力、温度、浓度和湿度等。因此，可根据具体情况采用不同的传感器将煤矿井下需要进行监测的各个对象转换成变化的电信号，然后经过模数(A/D)转换器将它们转换为能由微处理器处理的数字量。

(2)信号预处理。在信号获取过程中，一方面，由于环境等客观因素的影响，检测到的信号中常常混有噪声；另一方面，经过转换后的离散时间信号除含有原来的噪声外，又增加了 A/D 转换器的量化噪声，不可避免地存在一些干扰和噪声信号。因此，在对多传感器信号融合处理前，有必要对传感器输出信号进行预处理，以尽可能地去除噪声干扰，提高信号的信噪比。信号预处理方法主要有均值、滤波、消除趋势项、野点剔除等。

（3）特征提取。对来自传感器的原始信息进行特征提取，特征可以是被测对象的各种物理量。

（4）融合计算。数据融合计算方法较多，主要有数据相关技术、估计理论和识别技术等，如最常见的最小二乘法、Dempster-Shafer 证据推理、卡尔曼滤波、人工神经网络和贝叶斯方法等。煤矿井下环境监控系统中多传感器数据融合过程如图 7-2 所示。

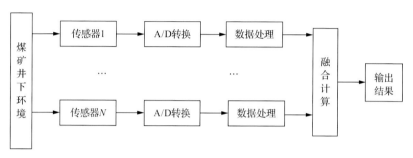

图 7-2　多传感器数据融合过程框图

# 7.2　矿井灾害多物理量监测方法

矿井通风、瓦斯、火灾与粉尘等监测主要依靠其相关多物理量的实时准确信息获取和融合分析获得。本节将逐一介绍以上各灾害的主要监测手段及其发展。

## 7.2.1　矿井通风监测

### 1. 矿井风速监测

矿井风速是矿井通风监测的重要参数之一，煤矿安全生产离不开煤矿巷道风速的精确测量。传统的机械式风速仪具有摩擦损耗大、寿命短的局限性，而超声波测风仪精度高、实时性强，进而引起了研究人员的广泛关注。随着科技的进步，超声波测风技术在航海航空、交通运输等领域得到了广泛应用，但在煤矿领域的应用基础仍然薄弱。当前煤矿风速监测一般采用皮托管差压式风速测量仪、机械式风速测量仪、超声波涡街式风速测量仪等几种常规矿用测量传感器。其中，皮托管差压式风速测量仪将一根端部带有小孔的金属细管作为导压管，正对流束方向测出流体的总压力；另在金属细管前面附近的主管道壁上再引出一根导压管，测得静压力；差压计与两导压管相连，测出的压力即动压力。根据伯努利定理，动压力与流速的平方成正比。因此，用皮托管差压式风速测量仪可测出流体的流速。皮托管差压式风速测量仪常用以测量管道和风洞中流体的速度，但当流体中含有少量颗粒时，有可能堵塞测量孔，所以它只适于测量无颗粒流体。机械式风速测量仪(三杯风速仪)利用机械部件旋转来传导风速的大小，并结合风向仪来确认风向，可靠性高、寿命长。超声波旋街式风速测量仪根据涡街发生体产生旋涡的原理测量风速，具有结构简单、无可动部件、输出信号为脉冲频率信号、测量精度高、性能稳定等特点，适应井下环境需求。由于科技的进步，现有风速测量技术的精度已经无法满足煤矿开采的安全要求，因此测风技术亟须改进与创新。基于此作者自主研发了矿用高精度超声波风速测定技术。

超声波测风方法主要包括时差法、频差法和相位差法等。时差法采用声学时差法流速仪测量流速，其原理是与流速方向成一定的夹角(通常 45°)安装一组两个流速传感器，两个流速传感器互相发射和接收超声波。频差法基于多普勒效应，利用多普勒频移信号求得物体的运动速度，该方法存在噪声、顺风、逆风情况下频率测量不准确的局限。相位差法通过测量顺逆传播时由时差引起的相位差计算速度，发送器沿垂直于管道的轴线发送一束声波，由于流体流动的作用，声波束向下游偏移一段距离，由于偏移距离与流速成正比的测量范围有限，该方法无法满足矿下实际测量的要求。综上，时差法计算简单、测量精度高、无须考虑环境温湿度因素，因此应用较为广泛。

综上所述，基于矿用超声波风速测量仪高精度的要求，对超声波测风方法进行比较后，作者最终选择时差法测定矿井风速[2]。时差法分为对射式和反射式两种。由于反射式方法测量过程中需要进行反射，会给实验结果引入较大误差，因此选用对射式方法。时差法风速测量仪探头设计方案如图 7-3 所示。信号控制系

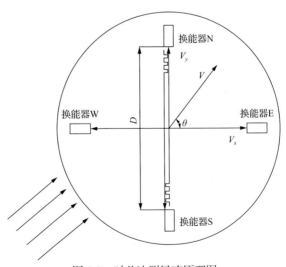

图 7-3　时差法测风速原理图

$D$ 为换能器间距；$\theta$ 为风向与东西方向夹角

统发出一次触发信号触发 $x$ 轴线上一对超声波探头中的一个(如顺风方向),使其发射频率为 $f$ 的超声波脉冲串,由该方向的另一超声波探头接收,接收超声波信号经放大器放大后,由接收机记录超声波传输时间,然后信号控制系统再发出一次触发信号,触发 $x$ 轴线上一对超声波探头中的另一个(逆风方向),而第一次作为发射源的超声波探头作为接收器,记录超声波传输时间;依据顺风、逆风情况下超声波传输的时间,计算出风的 $x$ 轴方向速率 $V_x$;同理,计算风的 $y$ 轴方向速率 $V_y$;按矢量合成法则,可计算得到风速的大小及方向;最后将计算结果传入显示器系统显示。

　　时差法测风速实验分为有风和无风两种工作情况。当系统工作在相对无风情况时,测得超声波发射与接收模块波形[3]。本设计中两个相对的超声波换能器距离为130mm,通过配套软件计量时间差,利用风速与时间的函数关系式,可以得到精确风速,进而实时显示出来。同理,当系统工作在有风情况时,可测得超声波发射与接收模块波形并通过配套软件计算得到精确风速[3]。通过计算,可以得到实时准确的风速情况。如图 7-4(a) 所示,无风情况下,实时风速为 0.75m/s,扰动误差为 ±0.5m/s。如图 7-4(b) 所示,在有风情况下,可以测得实时风速为 4m/s,扰动误差为 ±0.5m/s。

　　经过长时间检测,可以得到准确风速、风向的历史曲线,如图 7-5 和图 7-6 所示。

2. 矿井风压监测

　　矿井风压监测通常使用硅压力传感器,主要通过将敏感元件的形变量转换为电阻量、电容量、电感量、频率量、电荷量、光的强度、光的相位和光的波长等物理量实现压力测量。根据压力传感器的工作原理,硅压力传感器主要分为以下几类。

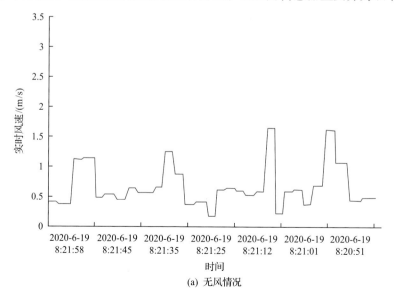

(a) 无风情况

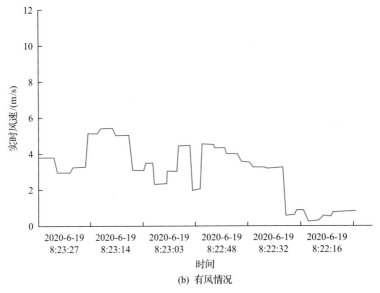

(b) 有风情况

图 7-4  实时风速显示

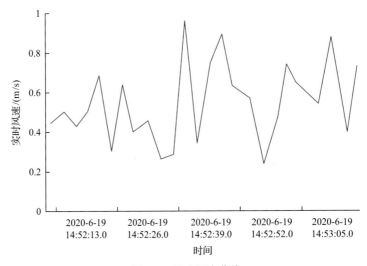

图 7-5  风速历史曲线

1) 应变式压力传感器

应变式压力传感器利用金属应变片的电阻值随应力大小而变化的原理进行工作，将金属应变片粘贴在受压膜片上感应压力的变化，通过测量应变片电阻值的变化得到被测量压力值。

应变式压力传感器的最大特点是成本低廉、结构简单。但是由于金属电阻值变化较小，其输出的电信号小、灵敏度低以及迟滞严重；同时，温度对应变片的

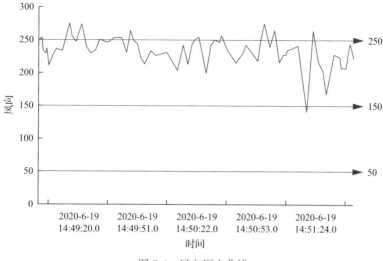

图 7-6 风向历史曲线

阻值影响较大,输出信号零点漂移明显;此外,应变片通常是通过粘胶贴附在弹性体上,粘胶的老化会对传感器的性能产生显著影响,特别是对于小的结构部件,粘贴工艺对于输出信号的影响很大。

2)硅压阻式压力传感器

硅压阻式压力传感器是基于压阻效应原理实现压力测量的,即当固体受到外力的作用时,其电阻率会发生明显变化。硅压阻式压力传感器的核心结构是硅基敏感元器件,通常是采用电化学、选择性掺杂、各向异性腐蚀等加工工艺制作而成的平面薄膜。早期的薄膜一般为金属薄膜,并在上面排布硅应变电阻条。后来金属薄膜被单晶硅材料替代,应变电阻条也变更为硅扩散电阻条。基于硅微纳加工技术,硅压阻式压力传感器的结构尺寸和成本均得到了降低。一般采用由 4 个压敏电阻组成的惠斯通电桥来测量电阻值变化,从而获得所测量的压力大小。硅压阻式压力传感器具有灵敏度高、精度高、体积小、温度系数小、低电压、低电流和安全防爆等优点,易于实现本质安全型防爆产品,适合矿用风压监测。

3)电容式压力传感器

电容式结构在微型传感器中具有广泛应用,但由于平行板电容值反比于极板间距,所以电容式压力传感器具有固有的非线性特性。电容式压力传感器具有较低的温度系数,使得此类传感器具有较好的温度漂移特性。另外,电容式压力传感器没有静态功耗,因此其在降低功耗方面具有一定的优势。除此之外,电容式压力传感器还具有响应快、灵敏度高、结构坚固以及过载保护功能等一系列优点,但是电容式压力传感器输出特性非线性,寄生电容大导致其测量精度不高。

4) 压电式压力传感器

压电式压力传感器基于压电材料的压电效应测量压力。当压电材料受外力作用而发生形变时，压电体两个端面出现正负极化的电荷，通过测量压电体产生的电荷量便可实现外部压力的测量。常用的压电材料主要包括压电晶体(石英、铌酸锂)、压电陶瓷(钛酸钡、锆钛酸铅)、压电半导体(氧化锌、硫化锌)、压电高分子材料(偏聚氟乙烯有机薄膜)与压电复合材料。压电式压力传感器的主要特点包括：结构简单；可测量压力范围宽，一般可以测量 100MPa 以下的压力；测量精度高；频率响应可高达 30kHz，常用于动态压力检测。但压电元器件存在电荷泄漏现象，使得其不适合测量静态压力或者缓慢变化的压力。

5) 谐振式压力传感器

基于微结构的谐振频率受外部压力而发生变化这一原理，谐振式压力传感器可测量外部压力，其核心部件为谐振器，在微机械加工中一般为悬臂梁、固支梁或薄膜。谐振器既可包含在机械力学系统中，又可独立于机械力学系统，其固有频率 $f_n$ 由系统刚度 $K$ 及质量 $m$ 共同决定。在外部激励下，系统刚度 $K$ 将发生改变，通过测量固有频率 $f_n$ 或者周期 $T$ 的变化情况便可得到外部的压力值。谐振式压力传感器仅取决于谐振器的固有频率，因此具有稳定性好、分辨率高、适于长距离传输和数据存储等优点。然而，从测量的角度看，谐振器必须具有很高的品质因数 $Q$，为了提高谐振器的 $Q$ 值，必须采用严格的加工工艺以减小谐振器的残余应力。因此，谐振式压力传感器制作工艺复杂、生产成本高、周期长，且需要具备高性能的信号处理电路。

6) 光纤式压力传感器

光学压力传感器对压力的测量建立在压力和光学信号之间的对应关系上，如光的强度、光的相位、光的波长等。光纤式压力传感器是光学压力传感器的主流研究方向之一，其工作原理为光纤内传播的光波相位在压力的作用下发生变化，通过干涉测量技术将相位变化转换为光强变化，从而检测出待测的压力值。光纤式压力传感器测量精度高、抗干扰能力强，采用频率输出，属于数字式传感器，省掉了 A/D 转换环节，具有广泛的应用前景。但光学压力传感器对光纤端面平整度要求较高，当光纤端面距离增加时，耦合效率将呈指数减小，因此动态范围较小，不适合压力变化较大的场合。

综合比较上述 6 种压力传感器的优缺点后，作者选择了硅压阻式压力传感器测量风压。针对矿用风压传感器因温度漂移导致的风压测量精度降低的问题，作者综合比较了径向基神经网络(radial basis function neural network，RBF)、粒子群优化的径向基神经网络(particle swarm optimization radial basis function neural network，PSORBF)、改进蝗虫算法优化的径向基神经网络(IGOA-RBF)等 5 种算法，得到了压力传感器满量程相对误差，发现 IGOA-RBF 相对误差最小，如图 7-7 所示[4]。经 IGOA-RBF 补偿后，压力传感器零点温度漂移系数降低了 94.9%，灵敏度漂移系数降低了 91.9%。IGOA-RBF 补偿后的风压相对误差较 RBF 补偿后的风压相对误差降低了 76.9%，能有效消除环境温度变化给风压传感器带来的误差，提高了测量精度。

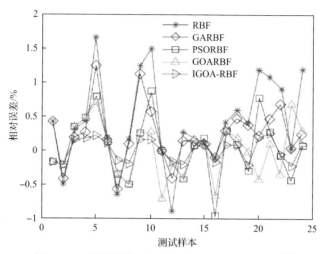

图 7-7　五种补偿模型得到的满量程相对误差比较[4]

GARBF: genetic algorithm optimization radial basis function neural network，遗传算法优化的径向基神经网络；

GOARBF: grasshopper algorithm optimization radial basis function neural network，蝗虫算法优化的径向基神经网络

### 3. 基于风压差精确监测的巷道风量测算

作者基于自主研发的高精度风压传感器，提出了一种巷道风量精准监测系统及方法，能够实现风量的实时精准监测，仅需测量一次初始参数即能持续监测，且在工况改变的情况下无须重新确定参数[5]。为了实现上述目标，采用的技术方案如下：构建了一种巷道风量精准监测系统，包括风量监测装置和监测管路。其中，风量监测装置包括壳体、差压传感器、运算分析模块、信号发射模块和显示屏。壳体固定在巷道侧壁上，差压传感器、运算分析模块和信号发射模块固定在壳体内，显示屏固定在壳体表面，壳体上设有检测管Ⅰ和检测管Ⅱ。检测管Ⅰ一端和检测管Ⅱ一端在壳体内分别与差压传感器的两个检测端连接，监测管路固定在巷道侧壁上且沿巷道走向水平设置。检测管Ⅰ另一端通过管路与监测管路一端连接，监测管路另一端装有粉尘过滤套Ⅰ，用于采集所处巷道断面Ⅰ的气压；检测管Ⅱ另一端装有粉尘过滤套Ⅱ，用于采集所处巷道断面Ⅱ的气压。差压传感器用于实时检测检测管Ⅰ和检测管Ⅱ之间的压差，运算分析模块通过伯努利巷道断面风流流动方程计算得出巷道断面的风量大小，并将计算得到的实时风量通过显

示屏显示，同时通过信号发射模块进行无线传送，如图 7-8 所示。

图 7-8　井巷风量直接测技术示意图

4. 矿井通风网络实时解算

矿井通风网络实时解算与矿井通风异常诊断、矿井通风系统智能调控密切相关。依据风量平衡定律、风压平衡定律、阻力定律，矿井通风网络实时解算以通风网络各分支的实时风阻、主要通风机特性和监测监控系统风速(风量)、压差、温度、湿度、大气压力等传感器实时数据为基础，建立方程组在线求解通风网络所有分支风向和风量数据[6]。矿井通风网络实时解算主要涉及非定常实时热湿通风网络解算模型、拓扑关系动态变换、通风参数传感器优化布置、阻力系数自适应调整、故障源诊断及阻变量反演、扰动识别等关键技术。在采用高精度风速、风压、湿度和温度等传感器对关键巷道通风参数实时监测的基础上，作者研究并实现了矿井通风网络拓扑关系自动维护、通风网络图自动绘制、通风网络实时解算、异常诊断等功能，系统界面如图 7-9 所示。

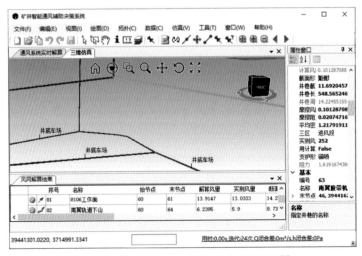

图 7-9　矿井通风网络三维实时解算系统[6]

#### 7.2.2　矿井瓦斯监测

瓦斯灾害监测物理量主要包括瓦斯和氧气浓度、煤层瓦斯含量、瓦斯压力、地压、温度、地质条件等。例如，瓦斯涌出的最显著特征是瓦斯浓度会突然大幅度升高，因此监测瓦斯浓度是判断瓦斯涌出的主要手段。本节主要介绍瓦斯浓度、煤层瓦斯压力、煤层瓦斯含量的监测手段。

1. 瓦斯浓度监测

瓦斯灾害是制约煤矿安全生产的主要灾害之一，因此瓦斯浓度的准确监测对有效预防预警瓦斯灾害意义重大。瓦斯浓度监测技术众多，目前主要有以下几种。

1）催化燃烧式

催化燃烧式瓦斯传感器由铂丝螺旋线圈骨架、催化剂与载体构成，如图 7-10 所示，铂丝螺旋线圈骨架被涂上有催化剂的载体小珠，包裹形成载体催化元件。铂丝螺旋线圈通以工作电流后将载体及催化剂加热到瓦斯氧化燃烧所需的温度，当瓦斯发生氧化反应放热使温度升高时，对温度敏感的铂丝电阻值会增大，由此可测出瓦斯浓度[7]。

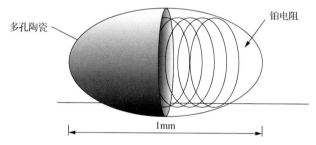

多孔陶瓷　　　　　　　　　　　　　　　铂电阻

1mm

图 7-10　催化燃烧式瓦斯传感器元件结构[7]

催化燃烧式瓦斯传感器的主要性能指标包括：灵敏度一般不应低于 $10mV/(1\% CH_4)$，输出特性在 $0\%\sim5\% CH_4$ 范围内一般呈线性，响应时间不超过 30s。催化燃烧式瓦斯传感器在煤矿中应用广泛，但也存在着诸多问题：该传感器输出的总趋势是在波动中逐渐下降，一般半个月需要人工标定一次；高浓度瓦斯冲击后导致其稳定性变差，误差增大；易发生积碳和中毒，导致性能衰退。

2）光干涉式

光干涉式瓦斯传感器利用光的干涉原理将瓦斯浓度变化转换为光干涉条纹位置的变化，通过测量位移量来确定瓦斯浓度值。光干涉式瓦斯传感器性能稳定、结果准确、维护成本低，但该方法无法与监控系统连接，因此只适用于人工监测瓦斯浓度。

3) 热导式

热导式瓦斯传感器是一种基于热传导原理的物理效应传感器。其核心元件是金属加热丝，通常采用钨、铂或镍-铁合金作为加热丝。补偿元件放在充满空气的密闭气室中作为补偿桥臂。测量元件气室与补偿气室中气体的热导率不同，稳定后测量元件与补偿元件的温度不同，两个桥臂的电阻也不同，电桥输出相应的信号。基于微机电系统(micro-electro-mechanical-system，MEMS)技术的热导型瓦斯传感器可以测量 0%～17%浓度范围的瓦斯，功耗约 27mW，灵敏度可达 20mV/1% $CH_4$。该传感器具有功耗低、灵敏度高、稳定性好、寿命高、抗污染等优点，有望用于瓦斯监测物联网中[8]。

4) 半导体式

某些金属氧化物(如氧化锌)或碳纳米管材料由于表面吸附瓦斯材料后本身电阻发生变化，且变化值与一定范围内浓度呈线性关系，因此可以用作瓦斯传感器材料。这类传感器又称为化学电阻式瓦斯传感器[9]。半导体式瓦斯传感器主要由电极及半导体气体敏感材料组成。半导体式瓦斯传感器制造简单、使用方便、成本低廉，缺点是稳定性差，对气体的分辨力弱。半导体式瓦斯传感器是一种很有发展前景的传感器。近年报道了一种基于锂掺杂的环糊精-碳纳米管的室温半导体式瓦斯传感器[10]。如图 7-11 所示，该瓦斯传感器由氧化铝陶瓷衬底、金电极和敏感材料构成。锂掺杂的环糊精-碳纳米管表面粗糙度很高，且三种成分混合非常均匀，有利于气体吸附和响应，从而提高响应值。

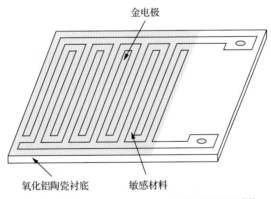

图 7-11　锂掺杂的多孔材料瓦斯传感器结构[10]

如图 7-12 所示，该瓦斯传感器在低浓度范围内对瓦斯响应的线性度较高，具有较高的精度；但浓度升高到 500ppm 后，其斜率降低，敏感材料对瓦斯响应趋向饱和。同时，该传感器显示出一定的抗灰尘能力，如图 7-13 所示，表明该瓦斯传感器具有较强的煤矿井下场景适应能力[10]。

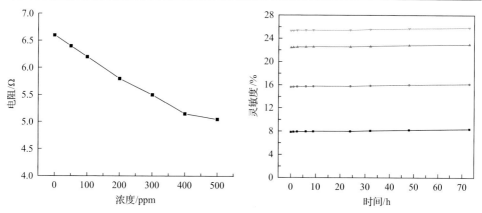

图 7-12　室温瓦斯传感器对瓦斯响应电阻值　图 7-13　室温瓦斯传感器在粉尘条件下连续测量

5) 激光式

自 20 世纪 80 年代起，英国、瑞典、日本等国开展了光纤瓦斯传感器的研究，目前光纤瓦斯传感器已在石油工业、城市煤气管道监测中得到应用。在近红外波段，瓦斯在 1650.96nm 和 1653.72nm 波长存在吸收峰[11]。光纤瓦斯传感器分为红外吸收式或激光式。激光式瓦斯传感器光源波长更单一、选择性更高、更具优势。根据比尔定律，强度为 $I_0(\lambda)$（$\lambda$ 为激光波长）的激光在穿过长为 $L$、瓦斯浓度为 $C$ 的气室后，将产生吸收损耗，其出射光强变为

$$I(\lambda) = I_0(\lambda) \exp(-\alpha(\lambda)CL) \tag{7-1}$$

式中，$I_0(\lambda)$ 为入射光强度，lux；$\alpha(\lambda)$ 为摩尔吸光系数，$m^2/mol$。

矿用激光/光纤瓦斯传感器组成如图 7-14 所示。激光分为信号光和参考光 2 路，经光电探测器转换为电压信号 $V_1$ 和 $V_2$。通过监测半导体激光器注入电流对激光输出波长进行扫描。信号光强度通过对比参考光强度进行归一化处理，消除系统性光谱背景干扰，通过分析直接吸收光谱数据完成瓦斯浓度测定。

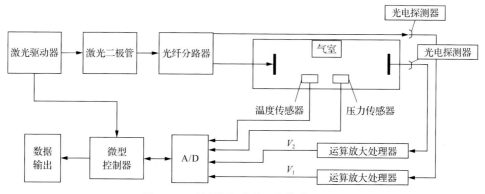

图 7-14　矿用激光/光纤瓦斯传感器组成

　　激光式瓦斯传感器具有以下优点：①线性误差小于 2% LEL；②重现性为 0.05% CH$_4$；③使用中不用校准，维护简单；④响应时间短；⑤不受压力、缺氧影响，灵敏度稳定；⑥稳定性好，使用寿命长；⑦危险场所不需要电器设备，安全性能好。矿井各种瓦斯传感器性能对比如表 7-1 所示，激光式瓦斯传感器各方面性能优异，是矿井瓦斯传感器未来的主要选择。

表 7-1　矿井各种瓦斯传感器性能对比[8]

| 原理 | 量程 | 精度 | 响应时间 | 校正周期 | 使用寿命 | 特点 | 用途 |
|---|---|---|---|---|---|---|---|
| 光干涉式 | 0%～10.00% CH$_4$ | $\delta\leqslant$0.10% CH$_4$（0%～1.00% CH$_4$）；$\delta\leqslant$0.20% CH$_4$（1.00%～4.00% CH$_4$）；$\delta\leqslant$0.30% CH$_4$（4.00%～7.00% CH$_4$）；$\delta\leqslant$0.35% CH$_4$（7.00%～10.00% CH$_4$） | ≤30s | ≤1 个月 | ≥3 年 | 安全可靠，操作简单，测量范围广，难以联网 | 人工检查，适宜在采掘工作面或回风巷道等地点固定使用 |
| 催化燃烧式 | 0%～4.00% CH$_4$ | $\delta\leqslant$0.10% CH$_4$（0%～1.00% CH$_4$）；$\delta\leqslant$真值的±10%（1.00%～3.00% CH$_4$）；$\delta\leqslant$0.30% CH$_4$（3.00%～4.00% CH$_4$） | ≤15s | ≤半个月 | ≤1 年 | 测量精确，响应速度快，结构坚固，易于维护，但易于中毒 | 安全监控系统，适宜在采掘工作面或回风巷道等地点固定监测低浓度瓦斯 |
| 热导式 | 4.00%～100.00% CH$_4$ | $\delta\leqslant$真值的±8%（4.00%～40.00% CH$_4$）；$\delta\leqslant$真值的±10%（40.00%～100.00% CH$_4$） | ≤20s | ≤1 个月 | ≤1 年 | 测量精确，响应速度快，结构坚固，零点漂移严重，不适宜测量低浓度瓦斯 | 安全监控系统，适宜在采掘工作面或回风巷道等地点固定监测高浓度瓦斯 |
| 红外吸收式 | 0%～5.00% CH$_4$ | $\delta\leqslant$±0.06%（0.00%～1.00% CH$_4$）；$\delta\leqslant$真值的±6%（1.00%～5.00% CH$_4$） | ≤25s | >6 个月 | >10 年 | 信噪比好，选择性高，精度高，长期稳定性好，寿命长 | 安全监控系统，适宜在采掘工作面或回风巷道等地点固定监测低浓度瓦斯 |
| 激光式 | 0%～100.00% CH$_4$ | $\delta\leqslant$±0.04%（0.00%～10.00% CH$_4$）；$\delta\leqslant$真值的±4%（10.00%～100.00% CH$_4$） | ≤25s | >6 个月 | >10 年 | 精度高，灵敏度高，寿命长，性能稳定，不受使用环境干扰 | 安全监控系统，适宜在采掘工作面或回风巷道等地点固定监测宽浓度范围瓦斯 |

2. 煤层瓦斯压力监测

测定煤层瓦斯压力的方法有直接法和间接法两种，其中直接法是向本煤层打钻或利用穿层钻孔由煤层顶（底）板钻孔直至煤层内（图 7-15），随后利用封孔装置封孔器或其他密封材料封孔后安装压力表直接读取压力示数。间接法是通过理论计算，利用瓦斯压力和有关参数之间的关系式来间接计算煤层瓦斯压力值。

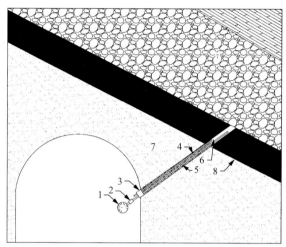

图 7-15　煤矿井下直接测定煤层瓦斯压力方法示意图[1]

1-压力表；2-阀门；3-堵头；4-注浆管；5-测压管；6-测压气室；7-岩层；8-煤层

直接法利用瓦斯气体压力表测量瓦斯压力的安装过程复杂，实际操作受钻孔密封质量影响大。间接法通过理论预测，准确度不高。此外，作者研究发现煤层瓦斯压力与煤纵波速度之间存在一定的关联，表明运用地震波技术测量煤层瓦斯压力有一定的可行性[12]。作者分别从游离态和吸附态瓦斯两方面研究了瓦斯对煤纵波速度的影响机制，并建立了含瓦斯煤纵波速度模型，定量揭示了煤纵波速度的变化规律，为地震波用于煤层瓦斯压力监测提供了一定的理论支持。

作者研究了游离气体对煤纵波速度的影响，并对比恒定位移与恒定围压边界条件下煤纵波速度随氦气压力的变化。从图 7-16 可以看出，恒定位移边界条件下的纵波速度基本不随氦气压力变化，而恒定围压边界条件下的纵波速度随氦气压力增大显著下降。根据以上实验结果，结合有效应力原理和费马原理，可以推断：游离气体主要通过气体压力改变煤体所受有效应力，使煤体节理、裂隙开度变化，进而改变弹性纵波的传播路径，最终影响煤纵波速度。

作者研究了吸附效应对煤纵波速度的影响，并对比恒定位移边界条件下煤纵波速度随氦气和甲烷压力的变化。从图 7-17 可以看出：随着甲烷压力的上升，煤样的纵波速度曲线呈明显的 Langmuir 吸附曲线特征，与相同条件下氦气实验结果相比存在显著差异。根据以上实验结果，结合静力学加载测试和 X 射线计算机断层（computed tomography，CT）扫描等其他测试手段，可以得出：吸附效应主要通过吸附膨胀改变煤节理和裂隙孔隙度，进而影响煤纵波速度。

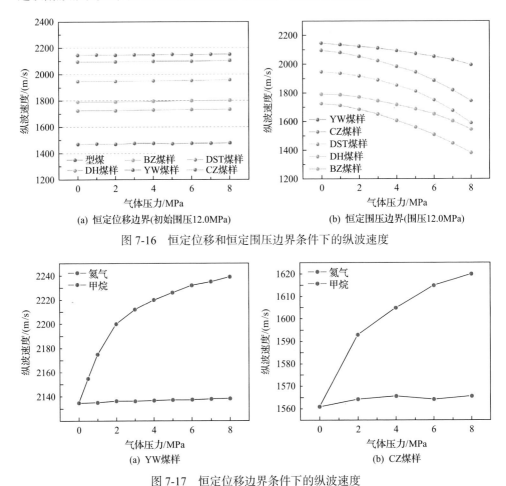

(a) 恒定位移边界(初始围压12.0MPa)　　　(b) 恒定围压边界(围压12.0MPa)

图 7-16　恒定位移和恒定围压边界条件下的纵波速度

(a) YW煤样　　　　　　　　(b) CZ煤样

图 7-17　恒定位移边界条件下的纵波速度

综合上述实验结论，可以得出瓦斯对煤纵波速度的影响机制：游离态和吸附态瓦斯均通过改变煤节理、裂隙孔隙度影响煤纵波速度。其中，游离态瓦斯通过影响有效应力改变煤孔隙度，而吸附态瓦斯通过吸附膨胀改变煤孔隙度。

3. 煤层瓦斯含量测定

精准测定煤矿井下煤层瓦斯含量是矿井实施瓦斯灾害治理的关键。现有的煤层瓦斯含量测定技术需要井下、地面分阶段测量，测量周期长；损失瓦斯量估算依靠半经验公式，误差大；同时，需要人工读取和记录井下瓦斯解吸数据，操作复杂，难以实时精确掌握煤层瓦斯含量的实际情况。作者研发了井下一站式瓦斯含量快速测定技术与装备，突破了自动化、高精度、快速测量煤层瓦斯含量的难题。该仪器满足国家标准《煤层瓦斯含量井下直接测定方法》(GB/T 23250—2009)，其原理是通过在井下破碎煤样、自动计量瓦斯解吸量、自动推算损失瓦斯量，实现全部流程在井下完成，从而达到快速测定煤层瓦斯含量的目的。煤样破碎系统以井下压风作为动力源，使用高速旋转刀片对煤样进行破碎，瓦斯解吸自动化计量系统利用微流量气体质量传感器，高频读取瓦斯解吸时的瞬时流量并转换为累计解吸量，流量精度为 0.1mL/min，可在井下即时生成测定报告，测定时间小于 2h。同时，建立了煤粒瓦斯分数阶反常扩散模型，能够更加准确地描述井下煤样瓦斯的解吸规律，基于该模型发展了瓦斯损失量的高精度反演推算方法，测定误差小于 10%。该方法的设备主体尺寸为 200mm×92mm×275mm，整体质量小于 10kg，具有便于井下携带和操作的优点，如图 7-18 所示。

图 7-18　CWH12 井下一站式瓦斯含量快速测定仪实物图

### 7.2.3　矿井火灾监测

矿井火灾主要为煤自燃灾害，煤自燃灾害感知的物理量包括环境温度、煤自燃指标气体浓度、氧气浓度、浮煤厚度和漏风强度等。例如，采空区煤自燃初期的显著特征是温度不断升高，一氧化碳浓度快速升高。本节主要介绍矿井煤自燃灾害监测技术及其发展趋势。

1. 煤自燃灾害感知方法

为实现矿井高效防灭火，探测探明矿井内的火区是重要的基础工作，现阶段用于煤炭自燃监测的技术手段主要分为气体探测法、测温法和物探法三类。

1) 气体探测法

气体探测法是利用煤自燃过程中产生的气体(指标气体)、人工源气体、天然放射性气体与煤介质温度之间存在的对应关系对其进行探测的一种方法。通过监测气体出现的位置和浓度变化趋势,对煤自燃高温点的位置和范围做近似的判定,并对自燃发展趋势进行分析。目前,用于探测井下煤自燃的气体探测方法主要有指标气体分析法、气体示踪法和测氡法。

A　指标气体分析法

指标气体分析法的本质是监测分析煤自燃氧化过程中产生的气体与空气的区别,选取与煤自燃氧化进程有良好对应关系的气体作为指标气体,一般将一氧化碳、乙烷、乙烯、乙炔等作为指标气体去判断煤的自燃程度。该方法的优点是对煤自燃的状态判断准确、适用性强、投入设备少、简单易行,但有时指标气体产生量较少,受风流影响大,难以推断高温区域和自燃发展速度等。常用设备包括色谱仪器、一氧化碳传感器、二氧化碳传感器、束管和抽气泵等,主要通过以下两种方式实现:

(1)人工采样检测法。通过人工将矿井下指标气体采集到地面监控室,通过气相色谱仪或多种气体传感器等分析仪器进行检测,给出气体的组分与浓度,以此判断有无自燃征兆。但是,由于取样地点往往危险性较大甚至有些地点人员无法进入,该方式实用性不强,并且工作量大、间隔时间长。

(2)束管监测法。从地面气体分析室铺设束缆取气管至井下需要观测的具体地点,利用负压泵将井下火区(密闭内、采空区等)气体抽到束管监测系统进行分析,判断煤自燃情况。

B　气体示踪法

利用基准示踪气体(如六氟化硫)的热稳定性和另一种指示示踪气体(如溴氯二氟甲烷)高温易热解的特性,结合漏风与煤自燃之间存在的因果关系,采用色谱分析方法对示踪气体经过探测地点前后的浓度变化进行综合分析,获得煤自燃区域的分布范围和自燃点温度。该方法原理简单,指标量相关性强,但是使用条件较为苛刻,不仅需结合风流分布才能定性判定出高温火源点的位置,而且对采样地点的布置要求较高。

C　测氡法

在地质条件相同的前提下,当煤层发生自燃时,其内部及周围岩层中富含的氡会大量解析,通过测氡仪器监测煤层中同位素氡的析出量变化,再经过计算分析,可以间接推断煤层温度变化,进而可以对煤层自然发火状况进行预报预警。目前,测氡法适用性强、应用广泛,通常能够测到 800~1200m 深度的火源,但氡的扩散系数及衰减常数等参数受地质条件(如地下水)影响很大,不易确定,因此需要结合其他方法联合使用。

2) 测温法

测温法是运用一些测温技术监测目标区域，利用监测到的数据去推断该区域煤的氧化自燃情况。该方法的原理是随着煤自然氧化进程的不断加剧，煤岩体的温度逐渐增高，二者对应关系关联密切，可以认为温度是煤岩体自然氧化反应最直接的体现，因此将温度作为最有效、最直接判断煤氧化自燃程度的指标。根据测得的某个范围煤层的温度场分布情况，就能推断出煤自燃的位置和煤自然氧化的程度。该方法的优点是，可以直观地了解煤层温度及其自然发火程度，对火灾预报有重要意义，但煤体传导散热速度很慢，在发现煤体暴露面处的温度异常时，内部火势已形成，且测温点代表区域有限。常见测温设备有测量导体、热敏材料、红外探测仪和红外热成像仪等。测温法主要有以下四种方式：

(1) 热电偶法。热电偶由两个不同材料的金属线组成，末端焊接在一起，通过测量被监测区域的环境温度获得被测点的温度。

(2) 热电阻法。根据金属导体的电阻值随温度的增加而增加这一特性，选用受热电阻发生变化的热敏材料，将监测电阻值作为信号输出，进而达到监测煤自燃温度的目的。

(3) 表面红外测温法。根据温度在绝对零度以上的物体都会向外发出热辐射的特征，通过红外探测器将高温煤体辐射的功率信号转换成电信号后，成像装置的输出信号就可以完全对应地模拟扫描煤体表面温度的空间分布，经电子系统处理，传至显示屏上，得到与煤体表面热分布相应的热像图，实现对煤体进行远距离热状态图像成像、测温与分析判断。

(4) 光纤测温。该方法利用光线在光纤中传输时光的振幅、相位、频率和偏振态等随光纤温度变化而变化的原理。根据反应光纤所在位置温度的变化情况，光纤测温可分为点式测温和分布测温两类。

3) 物探法

物探法利用物理学原理和相关仪器进行煤自燃高温火区探测，主要是区分其与周围煤岩间的多种物理性质(如密度、磁性、电性和弹性等)差异，确定其范围、埋深等地质信息。该方法的主要优点是可大面积探测火灾区域、监测范围较广，但受其他环境因素影响较大，精度较差。物探法常见的设备有遥感探测装置、磁性传感器高密度电阻率仪等，该方法主要通过以下三种方式实现：

(1) 遥感探测法。应用卫星遥感等方式对地面的红外遥感数据和图像进行捕捉，根据得到的地表温度分布、地表裂隙及热效应影响的综合因素，分析判断火区大致分布的探测方法。

(2) 磁探法。煤层的赋存在某些情况下会伴随有黄铁矿或菱铁矿，煤火的发生导致周围区域温度升高，受到高温作用后的铁质成分发生物理化学变化，进而产生一定的磁性，利用该磁性可推测是否存在煤自燃、高温的情况。

(3)电阻率法。根据煤在发生自燃后其结构状态和含水率会发生变化，而未发生自燃的煤层其电阻率基本保持不变，对比分析测试结果的电阻率的变化情况，从而得出煤火区域的位置。

2. 火灾多物理量监测趋势

未来，矿井火灾监测需攻克火灾多物理量感知技术，包括感知技术与装置及火灾危险区域监测点部署优化策略。现有矿山火灾监测传感器以有线供电、传输为主，其体积及功耗大，导致移动难、维护难、成本高，目前只能按照《煤矿安全规程》要求安装有限的传感器，无法实现对矿井火灾全方位感知监测。因此，须研发新型的微功耗传感与超低功耗无线通信的火灾监测传感装置，在降低传感及传输设备成本的基础上，保证稳定的供电能力[13]。为满足井下少人的要求，巷道巡检机器人已经应用于采煤工作面进、回风巷道，其上配置红外成像、多参数气体传感器等，可监测顶板煤层，从而加大了煤壁隐蔽自燃高温点的监测频率。同样，胶带运输机上可以配置轨道巡检机器人，作为 MEMS 无线温度传感器的补充，实现胶带运输机沿线的全面监测。此外，还应研究火灾危险区域监测点部署优化策略。

### 7.2.4　矿井粉尘监测

矿井粉尘监测一般包括粉尘质量浓度监测和粉尘成分监测。《煤矿安全规程》中规定的监测项目包括全尘浓度、呼吸性粉尘浓度、分散度以及粉尘中游离二氧化硅含量，并且对采样位置、采样频率、有效样品数等做了相关规定。

1. 矿井粉尘质量浓度监测

矿井粉尘质量浓度监测可以分为取样法和直读法。取样法为基于实验室的监测方法，而直读法则包括微量振荡天平法、光散射法、β 射线法和电荷感应法等，这些技术为粉尘浓度的实时在线监测提供了基础。下面对这些监测方法进行介绍。

1) 取样法

取样法又称滤膜称重法。滤膜采样后，经干燥处理并称重，再根据采样流量和采样时间计算得到粉尘质量浓度。基于滤膜采样和实验室天平称重的传统方法准确度较高，但也存在不足之处，如所需采样时间长、样品分析周期长和实验室分析操作烦琐等缺点，无法现场快速及时获取作业场所粉尘污染信息，导致矿工不能及时掌握污染情况并采取防护行动。虽然目前开发了实验室自动取样称重装置，用以提高取样的自动化程度，减少了人工操作，但仍难以克服测量称重实时性差等不足。

2) 微量振荡天平法

该方法是美国目前应用于煤矿个人呼吸性粉尘连续监测仪 PDM3600 系列产品的技术方法。该技术的原理是空心锥形振荡管和滤膜以固有频率振动，当空气通过滤膜从振荡管中流过，空气中的粉尘被收集在滤膜上，改变振荡系统的质量，从而使整个振荡系统的固有频率发生变化，由此获得粉尘质量并结合流量和采样时间计算呼吸性粉尘浓度。该方法的测量结果不受粉尘成分、粒径分布特征的影响，具有高精度、实时、准确的优点，但是测量高浓度粉尘时需要更换滤膜，导致无法长时效(如几天)连续在线监测高浓度粉尘。

3) 光散射法

该方法是以微粒的 Mie 散射理论为基础的方法，通过测量粉尘颗粒受光照射后所发出的散射光信号大小来测量粉尘的质量浓度。根据颗粒物性质预先标定参数后，可以现场直接显示粉尘质量浓度，具有实时性好、体积小、质量轻和操作简便等特点，是粉尘在线监测的理想方法之一。同时，在低浓度和小粒径的颗粒测量中，光散射法也可以同时给出粉尘的粒径分布特征。

4) β 射线法

该方法的原理为当穿透能力很强的 β 粒子穿过被收集的粉尘颗粒时，β 射线会被颗粒吸收，其强度与颗粒物单位面积上的介质质量(质量厚度)指数相关，通过测量粉尘颗粒沉降前后的 β 射线强度就可计算出粉尘浓度。β 射线法可以直接获得结果，并且不易受到粉尘成分、颜色、粒度、分散状态、环境的影响，监测精度高。β 射线法需要使用滤膜收集粉尘样品，在长时间连续监测后滤膜压差较大时则需要更换滤膜，现已有滤膜带式的自动更换滤膜装置，可实现长时间连续粉尘监测。

5) 电荷感应法

该方法主要有直流静电感应技术和交流静电感应技术。粉尘颗粒在生产过程中因撞击、摩擦和静电感应产生电荷后，通过探测粉尘颗粒物所带电荷量即可监测粉尘浓度。直流静电感应技术的金属电极裸露在外，与粉尘颗粒摩擦起电后，电极上产生等量异种电荷，经过电荷放大后转化为直流电压，根据直流电压的大小测量粉尘浓度。交流静电感应技术的金属电极涂有绝缘材料，粉尘颗粒上的电荷不通过与电极直接摩擦，而通过电极与粉尘间的静电感应产生等量异种电荷。直流电荷感应法受粉尘积累尤其受湿度的影响极大，精度不高，应用较少。交流电荷感应法可避免直流电荷感应法的上述缺点，应用更为广泛[14]。

2. 矿井粉尘成分监测

随着粉尘毒理学的深入研究，发现粉尘中很多化学成分具有较强的致病性，如粉尘中的游离二氧化硅会增加矿尘致病能力和矽肺病发生概率，其含量也是煤矿粉尘毒害性的主要评价指标；金属镍会促使细胞中脂类过氧化并削弱其抗氧化能力，从而致使细胞癌变；柴油机排放颗粒物会引起人体新的过敏反应并易诱发癌症。因此，矿井粉尘成分监测对掌握矿工粉尘暴露特征及健康风险评估具有重要意义。传统的矿井粉尘成分监测方法一般是在井下采样后，再进行实验室大型仪器分析，但随着光谱技术的发展，也出现了无须样品处理的分析方法。依据分析对象的不同，常见粉尘成分监测技术分类如表 7-2 所示。

表 7-2　常见粉尘成分监测

| 分析对象 | 检测方法 | 样品处理 |
| --- | --- | --- |
| 元素分析 | 原子吸收光谱 | 根据具体测定的元素选择消解体系和基本改进剂 |
| | 电感耦合等离子体质谱 | 预处理配置成样品溶液，通过超雾化装置喷射至等离子炬内，经过收集装置送入质谱仪中 |
| | 电感耦合等离子体原子发射光谱 | 在水或酸性溶液中进行湿法萃取，与电感耦合等离子体质谱有类似的样品准备过程 |
| | X 射线荧光光谱 | 无 |
| | 激光诱导击穿光谱 | 无 |
| | 电火花诱导击穿光谱 | 无 |
| 离子分析 | 离子色谱法 | 在水中或其他液态溶剂中进行湿法萃取 |
| | 离子选择电极法 | 在水中进行湿法萃取 |
| | 比色法 | 在水中进行湿法萃取 |
| | X 射线荧光法 | 无 |
| | 傅里叶变换红外光谱法 | 无 |
| | 离子色谱法(空气样品液化气-离子色谱、气体和气溶胶分析仪、凝胶渗透色谱法、环境离子监测仪)(连续方法) | 气溶胶在冷凝蒸汽和液滴的影响下增长 |
| 有机碳/元素碳分析 | 热还原法联用气体分析仪检测 | 气溶胶在催化剂存在条件下加热将离子成分(硫酸盐、硝酸盐)转化为气态物质而用气体分析仪测量 |
| | 热光反射法 | 在高于 773K 的温度下，烘烤石英纤维滤膜几小时，或在 1173K 下烘烤 3h |
| | 热光透射法(改良的 NIOSH 法 5040) | 在高于 773K 的温度下，烘烤石英滤膜几小时或在 1173K 下烘烤 3h |
| | 程序升温挥发 | 在高于 773K 的温度下，烘烤石英滤膜几小时或在 1173K 下烘烤 3h |
| | Sunset 实验室连续碳分析仪 | 无 |

续表

| 分析对象 | 检测方法 | 样品处理 |
| --- | --- | --- |
| 有机碳/元素碳分析 | 黑炭仪 | 无 |
| | 光声光谱仪 | 无 |
| | 多角度吸收光度计 | 无 |
| | 水溶性有机碳 | 与气体样品液化器(PILS 飘视 ™)一样 |
| SiO₂ 分析 | 焦磷酸法 | 将粉尘样品全部溶解于加热的焦磷酸($H_4P_2O_7$)中,并通过灼烧让其挥发去除 $SiO_2$ 以外的化学物质 |
| | 红外分光光度法 | 将样品灼烧灰化以后,用压模机压制成与测定工作曲线同样规格的模片 |
| | X 射线衍射法 | 无 |
| | 傅里叶变换红外光谱法 | 无 |
| | 量子级联激光红外光谱法 | 无 |
| | 拉曼光谱分析法 | 无 |

　　关于矿井粉尘成分的监测,目前关注最多的是粉尘中游离二氧化硅含量的测定。我国国家职业卫生标准《工作场所空气中粉尘测定　第 4 部分:游离二氧化硅含量》(GBZ/T 192.4—2007)中规定的粉尘中游离二氧化硅含量测定方法包括焦磷酸法、红外分光光度法和 X 射线衍射法。焦磷酸法是我国目前普遍用于测定游离二氧化硅的监测方法,该方法易在实验室推广,但实验步骤复杂、监测周期长、效率不高,难以满足批量监测的目标。红外分光光度法具有设备投资较少、操作简便、准确度高的优点,但需样品灰化处理且光谱信号容易受干扰物质影响。X射线衍射法具有灵敏、准确等特点,但存在仪器昂贵和实验关键环节较难控制等不足。拉曼光谱分析法以其小型化、无须样品制备、操作简单等优势也已应用于粉尘成分监测。作者建立了一种便携式拉曼光谱技术分析二氧化硅粉尘的方法,在降低检测限的同时,提供了一种可现场快速分析样品的途径[15]。总体来说,针对游离二氧化硅粉尘监测,目前已经开发出了不少改进方案和新兴监测方法,对传统的焦磷酸法、红外分光光度法提出了新的改进措施及校正模型,还利用傅里叶变换红外光谱法、量子级联激光红外光谱法和拉曼光谱分析法降低检测限,并获得了良好的实验结果。

　　粉尘中金属元素的测定目前主要依赖于长时间滤膜采样、复杂的实验室预处理和大型实验仪器(如原子吸收光谱、电感耦合等离子体发射光谱、电感耦合等离子体质谱)分析。微尺度光谱技术如激光诱导击穿光谱、电火花诱导击穿光谱、拉曼光谱等,以其小型化、操作简单、检测限低等优势也已应用于粉尘成分监测。

例如，作者设计并制造了便携式气溶胶元素成分在线快速分析仪器[16]。该仪器运用电场沉降颗粒物富集技术和电火花发射光谱技术相结合的方式（原理如图 7-19 所示），从而缩短了采样时间，大大降低了样品绝对元素质量检测限（达到 ng 级别），实现了在线快速分析气溶胶元素成分；同时，该项气溶胶粉尘分析技术采用小型化、低成本的高压脉冲发生器来产生等离子体，具有可便携、低成本的优势。此外，还开发了矿井粉尘多组分同步分析仪器系统，实现了元素成分与分子结构的同步测量，该系统由四部分组成：粉尘富集模块、拉曼光谱采集模块、电火花原子发射光谱采集模块、控制单元和数据获取处理单元[17]，其系统结构布局如图 7-20(a) 所示。系统控制采用 National Instrument myRIO 硬件和 LabVIEW 软件平台开发实现。通过一定时间的采样后，先进行拉曼激光辐照，采集拉曼光谱数据；随后利用高压脉冲在两个电极间产生电火花，采集原子发射光谱数据，同时电火花可剥蚀样品，保持收集电极表面清洁；清洁后的收集电极可为下一个测

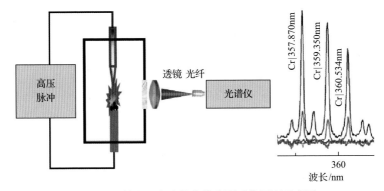

图 7-19　粉尘元素成分在线监测系统原理示意图

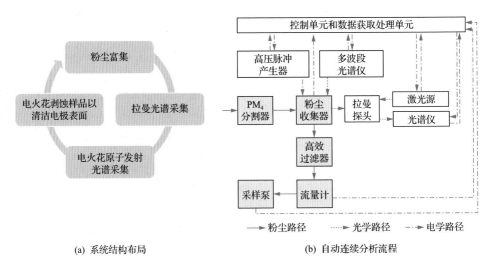

(a) 系统结构布局　　　　　　　(b) 自动连续分析流程

图 7-20　矿山粉尘多组分同步分析系统及自动连续分析流程图[14]

量周期的样品采样做准备，自动连续分析流程如图 7-20(b)所示。

### 3. 矿井粉尘监测发展趋势

随着对矿井环境安全和矿工健康的重视，粉尘质量浓度监测技术也在不断改进，未来趋势主要是朝着便携化、高集成度、高精度和灵敏度、实时测量的方向发展。一些粉尘监测技术(如光散射、微量振荡天平)所涉及的核心部件具有体积小、稳定性高的优点，有望实现便携式或穿戴式粉尘监测仪器开发，为作业人员个体粉尘暴露实时监测提供支撑。精准的粉尘质量浓度监测方法，如微量振荡天平法、β 射线法存在滤膜更换问题，导致长时间连续性监测障碍，未来可研发滤膜式或插片式的滤膜自动更换系统或者基于高压脉冲喷吹、超声振动等技术的滤膜清洁系统，实现粉尘长时间连续监测，并将数据实时反馈至监测系统。

目前，技术较为成熟的粉尘化学成分快速监测仪器种类较少，主要有气溶胶飞行时间质谱仪和颗粒物重金属元素 X 射线荧光光谱分析仪。这两种仪器虽然具有较高的时间分辨率和较好的检测限，已经应用于大气环境颗粒物成分分析，但是其体积庞大且成本较高，导致并不适合矿井粉尘监测。因此，粉尘有害成分现场快速监测技术研究已成为国际上该领域研究的一个共识与热点。微尺度光谱技术作为快速监测的技术手段，不断应用于粉尘成分监测，但由于悬浮在空气中的粉尘处于一个分散系即气溶胶态，直接原位微尺度光谱分析因信号强度弱难以实现高精度监测。粉尘富集采样分析是降低粉尘成分检测限的关键，尤其是空间尺度上的富集，可在缩短采样时间的同时实现高精度监测。为了进一步降低样品的检测限和提高监测时间分辨率，仍需发展更多样的粉尘富集采样技术。另外，矿井粉尘成分复杂，包含金属与有机/无机分子，任何单一光谱技术无法提供全面的有害成分信息，因此多光谱联用、光谱质谱联用等技术也成为粉尘监测领域的重要发展方向[18]。

## 7.3　矿井灾害多物理量监测大数据分析

大数据分析是指用适当的统计分析方法对收集的大量数据进行分析，提取有用信息并形成结论，同时对数据加以详细研究和概括总结的过程[19]。利用大数据分析方法对矿井灾害多物理量进行分析，主要是利用人工智能算法分析井下瓦斯、粉尘、火灾、地压等灾害风险的耦合关系，通过矿井建设的各类灾害监测监控系统采集的数据，对矿井灾害进行预测预警是矿山智能化发展的主要方向。

经过多年建设，煤矿安全监测水平逐步提高，能够获取的井下环境数据也逐渐由单一来源向多源、异构、海量、异质方向转变，海量现场数据的积累就为利用大数据方法对矿井灾害多物理量分析提供了数据基础。利用大数据进行灾害分析和预警，要充分分析各因素(灾害物理量)之间的内在关系，以及多因素对煤矿灾害的综合影响效应，形成多源预警信息的融合分析。因此，采用大数据技术，能够提高对复杂煤矿灾害数据的协同处理能力，实现有价值信息的快速挖掘和煤矿灾害的多因素融合分析。本节简单介绍大数据分析的特征、流程及方法，并结合矿山现场数据给出了利用大数据方法分析多源数据的实例。

### 7.3.1　大数据分析技术特征

在使用大数据进行分析时，通常由于巨大的数据量，很难使用传统方式对其进行分析。大数据主要包含以下四个特征[20]。

1. 体量大

体量大代表数据信息规模巨大。截至当前，数据信息存储单位早已达到 PB 级甚至 EB 级。

2. 数据多样性

数据多样性表示数据的类型多、来源广、数据之间关联性强。这些数据可能是从不同数据源所获取的结构化数据和非结构化数据，如图像、文档、音频、视频、日志、监测数据等。这些数据具有异构性和多样性。

3. 价值密度低

大数据中包含大量不相关的信息，使得其价值密度相对较低。因此，需要学者研究数据处理算法来有效地提炼大数据中有价值的信息。

4. 数据高速性

大数据通常为实时动态的流数据，需要对其进行快速、实时处理而非传统的批处理分析。这也是大数据分析不同于传统数据分析最显著的特征之一。大数据分析主要分为以下四种关键方法：

(1)描述性分析。这种方法提供了重要指标和业务的衡量方法，采用可视化方法能够有效地增强描述性分析所提供的信息。

(2)诊断性分析。通过评估描述性数据，诊断分析工具能够让数据分析师深入地分析数据，钻取到数据的核心。

(3)预测性分析。该方法主要用于对未来事件的发展进行预测分析。

(4)指令性分析。通常是指根据上述三种分析方法得出的信息，为用户提出指导性建议，便于用户决定采取什么措施。

### 7.3.2　大数据分析流程

数据挖掘方法是结合科学计算可视化技术和传统的数学方法(统计分析与模糊数学方法)发展而来的，其主要以数据库中的数据作为研究对象[21]。

数据挖掘技术分类方法是各式各样的，同时也涉及许多其他类的学科。因此到目前为止，数据挖掘的分类都没有一个确定的、统一的标准。数据挖掘技术主要按照待处理数据的用途、建立的数据库类型以及要处理的数据类型进行分类。按照挖掘功能，通常划分为 5 个主要功能，包括聚类分析、分类预测、概念描述、关联规则分析和异类分析[18]。目前，大数据分析已形成了一套完善的处理流程，概述如下。

1. 数据抽取

数据抽取是指从多种数据源中获取到研究所需数据的过程。根据数据源的不同可以使用一些工具来获得研究需要用到的数据。例如，sqoop 可对海量结构化数据进行抽取[22]，编写爬虫可获取 Web 页面数据[23]。

2. 数据预处理

数据预处理是对获取到的原始"脏数据"进行处理，这些"脏数据"不具有很好的分析价值，因此需要对其进行清洗、去噪、标准化等操作，保证大数据分析结果具有一定的实际价值。

3. 数据分析

数据分析是大数据分析技术中最关键的应用环节。研究人员需要根据大数据的应用场景，选择合适的分析算法，分析提炼出海量数据中有价值的信息。

4. 大数据可视化

大数据可视化是指将数据分析中提炼出的有价值信息以图形的形式展现给用户的过程。大数据可视化效果的好坏一定程度上决定了大数据分析可用性和易于理解性的质量。

### 7.3.3　实例-工作面瓦斯涌出浓度趋势预测方法

瓦斯涌出浓度过高是造成瓦斯灾害的一个非常重要的原因。瓦斯是可燃气体，当浓度过高上升到警戒值时，有燃烧甚至爆炸的危险，对煤矿中瓦斯浓度进行准确预测是减少发生瓦斯灾害事故的有效方法，而充分挖掘煤矿瓦斯监控、通风等系统数据，预测瓦斯涌出规律，将会为瓦斯灾害的精准判别和临灾响应提供坚实基础，从而可以大幅提升瓦斯灾害防控能力。本节以潞安化工集团高河煤矿某工作面的数据为研究对象，采用带有变量的差分整合移动平均自回归(auto regressive integrated moving average with X variable，ARIMAX)模型对瓦斯涌出浓度进行预测。煤矿工作面的上隅角容易产生瓦斯积聚，导致瓦斯浓度突破警戒值，容易引发瓦斯灾害，因此本节主要对上隅角瓦斯涌出浓度进行预测。

高河煤矿安装了 KJ95 安全监测系统，采集了 W3305 工作面的环境数据。监测系统主要监测井下温度、风速、瓦斯、一氧化碳等指标,配合视频监控系统和人员定位系统,能够做到实时监控井下的环境和作业状况。采集的具体数据包括回风口温度、回风口风速、回风口 CO 浓度、回风口瓦斯、工作面后溜机尾瓦斯、回风 1#抽水点上风侧瓦斯、回风 2#抽水点上风侧瓦斯、沿空巷抽水点瓦斯等。根据这些监控数值,预测沿空留巷瓦斯浓度值(瓦斯涌出量预测输出值),因为这个点最容易发生瓦斯聚集,导致瓦斯含量异常升高。

1. ARIMAX 模型

在众多预测模型中,自回归移动平均(auto regressive and moving average, ARMA)、差分整合移动平均自回归(auto regressive integrated moving average, ARIMA)等预测模型可以对瓦斯涌出量进行研究并预测,但没有考虑其他变量对瓦斯涌出量的影响,而多元线性回归模型没有考虑残差分布[21]。现实中,回风口的温度、风速、CO 浓度、瓦斯等都会对瓦斯涌出量产生一定的影响。为了提高模型预测的准确度,应该把这些因素对瓦斯涌出量的影响也考虑进来。因此,本节建立了以回风口温度、回风口风速、回风口 CO 浓度、回风口瓦斯等为输入序列,瓦斯涌出量为输出序列的 ARIMAX 模型,对瓦斯涌出量进行预测。研究路线如图 7-21 所示。

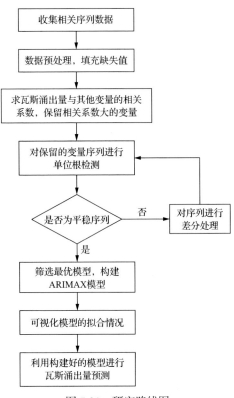

图 7-21 研究路线图

介绍 ARIMAX 模型之前，需要了解自回归(auto regressive，AR)、移动平均
(moving average，MA)、ARMA、ARIMA 模型[24]。因为 ARIMAX 模型是以这些
模型为基础建立起来的。上述模型中，AR、MA、ARMA 模型是基于平稳序列的，
而 ARIMA 模型是基于平稳序列或者差分处理之后为平稳序列。

平稳定义：平稳可分为严格平稳和宽平稳，宽平稳要求协方差结构不随时间
的变化发生变化，而严格平稳是指时间序列的任何有限维分布不随时间的变化而
变化。平稳的意义是使时间序列的基本特征不随时间的变化而改变。

要求序列平稳的原因：如果数据非平稳，将会破坏大样本下的统计推断基础
"一致性"的要求。同时，可能会出现"虚假回归"问题，即两个本来没有任何
因果关系的变量，结果却显示它们有很高的相关性[25]。

1) AR 模型

AR 模型是一种处理时间序列的方法，用自身做回归变量的过程，寻找当前值
和前期值之间的关系，利用该关系对自身进行预测。AR 模型的数学模型可用下式
表示，即序列值 $x_t$ 可由前 $p$ 个时刻的序列值及当前的噪声组成，表示为 AR$(p)$：

$$x_t = \phi_1 x_{t-1} + \phi_2 x_{t-2} + \cdots + \phi_p x_{t-p} + u_t \tag{7-2}$$

式中，$u_t$ 为不同时间点的白噪声；$\phi$ 为自回归系数。

2) MA 模型

MA 模型 MA$(q)$ 和 AR 模型也有相似之处，不同之处在于 MA 模型是以过去
的残差项也就是白噪声来做线性组合，而 AR 模型是以过去的观察值来做线性组
合。MA 模型的出发点是通过组合残差项来观察残差的振动。通过将一段时间序列
中白噪声序列进行加权和，可以得到移动平均方程。式(7-3)为 $q$ 阶移动平均过程，
表示为 MA$(q)$：

$$x_t = u_t + \theta_1 u_{t-1} + \theta_2 u_{t-2} + \cdots + \theta_q u_{t-q} \tag{7-3}$$

式中，$\theta$ 为移动回归系数；$u_t$ 为不同时间点的白噪声。

3) ARMA 模型

ARMA 模型由 AR 模型和 MA 模型两部分组成，所以可以表示为 ARMA$(p, q)$。
$p$ 为自回归阶数，$q$ 为移动平均阶数，数学模型由下式表示：

$$x_t = u_t + \phi_1 u_{t-1} + \phi_2 u_{t-2} + \cdots + \phi_q u_{t-q} + \theta_1 x_{t-1} + \theta_2 x_{t-2} + \cdots + \theta_q x_{t-p} \tag{7-4}$$

式中，$\phi$ 为自回归系数；$\theta$ 为移动回归系数；$u_t$ 为不同时间点的白噪声。

4) ARIMA 模型

ARIMA 模型是基于平稳的时间序列或者差分化后的时间序列的，可表示为 ARIMA$(p,d,q)$，其中 $p$ 为自回归阶数，$q$ 为移动平均阶数，$d$ 为时间序列变化为平稳序列时所做的差分次数，前面的几种模型都可以看作 ARIMA 的某种特殊形式。

常用的时间序列模型有很多种，ARIMA 模型是实际应用中最常用的模型。ARIMA 模型简单，没有借助其他外生变量，可以借助自己的历史数据预测未来数据。但是现实中，内生变量还是会受到一些外生变量的影响。如果不考虑其他外生变量对内生变量的影响，ARIMA 模型往往得不到满意的结果。将其他外生变量也纳入研究范围，就能得到更精确的预测模型，这就需要用到多元时间序列分析，其最典型的模型形式为 ARIMAX 模型[26]。

2. ARIMAX 建模过程

下面介绍本实验过程中 ARIMAX 的建模过程：

(1) 收集相关时间序列数据。

(2) 对时间序列数据进行预处理，填充缺失值。填充缺失值可采用 interpolate() 插值法，计算的是缺失值前一个值和后一个值的平均数。

(3) 对时间序列矩阵进行相关性分析，得出瓦斯涌出量和其他变量之间的相关系数矩阵，保留与瓦斯涌出量相关系数较大的变量时间序列。

相关系数是通过皮尔森相关系数方式来计算的。如果求 $X$ 和 $Y$ 变量的相关系数 $r(X,Y)$，公式如下：

$$r(X,Y) = \frac{\mathrm{Cov}(X,Y)}{\sqrt{\mathrm{Var}[X]\mathrm{Var}[Y]}} \qquad (7\text{-}5)$$

式中，$\mathrm{Cov}(X,Y)$ 为 $X$ 与 $Y$ 的协方差；$\mathrm{Var}[X]$ 为 $X$ 的方差；$\mathrm{Var}[Y]$ 为 $Y$ 的方差。$|r(X,Y)| \leqslant 1$，相关系数表示 $X$ 和 $Y$ 的相关程度，$|r(X,Y)|$ 越大，相关程度越大，$|r(X,Y)|=0$ 对应相关程度最低。

(4) 对每一个变量序列进行单位根检测，判断其是否为平稳序列，非平稳序列要先进行 $d$ 阶差分运算，化为平稳时间序列。

单位根(unit root)定义：设 $n$ 是正整数，当 $x_n=1$ 时，称 $x$ 为 $n$ 次单位根。在复数范围内，$n$ 次单位根有 $n$ 个。例如，1、–1、i、–i 都是 4 次单位根。确切地说，单位根指模为 1 的根，一般 $x_n=1$ 的 $n$ 个根可以表示为 $x=\cos(2k\pi)+\sin(2k\pi/n)$i，其中 $k=0,1,2,\cdots,n-1$，i 是虚数的单位[26]。

单位根检测是指检验序列中是否存在单位根，因为存在单位根就是非平稳时间序列。可以证明，如果一个序列中存在单位根过程则这个序列就是不平稳的，会使回归分析中存在"伪回归"。

(5)经过第三步处理，已经得到平稳时间序列。要对平稳时间序列进行最优模型筛选，得出 ar(自回归阶数)、ma(移动平均阶数)值，其中 ARIMAX$(p,d,q)$ 中的 ar=$p$，ma=$q$，$d$ 是差分处理阶数，因为经过前面几步的处理，序列都是平稳的，所有 $d$ 值一般为 0。

筛选方法采用 AIC 准则。AIC 准则是赤池信息准则，是衡量统计模型拟合优良性的一种标准。该项准则运用下式的统计量评价模型的好坏：AIC=$2k$-$2\ln L$，其中 $L$ 是对数似然值，$k$ 是被估计的参数个数，AIC 准则要求其越小越好。因此，AIC 的大小取决于 $L$ 和 $k$。$k$ 取值越小，AIC 越小；$L$ 取值越大，AIC 值越小。$k$ 小意味着模型简洁，$L$ 大意味着模型精确。利用 AIC 准则筛选出 AIC 值最小的 ar 和 ma，即 $p$ 和 $q$。

筛选的具体方法是，ARIMAX 模型中，ar 和 ma 分别在 0～5 取值，求出每一个 ar 和 ma 值组合的 AIC 值，然后通过比较每组 ar 和 ma 的 AIC 值，AIC 值最小对应的 ARIMAX 模型就是最优模型。

(6)由以上得到的 $p$、$d$、$q$ 确定具体的 ARIMAX 预测模型，并对所得模型进行准确性检验。使用 ARMA 模型继续提供残差序列中的相关信息，最终得到的模型为

$$Y_t = u + \sum_{i=1}^{k} \frac{\Theta_i(B)}{\Phi_i(B)} B^{l_i} X_{it} + \varepsilon_t \tag{7-6}$$

$$\varepsilon_t = \frac{\Theta(B)}{\Phi(B)} a_t \tag{7-7}$$

式中，$u$ 为白噪声；$\Phi_i(B)$ 为第 $i$ 个输入变量的 $p$ 阶自回归系数多项式；$\Theta_i(B)$ 为第 $i$ 个输入变量的 $q$ 阶移动平均系数多项式；$B$ 为延迟算子；$l_i$ 为 $B$ 的指数；$\varepsilon_t$ 为回归残差序列；$a_t$ 为零均值白噪声序列。利用第五步所得 $p$、$q$ 代入式(7-6)和式(7-7)中即可预测未来瓦斯涌出量的序列。

3. 实验结果及分析

(1)收集相关序列数据。实验训练数据用到了高河矿 W3305 工作面的相关数据，主要是 2020 年 9 月 1 日 00:00～10:45 的数据，每 5min 一组。考虑了八个外生变量，分别是回风口温度($t_1$)、回风口风速($t_2$)、回风口 CO 浓度($t_3$)、回风口瓦斯($t_4$)、工作面后溜机尾瓦斯($t_5$)、回风 1#抽水点上风侧瓦斯($t_6$)、回风 2#抽水点上风侧瓦斯($t_7$)、沿空巷抽水点瓦斯($t_8$)，将沿空留巷瓦斯($t_9$)看作瓦斯涌出量。实验通过 2020-9-1 00:00～10:45 的 $t_1$～$t_9$ 的数据来预测 2020-9-1 10:50～11:35 的 $t_9$ 值，预测值也是每 5min 一组，实验训练数据如表 7-3 所示。

表 7-3 实验训练数据

| 时间 | $t_1$ | $t_2$ | $t_3$ | $t_4$ | $t_5$ | $t_6$ | $t_7$ | $t_8$ | $t_9$ |
|---|---|---|---|---|---|---|---|---|---|
| 2020-9-1 0:00 | 21.132 | 2.712 | 1.903 | 0.247 | 0.21 | 0.24 | 0.27 | 0.18 | 0.18 |
| 2020-9-1 0:05 | 21.117 | 2.697 | 1.744 | 0.246 | 0.21 | 0.24 | 0.27 | 0.18 | 0.18 |
| 2020-9-1 0:10 | 21.109 | 2.703 | 1.849 | 0.25 | 0.221 | 0.24 | 0.27 | 0.18 | 0.18 |
| 2020-9-1 0:15 | 21.104 | 2.724 | 2.098 | 0.259 | 0.225 | 0.24 | 0.273 | 0.18 | 0.18 |
| 2020-9-1 0:20 | 21.1 | 2.743 | 2.259 | 0.257 | 0.221 | 0.24 | 0.28 | 0.18 | 0.18 |
| 2020-9-1 0:25 | 21.1 | 2.719 | 2.137 | 0.25 | 0.212 | 0.24 | 0.276 | 0.18 | 0.18 |
| 2020-9-1 0:30 | 21.1 | 2.716 | 2.465 | 0.251 | 0.223 | 0.24 | 0.27 | 0.18 | 0.18 |
| 2020-9-1 0:35 | 21.1 | 2.708 | 2.884 | 0.259 | 0.23 | 0.24 | 0.275 | 0.18 | 0.18 |
| 2020-9-1 0:40 | 21.1 | 2.704 | 3.262 | 0.255 | 0.221 | 0.24 | 0.28 | 0.18 | 0.18 |
| 2020-9-1 0:45 | 21.1 | 2.686 | 3.133 | 0.253 | 0.216 | 0.243 | 0.278 | 0.18 | 0.18 |
| 2020-9-1 0:50 | 21.1 | 2.696 | 2.608 | 0.25 | 0.214 | 0.241 | 0.273 | 0.18 | 0.18 |
| ... | ... | ... | ... | ... | ... | ... | ... | ... | ... |
| 2020-9-1 10:25 | 21.5 | 2.747 | 4.863 | 0.26 | 0.2 | 0.25 | 0.289 | 0.2 | 0.2 |
| 2020-9-1 10:30 | 21.506 | 2.756 | 4.948 | 0.26 | 0.209 | 0.25 | 0.284 | 0.2 | 0.203 |
| 2020-9-1 10:35 | 21.516 | 2.749 | 4.774 | 0.261 | 0.211 | 0.25 | 0.283 | 0.202 | 0.21 |
| 2020-9-1 10:40 | 21.517 | 2.754 | 4.706 | 0.269 | 0.22 | 0.25 | 0.29 | 0.206 | 0.208 |
| 2020-9-1 10:45 | 21.54 | 2.742 | 4.968 | 0.264 | 0.22 | 0.251 | 0.29 | 0.198 | 0.2 |

(2)数据预处理，填充缺失值。如果用到的数据中没有缺失值，可以省略这一步。要是有缺失值，可以采用最邻近插值法插入缺失值。

(3)查看相关系数。实验数据中有 8 个外生变量，但有的外生变量对瓦斯涌出量的影响不是很大，构建模型时可以不用考虑。通过查看相关系数，可以看出瓦斯涌出量和其他变量的相关性。对表 7-2 数据查询相关系数，如图 7-22 所示。

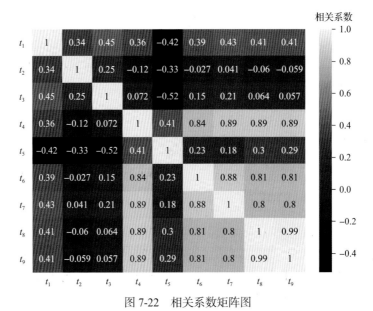

图 7-22 相关系数矩阵图

从图 7-22 可以看出,与瓦斯涌出量($t_9$)相关系数较大的是 $t_1$、$t_4$、$t_5$、$t_6$、$t_7$、$t_8$。保留这几个变量的序列。

(4)对 $t_1$、$t_4$、$t_5$、$t_6$、$t_7$、$t_8$、$t_9$ 进行单位根检测。通过单位根检测可以判断每一个变量序列是否为平稳序列。如果不是平稳序列,则进行差分处理,变化为平稳序列。本实验通过观察 $T$ 值和 $p$ 值来判断序列是否平稳,如果 $T$ 值同时小于 99%、95%、90%置信区间的值,且 $p$ 值小于 0.05(等于 0 是最好的)时,即可判断序列是平稳的,检测结果如表 7-4 所示。

表 7-4　单位根检测结果

| 变量 | 差分次数 | $T$ 值 | $p$ 值 | 99%置信区间下临界 ADF 检验值 | 95%置信区间下临界 ADF 检验值 | 90%置信区间下临界 ADF 检验值 |
|---|---|---|---|---|---|---|
| $t_1$ | 0 | 0.566 | 0.987 | −3.482 | −2.884 | −2.578 |
| $t_1$ | 1 | −11.86 | $6.671 \times 10^{-22}$ | −3.482 | −2.884 | −2.578 |
| $t_4$ | 0 | −2.666 | 0.080 | −3.482 | −2.884 | −2.578 |
| $t_4$ | 1 | −9.866 | $4.115 \times 10^{-17}$ | −3.482 | −2.884 | −2.578 |
| $t_5$ | 0 | −3.000 | 0.035 | −3.482 | −2.884 | −2.578 |
| $t_6$ | 0 | −2.932 | 0.042 | −3.482 | −2.884 | −2.578 |
| $t_7$ | 0 | −2.833 | 0.054 | −3.482 | −2.884 | −2.578 |
| $t_7$ | 1 | −11.19 | $2.286 \times 10^{-20}$ | −3.482 | −2.884 | −2.578 |
| $t_8$ | 0 | −2.166 | 0.219 | −3.482 | −2.884 | −2.578 |
| $t_8$ | 1 | −9.656 | $1.392 \times 10^{-16}$ | −3.482 | −2.884 | −2.578 |
| $t_9$ | 0 | −2.217 | 0.2000 | −3.482 | −2.884 | −2.578 |
| $t_9$ | 1 | −10.32 | $2.966 \times 10^{-18}$ | −3.482 | −2.884 | −2.578 |

注:ADF,augmented Dickey-Fuller test,用于单位根检测

(5)根据第四步单位根检测和差分变化,每一个变量序列都是平稳序列。接下来利用 AIC 准则进行最优模型筛选,找出 AIC 值最小的模型,得到最合适和 ar、ma 值。根据实验筛选结果,最优模型是 ARIMAX(2,0,2),即 ar=2,d=0,ma=2。

(6)根据第五步得到的最优模型,对数据模型的拟合情况进行可视化,拟合情况如图 7-23 所示。从图中可以看出,模型的拟合效果较好。图 7-23 中纵坐标 $t_9$ 值是瓦斯涌出量一阶差分后的值,因为原始数据中 $t_9$ 序列不是平稳的,而 ARIMAX 模型中要求所有序列都是平稳的,所以 $t_9$ 需要差分处理,差分处理后的 $t_9$ 可能为负值。

(7)利用第四步得到的最优模型对未来数据进行预测。实验中通过调用 python 中 ARIMAX 模型的预测函数 predict()来进行预测,在此预测了未来 10 组数据,即 2020-9-1 10:50~11:35 的 $t_9$(瓦斯涌出量)值。因为原来的瓦斯涌出量序列不是平稳序列,经过一阶差分之后才是平稳序列,所以预测到的结果也是一阶差分后的,经过

处理还原后的才是真实预测的瓦斯涌出量。ARIMAX 模型预测结果如表 7-5 所示。

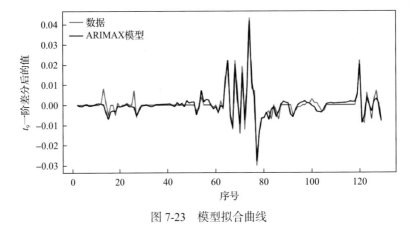

图 7-23　模型拟合曲线

**表 7-5　ARIMAX 模型预测结果**

| 时间 | 一阶差分预测值 | 差分还原预测值 | 实际值 |
|---|---|---|---|
| 2020-9-1 10:50 | 0.000413 | 0.20041291 | 0.200 |
| 2020-9-1 10:55 | 0.003408 | 0.20382049 | 0.196 |
| 2020-9-1 11:00 | 0.019004 | 0.22282494 | 0.193 |
| 2020-9-1 11:05 | −0.007927 | 0.21489791 | 0.200 |
| 2020-9-1 11:10 | −0.003281 | 0.2116171 | 0.200 |
| 2020-9-1 11:15 | 0.002761 | 0.21437848 | 0.200 |
| 2020-9-1 11:20 | −0.000529 | 0.21384939 | 0.199 |
| 2020-9-1 11:25 | −0.002266 | 0.2115837 | 0.200 |
| 2020-9-1 11:30 | 0.000113 | 0.21169708 | 0.200 |
| 2020-9-1 11:35 | 0.001807 | 0.2135039 | 0.200 |

预测精度用平均相对误差衡量：

$$f = \frac{\sum_{1}^{m} \dfrac{\left| y_i' - y_i \right|}{y_i}}{m} \tag{7-8}$$

式中，$m$ 为预测组数；$y_i$ 为实际值；$y_i'$ 为差分还原预测值。

根据预测结果，瓦斯涌出量预测平均相对误差大部分在 5%左右，预测较为准确。预测结果拟合图如图 7-24 所示。

瓦斯涌出量和许多因素相关，由收集数据中几个变量的相关矩阵可知瓦斯涌出量和回风口温度、回风口瓦斯等变量的相关系数较高，这些变量的变化一定程度上会影响瓦斯涌出量的大小。因此，将回风口温度、回风口瓦斯等作为变量引

入瓦斯涌出量的预测模型中，建立了 ARIMAX 模型。实验结果表明，预测的 10
组数据的相对误差大部分在 5%左右，预测较为精确，引入多监测变量，能使瓦斯
涌出量预测更加准确。在此基础上，作者开发了矿山多物理量监测及融合分析系
统平台，将瓦斯浓度、粉尘浓度、矿压等数据进行综合展示，并将上述算法进行
了移植，通过对各类数据的融合分析，为煤矿用户提供瓦斯浓度的预测信息，如
图 7-25 所示。

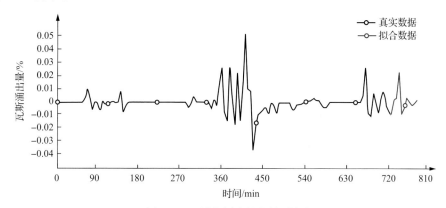

图 7-24　瓦斯涌出量预测拟合图

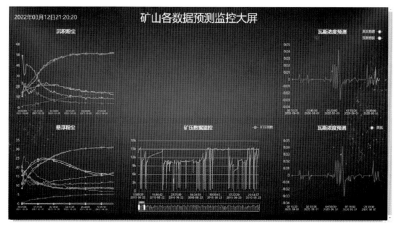

图 7-25　矿山多物理量监测及融合分析系统平台

## 7.4　矿井灾害多物理量监测展望

近年来，随着科技的进步与人们对矿井灾害风险预警的重视，采用有线监测、
分布式无线监测、机器人巡检与边缘智能相结合的监测技术进行矿井灾害风险综
合预警已成为灾害监测预警的新手段与发展方向[27]。

### 7.4.1　感知方法多样化

1) 传感技术

随着各种新型传感技术在煤矿监测中的应用，传感器性能得到了显著提升。但在煤矿复杂恶劣环境下，传感器的稳定性、可靠性、抗干扰性依然不高。此外，当前煤矿传感设备功耗普遍较高，布点数量严重不足，且智能化程度低、准确性差。因此，针对多源物理量的连续、在线监测问题，开发具备自诊断、自校验、自供电功能的高精度、高可靠、低功耗传感器是矿井灾害多物理量感知系统未来需要突破的核心技术。

2) 网络通信技术

目前，井下感知设备和传输网络尚无法做到全矿井安全监测信息的泛在感知，如采空区、掘进面、工作面等危险区域。此外，井下巷道、硐室和设备也需要布置大量的感知节点；为解决感知数据实时、准确、可靠传输问题，需要将最新的网络技术与传感技术深度融合，如利用 LoRa、Zigbee 等无线通信技术对非固定位置的灾害数据进行无线采集，其布置成本低、安装位置灵活，获取数据更为全面，能够有效补充有线监测系统数据不足，将现有的以"点"或"线"监测为主的监测方法，向"面"或"立体"监测转化，可以实现对监测对象进行全方位精准把控。

此外，5G 技术能够为井下多用户、高带宽、低延迟的应用场景提供可靠的网络技术支撑，将端到端时延控制在 10ms 以内，满足全矿井安全监测信息采集和防控的需要，特别是井下环境监控、作业设备监控、人员体征监控、仪器仪表监控、通风及排水监控等系统均可以通过 5G 网络实现大规模感知节点的互联互通，实现全矿井安全监测信息的采集。因此，利用 5G 技术传输矿井灾害多物理量监测数据也是未来的发展方向之一。

3) 机器人技术

煤矿机器人是煤矿智能化的重要组成部分，研发应用煤矿机器人、推进井下各岗位的机器人替代，是践行"无人则安"的安全生产新理念、实现煤矿安全生产形势的根本性好转以及煤矿无人化开采的关键途径[28]。2020 年科学技术部和国家自然科学基金委员会分别设立专项支持技术攻关和装备研发，规划了 5 大类 38 种煤矿机器人的重点研发方向。截至目前，各类井下机器人已在煤矿现场实现了不同程度的应用。

利用成熟的机器人作为传感器载体，将矿井灾害在线巡检与边缘智能、5G 通信技术结合，实现灾害数据的分布式采集、可靠通信与智能分析，不仅能够减少井下巡检工人的数量，降低工人的劳动强度；还能够实时准确地对灾害进行预测，提高矿井灾害的预测准确性。因此，井下智能机器人技术必将成为矿井灾害智能化的重要发展方向。

## 7.4.2　数据分析平台化

在加强井下人员安全意识的同时，持续发展井下安全监测技术，充分利用现有的通信技术和现场数据进行准确实时的预测，使煤矿安全生产走向智能化，不断减少矿井灾害事故的发生，使煤炭开采走向可持续发展之路[29]。随着我国在通信和互联网领域的发展，煤矿企业可以采集井下大量多类型的数据[30]，井下数据量持续增长，这些数据中隐含着大量的有用信息，如何对这些数据进行有效的处理及分析，实现对灾害的预测预警，需要采用数据分析的平台化技术。

大数据技术的成熟发展，在很多领域中得到了广泛应用。近年来，有研究团队尝试了将大数据技术应用到煤矿井下[31,32]，并实现了煤矿多源数据到大数据平台的接入和数据分析[33]。例如，针对安全监测系统历史数据和实时数据进行挖掘分析的大数据矿井预警平台[34]，将大数据技术与深度学习算法相结合，进行开采环境数据分析的智能矿山预警[35]等。从长远的角度看，应利用大数据平台的优势，对井下多源、多维度的生产、安全数据进行挖掘，打破井下各个系统之间的数据壁垒，实现数据的融合分析，并将人工智能领域的相关算法引入大数据平台，用以支撑数据的实时分析与科学决策。

在突出预警方面，大多数煤矿依然采用井下综合监测系统进行瓦斯监测而非预测。目前，仅中国煤炭科工集团重庆研究院有限公司研发的突出综合预警系统[35]和中国矿业大学王恩元教授团队研发的声-电-瓦斯突出监测预警系统[36]在部分煤矿进行了推广应用。煤与瓦斯突出综合预警系统基于地理信息系统(geographic information system，GIS)平台开发，采用组件式架构，由瓦斯地质分析、钻孔轨迹监测、抽采达标评判、防突动态管理、瓦斯涌出分析、矿压监测分析、隐患排查管理等子系统和预警信息平台构成，各子系统既可独立运行，提供相应专业的信息管理和辅助分析功能，也可联合运行，实现突出多源信息动态监测与采集、在线分析与预警、预警结果实时发布。中国矿业大学王恩元教授团队研发的声-电-瓦斯突出监测预警系统，能够对工作面声发射、电磁辐射和瓦斯涌出等信息进行远程监测和在线分析，并综合三方面信息对突出危险进行实时预警。

因此，以分布式传感器监测的数据为数据集，建立深度神经网络预测模型，结合大数据技术，建立大数据的实时处理系统，实现对工作面矿井灾害准确实时的预测，并为后续的统一化平台建设提供可靠的依据，也是矿井多参数灾害监测系统未来的主要发展方向。

## 7.4.3　预测预警智能化

我国煤层赋存条件复杂多变，不同矿井之间的地质环境、开采工艺、技术装备和管理水平等各不相同，矿井的灾害类型、发生规律、影响因素和前兆模式等各有特点。许多矿井随着开采规模的扩大和开采深度的增加，开采条件发生改变，灾害形式也随之变化。要实现煤矿灾害智能预警，预警模型必须具有良好的自适应性，能够根据不同的矿井条件，自主确定与之相适应的预警规则和参数，并能在矿井条件发生改变后，对预警规则和参数进行自动调整，以适应新的条件。但是，现采用大数据平台的方式进行煤矿灾害预警模型大部分为固定规则模型，预警指标、规则和参数多以先验规则结合现场考察确定，一旦建立很少变动，预警模型不具有自主学习、自主调优能力，预警效果较差[32]。

随着边缘智能与云计算技术的发展，采用云边协同的方法为解决上述问题提供了一种全新的可行的研究思路。井下灾害数据种类的多样化和数据存储的海量化，使得大数据分析平台的处理能力逐步减弱，特别是随着智能矿山建设的逐步完善，智能矿山处理平台担负着各类自动化监控系统的智能分析和处理，不能保证算力优先用于灾害预警预测。因此，采用边云协同的方式，将预警处理装置边缘化，将预测算法下沉到边缘智能设备，能够从本质上提升灾害预警的可靠性。

矿井海量监测设备和传感器会产生大量数据，全部上传会对云造成巨大压力。为了分担中心云节点的压力，采用边云协同的方式，边缘计算节点需要负责自己范围内的数据计算和储存工作，之后数据图汇聚到中心云，用来做大数据分析挖掘和数据共享，完成算法模型的训练和升级。而升级之后的算法会推送到前端更新设备，完成自主学习的闭环，当边缘侧环境出现异常时，可以第一时间完成预测和报警，保障人员安全。因此，研究采用边云结合的方式，在边缘侧和云端植入具有自学习、自优化能力的预警模型，能够有效地提高预警模型的自适应能力和智能化水平，这是煤矿重大灾害智能预警的未来发展方向。

此外，随着矿用智能传感器、移动边缘计算设备的广泛应用，海量的监测数据将为管理者提供各种各样的智能分析结果。如何让管理者快速理解并做出有效决策，将是未来矿山领域的发展热点之一，数字孪生技术的发展为这一问题的解决提供了新的研究思路。在高效云边协同机制下，面向大数据和知识模型的煤矿智能化平台将支撑矿山灾害机理、经验知识与数字孪生技术深度融合，形成矿山物理世界泛在感知、实时控制、精准管理与科学决策的透明可视化，在孪生世界实现开采过程、环境变化、设备状态的可靠预测预警，这将为建立少人化或无人化的矿山生产模式和智能矿山的发展奠定基础。

# 参 考 文 献

[1] 葛世荣, 丁恩杰. 感知矿山理论与应用[M]. 北京: 科学出版社, 2017.

[2] Wei L J, Wang M W, Li S, et al. Line wind speed distribution model of rectangular tunnel cross-section[J]. Thermal Science, 2019, 23: 218.

[3] 李印洪, 范文涛, 李亚俊. 金属非金属矿山井下风速测定仪器选择[J]. 湖南有色金属, 2019, 35(3): 10-12.

[4] 吴新忠, 耿柯, 陈昌. 基于 IGOA-RBF 的矿用风压传感器温度补偿研究[J]. 中国测试, 2021, 47(6): 137-143.

[5] 周福宝, 魏连江, 宋小林, 等. 一种巷道风量精准监测系统及方法[P]. 中国, CN111595395A, 2020-05-08.

[6] 周福宝, 魏连江, 夏同强, 等. 矿井智能通风原理、关键技术及其初步实现[J]. 煤炭学报, 2020, 45(6): 2225-2235.

[7] 王海波. 低功耗甲烷传感器研究进展[J]. 工矿自动化, 2021, 47(5): 16-23.

[8] Ma H Y, Du Y N, Wei M S, et al. Silicon micro- heater based low-power full-range methane sensing device[J]. Sensors and Actuators A, 2019, 295: 70-74.

[9] Jiao M Z, Chen X Y, Hu K X, et al. Recent developments of nanomaterials-based conductive type methane sensors[J]. Rare Metals, 2021, 40(6): 1515-1527.

[10] Wu C L, Li J, Guo Z Z, et al. Methane sensors based on Lithium doped porous materials for coal mine safety application[J]. Journal of the Electrochemical Society, 2020, 167: 145501.

[11] 蒋曙光, 吴征艳, 邵昊. 安全监测监控[M]. 徐州: 中国矿业大学出版社, 2013.

[12] Zhu S J, Zhou F B, Kang J H, et al. Laboratory characterization of coal P-wave velocity variation during adsorption of methane under tri-axial stress condition[J]. Fuel, 2020, 272: 117698.

[13] 陈晓晶. 基于"云-边-端"协同的煤矿火灾智能化防控建设思路探讨[J]. 煤炭科学技术, 2021, 12: 1-9.

[14] 杨胜强. 粉尘防治理论与技术[M]. 徐州: 中国矿业大学出版社, 2015.

[15] Zheng L N, Kulkarni P, Birch M, et al. Analysis of crystalline silica aerosol using portable Raman spectrometry: feasibility of near real-time measurement[J]. Analytical Chemistry, 2018, 90(10): 6229-6239.

[16] Zheng L N, Kulkarni P, Zavvos K, et al. Characterization of an aerosol microconcentrator for analysis using microscale optical spectroscopies[J]. Journal of Aerosol Science, 2017, 104: 66-78.

[17] Zheng L N, Kulkarni P. Real-time measurement of airborne carbon nanotubes in workplace atmospheres[J]. Analytical Chemistry, 2019, 91: 12713-12723.

[18] Zheng L N, Kulkarni P, Dionysiou D D. Calibration approaches for the measurement of aerosol multielemental concentration using spark emission spectroscopy[J]. Journal of Analytical Atomic Spectrometry, 2018, 33(3): 404-412.

[19] Butts-Wilmsmeyer C J, Rapp S, Guthrie B. The technological advancements that enabled the age of big data in the environmental sciences: a history and future directions[J]. Current Opinion in Environmental Science & Health, 2020, 18: 63-69.

[20] 刘君. 基于 GPS 监测技术的滑坡稳定性研究[D]. 成都: 西南交通大学, 2017.

[21] Zhang H, Lu Y, Zhou J. Study on association rules mining based on searching frequent free item sets using partition[C]. 2009 Asia-Pacific Conference on Information Processing, 2009: 343-346.

[22] Yu L, Xu W, Yu Y. Research on visualization methods of online education data based on IDL and hadoop[J]. International Journal of Advanced Computer Research(IJACR), 2017, 7(31): 136-146.

[23] Bhat S I, Arif T, Malik M B, et al. Browser simulation-based crawler for online social network profile extraction[J]. International Journal of Web Based Communities, 2020, 16(4): 121-131.

[24] 杜洁, 高珊, 金欣雪. 基于 ARIMAX 模型的我国 GDP 预测分析[J]. 阜阳师范学院学报(自然科学版), 2020, 37(1): 1-5.

[25] 周捷. 基于工作面瓦斯涌出规律的灾害预警方法研究[D]. 西安: 西安科技大学, 2019.

[26] 王国法. 煤矿智能化最新技术进展与问题探讨[J]. 煤炭科学技术, 2022, 50(1): 1-27.

[27] 袁亮. 煤矿典型动力灾害风险判识及监控预警技术"十三五"研究进展[J]. 矿业科学学报, 2021, 6(1): 1-8.

[28] 胡而已, 葛世荣. 煤矿机器人研发进展与趋势分析[J]. 智能矿山, 2021, 1(1): 59-67.

[29] 王昊. 煤矿智能化专利技术应用分析——以大数据技术为例[J]. 智能矿山, 2021, 2(2): 84-87.

[30] 朱稳樑. 面向决策分析的基本建设项目大数据体系研究[J]. 煤炭工程, 2016, 48(7): 138-140.

[31] 姜福兴, 曲效成, 王颜亮, 等. 基于云计算的煤矿冲击地压监控预警技术研究[J]. 煤炭科学技术, 2018, 46(1): 199-206, 244.

[32] 申琢. 基于云计算和大数据挖掘的矿山事故预警系统研究与设计[J]. 中国煤炭, 2017, 43(12): 109-114.

[33] 刘海滨, 刘浩, 刘曦萌. 煤矿安全数据分析与辅助决策云平台研究[J]. 中国煤炭, 2017, 43(4): 84-88.

[34] 马小平, 代伟. 大数据技术在煤炭工业中的研究现状与应用展望[J]. 工矿自动化, 2018, 44(1): 50-54.

[35] 张庆华, 马国龙. 我国煤矿重大灾害预警技术现状及智能化发展展望[J]. 智能矿山, 2020, 1: 52-62.

[36] 邱黎明, 李忠辉, 王恩元, 等. 煤与瓦斯突出远程智能监测预警系统研究[J]. 工矿自动化, 2018, 44(1): 17-21.